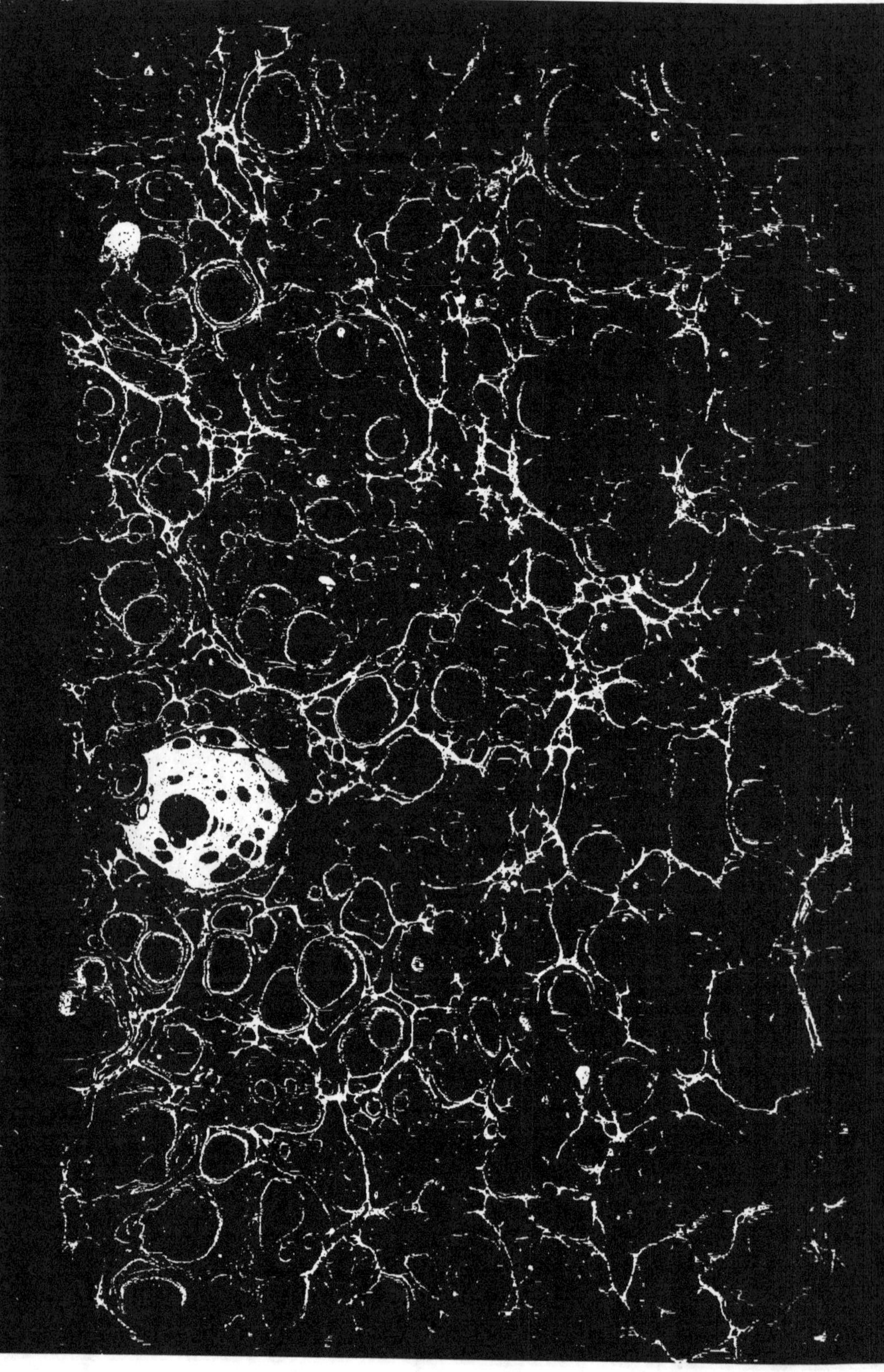

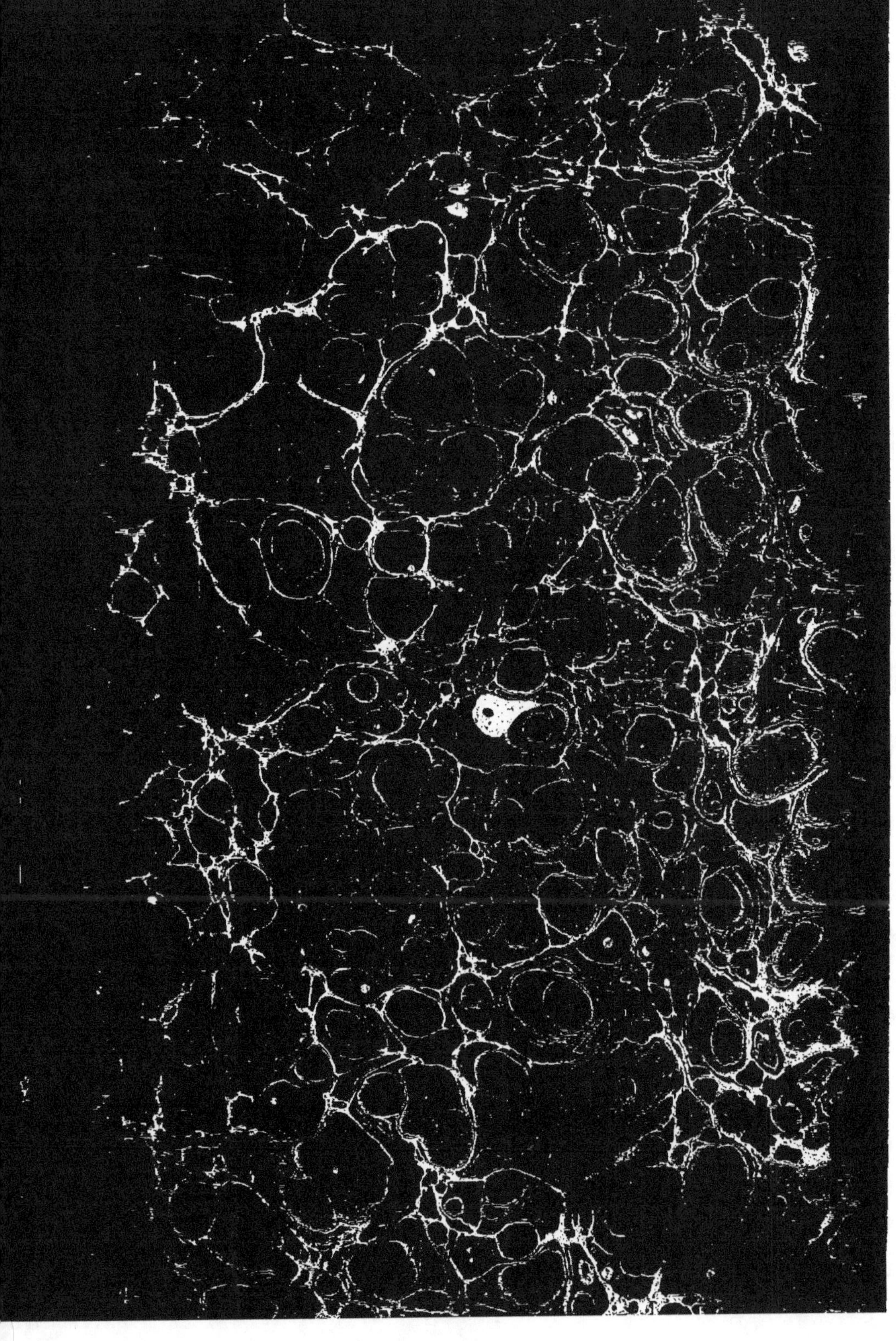

HISTOIRE NATURELLE

DES

ANIMAUX SANS VERTÈBRES.

De l'Imprimerie d'Abel Lanoe,
Rue de la Harpe, n.° 78.

HISTOIRE NATURELLE

DES

ANIMAUX SANS VERTÈBRES,

PRÉSENTANT

LES CARACTÈRES GÉNÉRAUX ET PARTICULIERS DE CES ANIMAUX, LEUR DISTRIBUTION, LEURS CLASSES, LEURS FAMILLES, LEURS GENRES, ET LA CITATION DES PRINCIPALES ESPÈCES QUI S'Y RAPPORTENT;

PRÉCÉDÉE

D'UNE INTRODUCTION offrant la Détermination des caractères essentiels de l'Animal, sa distinction du végétal et des autres corps naturels, enfin, l'Exposition des Principes fondamentaux de la Zoologie.

PAR M. LE CHEVALIER DE LAMARCK,

Membre de l'Académie Royale des sciences de Paris, de la Légion d'Honneur, et de plusieurs Sociétés savantes de l'Europe ; Professeur de Zoologie au Muséum d'Histoire naturelle.

Nihil extrà naturam observatione notum.

TOME QUATRIÈME.

PARIS,

Chez
{ DÉTERVILLE, Libraire, rue Hautefeuille, n.o 8.
{ VERDIÈRE, Libraire, Quai des Augustins, n.º 27.

Mars. — 1817.

HISTOIRE NATURELLE

DES

ANIMAUX SANS VERTÈBRES.

LES SPHINGIDES

ou

LÉPIDOPTÈRES CRÉPUSCULAIRES.

Antennes en massue allongée, prismatique ou en fuseau. — Ailes horizontales ou en toit dans l'inaction.

Les *sphingides* qui, dans Linné, ne constituent qu'un seul genre qu'il nomme *sphinx*, semblent faire le passage des lépidoptères nocturnes aux lépidoptères diurnes. Les uns, en effet, ne volent que le soir et la nuit, tandis que les autres volent le jour, et même par un beau soleil. Leurs antennes vont en s'épaississant de la base vers le sommet, de manière à former, dans la plupart, une massue allongée, prismatique ou en fuseau, et terminée, soit par un filet court, soit par une pointe arquée et crochue. Mais les *sphingides* tiennent aux lépidoptères nocturnes en ce qu'ils ont leurs ailes horizontales ou en toit dans l'inaction, et qu'à la naissance des ailes inférieures, il y a un crochet subulé qui va s'insérer dans une boucle de la base des ailes supérieures.

Tome IV.　　　　　　　　　　I

Dans les *sphingides*, les ailes supérieures sont presque toujours plus grandes et plus longues que les inférieures. L'abdomen est conique et nu dans les grandes
espèces ; il est obtus avec une brosse dans les petites. Cette
famille comprend huit genres qui paraissent très-distincts
et que je divise de la manière suivante.

DIVISION DES SPHINGIDES.

[1] *Antennes bipectinées, soit dans les deux sexes,
soit seulement dans les mâles.*

Stygie.
Procris.

[2] *Antennes simples dans les deux sexes.*

(a) Palpes grêles, barbus ou hérissés.

Zygène.
Sésie.
Macroglosse.

(b) Palpes larges, très-écailleux.

(✗) Troisième article des palpes peu distinct.
Une corne caudale sur le dos de la chenille.

Sphinx.
Smérinthe.

(✗ ✗) Troisième article des palpes très-distinct.
Point de corne caudale sur le dos de la chenille.
Castnie.

STYGIE. (Stygia.)

Antennes bipectinées dans les deux sexes, à sommet nu.
Deux palpes triarticulés. Trompe plus ou moins distincte.

Ailes oblongues, en toit. Port des zygènes.

Antennæ in utroque sexu bipectinatæ; apice imberbi. Palpi duo triarticulati. Proboscis plus minusve distincta.

Alæ oblongæ, deflexæ. Habitus zygœnarum.

OBSERVATIONS.

Sous la dénomination de *stygie*, je réunis les aglaopes, les glaucopides et les stygies de M. Latreille. Toutes ces sphingides ont le port des zygènes, et les antennes bipectinées dans les deux sexes. En cela, elles se distinguent des procris dont les antennes ne sont bipectinées que dans les mâles.

ESPÈCES.

1. Stygie polymène. *Stygia polymena.*

St. nigra; alis maculis luteis : anticarum tribus, posticarum duabus; abdomine cingulis duobus coccineis.

Zygœna polymena. Fab. *Sphinx polymena.* Lin.

Glaucopis. Latr.

Habite en Chine.

2. Stygie dos-bleu. *Stygia auge.*

St. sanguineo cæruleoque varia, lateribus sanguineo pilosis; alis fenestratis, posticè nigris.

Zygœna auge. Fab. *Sphinx auge.* Lin.

Habite en Amérique, sur le *parthenium.*

3. Stygie argynne. *Stygia argynnis.*

St. alis virescenti-atris : maculis aureis, posticis fuscis basi aureis.

Zygœna argynnis. Fab.

Habite au Brésil.

4. Stygie malheureuse. *Stygia infausta.*

St. alis fuscis : posticis internè sanguineis.

Zygœna infausta. Fab.

Engr. pap. d'Europe. pl. 103. n.o 152.
Aglaope. Latr.
Habite l'Europe méridionale.

5. Stygie australe. *Stygia australis.*

St. luteo fulvo fuscoque varia : ano barbato.
Stygia australis. Latr. gen. crust. et ins. 1. tab. 16. *fig.* 4-5.
Habite dans le midi de la France.

PROCRIS. (Procris.)

Antennes bipectinées dans les mâles, simples ou un peu velues dans les femelles, avec le sommet nu. Deux palpes écailleux.

Ailes en toit.

Antennæ masculis bipectinatæ, feminis simplices vel tantùm subhirtæ : apice imberbi. Palpi duo squamati.

Alæ deflexæ.

OBSERVATIONS.

Les *procris*, de même que les stygies, tiennent aux zygènes par leurs rapports, et sont remarquables en ce que leurs antennes sont bipectinées, au moins dans les mâles, ainsi qu'on le remarque ici. Sous cette coupe, je réunis les procris et les atychies de M. Latreille. Les premieres ont les ailes longues et les palpes non velus, ne s'élevant pas au-delà du chaperon ; mais les secondes ont les ailes courtes et des palpes très-velus, qui s'élèvent davantage.

ESPÈCES.

1. Procris du statice. *Procris statices.*

P. viridi-cœrulea ; alis posticis fuscis.

Sphinx statices. Lin.
Zygæna statices. Fab. *Procris.* Latr.
La turquoise. Geoff. 2. p. 13o.
Habite en Europe, dans les prairies.

2. Procris du prunier. *Procris pruni.*

P. *viridi-cœrulea ; alis posticis nigris.*
Zygæna pruni. Fab.
Engram. pap. d'Europe , pl. 1o3. n.o 151.
Habite en Allemagne , et aux environs do Paris.

Antennes simples dans les deux sexes.

ZYGÈNE. (Zygæna.)

Antennes simples , courbées en cornes de bélier , renflées en massue pointue vers son extrémité. Deux palpes pointus.

Ailes en toit : les supérieures oblongues. Larve dépourvue de corne. Chrysalide dans une coque.

Antennæ in utroque sexu simplices , clavâ apice subacutâ terminatæ , cornua arietina incurvatione simulantes. Palpi duo acuti.

Alœ deflexœ : superioribus oblongis. Larva cornu nullo. Pupa folliculata.

OBSERVATIONS.

Les *zygènes* ont le vol court et diurne. Elles paraissent , ainsi que les genres précédens , plus rapprochées des bombices que les sésies et les sphinx. Mais leurs antennes épaissies ou renflées vers le bout, les distinguent de toutes les phalénides , et les font ranger naturellement parmi les sphingides , dans le voisinage des sésies.

Dans la plupart des espèces, les ailes sont ornées de couleurs vives, le plus souvent rouges avec des taches noires, et ont un aspect assez agréable.

Les *zygènes*, en général, volent lourdement, et ne parcourent que de petites distances à chaque vol. Leurs chenilles n'ont point de corne, et ne se retirent point dans la terre pour se métamorphoser.

On trouve ces insectes sur les herbes, sur les fleurs des plantes les moins élevées.

ESPÈCES.

1. Zygène de la filipendule. *Zygœna filipendulæ. Fab.*

Z. alis anticis cyaneis : punctis sex rubris, posticis rubris : margine cyaneo.

Sphinx filipendulœ. Lin.

Sphinx. Geoff. 2. p. 88. n.o 13.

Habite en Europe , dans les prairies.

2. Zygène du lotier. *Zygœna loti.*

Zyg. alis anticis viridibus : punctis quinque rubris : posticis sanguineis : limbo cyaneo.

Zygœna loti Fab.

Engr. pap. d'Europe, pl. 18. n.º 158.

Habite en Europe.

3. Zygène de la scabieuse. *Zygœna scabiosæ.* Fab.

Z. atra ; alis anticis viridibus : maculis oblongis, approximatis, sanguineis ; posticis rubris.

Engr. pap. d'Europe, pl. 95 et 96. n.os 133—135.

Habite en Europe , sur la scabieuse des bois , la piloselle.

4. Zygène de l'esparcette. *Zygœna onobrychis* Fab.

Z. atra ; alis anticis cyaneis : punctis sex sanguineis ocellatis, posticis rubris : limbo nigro.

Engr. pap. d'Europe, pl. 89. n.o 40.

Habite en Autriche.

5. Zygène de la bruyère. *Zygœna fausta.* Fab.

Z. alis concoloribus rubris : maculis nigris, margine nigroconnexis.

Sphinx fausta. Lin.
Engr. pap. d'Europe, pl. 100. n.° 142.
Habite en Europe.
Etc.

SÉSIE. (Sesia.)

Antennes cylindriques, un peu renflées et fusiformes vers le bout. Deux palpes.

Langue filiforme, rétractile.

Ailes horizontales, vitrées. Anus barbu et obtus. Vol diurne et rapide. Chenille dépourvue de corne.

Antennæ cylindricæ, versùs apicem fusiformes. Palpi duo. Lingua filiformis, retractilis.

Alæ horisontales, subdivaricatæ, hyalino-fenestratæ. Anus barbatus. Volitus celer, diurnus. Eruca cornu nullo.

OBSERVATIONS.

Toutes les *sésies* sont beaucoup moins grandes que les sphinx, et néanmoins s'en rapprochent davantage que les zygènes. Elles ont le vol très-rapide, bourdonnent comme les mouches, et volent le jour et même par un beau soleil, tandis que les sphinx ne volent que le soir. Ces insectes se soutiennent en l'air, devant les fleurs, et paraissent alors presqu'immobiles en volant.

Les vraies *sésies* ont leurs ailes peu chargées d'écailles, et offrant des espaces nus, transparens, comme vitrés. Par leur aspect et leur petite taille, ces sphingides ressemblent à des abeilles, des guêpes, etc. Leurs larves n'ont point de corne, et vivent cachées dans l'intérieur des parties des végétaux.

ESPÈCES.

1. Sésie apiforme. *Sesia apiformis.* Fab.

    S. alis fenestratis ; abdomine flavo : incisuris atris ; thorace nigro : maculis duabus flavis.
    Sphinx apiformis. Lin.
    Engr. pap. d'Europe , pl. 91. n.º 121.
    Habite en Europe.

2. Sésie tipuliforme. *Sesia tipuliformis.* Fab.

    S. alis fenestratis : margine fasciâque nigris ; abdomine barbato nigro : incisuris alternis margine flavis.
    Sphinx tipuliformis. Lin.
    Engr. pap. d'Europe , pl. 94. n.ºˢ 129 et 130.
    Habite en Europe.

3. Sésie culiciforme. *Sesia culiciformis.* Fab.

    S. alis hyalinis : margine fasciaque nigris ; abdomine barbato : cingulo fulvo.
    Sphinx culiciformis. Lin.
    Engr. pap. d'Europe , pl. 93. n.º 126.
    Habite en Europe.

4. Sésie vespiforme. *Sesia vespiformis.* Fab.

    S. alis fenestratis : margine fasciâque nigris ; abdomine barbato nigro : segmentis pluribus flavis.
    Sphinx vespiformis. Lin.
    Engr. pap. d'Europe , pl. 92. n.º 124.
    Habite en Europe.
    Etc.

MACROGLOSSE. (Macroglossum.)

Antennes subcylindriques, un peu renflées et fusiformes vers le bout. Deux palpes.

Langue longue, filiforme, rétractile.

Ailes horizontales, couvertes d'écailles, quelquefois vitrées. Anus barbu et obtus. Vol diurne et rapide. Chenille munie d'une corne caudale.

Antennæ subcylindricæ, versùs apicem fusiformes.
Palpi duo squamati.

Lingua longa , filiformis , retractilis.

Alæ horisontales , squamis penitùs obtectæ , inter-
dùm fenestratæ. Anus barbatus, obtusus. Volitus celer,
diurnus. Eruca cornu dorsali.

OBSERVATIONS.

Les *macroglosses* tiennent en quelque sorte le milieu entre les sésies et les sphinx. On les a confondues avec les premières, parce qu'elles ont, comme elles, le vol diurne et rapide , et qu'il y en a dont les ailes sont vitrées. Mais elles se
rapprochent des sphinx par la corne caudale de leur larve.
Ainsi, il convient de les distinguer, avec *Scopoli ,* comme
un genre à part.

ESPÈCES.

1. Macroglosse du caille-lait. *Macroglossum stellatarum.*

> *M. abdomine barbato : lateribus albo nigroque variis ; alis*
> *posticis ferrugineis.*
> *Sphinx stellatarum.* Lin.
> *Sesia stellatarum.* Fab.
> Le moro-sphinx. Geoff. 2. p. 83. n.o 6. pl. 11. f. 5.
> Engr. pap. d'Europe, pl. 89 et 90. n.o 116.
> Habite en Europe , sur le caille-lait , les rubiacées gallioïdes.

2. Macroglosse fuciforme. *Macroglossum fuciforme.*

> *M. abdomine barbato nigro ; fasciâ flavescente ; alis fe-*
> *nestratis : margine nigro.*
> *Sesia fuciformis.* Fab.
> *Sphinx.* Geoff. 2. p. 82. n.o 5.
> Engr. pap. d'Europe, pl. 89 et 90. n.o 117.
> Habite en Europe.

Nota. Le *sesia bombyliformis* de Fabricius ne nous paraît être
qu'une variété de cette espèce.

SPHINX. (Sphinx.)

Antennes épaissies en massue prismatique dans leur partie supérieure, quelquefois subciliées, terminées par une pointe. Deux palpes courts, larges, très-écailleux. Langue allongée.

Ailes entières ou presqu'entières. Une corne caudale sur le dos de la chenille.

Antennæ in clavam oblongam et prismaticam versùs apicem incrassatæ, interdùm subciliatæ, apice acuto. Palpi duo breves, lati, densè squamati. Lingua elongata.

Alæ subintegræ. Eruca posticè cornu dorsali.

OBSERVATIONS.

Les *sphinx* ne volent point en plein jour, comme les sésies et les macroglosses, mais seulement au déclin du jour et le soir. Ils ne tiennent aux macroglosses que par la corne dorsale et caudale de leur larve. On ne les confondra point avec les papillons, puisqu'ils ont des crochets à la naissance de leurs ailes inférieures, que leurs ailes dans l'inaction sont horizontales ou en toit, et que leurs antennes sont épaissies et prismatiques dans leur partie supérieure.

La plupart des *sphinx* ont un vol rapide, font entendre un bourdonnement remarquable en volant, et pompent la liqueur mielleuse des fleurs sans se poser. Leur abdomen n'est point obtus comme dans les deux genres précédens, mais se termine en pointe.

Les chenilles des sphinx ont seize pattes, sont rases, à peau lisse ou chagrinée, et ont une corne sur le dos près de la queue. Leur attitude singulière dans le repos leur a fait donner le nom de *sphinx*.

C'est ordinairement dans l'intérieur de la terre ou à sa surface que ces chenilles se changent en chrysalide. Elles se fabriquent des enveloppes grossières avec des feuilles et des particules de terre qu'elles réunissent avec de la soie.

ESPÈCES.

1. Sphinx du liseron. *Sphinx convolvuli.*

S. alis integris nebulosis : posticis subfasciatis ; abdomine cingulis rubris, atris albisque.

Sphinx convolvuli. Lin. Fab.

Geoff. 2. p 86. n.o 9.

Engr. pap. d'Europe, pl. 86—87 — 122. n.o 14.

Habite en Europe.

2. Sphinx tête de mort. *Sphinx Atropos.*

S. alis integris : posticis luteis, fasciis fuscis ; abdomine luteo : cingulis nigris.

Sphinx Atropos. Lin. Fab.

Geoff. 2. p. 85. n.o 8.

Engr. pap. d'Europe, pl. 105 et 106. n.o 154.

Habite en Europe, sur la pomme-de-terre, etc.

3. Sphinx du tithymale. *Sphinx euphorbiœ.*

S. alis integris griseis : fasciis duabus virescentibus, posticis basi strigáque nigris, antennis niveis.

Sphinx euphorbiœ. Lin. Fab.

Engr. pap. d'Europe, pl. 107 et 108. n.o 155.

Habite en Europe.

4. Sphinx du troëne. *Sphinx ligustri.*

S. alis integris, posticis rufis : fasciis tribus nigris ; abdomine rubro : cingulis nigris.

Sphinx ligustri. Lin. Fab.

Geoff. 2. p. 84. n.o 7.

Engr. pap. d'Europe, pl. 85. n.o 113.

Habite en Europe.

5. Sphinx de la vigne. *Sphinx elpenor.*

S. alis integris, viridi purpureoque variis : posticis rubris, basi atris.

Sphinx elpenor. Lin. Fab.
Geoff. 2. p. 86. n.º 10.
Engr. pap. d'Europe, pl. 112. n.º 160.
Habite en Europe.
Etç.

SMÉRINTHE. (Smerinthus.)

Antennes insensiblement plus épaisses dans leur moitié supérieure, prismatiques, subpectinées ou en scie, un peu crochues à leur sommet. Deux palpes comprimés, écailleux. Langue très-courte, presque nulle.

Ailes anguleuses. Une corne caudale sur le dos de la chenille.

Antennæ versùs medium et sensìm crassiores, prismaticæ, subserratæ; apice uncinato. Palpi duo compressi, squamati. Lingua brevissima, ferè nulla.
Alæ angulatæ. Eruca cornu dorsali postico.

OBSERVATIONS.

Les *smérinthes* sont éminemment distingués des sphinx par leur trompe ou langue très-courte et presqu'avortée. Ils volent peu et se posent pour prendre leur nourriture; on peut même penser qu'ils n'en prennent guère ou que pendant peu de temps. Ces lépidoptères ont d'ailleurs de très-grands rapports avec les sphinx, et sont en général assez élégamment ornés. Leurs ailes, surtout les supérieures, sont anguleuses, et leur abdomen se termine en pointe.

ESPÈCES.

1. Smérinthe du tilleul. *Smerinthus tiliæ.*
   S. alis angulatis, virescenti-nebulosis, saturatiùs fasciatis; posticis suprà luteo-testaceis.
   Sphinx tiliæ Lin. Fab.

Geoff. 2. p. 80. n.º 2.
Engr. pap. d'Europe, pl. 117—118. n.º 163.
Habite en Europe.

2. Smérinthe demi-paon. *Smerinthus ocellatus.*

S. alis angulatis : posticis rufis ; ocello cœruleo.
Sphinx ocellata. Lin. Fab.
Geoff. 2. p. 79. n.º 1.
Engr. pap. d'Europe, pl. 119. n.º 164.
Habite en Europe.

3. Smérinthe du peuplier. *Smerinthus populi.*

S. alis dentatis, reversis griseis : anticis puncto albo, pos-
ticis basi ferrugineis.
Sphinx populi. Lin Fab.
Geoff. 2. p. 81. n.º 3.
Engr. pap. d'Europe, pl. 114 et 116. n.º 162.
Habite en Europe.

4. Smérinthe du chêne. *Smerinthus quercûs.*

S. alis angulato-dentatis, cinereis : strigis obscurioribus,
posticis ferrugineis : angulo ani albo.
Sphinx quercûs. Fab.
Habite en Allemagne. Rare.

CASTNIE. (Castnia.)

Antennes filiformes, se terminant en massue allongée,
avec un petit crochet au bout. Deux palpes triarticulés,
non contigus.

Ailes horizontales ou en toit ?

Antennæ filiformes, clavâ oblongâ terminatæ ; api-
ce acuto uncinato. Palpi duo distinctè triarticulati,
non contigui.

Alæ horisontales aut deflexæ ?

OBSERVATIONS.

Les *castnies* ont été confondues parmi les papillons,
parce que la massue des antennes ne commence que vers

l'extrémité de ces parties. Elles se rapprochent, en effet, par leurs antennes, de ceux des papilionides que nous nommons, avec M. Latreille, les *uranies* et les *hespéries*. Mais leurs ailes inférieures sont munies de crochets pour retenir celles de dessus, et il est probable que, dans le repos, leurs ailes sont plutôt horizontales ou en toit que relevées. Ce sont des sphingides qui font le passage aux papilionides.

ESPECES.

1. Castnie de Surinam. *Castnia Icarus.*

> *C. alis integris, suprà albis : fasciis fuscis, subtùs fasciis albis nigrisque alternis.*
> *Hesperia Icarus.* Fab. *Papilio Icarus.* Gmel.
> *Pap. Philemon.* Cram. 2. tab. 22. *fig.* G—H.
> Habite à Surinam.

2. Castnie de Guinée. *Castnia Dædalus.*

> *C. alis integerrimis fuscis, albo-maculatis subtùs brunneis.*
> *Papilio Dædalus.* Fab. 3. 1. p. 53.
> Habite la Guinée.

3. Castnie Cyparisse. *Castnia Cyparissias.*

> *C. alis integerrimis nigris : fasciis duabus albis ; anticarum obliquis, posticarum punctatis.*
> *Papilio Cyparissias.* Fab. 3. 1. p. 39.
> Cram. 1. t. 1. *fig.* A—B.
> Habite l'Amérique méridionale.

4. Castnie d'Inde. *Castnia Orontes.*

> *C. alis caudatis nigris : fasciis duabus virescentibus ; caudis albis distantibus.*
> *Papilio Orontes.* Fab. 3. 1. p. 69.
> Cram. 7. t. 38. *fig.* A—B.
> Habite dans l'Inde.
> Etc.

SECTION DEUXIÈME.

Point de crochets au bord externe des ailes inférieures.

LES PAPILIONIDES.

Antennes filiformes, simples, terminées par un bouton droit ou par un renflement oblong et crochu. Deux palpes apparens, courts, comprimés, velus. — Les ailes élevées dans l'inaction; leur bord intérieur étant alors moins élevé que l'extérieur. Vol diurne. — Larve à seize pattes et sans corne. Chrysalide presque toujours à nu.

OBSERVATIONS.

Les *papilionides* embrassent tous les lépidoptères connus généralement sous le nom de papillons, et par conséquent le genre *papilio* de Linné et de tous les auteurs. Ils constituent la dernière, la plus grande et la plus belle famille des lépidoptères.

On les distingue des autres lépidoptères, 1.º parce qu'ils n'ont point de crochets subulés à la naissance des ailes inférieures; 2.º parce que, dans le repos, ils ont leurs ailes plus ou moins complettement relevées, mais jamais tout-à-fait horizontales, ni en toit; 3.º parce que tous généralement ne volent que le jour; 4.º enfin, parce que, dans la plupart, leur chrysalide est suspendue, nue et anguleuse.

De tous les lépidoptères, et peut-être de tous les insectes en général, ce sont les papilionides qui offrent le plus d'intérêt par leur beauté, leur vivacité, l'élégance de leur forme et l'admirable variété de leurs couleurs. En effet, la beauté du papillon, sa légèreté, son air animé, ses courses vagabondes et volages, tout nous plaît en lui. Il voltige de fleur en fleur, parcourant ainsi les vergers, les prairies et les plaines : l'inconstance semble former son caractère.

Une collection de papillons, riche en espèces et bien conservée, nous présente un des plus beaux spectacles qu'on puisse voir dans un cabinet d'histoire naturelle. Ces insectes semblent se disputer à l'envi la beauté des couleurs, l'élégance de la forme. Ce sont, en général, les papillons de la Chine et de l'Amérique méridionale, surtout ceux de la rivière des Amazones et du Brésil, qui se font remarquer par leur grandeur, et par le vif éclat de leurs couleurs.

Avec de grandes ailes légères, la plupart des papillons, néanmoins, volent d'assez mauvaise grâce : ils vont toujours par zigzag, de haut en bas, de bas en haut, à droite et à gauche : cela provient de ce que leurs ailes sont libres, ne frappent l'air que l'une après l'autre, et peut-être avec des forces alternativement inégales. Ce vol leur est très-avantageux, parce qu'il leur fait éviter les oiseaux qui les poursuivent ; car le vol de la plupart des oiseaux est en ligne droite ou par lignes droites, et celui du papillon est continuellement hors de cette ligne.

Pour faciliter l'étude des nombreuses espèces de papillons, dont on connaît plus de 900, on les avait divisées en plusieurs tribus, auxquelles on avait donné des noms particuliers ; ce qui, jusqu'à un certain point, eût pu suffire, si les caractères de ces tribus eussent été moins vagues, mieux circonscrits. Mais il paraît que personne, avant M. Latreille, n'avait assez étudié les papillons pour les partager en différens genres, et en former une famille particulière.

Je ne suivrai point cet entomologiste dans toutes les distinctions qu'il a établies parmi les *papilionides* ; mais, profitant des principaux caractères qu'il a fait connaître, je me bornerai à présenter ces papilionides partagés en dix coupes circonscrites, que je considère comme constituant dix genres distincts. Voici la division de ces genres.

DIVISION DES PAPILIONIDES.

§. *Quatre épines aux jambes postérieures : deux vers le milieu du côté interne, et deux au bout.*

Uranie.

Hespérie.

§§. *Deux épines seulement aux jambes postérieures.*

(1) Troisième article des palpes toujours très-distinct et presque nu.

Chenille courte, ovale ou en forme de cloporte.

Argus.

(2) Troisième article des palpes, soit presque nul, soit très-distinct, mais alors couvert d'écailles ou très-velu.

Chenille allongée, subcylindrique.

* Chrysalide nue, suspendue par son extrémité postérieure.

Quatre pattes ambulatoires, soit dans les deux sexes, soit dans les mâles seulement; les deux pattes antérieures étant relevées contre le cou (en palatine).

(a) Les deux pattes antérieures relevées et non ambulatoires dans les deux sexes.

(+) Palpes courts, comprimés, presque contigus.

Nymphale.

Tome IV. 2

(+-+) Palpes longs, cylindracés, grêles, très-écartés.

Danaïde.

(b) Les deux pattes antérieures relevées et non ambulatoires dans les mâles seulement.

Libythée.

** Chrysalide quelquefois dans une coque, le plus souvent nue, et alors attachée par un cordon dans son milieu.

Toutes les pattes ambulatoires dans les deux sexes.

(a) Ailes inférieures formant, par le rapprochement de leur bord interne, un canal qui reçoit le corps.

Piéride.

(b) Ailes inférieures écartées à leur bord interne, et laissant le corps à découvert en dessus et en dessous.

(†) Chrysalide dans une coque.

Une poche cornée à l'extrémité de l'abdomen des femelles.

Parnassien.

(† †) Chrysalide nue.
Point de poche particulière à l'abdomen des femelles.

Thaïs.
Papillon.

URANIE. (Urania.)

Antennes filiformes, très-grêles, sétacées et crochues à leur extrémité. Deux palpes grêles et longs, à troisième article nu.

Ailes n'étant point toutes relevées dans l'inaction. Quatre épines aux jambes postérieures.

Antennæ filiformes, ad apicem graciliores, seta-

ceæ et arcuatæ. Palpi duo elongati, graciles; articulo tertio nudo.

Alæ omnes in quiete non erectæ. Pedes postici tibiis quadrispinosis.

OBSERVATIONS.

Les *uranies* tiennent aux hespéries par les quatre épines de leurs jambes postérieures; mais on les en distingue facilement par leurs antennes sétacées et courbées ou crochues à leur sommet, et par leurs palpes grêles, longs, à troisième article nu.

ESPÈCES.

1. Uranie leilus. *Urania leilus.*

> *U. alis caudatis, concoloribus nigris : fasciâ strigisque viridibus, nitentibus, numerosis.*
> *Papilio leilus.* Lin. Fab. 3. p. 21.
> Cram. ins. 8. t. 85. *fig.* D—E.
> Habite en Amérique, sur le citronnier.

2. Uranie d'Inde. *Urania ripheus.*

> *U. alis sexdentato caudatis, nigris, viridi-fasciatis : posticis subtùs macula ani ferruginea, nigro punctata.*
> *Papilio Ripheus.* Fab. p. 21.
> Cram. ins. 33. t. 385. *fig.* A—B.
> Habite la côte de Coromandel.

3. Uranie Oronte. *Urania Orontes.*

> *U. alis caudatis nigris : fasciis duabus virescentibus; caudis albis distantibus.*
> *Papilio Orontes.* Lin. Fab. p. 69.
> Cram. ins. 7. t. 38. *fig.* A—B.
> Habite dans l'Inde.

4. Uranie Patrocle. *Urania Patroclus.*

> *U. alis caudatis concoloribus fuscis : fasciâ lineari, obliquâ, albâ, apicibusque albis.*
> *Papilio Patroclus.* Lin. *Noctua Patroclus.* Fab.
> Habite dans les Indes.
> Etc.

HESPÉRIE. (Hesperia.)

Antennes filiformes, terminées en bouton ou en massue oblongue. Deux palpes courts, larges, très-écailleux.

Les deux ailes inférieures peu relevées dans le repos. Quatre épines aux jambes postérieures.

Antennæ filiformes, apice capitulo vel clavâ oblongâ terminatæ. Palpi duo breves, lati, valdè squamati.

Alæ inferiores in quiete vix erectæ. Pedes postici quadrispinosi.

OBSERVATIONS.

Les *hespéries*, ainsi que l'uranie, paraissent être les papilionides les plus rapprochés des lépidoptères précédens ; car leurs ailes ne sont point toutes relevées dans le repos, et leur chrysalide, en général, n'est ni nue, ni anguleuse. C'est au moins ce que l'on sait à l'égard des espèces d'Europe qui ont été observées. Leur chrysalide est enveloppée d'une légère coque de soie, et l'insecte parfait n'a pas ses quatre ailes entièrement relevées dans les temps de repos.

D'ailleurs les hespéries et les uranies sont bien distinguées des autres papilionides, ayant quatre épines aux jambes postérieures, et les autres papilionides n'en ayant que deux.

ESPECES.

1. Hespérie de la mauve. *Hesperia malvæ.*

H. alis dentatis, divaricatis, fuscis cinereo-undatis anticis punctis fenestralis ; posticis sublùs punctis albis.
Papilio plebeius malvæ. Lin.
Hesperia malvæ. Fab. 3. p. 35o.
Le plein-chant. Geoff. 2. p. 67. n.º 38.
Habite en Europe. Commune.

2. Hespérie grisette. *Hesperia tages.*

> H. alis integerrimis denticulatis, fuscis, obsolete albo-punc-
> tatis.
> Papilio plebeius tages. Lin.
> Hesperia tages. Fab. 3. p. 354.
> Le p. grisette. Geoff. 2. p. 68. n.º 39.
> Habite en Europe, dans les bois.

3. Hespérie plein-chant. *Hesperia fritillum.*

> H. alis integris, divaricatis, nigris, albo-punctatis.
> Hesperia fritillum. Fab. 3. p. 351.
> Engr. pap d'Europe, suppl. 3. pl. 7. n.º 97 *bis.*
> Habite en Europe, dans les prés.

4. Hespérie bande-noire. *Hesperia comma.*

> H. alis integerrimis, divaricatis, fulvis : lineolâ nigrâ,
> subtùs punctis albis.
> Papilio comma. Lin. Hesperia comma. Fab. p. 325.
> Geoff. 2. p. 66. n.º 37.
> Engr. pap. d'Europe. suppl. 3. pl. 7. n.º 97 *bis.*
> Habite en Europe, dans les prés.
> Etc.

ARGUS. (Argus.)

Antennes filiformes, terminées en massue. Troisième
article des palpes très-distinct et presque nu.

Ailes relevées dans le repos. Un canal au bord interne
des ailes inférieures. Chenille courte, subovale. Chrysalide obtuse aux extrémités.

*Antennæ filiformes, clavâ terminatæ. Palporum
articulo tertio distincto, subnudo.*

*Alæ in quiete erectæ : posticæ abdomen subtùs in
canali excipientes. Eruca brevis, subovata. Chrysalis
apicibus obtusis.*

OBSERVATIONS.

Les *argus*, comme les autres papilionides qui suivent, n'ont que deux épines aux jambes postérieures. Ils sont nombreux en espèces, et remarquables par la singularité de leur chenille. Elle est courte, presqu'ovale, et a, en quelque sorte, la forme d'un cloporte. Dans l'insecte parfait, le troisième article des palpes est toujours bien distinct, grêle, presque nu ou peu chargé d'écailles.

A ce genre, je rapporte les *erycines* de M. Latreille, et ses *polyommates*. Dans les premières, les deux pattes antérieures sont beaucoup plus courtes dans les mâles que dans les femelles ; les six pattes des seconds sont également ambulatoires dans les deux sexes.

ESPECES.

* *Toutes les pattes ambulatoires dans les deux sexes.*
(Argus européens.)

1. Argus commun. *Argus vulgaris.*
   A. alis rotundatis, integris, fuscis, fasciâ marginali fulvâ, subtùs cinereis, ocellisque cœruleo-argenteis.
   Hesperia argus. Fab. *Papilio argus.* Lin.
   Geoff. 2. p. 63. n.º 32.
   Engr. pap. d'Europe. pl. 38. n.º 80.
   Habite en Europe ; très-commun.

2. Argus Corydon. *Argus Corydon.*
   A. alis integris, cœruleo-argenteis : margine nigro, subtùs cinereis, punctis ocellaribus, posticis maculâ centrali albâ.
   Hesperia Corydon. Fab. p. 298.
   Engr. pap. d'Europe. pl. 39. n.º 85.
   Habite en Allemagne, en France.

3. Argus minime. *Argus alsus.*
   A. alis integerrimis, fuscis, immaculatis subtùs cinereis : striga punctorum ocellatorum.

Hesperia alsus. Fab. p. 295.
Habite en Europe.

4. Argus Méléagre. *Argus Meleager.*

A. alis dentatis, cæruleis : limbo nigro, subtùs canis : punctis ocellaribus nigris.
Hesperia Meleager. Fab. p. 292.
Habite en France, en Allemagne.

5 Argus de la ronce. *Argus rubi.*

A. alis subcaudatis, suprà fuscis, subtùs viridibus.
Hesperia rubi. Fab. p. 287.
L'argus vert ou avengle. Geoff. 2. p. 64. n.º 34.
Habite en Europe; commun dans les bois.
Etc.

****** *Mâles ayant les deux pattes antérieures plus courtes et non ambulatoires* (Argus étrangers).

6. Argus Cupidon. *Argus Cupido.*

A. alis posticis sexdentato-caudatis : subtùs albidis ; maculis argenteis.
Hesperia Cupido. Fab. p. 258.
Habite en Amérique, sur le cotonnier.

7 Argus Endymion. *Argus Endymion.*

A. alis bicaudatis, subtùs viridibus aureo rufoque irroratis : posticis strigâ atrâ fascidque sanguineâ.
Hesperia Endymion. Fab. p. 268.
Papilio regalis. Cram. ius. 6. t. 72. *fig.* E—F.
Habite à Surinam.

8. Argus Mélibée. *Argus Melibeus.*

A. alis bicaudatis cærulescentibus : limbo fusco, subtùs flavescentibus : anticis fusco, posticis nigro, strigosis, angulo ani atro ; annulis cæruleis.
Hesperia Melibeus. Fab p. 271.
Habite dans l'Inde.

9. Argus Lysippe. *Argus Lysippus.*

A. alis angulatis fuscis : omnibus strigâ rubrâ, subtùs cinereo punctatis.

Hesperia Lysippus. Fab. p. 321.
Habite en Amérique.
Etc.

NYMPHALE. (Nymphalis.)

Antennes filiformes, terminées en massue. Deux palpes courts, comprimés, presque contigus.

Les deux pattes antérieures inutiles et relevées contre le cou dans les deux sexes. Les ailes inférieures embrassant l'abdomen en dessous. Onglets des tarses bifides.

Antennæ filiformes clavâ terminatæ. Palpi duo breves, compressi, subcontigui.

Pedes duo antici spurii, collo appressi in utroque sexu. Alæ posticæ abdomen infrà amplectentes. Tarsi unguibus bifidis.

OBSERVATIONS.

Ce genre embrasse non-seulement les nymphales de M. Latreille, mais en outre ses *satyrus*, *biblis*, *vanessa*, *argynis* et *cethosia*. Il est conséquemment fort étendu, et comprend beaucoup d'espèces exotiques.

Dans toutes les *nymphales*, les deux pattes antérieures sont en palatine et sans usage dans les deux sexes. La même chose a lieu dans les danaïdes ; mais celles-ci ont des palpes allongés, cylindracés, très-écartés.

Je ne citerai que quelques espèces d'Europe.

ESPÈCES.

1. Nymphale demi-deuil. *Nymphalis Galathea.*
   N. alis dentatis, albo nigroque variis : subtùs anticis ocello unico, posticis quinque.
   Papilio Galathea. Lin. Fab. p. 239.

Le demi-deuil. Geoff. p. 74. pl. 11. f. 3—4.
Habite en Europe, dans les prairies.

2. Nymphale Procris. *Nymphalis Pamphilus.*

N. alis integerrimis flavis : subtùs anticis ocello unico, posticis cinereis: fasciâ ocellisque quatuor oblitteratis.
Papilio Pamphilus. Lin. Fab. p. 221.
Procris. Geoff. 2. p. 53. n.° 21.
Habite en Europe. Espèce petite ; commune.

3. Nymphale Céphale. *Nymphalis arcanius.*

N. alis integerrimis ferrugineis : subtùs anticis ocello unico, posticis quinis : primo fasciâ remoto.
Papilio arcanius. Lin. Fab. p. 221.
Le Céphale. Geoff. 2. p. 53. n.° 22.
Habite en Europe.

4. Nymphale Myrtil. *Nymphalis janira.*

N. alis dentatis, fuscis : anticis subtùs luteis ; ocello utrinque unico ; posticis subtùs punctis tribus.
Papilio janira. Lin. Fab. p. 241.
Le Myrtil. Geoff. 2. p. 49. n.° 17.
Habite en Europe.

5. Nymphale Amaryllis. *Nymphalis pilosellœ.*

N. alis dentatis, fuscis : disco fulvo, anticis utrinque ocello nigro : pupilla gemina, posticis subtùs punctis ocellaribus niveis.
Papilio pilosellæ. Lin. Fab. p. 240.
Geoff. 2. p. 52. n.° 20.
Habite en Europe.

6. Nymphale Hermione. *Nymphalis Hermione.*

N. alis dentatis, fuscis : fasciâ pallidâ, anticis ocellis suprà duobus, subtùs unico.
Papilio Hermione. Lin. Fab. p. 232.
Le Silène. Geoff. 2. p. 46. n.° 13.
Habite en Allemagne, en France.

7. Nymphale satyre. *Nymphalis mœra.*

N. alis dentatis, fuscis : utrinque anticis sesquiocello ; posticis ocellis suprà tribus, subtùs sex.
Papilio mœra. Lin. Fab. p. 227.

Le satyre. Geoff. 2. p. 5o. n.º 19.

Habite en Europe. Le *papilio megœra* s'en rapproche beaucoup.

Etc.

DANAÏDE. (Danaus.)

Antennes filiformes, terminées par un bouton. Deux palpes longs, grêles, cylindracés, très-écartés.

Les deux pattes antérieures courtes et en palatine dans les deux sexes. Les ailes ovales ou oblongues : les inférieures embrassant à peine l'abdomen en dessous. Onglets des tarses toujours simples.

Antennæ filiformes, capitulo terminatæ. Palpi duo elongati, graciles, cylindracei, valdè remoti.

Pedes duo antici spurii, collo appressi in utroque sexu. Alæ ovales vel oblongæ : posticæ abdomen infrà vix amplectentes. Tarsi unguibus simplicibus.

OBSERVATIONS.

Ce genre embrasse les danaïdes et les héliconiens de M. Latreille. Ces lépidoptères, dans les deux sexes, ont les deux pattes antérieures en palatine, comme dans les nymphales ; mais leurs palpes allongés, grêles et écartés, les en distinguent principalement. Quant aux héliconiens, on les distingue des autres danaïdes parce qu'ils ont les ailes oblongues et étroites. Ils ont en outre les palpes un peu plus longs et le bouton des antennes plus droit.

ESPÈCES.

[*Danaïdiens*].

1. Danaïde pieds-liés. *Danaus plexippus.*

D. alis integerrimis fulvis : venis nigris dilatatis, margine

nigro : punctis albis , anticis fasciá apicis albá.
Papilio plexippus. Lin. Fab. p. 49.
Cram. ins. 1. tab 3. *fig.* A—B.
Habite en Amérique.

2. Danaïde concolore, *Danaus similis.*

D. alis subrepandis concoloribus : punctis cœrulescenti-albis versùs basim lineatis.
Papilio similis. Lin. Fab. p. 58.
Habite dans l'Inde.

3. Danaïde midamus. *Danaus midamus.*

D. alis integerrimis nigris albo punctatis : anticis suprà cœrulescentibus, posticis suprà punctorum alborum strigá.
Papilio midamus. Lin. Fab. p. 39.
Habite les Indes orientales.

4. Danaïde veinée. *Danaus idea.*

D. alis rotundatis denudato-albis : venis maculisque nigris.
Papilio idea. Lin. Fab. p. 185.
Habite dans les Indes.

[*Héliconiens.*]

5. Danaïde rouge. *Danaus horta.*

D. alis integerrimis rubris : anticis apice hyalinis , posticis subtùs albidis nigro-punctatis.
Papilio horta. Lin. Fab. p. 159.
Habite en Afrique.

6. Danaïde Terpsichore. *Danaus Terpsichore.*

D. alis oblongis integerrimis fulvis : posticis nigro punctatis.
Papilio Terpsichore. Lin. Fab. p. 164.
Habite en Asie.

7. Danaïde Polymnie. *Danaus Polymnia.*

D. alis oblongis integerrimis : anticis maculis apiceque nigris ; fasciá flavá; posticis fasciis 3 nigris : mediá serratá.
Papilio Polymnia. Lin. Fab. p. 164.
Habite l'Amérique méridionale.

8. **Danaïde Doris.** *Danaus Doris.*

> D. alis oblongis integerrimis atris : anticis flavo-macula-
> tis, posticis suprà basi cæruleo-radiatis.
> *Papilio Doris.* Lin. Fab. p. 166.
> Habite à Surinam.
> Etc.

LIBYTHÉE. (Libythea.)

Antennes filiformes, un peu courtes, terminées par un bouton allongé. Deux palpes souvent plus longs que la tête, réunis en un bec avancé.

Les deux pattes antérieures en palatine dans les mâles seulement. Les ailes inférieures embrassant l'abdomen en dessous.

Antennæ filiformes, breviusculæ, capitulo elongato terminatæ. Palpi duo sæpiùs capite longiores, in rostellum porrectum conniventes.

Pedes duo antici, in maribus tantùm, brevissimi, spurii. Alæ posticæ abdomen infrà amplectentes.

OBSERVATIONS.

Ce genre est le même que celui ainsi nommé par M. Latreille. Il est caractérisé par la réunion des deux palpes qui forment un bec avancé devant la tête, et parce que les mâles seulement ont les deux pattes antérieures en palatine, c'est-à-dire, qu'elles ne sont pas ambulatoires.

ESPÈCES.

1. **Libythée du Celtis.** *Libythea Celtis.*

> L. alis angulato dentatis fuscis : maculis fulvis unicâque
> albâ, posticis subtùs griseis.
> *Papilio Celtis.* Fab. p. 140.
> Habite dans l'Europe australe, sur le micocoulier.

2. Libythée de Surinam. *Libythea carinenta.*

> L. alis falcato-dentatis, fuscis flavo - maculatis : anticis
> apice atris; maculis quatuor albis.
> **Papilio carinenta.** Fab. p. 139.
> Cram. ins 9. t. 108. *fig.* E—F.
> Habite à Surinam.

3. Libythée Calliope. *Libythea Calliope.*

> L. alis oblongis integerrimis luteis: anticis striis tribus, pos-
> ticis fasciis 3 nigris.
> **Papilio Calliope** Lin. Fab. p. 160.
> Habite dans les Indes. Port des héliconiens.

4. Libythée Vulcain. *Libythea atalanta.*

> L. alis dentatis, nigris albo maculatis : fascia communi
> purpureá anticarum utrinque, posticarum marginali.
> **Papilio atalanta.** Lin. Fab. p 118.
> Le Vulcain. Geoff. 2. p 40. n.° 6.
> Habite en Europe. Commune et fort belle.

5. Libythée du chardon. *Libythea cardui.*

> L. alis dentatis, fulvis albo nigroque variegatis : posticis
> sublùs ocellis quatuor.
> **Papilio cardui.** Lin. Fab. p. 104.
> La belle-dame. Geoff. 2. p. 41. n.° 7.
> Habite en Europe.

6. Libythée œil de paon. *Libythea Io.*

> L. alis angulato - dentatis, fulvis, nigro-maculatis : sin-
> gulis ocello cæruleo.
> **Papilio Io.** Lin. Fab p. 88.
> Le paon du jour. Geoff. 2. p. 36. n.° 2.
> Habite en Europe.

7. Libythée de l'ortie. *Libythea urticœ.*

> L. alis angulatis, fulvis, nigro-maculatis : anticis suprà
> punctis tribus.
> **Papilio urticœ.** Lin. Fab. p. 122.
> La petite tortue. Geoff. 2. p. 37. n.° 4.
> Habite en Europe, sur l'ortie.
> Etc.

PIÉRIDE. (Pieris.)

Antennes filiformes, terminées en massue ou en bouton. Deux palpes triarticulés.

Les quatre ailes relevées dans le repos : un canal au
bord interne des inférieures embrassant l'abdomen par
dessous.

*Antennæ filiformes, clavá vel capitulo terminatæ.
Palpi duo articulis tribus.*

*Alæ omnes in quiete erectæ : posticæ abdomen sub-
tùs in canali excipientes.*

OBSERVATIONS.

Les *piérides*, dont il s'agit, sont celles de M. Latreille,
auxquelles je réunis ses coliades. Ces papilionides ont leur
chrysalide attachée dans son milieu par un cordon, et diffèrent de ceux qui viennent après, par le canal que le bord
interne et rapproché des ailes inférieures forme au-dessous
de l'abdomen. Ils ont les crochets des tarses unidentés ou
bifides.

La plupart des espèces des piérides sont communes en
Europe.

ESPÈCES.

1. Piéride du chou. *Pieris brassicæ.*

> *P. alis rotundatis, integerrimis albis : anticis maculis dua-
> bus apicibusque nigris, major.*
> *Papilio brassicæ.* Lin Fab. p. 186.
> Le grand papillon blanc du chou. Geoff. 2. p. 68. n.º 40.
> Habite en Europe. Espèce très-commune. Chenille panachée
> de jaune, de noir et de bleu.

2. Piéride mineure. *Pieris rapœ.*

> *P. alis integerrimis : anticis maculis duabus apicibusque nigris, minor.*
> *Papilio Rapæ.* Lin. Fab. p. 186.
> Le petit papillon blanc du chou. Geoff. 2. p. 69. n.º 41.
> Habite en Europe, sur le chou. Chenille verte, avec une bande d'un blanc jaunâtre de chaque côté.

3. Piéride du navet. *Pieris napi.*

> *P. alis integerrimis albis : subtùs venis dilatatis virescentibus.*
> *Papilio napi.* Lin. Fab. p. 187.
> Le petit papillon blanc veiné de vert. Geoff. 2. p. 70. n.º 42.
> Habite en Europe; très-commune.

4. Piéride de la moutarde. *Pieris sinapis.*

> *P. alis rotundatis, integerrimis albis : apicibus fuscis.*
> *Papilio sinapis.* Lin. Fab. p. 187.
> Engram. pap. d'Europe. pl. 1. n.º 106.
> Habite en Europe.

5. Piéride gazée. *Pieris cratægi.*

> *P. alis rotundatis integerrimis albis : venis nigris.*
> *Papilio cratægi.* Lin. Fab. p. 182.
> Le gazé. Geoff. 2. p. 71. n.º 43.
> Habite en Europe, dans les jardins.

6. Piéride aurore. *Pieris cardamines.*

> *P. alis rotundatis integerrimis albis : posticis subtùs viridi-marmoratis.*
> *Papilio cardamines.* Lin. Fab. p. 193.
> L'aurore. Geoff. 2. p. 71. n.º 44.
> Habite en Europe.

7. Piéride citron. *Pieris rhamni.*

> *P. alis integerrimis angulatis flavis : singulis puncto ferrugineo.*
> *Papilio rhamni.* Lin. Fab. p. 211.
> Le citron. Geoff. 2. p. 74. n.º 47.
> Habite en Europe.

8. **Piéride souci.** *Pieris hyale.*

> *P. alis rotundatis flavis : posticis maculá fulvá, subtùs puncto sesquialtero argenteo.*
>
> **Papilio hyale.** Lin. Fab. p. 207.
>
> Le souci. Geoff. 2. p. 75. n.° 48.
>
> Habite en Europe.
>
> Etc.

PARNASSIEN. (Parnassius.)

Antennes filiformes, terminées par un bouton court. Deux palpes élevés au-delà du chaperon, ayant leur troisième article très-distinct.

Ailes relevées dans le repos : les inférieures écartées et n'embrassant point l'abdomen en dessous. Crochets des tarses simples. Chrysalide dans une coque.

Antennæ filiformes, capitulo brevi erecto terminatæ. Palpi duo ultrà clypeum assurgentes ; articulo tertio valdè distincto.

Alæ insecto sedente erectæ : inferiores remotæ abdomen infrà non amplectentes. Tarsi unguibus simplicibus. Chrysalis subfolliculata.

OBSERVATIONS.

Ce genre, le même que celui de M. *Latreille*, n'embrasse que peu d'espèces connues ; mais elles sont singulières en ce que les femelles ont une poche à l'extrémité de l'abdomen, et que les chrysalides sont renfermées dans une espèce de coque. Les ailes des parnassiens connus sont peu chargées d'écailles. Par leur écartement, les inférieures laissent le corps libre et à découvert en dessus et en dessous.

ESPECES.

1. **Parnassien Apollon.** *Parnassius Apollo.*

> *P. alis rotundatis integerrimis albis, nigro-maculatis : posticis suprà ocellis quatuor, subtùs sex.*

Papilio Apollo. Lin. Fab. p. 181.

Engr. pap. d'Europe, pl. 47. n.º 99.

Habite en Europe, dans les Alpes, les Pyrénées, etc.

2. **Parnassien du nord.** *Parnassius Mnemosyne.*

P. alis rotundatis, integerrimis, albis, nigro-nervosis :
anticis maculis duabus nigris marginalibus.

Papilio Mnemosyne. Lin. Fab. p. 182.

Engram. pap. d'Europe, pl. 48. n.º 100.

Habite en Europe, surtout dans le nord.

THAÏS. (Thais.)

Antennes filiformes, terminées par un bouton allongé,
courbé. Deux palpes élevés au-delà du chaperon, à troisième article très-distinct.

Ailes relevées dans le repos : les inférieures écartées
n'embrassant point l'abdomen en dessous. Onglets des
tarses simples. Chrysalide nue, attachée dans son milieu
par un cordon.

Antennæ filiformes, capitulo elongato, arcuato ter-
minatæ. Palpi duo ultrà clypeum assurgentes ; arti-
culo tertio valdè distincto.
Alæ insecto sedente erectæ : inferiores abdomen in-
frà non amplectentes. Tarsi unguibus simplicibus. Chry-
salis nuda, filo transverso alligata.

OBSERVATIONS.

Les *thaïs* seraient des piérides, si leurs ailes inférieures
formaient un canal au-dessous de l'abdomen. N'ayant pas ce
caractère, elles se rapprochent des papillons, et n'en diffèrent principalement, que parce qu'elles ont les palpes
plus longs, triarticulés, à troisième article très-distinct. Le

bouton qui termine leurs antennes est un peu allongé et courbé.

ESPÈCES.

1. **Thaïs Diane.** *Thaïs Hypsipyle.*
> *Th. alis dentatis, flavis nigro variis ap ce radiatis : posticis punctis septem rubris.*
> *Papilio Hypsipyle.* Fab. p. 214.
> Engr. pap. d'Europe, pl 52. n.o 109.
> Habite le Piémont, l'Autriche.

2. Thaïs Proserpine. *Thaïs rumina.*
> *Th. alis dentatis, flavis nigro variis : anticis maculis sex rubris.*
> La Proserpine. Engr. pap. d'Enrope, pl 78. n.o 109 *bis.*
> Habite la France méridionale, le Portugal.

PAPILLON. (Papilio.)

Antennes filiformes, terminées par un bouton presqu'ovale. Deux palpes très - courts, atteignant à peine le chaperon, à troisième article très-petit, peu distinct.

Les ailes relevées dans le repos : les inférieures écartées par leur bord interne, et n'embrassant point l'abdomen en dessous. Chrysalide nue, anguleuse, attachée dans le milieu par un cordon.

Antennæ filiformes, capitulo subovato terminatæ. Palpi duo brevissimi, clypeum vix attingentes; articulo tertio minimo, subinconspicuo.

Alæ in quiete erectæ : inferiores margine interno remotæ, abdomen infrà non amplectentes. Chrysalis nuda, angulata, filo transverso alligata.

OBSERVATIONS.

Le genre *papillon*, ici réduit, est encore fort nombreux

en espèces, et comprend les plus beaux papilionides. On n'y rapporte plus ceux qui ont quatre épines aux jambes postérieures, ni ceux dont la chrysalide est suspendue par son extrémité postérieure, ni enfin ceux dont les ailes inférieures, rapprochées par leur bord interne, embrassent le dessous de l'abdomen.

Les *papillons*, dont il s'agit maintenant, embrassent principalement les chevaliers [*equites*] de Linné, qu'il distingue en grecs et en troyens. Je n'en citerai que quelques-uns ; les divisant en ceux dont les ailes sont sans queue postérieurement, et en ceux dont les ailes se terminent en queue.

ESPÈCES.

[*Papillons sans queue.*]

1. Papillon Priam. *Papilio Priamus.*

   P. alis denticulatis holosericeis : anticis suprà viridibus, maculá atrá; posticis maculis sex nigris.

   Papilio Priamus. Lin. Fab. p. 11.

   Cram. ins. 2. tab. 23. *fig.* A—B.

   Habite l'île d'Amboine.

2. Papillon Remus. *Papilio Remus.*

   P. alis dentatis, subconcoloribus nigris : posticis utrinque maculis flavis marginalibus.

   Papilio Remus. Fab. p. 11.

   Habite l'Ile d'Amboine.

3. Papillon Memnon. *Papilio Memnon.*

   P. alis dentatis omnibus subtùs basi rubro-notatis.

   Papilio Memnon. Lin. Fab. p. 12.

   Habite en Chine.

4. Papillon Anchise. *Papilio Anchises.*

   P. alis dentatis, concoloribus nigris : posticis maculis septem ovatis coccineis.

   Papilio Anchises. Lin. Fab. p. 13.

   Habite en Amérique.

   Etc.

[Papillons à queue.]

5. Papillon Ajax. *Papilio Ajax.* L.

> P. alis caudatis concoloribus fuscis : fasciis flavescenti-
> bus ; posticis subtùs sanguineis , anguloque ani fulvo.
> Papilio Ajax. Fab. p. 33.
> Habite l'Amérique septentrionale.

6. Papillon flambé. *Papilio Podalirius.* L.

> P. alis caudatis subconcoloribus flavescentibus : fasciis
> fuscis geminatis ; posticis subtùs lineâ sanguineâ.
> Papilio Podalirius. Fab. p. 24.
> Geoff. 2. p. 56. n.° 24.
> Habite l'Europe australe, la France dans le midi.

7. Papillon du fenouil. *Papilio Machaon.* L.

> P. alis caudatis concoloribus flavis : limbo fusco ; lunulis
> flavis ; angulo ani fulvo.
> Papilio Machaon. Fab. p. 30.
> Geoff. 2. p. 54. n.o 23. Engr. pap. d'Europe, pl. 34. 70. et
> suppl. 3. pl. 6. n.o 68.
> Habite en Europe, sur le fenouil, la carotte, etc. C'est un des
> beaux papillons de France.
> Etc.

INSECTES BROYEURS.

*Leur bouche offre des mandibules , le plus souvent
accompagnées de mâchoires sous leur forme appropriée. Ils coupent ou broyent des corps concrets.*

Dans les quatre premiers ordres déjà exposés , on n'a
vu, dans les insectes parfaits, que des suceurs, c'est-à-dire,
que des animaux dont la bouche est munie d'un suçoir
pour prendre leur nourriture. Ce suçoir , composé de
deux à cinq pièces qui se réunissent pour former un tube,
s'est trouvé muni d'une gaîne dans les trois premiers or-

dres, et, dans le quatrième, nous l'avons vu tout-à-fait à nu, formant une trompe que l'animal roule en spirale lorsqu'il ne s'en sert pas. Enfin, ce suçoir s'est montré partout plus ou moins long, plus ou moins apparent, selon que l'insecte parfait qui en est muni prend plus ou moins de nourriture après sa dernière transformation.

Maintenant nous allons trouver à la bouche des insectes parfaits qui nous restent à considérer, des instrumens qui nous paraîtront nouveaux, et effectivement cette bouche exécute des fonctions réellement nouvelles. Nous trouverons des mandibules utiles qui se meuvent transversalement, et, dans le plus grand nombre, nous verrons que ces mandibules sont accompagnées de mâchoires ramenées à leur forme appropriée : en sorte que les insectes qui possèdent ces parties ne sont plus des suceurs, mais de véritables broyeurs ou rongeurs qui font usage d'alimens solides.

Cependant, comme la nature ne passe jamais brusquement d'un mode à un autre, sans offrir les traces de sa transition, nous croyons que notre distribution des insectes est naturelle en ce que, dans le premier des quatre ordres qui nous restent à exposer, nous retrouvons encore une espèce de suçoir constitué par la réunion des mâchoires et de la lèvre inférieure encore allongées et étroites ; mais ce suçoir est accompagné de mandibules utiles. Il en résulte que les insectes qui sont dans ce cas, sont à-la-fois suceurs et rongeurs.

Tel est effectivement ce que l'on observe à l'égard des *hyménoptères* qui vont maintenant nous occuper.

ORDRE CINQUIÈME.

LES HYMÉNOPTÈRES.

Bouche munie de mandibules utiles, et d'un suçoir formé de trois pièces, imitant une trompe divisée. Une gaîne courte à la base du suçoir. Quatre palpes. Trois petits yeux lisses sur la tête. — Quatre ailes, nues, membraneuses, veinées, inégales : les inférieures toujours plus petites. — Anus des femelles armé d'un aiguillon, ou muni d'une tarrière. — Larves vermiformes, les unes sans pattes, les autres avec des pattes. Nymphe immobile.

OBSERVATIONS.

C'est dans l'ordre des *hyménoptères* qu'on trouve pour la première fois des mandibules véritablement utiles, et qui se meuvent transversalement. Néanmoins ces insectes offrent encore une espèce de suçoir qui en fait effectivement les fonctions, et auquel on a donné d'abord le nom impropre de *langue*, et ensuite celui de *promuscide*, qui vaut mieux. Ce suçoir est plus ou moins allongé, selon les races qui en font plus ou moins d'usage. Il est composé de trois pièces, dont les deux latérales sont des mâchoires allongées, étroites, qui ne sont encore que préparées, et la troisième une lèvre inférieure aussi préparée, et qui est embrassée par ces espèces de mâchoires. Ces pièces forment, par leur réunion, un demi-tube qui fait les fonctions de suçoir ou de trompe. On sent qu'en dé-

sunissant et raccourcissant ces trois pièces, la nature a
pu, dans les insectes des ordres suivans, offrir des mandibules, des mâchoires libres et des lèvres ramenées aux
formes appropriées à ces parties.

Quant à la gaîne courte qui embrasse la base du suçoir
des hyménoptères, c'est évidemment le menton de l'animal qui la fournit.

Ainsi, l'on peut dire que les *hyménoptères* ne sont
pas encore complétement des insectes broyeurs, puisque
la plupart sucent encore ; et déjà néanmoins, ils le sont
en partie, possédant des mandibules propres à couper ou
à déchirer, dont ils font usage.

C'est M. Latreille qui a, je crois, le premier remarqué que la langue ou le suçoir des *hyménoptères* était
formé par l'union des mâchoires avec la lèvre inférieure
qu'elles embrassent ; et c'est assurément une observation
très-importante pour ceux qui s'intéressent à l'étude de la
nature.

Au lieu de considérer comment les mâchoires, en s'u-
nissant à la lèvre inférieure, ont pu former un suçoir, il
faut rechercher comment, en désunissant et raccourcissant
les pièces du suçoir, la nature a pu transformer ce suçoir
en deux mâchoires et en une lèvre séparée. Alors on con-
cevra que ces parties, raccourcies et devenues libres, ont
donné lieu à la bouche des insectes des ordres suivans, en
qui le suçoir a tout-à-fait disparu.

Il est donc très-curieux de voir qu'en quittant les insectes suceurs, l'on trouve d'abord des demi-broyeurs,
et qu'après ceux-ci l'on ne rencontre plus que des broyeurs
complets.

Ces considérations, intéressantes pour la philosophie
de la science, eussent été plutôt senties, si, dans l'étude

des insectes, comme dans celle des autres classes d'animaux, l'on n'eût pas toujours procédé du plus composé vers le plus simple, c'est-à-dire, dans un ordre inverse à celui de la nature.

Les hyménoptères sont liés, d'une part, aux lépidoptères par leur langue ou espèce de suçoir, ainsi que par leur nymphe immobile qui s'enferme dans une coque légère; et d'une autre part, ils tiennent aux névroptères par leurs mandibules et par leurs ailes nues et membraneuses. Ils ont même de si grands rapports avec les névroptères, que Geoffroy ne les en distinguait pas; mais il les y réunissait et en formait un ordre sous le nom de *tétraptères à ailes nues.* Il résulte de ces considérations, qu'il n'est pas possible de contester la transition naturelle que forment les *hyménoptères* des insectes suceurs aux insectes rongeurs, c'est-à-dire, de ceux qui n'ont qu'un suçoir pour prendre leur nourriture, à ceux qui ont des mâchoires et des mandibules utiles.

Les hyménoptères ont quatre ailes nues, membraneuses et d'inégale grandeur, les inférieures étant constamment plus courtes et plus petites que les supérieures. Ce caractère fait distinguer au premier aspect les *hyménoptères* des névroptères; car dans ceux-ci les ailes inférieures sont à-peu-près aussi longues que les supérieures, et quelquefois plus longues. Les unes et les autres, dans les premiers, sont chargées de nervures longitudinales peu nombreuses, et qui se joignent obliquement sans former de véritable réticulation comme celles des névroptères.

Lorsque l'insecte fait usage de ses ailes, il les étend sur le même plan l'une à côté de l'autre, et les unit fortement par le moyen de petits crochets qui ne sont visibles qu'au microscope. Ces ailes ne se séparent point tant que le vol dure, et semblent n'en former qu'une seule de chaque côté. Nous avons vu des crochets analogues dans une grande partie des lépidoptères; mais, dans les papilionides où ces crochets n'existent point, nous avons remarqué que le vol était très-irrégulier et ne s'exécutait que par sauts et en zigzag.

Dans un grand nombre d'hyménoptères, l'anus des femelles et celui des neutres de certaines races, est armé d'un aiguillon que l'insecte tient caché dans l'extrémité de son abdomen.

Un grand nombre d'autres hyménoptères n'ont pas l'aiguillon dont je viens de parler, mais parmi eux, les femelles sont munies d'une tarière à l'extrémité de leur abdomen ; instrument qui leur sert à déposer leurs œufs, et souvent à percer les corps étrangers dans lesquels elles veulent les placer. Cette tarière, composée ordinairement de trois pièces, pique quelquefois comme un aiguillon, mais elle en est néanmoins très-distincte.

Les *hyménoptères* sont en général du nombre des insectes qui présentent les particularités les plus remarquables par des habitudes, qui sont quelquefois tellement singulières, qu'on a cru pouvoir les qualifier d'*industrie*; comme si elles provenaient de la faculté de combiner des idées, en un mot, de penser. L'illusion que l'on s'est faite sur la source de celles de leurs habitudes et de leurs manœuvres qui nous paraissent si étonnantes, sera détruite dès qu'on aura reconnu les produits, sur l'organisation intérieure, des habitudes contractées et conservées dans les diverses races, selon les circonstances dans lesquelles chacune a été forcée de vivre ; et dès que l'on considérera que les individus de chaque race ne peuvent faire autrement que comme ils font.

Quoiqu'il en soit, ces insectes, sous toute sorte de rapports, sont très-intéressans, méritent d'être étudiés, et déjà beaucoup d'entr'eux ont attiré l'attention des naturalistes observateurs, et surtout de M. *Latreille* qui a beaucoup contribué à nous les faire bien connaître.

Il y en a qui vivent en société, qui semblent alors dirigés par une police admirable, et qui font des ouvrages étonnans par leur composition et leur régularité.

Toujours fidèle à mon plan qui consiste à employer les principales divisions établies par M. *Latreille* parmi les insectes, je partage l'ordre intéressant des *hyménoptères* en deux sections qui embrassent huit grandes familles : voici l'énoncé de ces divisions.

DIVISIONS PRINCIPALES DES HYMÉNOPTÈRES.

I.ere SECTION. HYMÉNOPTÈRES A AIGUILLON.

Point de tarrière distincte dans les femelles, pour déposer les œufs. Un aiguillon piquant caché dans le dernier anneau de l'abdomen des femelles et des neutres.

(a) Larves vivant du pollen ou du miel des fleurs. Pattes postérieures ordinairement pollinifères.

Les Anthophiles.

(b) Larves carnassières ou omnivores. Pattes postérieures jamais pollinifères.

Les Rapaces.

II.e SECTION. HYMÉNOPTÈRES A TARRIÈRE.

Abdomen des femelles muni d'une tarrière distincte, qui sert à déposer les œufs.

§ Tarrière tubulaire, non fissile : elle forme à l'extrémité de l'abdomen un tube qui ne se divise point longitudinalement en plusieurs valves.

Les Tubulifères.

§§ Tarrière plurivalve, fissile : elle se divise longitudinalement en plusieurs valves, dont les latérales servent de gaîne aux autres.

* Abdomen pédiculé ou subpédiculé. Il tient au corselet par un filet ou par un point, c'est-à-dire, par une petite portion de son diamètre transversal.

Larves apodes.

(1) Antennes filiformes ou sétacées, de vingt articles ou davantage, le plus souvent vibratiles.

Les Ichneumonides.

(2) Antennes de seize articles au plus, et souvent d'un nombre moindre,

(✠) Abdomen des femelles non caréné en dessous. Il s'insère sur le corselet ou au-dessus de son extrémité postérieure.

Les Évaniales.

(✠✠) Abdomen des femelles caréné en dessous. Il s'insère à l'extrémité postérieure du corselet.

(a) Antennes brisées, s'épaississant en massue vers leur sommet. Tarrière non roulée en spirale dans l'inaction.

Les Cinipsaires.

(b) Antennes droites. Tarrière roulée en spirale dans l'inaction, et alors cachée entre deux lames sous l'abdomen.

Les Diplolépaires.

** Abdomen tout-à-fait sessile : il tient au corselet par toute sa largeur.

Larves pédifères.

Les Érucaires.

PREMIÈRE SECTION.

HYMÉNOPTÈRES A AIGUILLON.

*Abdomen des femelles dépourvu de tarière. Un ai-
guillon piquant, caché dans le dernier anneau de
l'abdomen des femelles et des neutres. Larves apodes.*

Les hyménoptères de cette section n'ont point de tarière, et même ne montrent au dehors aucun aiguillon
apparent. Cependant ils en ont un, surtout les femelles
et les neutres, et cet aiguillon est caché dans l'extrémité
de leur abdomen. Il paraît que cet aiguillon ne leur sert
nullement à déposer les œufs, et qu'il n'est réellement
qu'une arme pour ces insectes. Cette arme qu'ils emploient tantôt pour se défendre de leurs ennemis ou de
ceux qui les incommodent, tantôt pour tuer d'autres insectes, est vénénifère, et fait en général une douleur très-
cuisante.

Comme les hyménoptères à aiguillon sont très-nombreux et que les uns ne vivent que du miel ou du pollen des fleurs, tandis que les autres pompent différens sucs
et même vivent de proie, on les a partagés en deux familles naturelles ; savoir :

Les Anthophiles;

•Les Rapaces.

Examinons successivement chacune de ces familles.

PREMIÈRE FAMILLE.

LES ANTHOPHILES.

Larves vivant du pollen ou du miel des fleurs. Les pates postérieures de l'insecte parfait ordinairement pollinifères.

Parmi les hyménoptères à aiguillon, on distingue les *anthophiles* ou ceux qui aiment les fleurs dont ils sucent le miel, des *rapaces*, c'est-à-dire, de ceux qui vivent de proie. On peut considérer les anthophiles comme composant une grande famille, de laquelle les abeilles font essentiellement partie.

Comme la plupart ramassent le pollen des fleurs, et qu'ils rassemblent cette poussière des étamines sur la palette que forme le premier article des tarses postérieurs, on a, en effet, remarqué que, dans les *anthophiles*, le premier article des tarses postérieurs est fort grand, dilaté, comprimé, et, en général, velu ou muni d'une brosse.

Dans les insectes de cette famille, la division intermédiaire de la lèvre inférieure, qui fait partie de leur suçoir, est fort allongée, subfiliforme, surtout dans ceux de la division des apiaires. Le menton est cylindrique, et sert de gaîne à la partie inférieure de la langue ou promuscide.

Les larves des *anthophiles* sont apodes et vermiformes. Elles vivent, en général, solitairement dans la loge ou l'alvéole où elles sont renfermées avec leur provision de nourriture.

Les *anthophiles*, que l'on distingue en *apiaires* et en *andrénettes*, sont nombreux en espèces et même en genres. Voici les caractères de leurs principales divisions.

DIVISION DES ANTHOPHILES.

§. *Division intermédiaire de la langue filiforme, aussi longue ou plus longue que sa gaîne, et réfléchie en dessous dans l'inaction.* (Anthoph. Apiaires.)

(1) Premier article des tarses postérieurs dilaté dans les femelles et les neutres, et toujours pollinifère.

(a) Insectes vivant en société : trois sortes d'individus pour l'espèce.

(+) Jambes postérieures sans éperons à leur extrémité.

Abeille.

Mélipone.

(++) Jambes postérieures terminées par deux éperons.

Bourdon.

Englosse.

(b) Insectes vivant solitairement : deux sortes d'individus pour l'espèce.

(*) Divisions latérales de la lèvre aussi longues ou plus longues que ses palpes.

Eucère.

(**) Divisions latérales de la lèvre beaucoup plus courtes que ses palpes.

Méliturge.

Anthophore.

(2) Premier article des tarses postérieurs point dilaté et jamais pollinifère.

(a) Deux palpes semblables.

Systrophe.

Panurge.

(b) Palpes inégaux : les labiaux sétiformes.

(*) Labre court, transversal ou presque carré.

Xylocope.

Cératine.

(**) Labre plus long que large, incliné en bas perpendiculairement.

Mégachile.

Philérème.

(***) Labre semi-circulaire, un peu plus large que long.

Nomade.

§§ *Division intermédiaire de la langue plus courte que sa gaîne, non filiforme, soit réfléchie en dessus, soit droite ou seulement inclinée dans l'inaction.* (Anthoph. Andrénettes.)

(1) Division intermédiaire de la langue lancéolée.

Andrène.

Halicte.

(2) Division intermédiaire de la langue dilatée et presqu'en cœur au sommet.

Collète.

———

ABEILLE. (Apis.)

Antennes filiformes, brisées. Lèvre supérieure transversale. Mandibules subtriangulaires, à dos lisse. Quatre palpes inégaux : les maxillaires uniarticulés. Langue allongée, filiforme, fléchie en dessous dans l'inaction.

Insectes vivant en société : trois sortes d'individus pour l'espèce ; des mâles, des femelles et des neutres.

Abdomen ovale-trigone ; allongé-conique dans les femelles. Premier article des tarses postérieurs dilaté, comprimé, en carré long, ayant une dent marginale vers sa base, et velu d'un côté, avec des stries transverses dans les neutres. Gâteaux formés de cire, ayant des alvéoles sur les deux faces.

Antennæ filiformes ; fractæ. Labrum transversum. Mandibulæ subtrigonæ ; dorso lævi. Palpi quatuor inæquales : maxillaribus uniarticulatis. Lingua elongata, filiformis, in quiete inflexa et mento incumbens.

Insecta societates ineuntia : ordinibus tribus pro specie ; masculi, femineæ et neutra.

Abdomen ovale, subtrigonum : in feminis elongato-conicum. Tarsorum posticorum articulus primus dilatatus, compressus, elongato-quadratus, versus basim dente vel auriculá auctus, uno latere hirsutus cum striis transversis in neutris.

Nidi è cerá constructi ; alveolis in utráque superficie insidentibus.

OBSERVATIONS.

Le genre abeille (*apis*), établi par Linné, était très-nombreux en espèces. On y réunissait une multitude d'apiaires qui offraient, entr'elles, de grandes différences dans leurs habitudes et leur manière d'être. On y associait même celles qui vivent en société formée de trois sortes d'individus, avec celles qui vivent solitairement et dont l'espèce ne se compose que de mâles et de femelles. On devait donc s'attendre que tant de diversité dans la manière d'être de ces apiaires, avait dû produire dans les caractères des parties de ces insectes, des différences remarquables; ce qui fut effectivement constaté par l'observation.

En effet, les entomologistes modernes, et surtout M. *Latreille*, ont considérablement réduit le genre *apis* de Linné, et l'ont partagé en différens genres particuliers, employant diverses considérations dont les principales sont tirées, soit de l'état de la langue ou promuscide, soit de celui du premier article des tarses postérieurs.

J'ai adopté plusieurs de ces distinctions génériques parmi les anthophiles; et dans la division des apiaires, le genre *abeille* dont il s'agit ici, est le même que celui qu'a institué M. *Latreille*.

Les *abeilles* ont le corps velu ou pubescent, l'abdomen presque sessile, les ailes non plissées longitudinalement, comme les guêpiaires, des brosses de poils au premier article de leurs tarses postérieurs sur une de ses faces, surtout dans les neutres où cet article est strié transversalement en sa face velue. Ces insectes vivent en grandes sociétés, composées de trois sortes d'individus, parmi lesquels les mâles seuls ne piquent point, et manquent probablement d'aiguillon. Leurs petits yeux lisses sont disposés en triangle. Leurs jambes postérieures sont inermes et non terminées par des éperons, comme dans les bourdons et les euglosses.

On sait combien ces insectes sont intéressans, soit par leurs produits utiles pour nous (le miel et la cire), soit par les particularités singulièrement curieuses de leurs sociétés, de leur instinct, de leurs travaux et des habitudes particulières à chaque sorte d'individu de ces sociétés. Les neutres, qui ne sont que des femelles avortées ou sans sexe, forment, dans chaque société, le plus grand nombre d'individus; ce sont eux qui font tout le travail, et l'on sait maintenant quels sont les moyens qu'ils emploient au besoin, pour obtenir quelques femelles fécondes.

Tout cela est actuellement bien connu; mais ce qui ne l'est pas encore suffisamment, c'est la source de la cire. On avait pensé que la cire provenait du pollen des fleurs, et cependant le naturaliste *Hubert* prétend qu'elle n'est que du miel altéré ou changé par la digestion dans l'estomac des abeilles. Un mélange de cire et de miel trouvé dans le second estomac de l'abeille, paraît avoir donné lieu à cette opinion. M. *Hubert* a considéré ce mélange comme de la cire en partie formée et plus ou moins perfectionnée. Son opinion à cet égard est-elle fondée?

Les *abeilles* ici déterminées sont originaires de l'ancien continent. Celles que l'on connaît dans le nouveau (l'Amérique), offrant quelques caractères particuliers, constituent le genre des mélipones, qui vient ensuite.

ESPÈCES.

1. Abeille domestique. *Apis mellifica.*

> *A. pubescens, thorace subgriseo, abdomine fusco : tibiis posterioribus ciliatis, intùs transversè striatis.* Lin.
> *Apis mellifica.* Lin. Fab. Oliv. dict. n.º 10.
> L'abeille domestique. Geoff. 2. p. 407.
> Habite en Europe, dans les bois. On l'élève ou la cultive en domesticité dans des ruches pour en retirer le miel et la cire qu'elle recueille.

2. Abeille de Madagascar. *Apis unicolor.*

> *A. subnigra, pubescens; thoracis dorso nudiusculo; abdomine nitido, partim glabro, unicolore.*
> *Apis unicolor.* Latr. Annales du mus. vol. 5. p. 168. pl. 13. f. 4.
> Habite l'île de Madagascar, celles de France et de Bourbon. Elle est un peu plus petite que la précédente, à abdomen un peu plus court proportionnellement, et donne un miel verdâtre d'un goût exquis.

3. Abeille indienne. *Apis indica.*

> *A. nigra, cinereo-pubescens; abdomine subglabro : segmentis primariis fusco-rubentibus.*
> *Apis indica.* Latr. Annales du mus. 4. p. 390. pl. 69. f. 3. et vol. 5. p. 169. pl. 13. f. 5.
> Habite au Bengale et à Pondicheri.

4. Abeille ailes-noires. *Apis nigripennis.*

> *A. fusco-nigra, pubescens; abdominis dorso hirsutie rufo-flavescente obtecto; alis anticis nigrinis.*

Apis nigripennis, Latr. Annales du mus. 5. p. 170. pl. 13.
f. 7.

Habite au Bengale. *Massé.*

5. Abeille f ciée. *Apis fasciata.*

*A. fusco-nigrescens, supernè hirsutie cinereo-flavicante
onusta; scutello abdominisque segmentis primariis rubentibus.*

Apis fasciata. Latr. Annales du mus. 5. p. 171. pl. 13. f. 9.

Habite l'Italie, près de Gênes; l'Egypte.

6. Abeille ligurienne. *Apis ligustica.*

*A. abdominis segmentis duobus primariis basique tertii
pallidè rubentibus.*

Apis ligustica. Spinol. Latr. mém. sur les ab. Humboldt....
p. 28. pl. 19. f. 4—6.

Habite l'Italie et probablement la Morée, l'Archipel, le Levant.
Etc.

MÉLIPONE. (Melipona.)

Antennes comme dans les abeilles. Lèvre supérieure
souvent à peine apparente. Petits yeux lisses en une ligne
transverse.

Insectes vivant en société formée de trois sortes d'individus. Abdomen court, arrondi-conique.

Premier article des tarses postérieurs comprimé, rétréci à sa base, obtrigone, inauriculé, jamais strié transversalement. Onglets des tarses non dentés.

Nids alvéolaires formés de cire.

*Antennæ ut in apibus. Labrum sæpè vix conspi-
cuum. Ocelli in lineâ transversâ dispositi.*

*Insecta societates ineuntia : ordinibus tribus pro spe-
cie. Abdomen breve, conico-rotundatum.*

Tarsorum posticorum articulus primus compressus,

basi attenuatus , obtrigonus , inauriculatus , nunquam transversè striatus. Ungues tarsorum edentuli.
Nidi alveolares è cerá constructi.

OBSERVATIONS.

Ce genre embrasse les mélipones et les trigones de M. *La-treille*. Il se compose d'apiaires qui vivent en Amérique, et qui ont tant de rapports avec les abeilles qu'on aurait pu ne pas les en séparer. Cependant, comme elles offrent quelques caractères distinctifs, et qu'elles ont peut-être des habitudes particulières, j'ai conservé cette distinction déjà établie.

Les jambes postérieures des mélipones sont sans épines au sommet comme celles des abeilles ; mais elles sont proportionnellement plus larges. Le bout inférieur de ces jambes paraît concave ou échancré, et offre à son angle interne un faisceau de cils nombreux et serrés. Le premier article des tarses postérieurs n'offre point cette dent ou cette oreillette marginale que l'on observe à celui des abeilles.

ESPÈCES.

1. Mélipone ruchaire. *Melipona favosa.*
 M. nigra; thorace hirsutie rufescente obtecto ; clypeo bi-maculato ; abdominis segmentis margine flavis.
 Apis favosa. Fab. suppl. p. 275.
 Coqueb. illustr. ic. dec. 3. t. 22. f. 3.
 Latr. Annales du mus. 5. p. 175. t. 13. f. 12.
 Habite à Cayenne.

2. Mélipone Amalthée. *Melipona Amalthea.*
 M. nigra, immaculata; tarsis apice obscurè rufis.
 Apis Amalthea. Oliv. dict. n.º 102. Fab. n.º 52.
 Latr. Annales du mus. 5. p. 174. pl. 13. f. 13.
 Habite à Cayenne, à Surinam. Les alvéoles de son nid sont très-grandes relativement à la petitesse de l'insecte. Son miel est très-fluide, doux, fort agréable.

3. **Mélipone jambes-rousses.** *Melipona ruficrus.*

> *M. nigra*; *tibiis posticis articuloque primo tarsi luteo-brunneis.*
>
> *Apis ruficrus.* Latr. Annales, 5. p. 176.
> *Trigona ruficrus.* Jurin. hyménopt. p. 26.
> Habite le Brésil.

4. **Mélipone cul-jaune.** *Melipona postica.*

> *M. nigra : capitis anticis, antennarum scapo, pedibus anticis aliorumque maximâ parte, rufescentibus; thorace pubescente; abdomine posticè flavescenti-sericeo.*
>
> *Melipona postica.* Illig. magaz. 1806. p. 157.
> Latr. mém. sur les ab. Humboldt. voyage, p. 33. pl. 20. f. 4.
> Habite le Brésil.

5. **Mélipone pâle.** *Melipona pallida.*

> *M. abdomine trigono, depresso; corpore penitùs rufescenti.*
>
> *Trigona pallida.* Latr. gen. crust. et ins. 4. p. 183.
> *Apis pallida.* Latr. Annales du mus. 5. p. 177. pl. 13. f. 14.
> Habite à Cayenne.
> Etc.

BOURDON. (Bombus.)

Antennes filiformes, brisées. Lèvre supérieure transverse. Mandibules en cuilleron, à sommet arrondi, denté. Quatre palpes : les maxillaires spatulés. Petits yeux lisses en ligne transverse.

Le corps gros, très-velu : couleur des poils variée par bandes transverses ou par taches. Les jambes postérieures terminées par deux épines.

Trois sortes d'individus pour l'espèce.

Antennæ filiformes, fractæ. Labrum transversum. Mandibulæ cochleariformes, apice rotundatæ, dentatæ. Palpi quatuor : maxillaribus spatulatis. Ocelli in lineâ transversâ dispositi.

Corpus magnum , hirsutissimum. Pilis in fascias aut maculas versicolores dispositis. Tibiœ posticœ apice bispinosœ.

Societas è tribus ordinibus individuorum pro specie.

OBSERVATIONS.

Les *bourdons* constituent un genre qui mérite d'être conservé. Ils se distinguent des abeilles non-seulement par leur corps gros , très-velu , offrant des zones colorées transversales ou des taches fort remarquables , et par leurs jambes postérieures terminées par deux épines , mais parce que leurs mandibules sont en cuilleron , surtout dans les femelles et les neutres , et parce que leurs petits yeux lisses sont disposés en ligne transverse.

Ces apiaires vivent en société comme les abeilles ; mais leur nombre y est bien moins considérable , car il ne va guère , dit-on, qu'à une vingtaine.

On sait que la plupart de ces grosses apiaires, à corps très-velu et coloré par zones transverses, font leur nid dans la terre , et particulièrement dans les terrains recouverts de gazon. Les trous qu'elles y forment sont assez vastes et se maintiennent par l'entrelacement des racines qui affermit le terrain. On dit que les gâteaux que se construisent les *bourdons* n'ont des cellules que d'un seul côté ; que ces cellules sont cylindriques et non hexagones ; et que les larves vivent plusieurs ensemble dans la même cellule. Au reste , c'est dans les cellules de ces gâteaux que ces insectes déposent leurs œufs avec une quantité de miel nécessaire pour la nourriture des petits.

ESPECES.

1. Bourdon terrestre. *Bombus terrestris.*

B. hirsutus, niger ; thorace abdomineque cingulo flavo ; ano albo.

Apis terrestris. Lin. Fab. Oliv.
Panz. fasc. 1. tab. 16.
Geoff. 2. p. 418. n.º 24.
Habite en Europe ; très-commun.

2. Bourdon des pierres. *Bombus lapidarius.*

B. hirsutus, ater ; ano fulvo ; alis albo hyalinis.
Apis lapidaria. Lin. Fab. Olivier.
Abeille. Geoff. 2. p. 417. n.º 21 et n.º 22. *Apis arbustorum.*
 Fab.
Habite en Europe ; commun. On a pris le mâle et la femelle
 pour deux espèces.

3. Bourdon des jardins. *Bombus hortorum.*

B. hirsutus, ater ; thorace flavo : fasciâ atrâ ; abdomine
 anticè flavo ; ano albo.
Apis hortorum. Lin. *Apis ruderata.* Fab.
Abeille. Geoff. 2. p. 418. n.º 25.
Habite en Europe. Il fait son nid dans la terre.

4. Bourdon cul-blanc. *Bombus soroeensis.*

B. hirsutus, ater ; ano albo.
Apis soroeensis. Fab. Panz. fasc. 7. t. 11. et fasc. 85. t. 18.
Habite en Europe, dans les bois ; il est tout noir, à cul blanc.

5. Bourdon des forêts. *Bombus sylvarum.*

B. hirsutus, pallidus ; thoracis fasciâ nigrâ ; ano rufo.
Apis sylvarum. Lin. Fab. Oliv. n.º 35.
Habite en Europe, dans les forêts.

6. Bourdon d'été. *Bombus vestalis.*

B. niger ; thoracis basi, abdominisque extremitatibus late-
 ralibus flavis ; ano albo.
Bombus vestalis. Latr. hist. nat. des crust. et des ins. 14. p. 65.
Abeille. Geoff. 2. p. 419. n.º 26.
Panz. fasc. 89. tab. 16.
Habite aux environs de Paris.
Etc.

EUGLOSSE. (*Euglossa.*)

Antennes comme dans les abeilles. Lèvre supérieure carrée. Mandibules dentées. Quatre palpes : les labiaux très-longs, sétiformes. Trompe ou promuscide très-longue, atteignant jusqu'aux pattes postérieures dans le repos. Les jambes postérieures terminées par deux épines.

Antennæ ut in apibus. Labrum quadratum. Mandibulæ dentatæ. Palpi quatuor : labialibus longissimis, setiformibus. Promuscis longissima, ad pedes posticos usquè in quiete productá.

OBSERVATIONS.

Les *euglosses* sont des apiaires étrangères, distinguées des abeilles et des mélipones par leurs jambes postérieures munies d'éperons à leur extrémité. Leurs petits yeux lisses sont disposés en triangle.

ESPECES.

1. Euglosse dentée. *Euglossa dentata.* Latr.
   E. viridis, nitida; alis nigris; femoribus posticis dentatis.
   Apis dentata. Lin. Fab. p. 339.
   Sulz. ins. tab. 17. f. 16.
   Habite l'Amérique méridionale.

2. Euglosse cordiforme. *Euglossa cordata.*
   E. viridis, nitida; alis hyalinis; abdomine cordato; tibiis posticis dilatatis.
   Apis cordata. Lin. Fab.
   Degeer ins. 3. tab. 28. f. 5,
   Habite à Surinam.
   Etc.

EUCÈRE. (Eucera.)

Antennes filiformes, divergentes, très-longues dans les mâles. Mandibules unidentées. Palpes maxillaires à cinq ou six articles. Langue ou promuscide offrant trois pièces saillantes, dont les latérales sont sétacées et fort longues.

Corps velu. Pattes postérieures pollinifères : à jambes et premier article du tarse velus sur le côté externe.

Antennæ filiformes, divaricatæ, in masculis longissimæ. Mandibulæ unidentatæ. Palpi maxillares sub sexarticulati. Lingua seu promuscis in tres partes porrectas divisa : divisionibus lateralibus setaceis prœlongis.

Corpus villosum. Pedes postici polliniferi : tibiis articuloque primo tarsi latere externo hirsutis.

OBSERVATIONS.

Les *eucères*, dont je ne sépare pas les macrocères de M. Latreille, sont des insectes voisins des abeilles par leurs rapports ; mais ce sont des apiaires solitaires, remarquables par leurs soies labiales et par la longueur des antennes des mâles.

Dans les eucères de M. Latreille, les palpes maxillaires ont six articles distincts ; mais dans ses macrocères, les palpes maxillaires semblent n'avoir que cinq articles, le sixième étant très-peu apparent.

Parmi les apiaires solitaires et qui n'ont que deux sortes d'individus pour l'espèce, nos *eucères*, les anthophores et les méliturges, sont les seuls dont les pattes postérieures soient pollinifères, et qui aient par conséquent le premier article du tarse dilaté.

Les *eucères* volent avec rapidité. Les femelles creusent dans la terre un trou cylindrique dans lequel elles déposent un œuf et de la pâtée, continuant ainsi jusqu'à ce qu'elles aient terminé leur ponte.

ESPECES.

1. Eucère longicorne. *Eucera longicornis.*

> *E. hirsutie flavescens, fronte flavá; antennis masculorum corpori æquantibus.*
>
> *Eucera longicornis.* Fab. p. 343. *mas ;* Panz. fasc. 64. t. 21.
> *Apis tuberculata.* Fab. p. 334. *femina ;* Panz. fasc. 78. t. 19. et fasc. 64. t. 16.
> Abeille. Geoff. 2. p. 413. n.º 10.
> Habite en Europe, sur les fleurs.

2. Eucère tête-noire. *Eucera linguaria.*

> *E. antennis nigris, longitudine corporis ; thorace cinereo, abdomine nigro.* Fab.
>
> *Eucera linguaria.* Fab. p. 344. *mas ;* Panz. fasc. 64. t. 22.
> Habite en Allemagne.

3. Eucère grise. *Eucera grisea.*

> *E. antennis nigris longitudine corporis hirsuti cinereique.* Fab. p. 345.
> Habite en Barbarie.

4. Eucère ferrugineuse. *Eucera atricornis.*

> *E. antennis nigris longitudine corporis hirsuti ferrugineique.* Fab. p. 344.
> Habite en Barbarie.

5. Eucère de la mauve. *Eucera malvœ.*

> *E. antennis longitudine corporis ; abdomine atro : strigis albidis.* Fab.
>
> *Eucera antennata.* Fab. p. 345.
> *Eucera malvœ.* Latr. gen. crust. et ins. 4. p. 174.
> Panz. fasc. 99. t. 18.
> Habite en Europe.

MÉLITURGE. (Meliturga.)

Antennes subfiliformes, de la longueur de la tête, à tige en massue obconique dans les mâles. Mandibules sans dent au côté interne. Palpes labiaux semblables aux maxillaires, filiformes.

Corps velu. Les pattes postérieures polliniferes.

Antennæ subfiliformes, capitis longitudine ; caule obconico-clavato. Mandibulæ latere interno edentulo. Palpi labiales maxillaribus similes , filiformes.

Corpus hirsutum. Pedes postici polliniferi.

OBSERVATIONS.

Les *méliturges* ont, comme nos anthophores, les divisions latérales de la lèvre inférieure beaucoup plus courtes que ses palpes ; mais ils s'en distinguent par leurs palpes labiaux semblables aux maxillaires. On ne connaît encore que l'espèce suivante.

ESPÈCE.

1. Méliturge clavicorne. *Meliturga clavicornis.*

Latr. gen. crust. et ins. 1. tab. 14. f. 9. et vol. 4. p. 177.
Habite aux environs de Lyon et de Montpellier.

ANTHOPHORE. (Anthophora.)

Antennes courtes dans les deux sexes, filiformes ou un peu épaissies vers leur sommet. Mandibules unidentées

ou quadridentées. Palpes dissemblables : les labiaux sétiformes.

Corps comme dans les abeilles. Pattes postérieures
pollinifères.

*Antennæ in utroque sexu breves , filiformes aut ex-
trorsùm paulò crassiores. Mandibulæ unidentatæ vel
quadridentatæ. Palpi dissimiles : labialibus setiformibus.*

Corpus ut in apibus. Pedes postici polliniferi.

OBSERVATIONS.

Sous cette coupe, je réunis les anthophores, les saropodes et les centris de M. *Latreille.* Toutes ces apiaires vivent
solitairement, ont les pattes postérieures pollinifères, et se
distinguent des euçères parce qu'elles ont, ainsi que les
méliturges , les divisions latérales de la lèvre inférieure
beaucoup plus courtes que ses palpes. On ne les confondra
point avec les méliturges , puisqu'ils ont les palpes dissemblables, que les labiaux sont différens des maxillaires.

Dans les anthophores et les saropodes de M. Latreille, les
mandibules sont unidentées au côté interne ; dans ses centris, elles sont quadridentées.

Les *anthophores* font leur nid, les uns dans les murs, les
autres dans la terre.

ESPECES.

(*Mandibules unidentées.*)

1. Anthophore velu. *Anthophora hirsuta.* Latr.

*A. ferrugineo-hirta ; pedibus posticis elongatis , apice hir-
sutissimis.*

Andrena hirsuta. Fab. p. 312. *mas.*

Apis hispanica. Fab. p. 318. Panz. fasc. 55. t. 6.

Apis pilipes. Panz. *ibid.* t. 8.

Habite en Europe. Il fait son nid dans les murs. On le trouve à Paris.

2. Anthophore des murs. *Anthophora parietina.* Latr.

A. hirsuta, atra; abdominis segmento tertio quartoque cinerascentibus.

Apis parietina. Fab. p. 323. Abeille, n.º 9. Geoff.

Habite aux environs de Paris; en Allemagne.

3. Anthophore grosse - cuisse. *Anthophora femorata.* Latr.

A. cinereo-villosa; abdominis segmentis margine albido ciliatis; ventre lanâ cinereâ; tibiis posticis elongatis dilatatis, intùs obsoletè dentatis.

Panz. fasc. 105. tab. 18 et 19.

Habite en Europe.

4. Anthophore fourchu. *Anthophora furcata.*

A. cinereo-pubescens, atra; antennarum articulo primo fronte labioque flavis; abdomine apice furcato; tarsis ferrugineis.

Panz. fasc. 56. tab. 8.

Habite en Allemagne.

5. Anthophore saropode. *Anthophora saropoda.*

A. nigra, cinereo-hirta; abdomine subgloboso; segmentorum marginibus albis.

Apis rotundata. Panz. fasc. 56. tab. 9.

Saropoda. Latr.

Habite en Allemagne.

(*Mandibules quadridentées.*)

6. Anthophore hémorrhoïdal. *Anthophora hæmorrhoidalis.*

A. atra; abdomine æneo rufo.

Apis hæmorrhoidalis. Fab. p. 339.

Centris. Latr.

Habite les îles de l'Amérique.

7. Anthophore grosse-patte. *Anthophora crassipes.*

A. fusca; abdomine brevi; tibiis posticis compresso-clava-tis abdomine majoribus.

Apis crassipes. Fab. p. 340.

Centris. Latr.

Habite les îles de l'Amérique méridionale.

8. Anthophore versicolor. *Anthophora versicolor.*

A. thorace hirto-cinerascente; abdomine cyaneo; ano ru-fescente.

Apis versicolor. Fab. p. 340.

Centris. Latr.

Habite les îles de l'Amérique.

Etc.

SYSTROPHE. (Systropha.)

Antennes des mâles plus longues, filiformes, contour-nées presqu'en spirale à leur extrémité. Mandibules bi-dentées. Palpes semblables : les labiaux à second article plus long.

Les femelles diffèrent des mâles par leurs antennes plus courtes, etc.

Antennæ masculorum longiores, filiformes, apice convolutæ. Mandibulæ bidentatæ. Palpi conformes : labialibus articulo secundo longiore.

Feminæ à masculis differunt antennis brevioribus, etc.

OBSERVATIONS.

Les *systrophes* ressemblent à de petites abeilles par leur aspect; mais, outre que ce sont des apiaires solitaires, ils ont des caractères particuliers qui les distinguent des autres. Leurs petits yeux lisses sont en ligne transverse. On ne con-naît encore que l'espèce suivante.

ESPECE.

1. **Systrophe spirale.** *Systropha spiralis.* Illig.

    Andrena spiralis. Oliv. Fab. p. 3o8.
    Anthidium spirale. Panz. fasc. 35. tab. 22.
    Coqueb. illustr. ic. dec. 2. t. 15. f. 8.
    Habite en Provence.

PANURGE. (Panurgus.)

Antennes courtes dans les deux sexes, droites, presqu'en fuseau. Mandibules aiguës, sans dentelures au côté interne. Petits yeux lisses en triangle. Palpes semblables. Corps épais.

Antennæ in utroque sexu breves, rectæ, subfusiformes. Mandibulæ acutæ, edentulæ. Ocelli in triangulum dispositi. Palpi conformes.
Corpus crassum.

OBSERVATIONS.

Ce que les *panurges* ont de commun avec les systrophes, c'est d'avoir les palpes semblables pour la forme; mais le premier article des labiaux est plus long que les autres. Ces apiaires sont noires, plus allongées que les systrophes, à antennes courtes, divergentes.

ESPECES.

1. Panurge à lobes. *Panurgus lobatus.* Latr.

    P. pubescens, ater; mandibulis arcuatis edentulis; antennis apice ferrugineis; femoribus posticis laminâ quadratâ auctis.
    Andrena lobata. Panz. fasc. 72. tab. 16. *mas.*

Trachuza lobata. Panz. fasc. 96. t. 18. *femina.*
Dasypoda lobata. Fab. n.º 3.
  Habite en Allemagne, sur les fleurs composées et ombellifères.

2. Panurge unicolor. *Panurgus unicolor.* Latr.

  P. villosus, ater ; antennis nigris.
  Philanthus ater ? Fab. p. 292.
  Habite l'Italie, près de Gènes. Les cuisses postérieures ont chacune une dent comme dans l'espèce précédente.

XYLOCOPE. (Xylocopa.)

Antennes courtes, filiformes, brisées. Lèvre supérieure transversale, carénée, épaisse à sa base. Mandibules à sommet obtus et tridenté. Palpes inégaux : les labiaux sétiformes.

Corps et pattes velus. Ailes colorées.

Antennæ breves, filiformes, fractæ. Labrum transversum, carinatum, ad basim incrassatum. Mandibulæ apice obtuso tridentato. Palpi dissimiles : labialibus setiformibus.

Corpus pedesque hirsuti.

OBSERVATIONS.

Les *xylocopes*, ou percebois, n'ont pas les palpes semblables comme les panurges et les systrophes, et ont leurs mandibules en cuilleron, tridentées au sommet. Ce sont de grosses apiaires, velues, noires, avec des ailes luisantes, en général violettes ou bleues. Elles diffèrent des cératines par eur lèvre supérieure transversale, non fléchie en bas, et elles sont distinguées des mégachiles, parce que leur lèvre supérieure n'est point plus longue que large.

Ces apiaires, dites *charpentières*, font leur nid dans les vieux bois ou dans les troncs d'arbres morts, qu'elles percent ou qu'elles trouvent déjà percés. Elles y placent successivement un œuf et de la pâtée, avec des séparations faites de râpure de bois, agglutinée.

ESPÈCES.

1. Xylocope violette. *Xylocopa violacea.* Latr.

> *X. hirsuta, atra; alis violaceis.*
> *Apis violacea.* Lin. Fab. Panz. fasc. 59. t. 6.
> Abeille, n.o 19. Geoff.
> Habite en Europe.

2. Xylocope orientale. *Xylocopa latipes.*

> *X. hirsuta, atra; tarsis anticis, explanatis, flavis, intùs ciliatis.*
> *Apis latipes.* Fab. Drury. ins. 2. t. 48. f. 2.
> Habite les Indes orientales, la Chine.

3. Xylocope morio. *Xylocopa morio.*

> *X. hirsuta, atra, immaculata; alis cyaneis.*
> *Apis morio.* Fab. p. 315.
> Habite l'Amérique méridionale, le Brésil.
> Etc.

CÉRATINE. (Ceratina.)

Antennes filiformes, un peu en massue. Lèvre supérieure unie, presque carrée, et inclinée verticalement en bas. Mandibules obtuses, tridentées. Palpes dissemblables.

Corps oblong, presque glabre. Abdomen subovale, rétréci à sa base.

Antennæ filiformes, apice subclavatæ. Labrum subquadratum, lœve, ad perpendiculum cadens. Mandibulæ obtusæ, tridentatæ. Palpi non conformes.

Corpus oblongum, glabriusculum. Abdomen subovale, basi attenuatum.

OBSERVATIONS.

Les *cératines* n'ont point la lèvre supérieure transversale et carénée comme les xylocopes, mais presque carrée et unie. Cette lèvre d'ailleurs est inclinée en bas, sans être distinctement plus longue que large, comme dans les mégachiles.

ESPECES.

1. Cératine calleuse. *Ceratina callosa.*

> *C. atra, cœruleo-nitida ; labio puncto, thorace calloso; utrinque ante alas albis.*
> *Ceratina albilabris.* Latr. gen. crust. et ins. 1. t. 14. f. 11.
> *Andrena callosa.* Fab. suppl. p. 277.
> Habite au midi de la France.

2. Cératine lèvre-blanche. *Ceratina albilabris.* Latr.

> *C. atra ; clypeo macula punctoque utrinque sub alis niveis.* Fab.
> *Prosopis albilabris.* Fab. p. 293.
> Habite en Italie, en Barbarie. Elle fait son nid dans les tiges ou les branches de ronce et de rosier qui ont été tronquées accidentellement, et perce leur moëlle pour y enfoncer des œufs et de la pâtée. *Spinola.*

MÉGACHILE. (Megachile.)

Antennes courtes, un peu brisées. Lèvre supérieure grande, plus longue que large, en carré long, inclinée perpendiculairement sous les mandibules. Mandibules grandes, avancées, souvent dentées. Palpes inégaux.

Tête grosse. Corselet court.

Antennæ breves, subfractæ. Labrum magnum, longius quàm latius, elongato-quadratum, ad perpendiculum cadens, sub mandibulis infrà porrectum. Mandibulæ magnæ, porrectæ, sæpiùs dentatæ. Palpi dissimiles.

Caput crassum. Thorax brevis.

OBSERVATIONS.

Parmi les apiaires solitaires dont les pattes postérieures ne se chargent point de pollen, celles dont la lèvre supérieure est grande, allongée, taillée en carré long, et inclinée verticalement en bas, constituent notre genre des *mégachiles*, le même que celui qu'avait d'abord établi M. *Latreille* dans son Histoire naturelle des crustacés et des insectes, vol. 14, p. 51. Mais depuis, cet entomologiste ayant partagé cette coupe en beaucoup de genres, d'après la considération des palpes maxillaires, etc., nous ne l'avons pas suivi, voulant conserver plus de simplicité à la méthode des distinctions. Ses genres néanmoins seront faciles à retrouver, si la nécessité y oblige.

Les *mégachiles* sont très-curieuses à observer par les particularités de leurs habitudes, surtout de celles qui concernent la construction de leur nid. Ce sont, en général, des maçonnes, des mineuses, des cardeuses, des coupeuses de feuilles ou de pétales dont elles tapissent leur nid. Je n'en citerai que quelques espèces.

ESPÈCES.

1. Mégachile maçonne. *Mégachile muraria.* Latr.
   M. nigra ; thorace abdominisque basi superne lanâ rufâ.
   Apis muraria. Oliv. dict. *Andrena muraria.* Fab. supp. 274.
   Réaum. ins. 6. pl. 7. f. 1—5.
   Apis. Geoff. 2. p. 409. n.° 4.

Habite en Europe. Elle fait son nid sur les murs exposés au soleil.

2. Mégachile centunculaire. *Megachile centuncularis.* Latr.

M. nigra ; abdomine lineis albis ; subtùs land fulvâ. **G.**
Apis centuncularis. Lin. Fab. p. 357.
Panz. fasc. 55. tab. 12.
Geoff. 2. p. 410. n.º 5.
Habite en Europe. Elle fait son nid dans la terre et coupe des feuilles de rosier pour le tapisser.

3. Mégachile du pavot. *Megachile papaveris.*

M. nigra ; mandibulis tridentatis ; capite thoraceque rufescente-griseo hirsutis ; abdominis segmentis lineis marginalibus villoso-albidis.
Megachiles papaveris. Panz. fasc. 105. tab. 16—17.
Osmia papaveris. Latr. Encycl. n.º 21.
Habite en Europe. Elle fait son nid dans la terre , et coupe des pétales de coquelicot pour le tapisser.

4. Mégachile bicorne. *Megachile bicornis.*

M. rufa ; corpore hirsuto ; fœminâ clypeo bicorni.
Apis rufa. Lin. Panz. fasc. 56. t. 10.
Osmia bicornis. Latr. Encycl. n.º 3.
Habite en Europe Elle fait son nid dans les troncs des vieux arbres , dans des poutres , etc.

5. Mégachile à crochets. *Megachile manicata.*

M. cinerea ; abdomine nigro : maculis lateralibus flavis ; ano quinquedentato.
Apis manicata. Lin. Fab. p. 330.
Panz. fasc. 55. tab. 10—11. *Apis maculata.* ejusd. fasc. 7. t. 14.
Abeille. Geoff. 2. p. 408. n.º 3.
Anthidium manicatum. Latr.
Habite en Europe , sur les fleurs. Elle fait son nid dans les creux des arbres. On croit que c'est une cardeuse.

6. Mégachile conique. *Megachile conica.*

M. atra , nitida ; abdomine conico , acutissimo : segmentorum marginibus albis.

Apis conica. Lin. *Anthophora conica.* Fab.

Apis bidentata Panz. fasc. 59. t. 7.

Cœlioxys conica. Latr.

Habite en Europe.

7. **Mégachile des troncs.** *Megachile truncorum.*

M. *nigra* ; *abdomine cylindrico : segmentis margine albis ; sublùs cinereo, hirsuto.*

Apis truncorum. Lin. *Hylœus truncorum.* Fab. p. 3o5.

Panz. fasc. 64. tab. 15.

Heriades truncorum. Latr.

Habite en Europe. Commune.

8. **Mégachile grandes-dents.** *Megachile maxillosa.*

M. *nigra ; mandibulis prominentibus ; antennis thorace brevioribus ; abdomine cylindrico sublùs luteo, hirsuto.*

Apis maxillosa. Lin. *Hylœus maxillosus.* Fab.

Panz. fasc. 53. tab. 17.

Chelostoma maxillosa. Latr.

Habite en Europe. Elle fait son nid sur les vieux bois, les pieux.

Etc.

PHILÉRÈME. (Phileremus.)

Antennes filiformes, courtes, divergentes. Lèvre supérieure plus longue que large, rétrécie vers son extrémité, formant un triangle allongé, tronqué au sommet, et inclinée perpendiculairement en bas. Mandibules étroites, pointues, unidentées au côté interne.

Corps pubescent ou presque glabre.

Antennœ filiformes, breves, divaricatœ. Labrum longius quàm latius, versùs extremitatem angustatum, elongato-trigonum, apice truncatum, ad perpendiculum cadens. Mandibulœ angusto-acutœ, latere interno unidentatœ.

Corpus pubescens vel glabriusculum.

OBSERVATIONS.

Les *philérèmes* ont la lèvre supérieure plus longue que large et inclinée en bas sous les mandibules, comme dans les mégachiles ; mais cette lèvre, au lieu d'être en carré long, est en triangle allongé, tronqué au sommet. Ces apiaires ont les mandibules étroites et pointues.

Par ces caractères, les ammobates de M. *Latreille* peuvent se ranger sous cette coupe ; ils diffèrent des philérèmes par leurs palpes maxillaires à six articles, ceux de ces derniers n'en ayant que deux.

ESPECE.

1. Philérème ponctué. *Phileremus punctatus.*

> *Ph. niger, cinereo-subvillosus ; abdomine rufo : margine nigro albo vario.*
> *Epeolus punctatus.* Fab. p. 389.
> Habite aux environs de Paris.

––––––

NOMADE. (Nomada.)

Antennes filiformes, courtes. Lèvre supérieure demi-circulaire, un peu plus large que longue. Quatre palpes : les antérieurs à six articles ; les postérieurs à quatre. Langue allongée, fléchie en dessous.

Corps glabre, oblong ; tête large ; corselet ovale, convexe ; abdomen presque sessile.

Antennæ filiformes, breves, thoracis vix longitudine. Labrum semicirculare, paulò latius quàm longius. Palpi quatuor : anterioribus sexarticulatis, pos-

terioribus quadriarticulatis. Lingua elongata, in quiete subtùs inflexa

Corpus glabrum, oblongum ; caput latum ; thorax subovalis, convexus ; abdomen subsessile.

OBSERVATIONS.

Les *nomades* ont la langue ou trompe à-peu-près comme celle des abeilles, longue, à oreillettes ou divisions latérales courtes ; et dans l'inaction, elle est fléchie en dessous et rabattue contre la gaîne ; mais leurs antennes ne sont pas brisées. Leurs palpes sont un peu longs ; leurs mandibules sont étroites, aigues, quelquefois unidentées au côté interne.

Ces apiaires ont le corps glabre ou légèrement pubescent, et n'ont pas le premier article des tarses postérieurs dilaté, muni d'une brosse, et propre à recueillir le pollen. On dit que les femelles vont pondre dans le nid des abeilles et des andrènes. Les *nomades* connues sont déjà nombreuses en espèces : voici la citation de quelques-unes.

ESPÈCES.

1. Nomade panachée. *Nomada variegata.*

> *N. thorace abdomineque albo-variegatis ; pedibus ferrugineis.*
>
> *Apis variegata.* Lin.
>
> *Epeolus variegatus.* Latr.
>
> Habite en Europe. On la trouve la nuit sur les fruits du *geranium phæum.*

2. Nomade agreste. *Nomada agrestis.*

> *N. hirta, abdominis segmentis apice nigris.*
>
> *Nomada agrestis.* Fab.
>
> Habite en Espagne.

3. Nomade ruficorne. *Nomada ruficornis.*

> *N. antennis pedibus punctisque quatuor scutelli ferrugineis ; abdomine ferrugineo, luteo variegato.* F.

Apis ruficornis. Lin.

Nomada ruficornis. Fab. Panz. fasc. 55. t. 8.

Habite en Europe.

4. **Nomade jaune.** *Nomada flava.*

*N. thorace atro, griseo-pubescens; abdomine flavo; seg-
mentorum marginibus rufis.* Oliv.

Nomada flava. Fab. Oliv. dict. n.º 10.

Panz. fasc. 53. tab. 21.

Habite en France, en Allemagne.
Etc.

ANTHOPHILES ANDRÉNETTES.

Les *andrénettes* sont des hyménoptères anthophiles
comme les apiaires; mais, au lieu d'avoir leur langue ou
sa division intermédiaire, réfléchie en dessous dans l'inaction, elles s'en distinguent en ce que, dans le repos,
leur langue ou sa division intermédiaire, est alors, soit
réfléchie en dessus, soit droite ou presque droite.

Ces insectes ne vivent point en société, n'offrent, pour
chaque espèce, que des mâles et des femelles, et leurs
larves ne se nourrissent que de miel ou du pollen des
fleurs. La plupart des espèces font des trous dans la terre,
y déposent un œuf et de la pâtée, le bouchent ensuite, et
se multiplient de cette manière.

Je ne rapporte à cette division que les trois genres
suivans : Andrène, Halicte et Collète.

ANDRÈNE. (Andrena.)

Antennes filiformes, un peu courtes. Quatre palpes inégaux. Deux mandibules bidentées. Langue trifide : à pièce

intermédiaire lancéolée, repliée en dessus dans l'inaction. Corps velu.

Antennæ filiformes , breviusculæ. Palpi quatuor inæquales. Mandibulæ bidentatæ. Lingua trifida : intermediâ parte lanceolatâ , in quiete sursùm reflexâ. Corpus villosum.

OBSERVATIONS.

Je réunis ici les andrènes et les dasypodes de M. Latreille. Ils se distinguent des halictes qui suivent, en ce que, dans l'inaction , la partie intermédiaire de leur langue est repliée en dessus.

Les *andrènes* ont beaucoup de rapports avec les abeilles , mais elles en diffèrent principalement par leur trompe ou langue. Elles ont la tête ovale , penchée ; les antennes insérées entre les yeux; l'abdomen noirâtre avec une bordure jaune ou blanche sur chaque anneau.

Ces insectes font leur nid dans la terre ou dans le sable , ou dans de vieux murs, et ne vivent point en société. La femelle construit son nid , fait sa ponte , et y met la provision nécessaire à la larve.

On trouve les andrènes sur différentes fleurs.

ESPÈCES.

1. Andrène cendrée. *Andrena cineraria.* Latr.
   A. nigra , thorace hirsuto-albicante : fascia nigra; abdomine cœrulescente.
   Apis cineraria. Lin. Fab.
   Schœff. ic. tab. 22. f. 5—6.
   Habite en Europe. Extrémité des ailes, noirâtre.

2. Andrène vêtue. *Andrena vestita.*
   A. atra thoracis abdominisque dorso ferrugineo hirtis.

Apis vestita. **Fab.**
Panz. fasc. 55. tab. 9.
Habite en France.

3. Andrène carbonaire. *Andrena carbonaria.* **Fab.**

A. atra; thorace cinereo-pubescente, pedibus lœvibus, alis fuscis.
Apis carbonaria. **Lin.**
Habite en Allemagne.

4. Andrène pattes-ciliées. *Andrena pilipes.* **Fab.**

A. glabra atra; pedibus posticis albo-ciliatis, alis fuscis.
An Andrena aterrima? **Latr.** hist. nat. des crust. et des ins.
13. p. 363.
Habite le Piémont.

5. Andrène pattes-hérissées. *Andrena hirtipes.* **Fab.**

A. cinereo-villosa, abdomine atro : fasciis quatuor albis ;
pedibus posticis rufo-hirsutissimis.
Dasypoda hirtipes. **Fab. Latr.**
Panz. fasc. 7. tab. 13. et fasc. 46. tab. 16.
Habite aux environs de Paris.

HALICTE. (Halictus.)

Antennes filiformes, arquées. Quatre palpes inégaux. Langue trifide : à division intermédiaire presque droite ou courbée inférieurement.

Corps oblong, plus ou moins velu.

Antennæ filiformes, arcuatæ. Palpi quatuor inæquales. Lingua trifida : intermediá parte subrectá aut incurvá.

Corpus oblongum, subvillosum.

OBSERVATIONS.

Sous la dénomination d'*halicte*, je réunis les halictes, les sphécodes et les nomies de M. Latreille. Ces insectes, quoiqu'avoisinant les andrènes, s'en distinguent en ce que, dans l'inaction, leur langue ou sa division intermédiaire n'est point réfléchie en dessus, mais reste presque droite, ou même est courbée inférieurement.

ESPECES.

1. Halicte à quatre raies. *Halictus quadristrigatus.* Latr.

H. niger, subvillosus; abdominis segmentis quatuor primis margine villoso-albis.

Latr. hist. nat. des crust. et des ins. 13. p. 365.

Hylæus grandis. Illig. Schœff. ic. ins. tab. 32. f. 19.

Habite aux environs de Paris, sur les chardons. La femelle fait son nid dans la terre.

2. Halicte à six raies. *Halictus sexcinctus.* Latr.

H. cinereus; abdomine cylindrico nigro : fasciis sex flavis; pedibus flavis. Fab.

Hylæus sex-cinctus. Fab. n.o 6.

Hylæus arbustorum. Panz. fasc. 46. tab. 14.

Habite aux environs de Paris.

3. Halicte sphécoïde. *Halictus gibbus.*

H. niger; abdomine rufo apice nigro.

Nomada gibba. Fab. *Apis* n.o 17. Geoff.

Sphecodes gibbus. Latr.

Tiphia rufiventris. Panz. fasc. 53. tab. 4.

Habite aux environs de Paris.

4. Halicte difforme. *Halictus difformis.*

H. niger, fronte cinereo-villosa, tibiis posticis flavis, incurvis lobo clavato terminatis.

Nomia difformis. Latr. Oliv. dict. n.o 3.

Lasius difformis. Panz. fasc. 89. f. 15.

Habite en France, en Allemagne.

Etc.

COLLÈTE. (Colletes.)

Antennes filiformes, un peu courtes. Quatre palpes presque sétacés, les maxillaires plus longs, à six articles. Division intermédiaire de la langue dilatée et presqu'en cœur au sommet.

Tête aplatie antérieurement. Abdomen ovale-conique; ailes écartées.

Antennæ filiformes, breviusculæ. Palpi quatuor subsetacei: maxillaribus longioribus sexarticulatis. Linguæ seu proboscidis pars intermedia apice dilatata subcordiformis.

Caput antice planum; abdomen ovato-conicum; alæ divaricatæ.

OBSERVATIONS.

Les *collètes*, qui réunissent celles de **M.** Latreille et ses hylées, se distinguent des andrènes et des halictes en ce que la division intermédiaire de leur langue n'est point lancéolée, mais parce qu'elle est membraneuse, élargie et presqu'en cœur à son sommet. Les deux mandibules sont striées sur le dos, soit unidentées sous leur sommet, soit terminées par deux dents égales.

Comme les collètes de M. Latreille sont velues, les pattes postérieures des femelles sont propres à se charger de pollen; ses hylées, au contraire, étant glabres, n'ont point de pattes pollinifères : celles-ci paraissent parasites.

ESPÈCES.

1. Collète ceinturée. *Colletes succincta.*

C. thorace hirto fulvo, abdomine nigro : cingulis quatuor albis.

Apis succincta. Lin.

Andrena succincta. Fab. *Melitta succincta.* Kirby.

Habite en Europe. Elle fait son nid dans la terre, le tapisse de membranes gommeuses et soyeuses.

2. Collète fouisseuse. *Colletes fodiens.* Latr.

C. nigra, cinereo-hirsuta; abdomine cylindrico nudo : segmentis niveo-marginalis.

Latr. gen. crust. et ins. 1. tab. 14. f. 7.

Panz. fasc. 105. tab. 21—22.

Habite en Europe, sur les fleurs.

3. Collète annelée. *Colletes annulata.*

C. nigra, fronte annulisque pedum albis.

Hylæus annulatus. Fab. Latr.

Apis annulata. Lin.

Habite en Europe, sur les fleurs.

DEUXIÈME FAMILLE.

LES RAPACES. [Prædones. *Latr.*]

Larves carnassières ou omnivores. —Premier article des tarses postérieurs subcylindrique, non dilaté ni velu, et jamais pollinifère.

Parmi les hyménoptères à aiguillon et qui n'ont point d'oviducte en tarrière, les *rapaces* constituent une grande famille d'insectes qui tous vivent de proie ou de rapine, et sont à -peu-près omnivores. Comme aucun de ces insectes ne ramasse le pollen des fleurs, ils n'ont pas le premier article des tarses postérieurs dilaté et muni d'une brosse, ni le dessous de l'abdomen soyeux; ce que l'on voit dans le plus grand nombre des anthophiles.

On a partagé les *rapaces* en beaucoup de petites familles qui, sans doute, ne sont pas sans intérêt, mais qui compliquent considérablement la méthode. Il nous suffira, pour distinguer en général et pouvoir étudier ces hyménoptères, de les diviser en trois coupes principales; savoir :

1.º En *rapaces guépiaires* ;

Leurs ailes supérieures sont plissées ou pliées en deux longitudinalement.

2.º En *rapaces subaptères* ;

Leurs ailes supérieures ne sont point plissées longitudinalement, et l'espèce offre constamment des individus aptères.

3.º En *rapaces terrifores.*

Leurs ailes supérieures ne sont point plissées longitudinalement, et tous les individus de l'espèce sont ailés.

RAPACES GUÉPIAIRES.

Leurs ailes supérieures sont plissées ou pliées en deux longitudinalement.

Les insectes de cette division sont ainsi nommés parce qu'ils comprennent parmi eux les guêpes et les genres qui les avoisinent par leurs rapports. Ils ont, en général, des antennes brisées, de huit à treize articles, terminées un peu en massue. Le premier segment de leur corselet forme presque toujours un arc prolongé en dessus; jusqu'à la naissance des ailes supérieures. On divise ces *guépiaires* de la manière suivante.

§. *Guépiaires solitaires.*

Mandibules beaucoup plus longues que larges, étroites ou rétrécies en pointe vers leur sommet.

Insectes vivant solitairement : deux sortes d'individus pour l'espèce.

(1) Antennes de huit ou dix articles, terminées en bouton.

Masaris.

(2) Antennes de douze ou treize articles, en massue allongée.
    (a) Lèvre inférieure sans points glanduleux à son extrémité.

Synagre.

    (b) Lèvre inférieure ayant quatre points glanduleux à son extrémité.

Eumène.

Odynère.

Zèthe.

§§. *Guépiaires sociales.*

Mandibules guères plus longues que larges, en carré long, obliquement tronquées au bout.

Insectes vivant en société : trois sortes d'individus pour l'espèce.

Guêpe.

Poliste.

GUÉPIAIRES SOLITAIRES.

Linné et la plupart des auteurs ont confondu dans le même genre ces guépiaires avec les guépiaires sociales.

Outre qu'elles s'en distinguent par la forme de leurs mandibules, elles ont des habitudes différentes, vivent solitairement, et n'offrent pour chaque espèce que deux sortes d'individus, des mâles et des femelles.

Les guêpiaires solitaires vivent de proie comme les autres. Elles font leur nid, soit dans les trous des murailles, soit dans la terre, soit sur les tiges des plantes, les construisant en boule avec de la terre fine. L'intérieur de ces nids ne présente point des gâteaux alvéolaires comme les nids des guêpiaires sociales. Voici les cinq genres que je rapporte à cette division.

———

MASARIS. (*Masaris.*)

Antennes de huit ou dix articles, terminées en massue obtuse ou subglobuleuse. Lèvre supérieure saillante. Mandibules se rétrécissant insensiblement en pointe, sub-quadridentées.

Corps oblong, semi-cylindrique, glabre, se contractant en boule par la flexion de l'abdomen.

Antennæ octo vel decim-articulatæ, clavá obtusá vel subglobosá terminatæ. Labrum exsertum. Mandibulæ sensim angustato-acuminatæ, subquadridentatæ.

Corpus oblongum, semi-cylindricum, glabrum, abdominis inflexu in globum contractile.

OBSERVATIONS.

Les *masaris* sont des guêpiaires solitaires dont les antennes n'ont pas plus de dix articles distincts, et sont terminées en bouton. M. Latreille en forme, sous le nom de *masarides*, une petite famille qui se compose de ses genres *masaris* et *célonite*. La lèvre inférieure de ces insectes est longue, filiforme, sans points glanduleux, et se divise en deux filets reçus dans un tuyau rétractile.

ESPECES.

1. Masaris vespiforme. *Masaris vespiformis.*

> *M. abdomine longo, graciliusculo nigro : fasciis sex flavis ; antennis nigris capite thoraceque longioribus.*
> *Masaris vespiformis.* Fab. Latr.
> Coqueb. illustr. ic. dec. 2. tab. 15.
> Habite en Barbarie. Desfontaines.

2. Masaris apiforme. *Masaris apiformis.*

> *M. abdomine vix trunco longiore , nigro : fasciis quinque flavis ; antennis brevibus clavá ferrugineá terminatis.*
> *Masaris apiformis.* Fab. p. 284.
> *Celonites apiformis.* Fab. Latr.
> Panz fasc. 56. t. 19.
> Habite l'Italie , les provinces méridionales de la France.

SYNAGRE. (Synagris.)

Antennes brisées, renflées vers leur extrémité. Mandibules saillantes , pointues : celles des mâles très-longues et en forme de cornes. Lèvre inférieure quadrifide : à divisions linéaires , longues, plumeuses.

Abdomen ovale-conique ; à pédicule presque nul.

Antennæ fractæ , versùs apicem incrassatæ. Mandibulæ acuto-productæ, in masculis longissimæ, corniformes. Labium inferius quadrifidum : laciniis linearibus longis plumosis.

Abdomen ovato-conicum ; pediculo subnullo.

Tome IV. 6

OBSERVATIONS.

Les *synagres* sont des insectes étrangers, propres à l'Afrique et à l'Asie. Ils sont remarquables par la grandeur des mandibules des individus mâles, et par leur lèvre inférieure, dont les divisions longues et plumeuses sont destituées de points glanduleux. Les palpes maxillaires ont quatre articles; les labiaux n'en ont que trois.

ESPÈCE.

1. Synagre cornu. *Synagris cornuta.* Latr.
     Vespa cornuta. Lin. Fab. p. 255.
     Apis cornuta. Drury. ins. 2. t. 48. f. 3.
     Habite en Afrique.

———

EUMÈNE. (Eumenes.)

Antennes brisées, en massue allongée et pointue. Le chaperon souvent prolongé en pointe antérieurement. Mandibules longues, pointues, saillantes et rapprochées en bec, surtout dans les mâles. Lèvre inférieure trifide, à division moyenne bilobée : toutes ces divisions glanduliferes.

Corps allongé. Abdomen subpédiculé.

Antennæ fractæ, in clavam elongato- acutam terminatæ. Clypeus sæpè antice productus, acutus. Mandibulæ elongato-acutæ, porrectæ, in rostellum connniventes, præsertìm in masculis. Labium trifidum : laciniá intermediá dilatato-bilobá; laciniis omnibus glanduliferis.

Corpus elongatum. Abdomen subpediculatum.

OBSERVATIONS.

Les *eumènes* sont, comme les synagres, des guépiaires
solitaires ; mais, au lieu d'avoir les quatre divisions de leur
lèvre inférieure longues et plumeuses, comme ces derniers,
elles les ont glanduleuses à leur sommet. La plupart ont
l'abdomen pédiculé, plus épais vers le bout qu'à sa naissance.
Je n'en distingue point les *odynères* de M. Latreille.

ESPÈCES.

1. Eumène des bruyères. *Eumenes coarctata.* Latr.

    *E. nigra ; abdominis segmento primo infundibuliformi ,
secundo campanulato maximo , luteo maculato.*

    Vespa coarctata. Lin. Fab. p. 276.

    Geoff. 2. p. 377. n.o 10, pl. 16. f. 2.

    Vespa coronata. Panz. fasc. 64. t. 12. et fasc. 63. t. 6.

    Habite en Europe. La femelle se construit , avec de la terre ,
un nid en forme de boule, et le fixe sur la tige de quelque
plante et souvent sur la bruyère.

2. Eumène pomiforme. *Eumenes pomiformis.* Latr.

    *E. nigra , flavo variegata ; abdominis petiolo bipunctato ;
secundo segmento fasciâ interruptâ , omnibusque margine flavis.*

    Vespa pomiformis. Fab. p. 279.

    Panz. fasc. 63. t. 7.

    Habite l'Italie , l'Allemagne , etc.

3. Eumène des murs. *Eumenes muraria.*

    *E. nigra ; thorace maculis duabus ferrugineis ; abdomine
fasciis quatuor flavis : primâ remotissimâ.*

    Vespa muraria. Lin. Fab. p. 267.

    Vespa parietina. Panz. fasc. 49. t. 24.

    Odynerus. Latr.

    Habite en Europe. Elle fait son nid dans les trous des mu-
railles.

    Etc.

ZÈTHE. (Zethus.)

Antennes brisées, en massue allongée et pointue. Chaperon aussi large ou plus large que long, sans prolongement antérieur remarquable. Mandibules obtuses, peu allongées et point en bec à leur extrémité. Lèvre inférieure glanduleuse au sommet.

Abdomen pédiculé.

Antennæ fractæ, in clavam elongato-acutam terminatæ. Clypeus longitudine non latitudinem superans, antice non aut vix productus. Mandibulæ obtusæ, parùm elongatæ. Labium apice quadriglandulosum.

Abdomen pediculatum.

OBSERVATIONS.

Les *zèthes*, dont je ne distingue pas les discœlies de M. Latreille, ont le port des eumènes ; mais elles en diffèrent par leur chaperon et leurs mandibules. Celles-ci, quoique plus longues que larges, sont plus courtes, non pointues ni en bec. Ces guêpiaires sont assez grandes.

ESPECES.

1. Zèthe ailes-bleues. *Zethus cyanipennis.*
   > *Z. niger; abdominis petiolo clavato, basi testaceo ; alis cyaneis.*
   > *Vespa cyanipennis.* Fab. p. 277.
   > Coqueb. illustr. ic. dec. 1. tab. 6. f. 4.
   > Habite à Cayenne.

2. Zèthe zonale. *Zethus zonalis.*
   > *Z. niger; thorace immaculato, abdominis petiolo apice, segmento secundo fasciâ simplici flavis.*

Vespa zonalis. Panz. fasc. 81. tab. 18.

Habite en Allemagne.

3. Zèthe rufinode. *Zethus rufinodus.*

Z. *niger, nitidus, punctatus; thoracis segmento antico
ferrugineo-flavo ; pedibus rubris.*

Eumenes rufinoda. Latr. Gen. crust. et ins. vol. 1. t. 14.
f. 4.

Habite les îles de l'Amérique.

GUÉPIAIRES SOCIALES.

De même qu'il y a des apiaires sociales et d'autres
qui vivent solitairement ; de même aussi l'on trouve des
guêpiaires sociales ; et je viens d'en citer d'autres qui ne
forment point de société. Il est donc utile de les distinguer de part et d'autre.

Les guêpiaires sociales non-seulement sont remarquables parce qu'elles vivent en société , mais, en outre,
en ce que chaque espèce se compose de trois sortes d'individus : de mâles, de femelles et de neutres. Ces derniers néanmoins ne paraissent être encore que des femelles sans sexe, c'est-à-dire , dont le sexe est avorté.
Ces trois sortes d'individus forment des sociétés quelquefois nombreuses, selon l'espèce. Ils se construisent des nids
singuliers , en partie fermés, de matières diverses , et
dont l'enveloppe externe semble, soit papyracée, soit car-
tonneuse. On a donné à ces nids le nom de *guépiers.*
Dans leur intérieur , on trouve au moins un plan couvert d'alvéoles ; et, dans certains , cet intérieur est divisé par des cloisons transverses dont chacune est chargée
d'alvéoles d'un seul côté. Ces guêpiaires sociales ne sont
partagées qu'en deux genres , qui sont les suivans :

GUÊPE. (Vespa.)

Antennes brisées, de douze ou treize articles, renflées vers leur sommet en massue oblongue et pointue. Quatre palpes. Mandibules fortes, tronquées obliquement et dentées à leur extrémité. Bord antérieur du chaperon largement tronqué, ayant une dent de chaque côté.

Corps oblong, presque glabre; ayant l'abdomen attaché par un pédicule très-court. Ailes supérieures plissées ou pliées en deux, étroites.

Trois sortes d'individus, tous ailés, vivant en société dans un nid commun. Larves apodes.

Antennæ fractæ, duodecim aut tredecim articulatæ, clavá oblongá acutáque terminatæ. Palpi quatuor. Mandibulæ validæ, apice obliquè truncatæ et dentatæ. Clypeus margine antico latè truncato, utroque laterè denticulo adjuncto.

Corpus oblongum, subglabrum, abdomine brevissimè pediculato. Alæ superæ angustæ, longitrorsùm duplicatæ.

Individua omnia alata, nido communi habitantia; tribus generibus pro specie. Larvæ apodæ.

OBSERVATIONS.

Quoique les *guêpes* aient les antennes brisées ou coudées comme les abeilles, on les en distingue au premier aspect par leurs ailes étroites et plissées ou pliées en deux longitudinalement; par leur corps plus grêle en général, moins velu, et même presque glabre ; enfin, par leur trompe très-courte, et leurs mandibules fortes et grandes.

Leur corps est ordinairement varié de jaune et de noir. Leurs yeux sont en forme de reins ; et leur trompe ou langue est large, échancrée avec un filet de chaque côté. Leur larve est petite, vermiforme et sans pattes.

Les guêpes formant des sociétés composées de trois sortes d'individus, les femelles et les neutres seulement travaillent à la construction de leur nid. En réduisant en forme de pâte, des parcelles de vieux bois ou d'écorce, elles en construisent leur guêpier, savoir ses rayons ou gâteaux et l'enveloppe commune, d'une matière analogue à du papier ou du carton. Le guêpier est suspendu en dessus par un ou plusieurs pédicules, et les rayons qu'il contient, tantôt en petit nombre et tantôt fort nombreux, sont horizontaux, et ont leur face inférieure seulement garnie de cellules verticales hexagones. Les femelles ne pondent qu'un œuf dans chaque cellule, y joignent une provision de nourriture pour la jeune larve, et ensuite ferment la cellule.

Les sociétés des guêpes ne subsistent que jusques vers le milieu de l'automne. Alors les neutres tuent les larves qui n'ont pas eu le temps de se transformer ; les autres périssent pour la plupart, et quelques femelles qui survivent à la mauvaise saison, travaillent au printemps à fonder une nouvelle colonie.

Les guêpes ne sont guère connues en général, que par les ravages qu'elles font dans nos jardins, en dévorant nos meilleurs fruits. Elles se nourrissent aussi d'insectes et même de viandes. Elles font leur nid dans la terre, dans l'intérieur des vieux bois, et souvent dans les greniers des maisons. Leur approche est toujours à redouter.

ESPÈCES.

1. Guêpe frelon. *Vespa crabro.*

V. thorace nigro, antice rufo immaculato ; abdominis incisuris puncto nigro duplici contiguo. **L.**

Vespa crabro. Lin. Fab. p. 255. Oliv. dict. n.o 47.

Geoff. 2. p. 368 n.o 1.

Habite en Europe. Grosse guêpe qui fait son nid dans les
creux des vieux arbres , et quelquefois dans les charpentes
des greniers.

2. Guêpe commune. *Vespa vulgaris.*

*V. thorace utrinque lineolâ interruptâ; scutello quadrima-
culato; abdominis incisuris punctis nigris distinctis.* L.

Vespa vulgaris. Lin. Fab. p. 256. Oliv. dict. n.° 49.

Geoff. 2. p. 69 n o 2.

Habite en Europe. Elle est fort commune , moins grosse que
la précédente , plus brillante par ses deux couleurs , le noir
et le jaune , et fait son nid dans les toits. Une de ses variétés
fait le sien dans la terre.

3. Guêpe de Holstein. *Vespa Holsatica.*

*V. nigra; lineâ utrinque ad humeros , maculisque scutella-
ribus luteis; abdomine luteo, segmentis basi transversè
punctisque contiguis nigris.* L.

Vespa holsatica. Fab. p. 257.

Latr. annales du mus. vol. 1. p. 288. pl. 21. f. 1—3.

Vespa. n.° 2. var. D. Geoff.

Habite en Europe. Se trouve aux environs de Paris. Elle fait un
guêpier oviforme , à enveloppe triple , dont les pièces sont
minces et inégales.

4. Guêpe fauve. *Vespa rufa.*

*V. thorace utrinque lineolâ; scutello bipunctato; abdomine
flavo, antice ferrugineo* L.

Vespa rufa. Lin. Fab. Oliv. dict. n.° 51.

Habite le nord de l'Europe.

5. Guêpe à une bande. *Vespa cincta.*

*V. nigra; thorace obscurè maculato; abdomine atro : fas-
ciâ ferrug'neâ.*

Vespa cincta. Fab. p. 253. Oliv. dict. n.° 37.

Habite aux Indes orientales.

Etc.

POLISTE. (Polistes.)

Antennes brisées, en massue allongée, finissant en pointe. Mandibules non tronquées, dentées en leur côté interne. Milieu du bord antérieur du chaperon avancé en pointe.

Corps subovale ; abdomen pédiculé.

Antennæ fractæ, in clavam elongatam et acutam terminatæ. Mandibulæ non truncatæ, latere interno et subapicali dentatæ. Clypei margo anticus medio in angulum parvum productus.

Corpus subovale, abdomine pediculato.

OBSERVATIONS.

Les *polistes* sont des guêpiaires sociales tellement voisines du genre *guêpe* par leurs rapports, qu'on aurait pu ne les en pas distinguer. Cependant, comme ces guêpiaires diffèrent des guêpes proprement dites, par la forme de leurs mandibules et par celle du chaperon, nous avons adopté le genre qu'en a formé M. Latreille.

Ces guêpiaires ont aussi l'espèce composée de trois sortes d'individus tous ailés, savoir des mâles, des femelles et des neutres. Leurs ailes sont plissées ou pliées en deux longitudinalement; et comme elles, vivent en société ; leur nid contient un ou plusieurs gâteaux alvéolifères. Parmi leurs espèces, les unes sont indigènes; les autres sont exotiques.

ESPÈCES.

[*Indigènes.*]

1. Poliste française. *Polistes gallica.* Latr.

P. thorace utrinque lineolâ punctisque duobus ; scutello sexmaculato ; abdominis incisuris flavis, secundâ bimaculatâ.

Vespa gallica. Lin. Fab. p. 257.

Panz. fasc. 49. tab. 22 Guêpe, n.º 5. Geoff.

Réaumur, ins. 6. pl. 24. f. 6.

Habite l'Europe australe, la France. Son nid a la forme d'une rose demi-ouverte, et de couleur cendrée; il est fixé sur un rameau de plante.

2. Poliste diadème. *Polistes diadema.* Latr.

P. *atra: lineis duabus transversis infrà antennas; lineolis sex scutellaribus; abdominis segmentis duobus primis bipunctatis.*

Vespa diadema. Latr. Annales du mus. vol. 1. p. 292. pl. 21. f. 4—6.

Réaumur, ins. 6. pl. 25. f. 1—4.

Habite en Europe.

(*Exotiques.*)

3. Poliste boucher. *Polistes lanio.*

P. *fusca; capite ferrugineo; antennis medio nigris.*

Vespa lanio. Fab. p. 260. Oliv. dict. n.º 59.

Habite au Brésil.

4. Poliste annulaire. *Polistes annularis.*

P. *fusca; genubus antennarum apicibus margineque primi segmenti flavis.*

Vespa annularis. Fab. p. 260.

Habite l'Amérique septentrionale.

5. Poliste hébraïque. *Polistes hebrœa.*

P. *flava; thorace trilineato; abdomine cingulis flexuosis nigris.*

Vespa hebrœa. Fab. p. 274.

Habite aux Indes orientales.

6. Poliste cartonnière. *Polistes chartaria.*

P. *nigra, sericea; thorace antice posticeque strigâ; abdomine fasciis quinque flavis.* Oliv.

Vespa chartaria. Oliv. dict. n.º 88.

Vespa nidulans. Fab. p. 271.

Habite à Cayenne. Elle construit de grands guêpiers allongés pendans aux branches des arbres, dont l'enveloppe est de carton, et dont l'ouverture est un trou central.

7. **Poliste tatue.** *Polistes tatua.*

> *P. nigra, nitida; abdomine subcordato, pediculato.*
> *Polistes morio.* Fab.
> *Vespa tatua.* Cuv. Bullet. de la soc. philom. n.º 8.
> *Epipone tatua.* Latr. gen. ins. vol. 1. t. 14. f. 5.
> Habite à Cayenne. Elle construit un grand nid en mauvais carton, allongé en cloche, pendant aux branches des arbres, et dont l'ouverture est un trou marginal.
> Etc.

RAPACES SUBAPTÈRES.

Leurs ailes supérieures ne sont pas plissées longitudinalement, et l'espèce offre constamment des individus aptères. Point de petits yeux lisses très-distincts.

Sous cette division ou sous-famille des rapaces, je rapproche et j'isole deux genres qui ont des rapports évidens avec les guêpiaires, mais qui offrent constamment des individus aptères. Ces insectes n'ont pas de petits yeux lisses bien distincts et vivent de proie. Ceux, parmi eux, qui vivent en société sont fort intéressans à observer sous différens rapports. Il y en a qui ont des habitudes extrêmement singulières et même admirables. Les deux genres que je rapporte ici, sont distingués de la manière suivante.

(1) Insectes vivant en société : des mâles, des femelles et des neutres. Les mâles toujours ailés ; les femelles, tantôt avec des ailes et tantôt sans ailes ; les neutres toujours aptères.

Fourmi.

(2) Insectes vivant solitairement : des mâles et des femelles seulement. Les mâles ailés ; les femelles toujours aptères.

Mutile.

———

FOURMI. (Formica.)

Antennes filiformes , plus épaisses vers leur sommet , brisées. Lèvre supérieure un peu grande , tombant perpendiculairement. Quatre palpes filiformes , inégaux. Mandibules fortes, surtout dans les femelles et les neutres. Promuscide courte : à lèvre inférieure concave, arrondie au sommet.

Tête trigone ; tronc déprimé sur les côtés ; abdomen attaché au corselet par un pédicule, qui porte , soit un nœud en forme d'écaille , soit deux nœuds. Anus muni, soit d'un aiguillon piquant , soit de glandes vévénifères.

Trois sortes d'individus pour l'espèce. Des mâles et des femelles ailés ; des neutres toujours aptères.

Antennæ filiformes , versùs apicem crassiores , fractæ. Labrum majusculum , ad perpendiculum cadens. Palpi quatuor filiformes , inœquales. Mandibulæ validæ , præsertìm in feminis et neutris. Promuscis brevis : labio cucullato , apice rotundato.

Caput trigonum ; truncus ad latera compressus ; abdomen pediculo uninodo vel binodo thoraci affixum. Anus vel aculeo punctorio , vel glandulis veneniferis instructus.

Individua tribus generibus pro specie. Masculi et feminæ alati ; neutra semper aptera.

OBSERVATIONS.

Les *fourmis* sont des insectes connus de tout le monde, au moins quant à leur forme générale. Ces insectes sont petits en général, courent assez rapidement, et offrent un corps allongé, comme formé de trois parties principales, bien séparées : la tête, le corselet, l'abdomen. Leur tête, qui est assez grosse proportionnellement, est trigone, avancée en pointe antérieurement, et munie de deux antennes filiformes, brisées, leur premier article étant plus long que chacun des autres.

Ce qui caractérise le plus généralement ces insectes, c'est que le pédicule qui attache leur abdomen au corselet, soutient tantôt une petite écaille relevée, et tantôt deux écailles distinctes selon les espèces. Ces espèces de nœuds squamiformes sont dus, selon M. *Latreille*, à un des anneaux de l'abdomen, et se trouvent dans tous les individus de toutes les espèces.

Les neutres ici sont, comme dans les abeilles et les guépes, des femelles dont le sexe est entièrement avorté. Ce sont les individus les plus nombreux de leur société, ceux qui sont chargés de tous les travaux, et qui n'ont jamais d'ailes. Les mâles sont les plus petits individus de l'espèce, et sont toujours ailés. Les femelles sont pareillement ailées, mais elles perdent souvent leurs ailes à une certaine époque.

On sait que les fourmis demeurent dans des nids placés en terre ou près de sa surface, et auxquels on a donné le nom de *fourmilières*. Il y en a néanmoins qui font les leurs dans l'intérieur des troncs d'arbres ou des bois, comme certains termites. Le jour, elles en sortent, vont et viennent continuellement, s'occupent de leurs travaux ou courent à la picorée. Comme elles sont omnivores, presque tout leur est bon, et dès qu'elles ont trouvé quelque butin, elles le portent à la fourmilière.

L'hiver, les fourmis restent dans leurs fourmilières où elles sont engourdies, sans aucun mouvement, et entassées les unes sur les autres; mais dès les premières chaleurs du printemps, elles sortent de leur état de léthargie, et vont chercher leurs alimens.

L'accouplement des mâles avec les femelles ne se fait point dans la fourmilière. Les mâles ne s'y rencontrent jamais. C'est dans l'air qu'il s'exécute, les femelles voltigeant avant leur fécondation. Celles-ci retournent ensuite à la fourmilière pour déposer leurs œufs, et les mâles périssent peu après.

Les œufs des fourmis sont très-petits et rassemblés par tas. Il en naît des larves courtes, blanches, grasses, sans pattes et presque incapables de locomotion. Ce sont ces larves que le vulgaire nomme improprement *œufs de fourmis*, et dont les neutres ont les plus grands soins. Ces mêmes larves se transforment en nymphes, soit nues, soit renfermées dans une coque d'un blanc jaunâtre. Comme ces nymphes sont, ainsi que les larves, incapables de se mouvoir, si la fourmilière est attaquée, les ouvrières les emportent dans l'endroit le plus reculé de leur habitation pour les mettre à l'abri des dangers.

Quoique les *fourmis* soient souvent très-nuisibles, quelquefois même un fléau, par les dégâts qu'elles causent dans nos jardins et même dans nos habitations, surtout dans les climats chauds, ce sont néanmoins des insectes très-curieux et très-intéressans à étudier sous différens rapports, principalement sous celui de leurs habitudes particulières. Il y en a qui voyagent en troupe et forment comme des armées innombrables. D'autres sont guerrières, vont attaquer la fourmilière de quelqu'autre espèce, et si elles sont victorieuses, elles s'emparent des larves et des nymphes de la fourmilière conquise, les transportent dans la leur et en prennent soin pour en faire des esclaves qui servent aux travaux de l'habitation. Ces derniers faits, publiés par

M. Hubert, fils et confirmés par les observations de M. Latreille, sont vraiment admirables.

Comme les fourmis sont nombreuses en espèces, M. *Latreille* en a traité dans un ouvrage monographique avec
des détails intéressans. Depuis, il les a partagées en plusieurs genres, les considérant toutes ensemble comme
constituant une famille particulière. C'est cette famille qui
forme le genre que nous présentons ici.

ESPÈCES.

*Un seul nœud squamiforme sur le pédicule de l'ab-
domen.*

1. **Fourmi ronge-bois.** *Formica ligniperda.* Latr.

> *F. nigra ; thorace femoribusque obscurè sanguineis.* Latr.
> hist. nat. des fourm. p. 88. pl. 1. f. 1.
> *An formica herculanea ?* Lin. Fab. p. 349.
> *Formica herculanea.* Oliv. dict. n.º 1.
> Habite en Europe, dans les troncs d'arbres. C'est la plus grande
> de notre pays.

2. **Fourmi pubescente.** *Formica pubescens.* F.

> *F. atra ; abdomine pubescente.* Fab.
> *Formica pubescens.* Fab. Oliv. n.º 10. Latr. hist. nat. des f.
> p. 96. pl. 1. *fig.* 2.
> Habite en Europe, dans la France méridionale, en Hongrie.
> Elle vit dans les troncs des vieux arbres.

3. **Fourmi comprimée.** *Formica compressa.*

> *F. nigra ; thorace compresso ; antennis apice femoribusque
> rufis ; capite maximo.* F.
> *Formica compressa.* Fab. p. 350. Oliv. dict. n.º 4.
> Latr. hist. nat. des f. p. 111.
> Habite à Tranquebar.

4. **Fourmi fauve.** *Formica rufa.*

> *F. nigricans ; capitis maximâ parte, thorace, squamâ fer-
> rugineis ; stemmatibus tribus conspicuis.* Latr.

Formica rufa. Lin. Fab. p. 351. Oliv. dict. n.o 9.
Latr. hist. nat. des f. p. 143. pl. 5. f. 28.

Habite en Europe , dans les bois. Elle y forme sur la terre de grandes fourmilières larges, convexes , offrant des amas considérables de paillettes de différens débris amoncelés et sans ordre. Elle est plus grande que nos fourmis de jardins.

5. Fourmi noire-cendrée. *Formica fusca.*

F. cinereo-fusca ; antennis pedibusque ferrugineis.
Formica fusca. Lin. Fab. p. 352. Oliv. dict. n.o 13.
Latr. hist. nat. des f. p. 159. pl. 6. f. 32.

Habite en Europe, dans la terre, sous les pierres, au pied des arbres. Commune.

6. Fourmi des jardins. *Formica nigra.*

F. nigra , nitida ; ano piceo. F.
Formica nigra. Lin. Fab. p. 352. Oliv. dict. n.o 11.
Latr. hist. nat. des fourmis, p. 156.

Habite en Europe. Très-commune dans les jardins où elle fait beaucoup de tort. Elle fait son habitation dans la terre.

7. Fourmi sanguine. *Formica sanguinea.* Latr.

F. sanguinea; abdomine cinereo-nigro. Latr. hist. nat. des fourmis, p. 150. pl. 5. f. 29.

Habite en Europe, dans les bois. C'est une de celles que M. Hubert nomme *fourmis amazones.*

8. Fourmi amazone. *Formica rufescens.*

F. pallidè rufa ; mandibulis angustis arcuatis subedentatis ; stemmatibus tribus ; thorace posticè elevato. Latreille.
Formica rufescens. Latr. hist. nat. des fourm. p. 186. pl. 7. f. 38.
Polyergus rufescens. Latr. gen. crust. et ins. 4. p. 127. et vol. 1. t. 13. f. 1.

Habite en France , dans les bois. C'est encore une espèce guerrière dont M. *Hubert* a décrit les habitudes si étonnantes.

9. Fourmi resserrée. *Formica contracta.*

F. elongata ; subcylindrica ; fusco-brunnea ; oculis nullis

aut obsoletis ; antennis pedibusque lutescente-brunneis.
Latr. hist. nat. des fourm. p. 195. pl. 7. f. 40.

Ponera. Latr.

Habite en France, à Paris. Rare. Société peu nombreuse. Elle
paraît aveugle.

Deux écailles ou deux nœuds sur le pédicule de l'abdomen.

10. Fourmi céphalote. *Formica cephalotes.*

> F. thorace quadrispinoso ; capite didymo magno utrinque
> posticè mucronato.

Formica cephalotes. Lin. Fab. p. 362. Oliv. dict. n.° 47.

Latr. hist. nat. des fourm. p. 222. pl. 9. f. 57.

Atta. Latr. gen. crus. et ins. 4. p. 129.

Habite l'Amérique méridionale. Espèce fort grande, voyageant
souvent par quantité innombrable.

11. Fourmi à crochets. *Formica hamata.*

> F. ferruginea ; capite maximo pallido ; mandibulis por-
> rectis hamatis.

Formica hamata. Fab. p. 364.

Latr. hist. nat. des fourm. p. 242. pl. 8. f. 54.

Atta. Latr.

Habite à Cayenne.

12. Fourmi goulue. *Formica gulosa.*

> F. castaneo-brunnea : mandibulis capite longioribus ; ab-
> dominis apice nigro. Latr. hist. nat. des fourm. p. 215. pl.
> 8. f. 49.

Formica gulosa. Fab. p. 363. Oliv. dict. n.° 50.

Myrmecia gulosa. Latr.

Habite la Nouvelle-Hollande.

13. Fourmi souterraine. *Formica subterranea.*

> F. ferrugineo-brunnea ; ore antennisque dilutioribus ; tho-
> race elongato, bispinoso ; abdomine fusco ; pedibus di-
> lutè fulvis.

Latr. hist. nat. des fourm. p. 219. pl. 10. f. 64. et pl. 11. f. 70.

Myrmecia. Latr.

Habite en France, au pied des arbres.

14. Fourmi rouge. *Formica rubra.*

F. rubescens, rugosula ; nodo primo infrà unispinoso ; ab-
domine nitido lœvi, segmento antico subbrunneo. Latr.

Formica rubra. Lin. Fab. p. 353. Oliv. dict. n.° 14.

Latr. hist. nat. des fourm. p. 246. pl. 10. f. 62.

Myrmecia. Latr.

Habite en Europe. Espèce très-commune. Elle fait son nid
dans la terre, soit sous des pierres, soit sous de la mousse,
dans les bois.

15. Fourmi des gazons. *Formica cœspitum.*

F. brunneo-nigra ; antennis mandibulisque brunneo-rubris ;
capite thoraceque striatis ; thorace posticè bispinoso ;
tarsis dilutioribus. Latr.

Formica cœspitum. Lin. Fab. p. 358. Oliv. n.° 30.

Lat. hist. nat. des fourm. p. 251. pl. 10. f. 63.

Myrmecia. Latr.

Habite en Europe. Espèce très-commune ; elle fait son nid
dans la terre, entre les racines des gazons.

Etc.

—————

MUTILLE. (*Mutilla.*)

Antennes filiformes, vibratiles, à premier et troisième articles allongés. Mandibules fortes, saillantes,
pointues, quelquefois dentées. Quatre palpes ; les maxillaires plus longs.

Insectes solitaires, à deux sortes d'individus pour l'espèce. Des mâles ailés ; des femelles aptères. Les femelles
manquant de petits yeux lisses, et ayant un aiguillon très-
piquant à l'anus.

Corps oblong, velu.

Antennæ filiformes, vibratiles ; articulo primo ter-
tioque elongato. Mandibulæ validæ, exsertæ, acu-

tæ, interdum dentatæ. Palpi quatuor ; maxillaribus longioribus.

Insecta solitaria: ordinibus duobus pro specie. Masculi alati ; feminæ apteræ : uno aculeo punctorio validissimo. Ocelli in feminis nulli distincti.

Corpus oblongum, hirsutum.

OBSERVATIONS.

Les *mutilles* tiennent aux fourmis par plusieurs rapports ; mais ces rapaces ne forment point de société, n'offrent que des mâles et des femelles, et la petite portion de leur corps qui attache l'abdomen au corselet n'est ni nodifère, ni squamifère. Ces insectes ont des antennes filiformes, quelquefois brisées, vibratiles, de douze ou treize articles, plus courtes dans les femelles que dans les mâles. Leurs mâchoires et leur lèvre inférieure sont très-petites. Ils font leur nid dans la terre, aux lieux secs et sablonneux. Ainsi, par leurs habitudes, ils s'approchent des rapaces terriforès.

M. *Latreille* divise ces insectes en plusieurs génres, et en forme une famille particulière. Nous allons en citer quelques espèces.

ESPÈCES.

1. Mutille européenne. *Mutilla europœa.*

    M. nigra; thorace rufo; abdomine fasciis duabus albis : posteriore duplicata, interrupta. F.

    Mutilla europœa. Lin. Fab. Oliv. dict. n.º 15. Latr.

    Coqueb. ill. ic. dec. 2. tab. 16. f. 8.

    Panz. fasc. 76. tab. 20.

    Habite le midi de la France, l'Italie, le Levant. Comparez-la avec la mutille littorale d'Olivier, n.º 16.

2. Mutille maure. *Mutilla maura.*

    M. hirsuta, nigra; thorace rufo; abdomine maculis quatuor albis.

Mutilla maura. Lin. Fab. Latr. Oliv. n.º 36.
Panz. fasc. 46. tab. 18.
Coqueb. ill. ic. dec. 2. tab. 16. f. 7.
Habite en France, en Allemagne, etc.

3. Mutille rufipède. *Mutilla rufipes.*

*M. hirta, nigra; antennis thoraceque rufis; abdomine
puncto fasciisque duabus approximatis albis.* F.
Mutilla rufipes. Fab. Latr. Oliv. n.º 68.
Panz. fasc. 46. tab. 19.
Habite en Allemagne, en France : commune aux environs de
Paris.

4. Mutille couronnée. *Mutilla coronata.*

*M. nigra; thorace rufo; abdomine puncto strigisque dua-
bus albis.*
Mutilla coronata. Fab. Lat. Oliv. n.º 29.
Panz. fasc. 55. tab. 24.
Habite le midi de la France, l'Italie, etc.

5. Mutille tête-noire. *Mutilla melanocephala.*

M. hirta, rufa; capite abdominisque apice nigris. F.
Mutilla melanocephala. Fab. p. 372. Oliv. n.º 65.
Coqueb. ill. ic. dec. 1. tab. 6. f. 11.
Myrmosa melanocephala. Lat. gen. crust. et ins. 4. p. 120 et
vol. 1. tab. 13. f. 6 et 8.
Panz. fasc. 85. t. 14.
Habite en France.

6. Mutille formicaire. *Mutilla formicaria.*

M. gracilis, rubra; abdomine nigro.
Methoca formicaria. Latr. crust. et ins. 4. p. 119, et vol. 1.
tab. 13. *fig.* 7. *Confer. cum methocá ichneumonides ejusd.*
Habite au midi de la France.

7. Mutille myrmécode. *Mutilla myrmecodes.*

M. nigra, flavo-variegata; thorace compresso.
Tiphia pedestris. Fab p. 228.
Myrmecodes. Latr. gen. crust. et ins. 4. p. 118.
Habite la Nouvelle-Hollande.

8. **Mutille doryle.** *Mutilla dorylus.*

> M. *helvola ; abdomine cylindrico, apice pubescente ; femo-*
> *ribus compressis.*
> *Mutilla helvola.* Lin.
> *Dorylus helvolus.* Latr. hist. des crust. et des ins. 13. p. 260.
>   Fab. p. 365. Coqueb. ill. ic. dec. 2. t. 16. f. 1.
> Habite en Afrique.
> Etc.

RAPACES TERRIFORES.

Leurs ailes supérieures ne sont point plissées longitu-
dinalement, et tous les individus de l'espèce sont
ailés.

Sous cette troisième division des *rapaces*, je rassemble des hyménoptères à aiguillon qui vivent de proie
comme les autres rapaces, n'offrent point d'individus
aptères, et n'ont point les ailes supérieures plissées longitudinalement. Par leur aspect, les uns tiennent aux guêpes, et les autres aux ichneumonides.

Ces insectes vivent solitairement, et la plupart ont des
habitudes très-analogues ; car ils font leur nid dans la
terre, y placent un œuf, et déposent près de cet œuf
quelqu'autre insecte dont ils se sont saisis, et qu'ils ont
tué, afin qu'il serve de nourriture à leur petit. Ce sont
les mêmes que j'avais nommés d'abord *rapaces hétéro-*
malles.

Quoique les *rapaces terrifores* tiennent de très-près
les uns aux autres par leurs rapports, comme ils sont fort
nombreux et diversifiés, il est peu facile de les diviser

en coupes bien tranchées. M. *Latreille* les a partagés en huit familles et quarante-deux genres.

Relativement à l'objet de cet ouvrage, dont le but est de simplifier la méthode, afin de faciliter l'étude des animaux qui en font le sujet, je crois qu'il suffit de diviser ces insectes en neuf genres principaux, sauf à y en ajouter quelques autres s'ils sont reconnus indispensables. En voici l'analyse dans le tableau suivant, d'après des caractères empruntés des ouvrages de M. Latreille.

DIVISION DES RAPACES TERRIFORES.

(1) Premier segment du corselet large et prolongé en dessous jusqu'à l'origine des ailes supérieures.

  (a) Pattes courtes ou moyennes.

    (+) Antennes des femelles plus courtes que la tête et le tronc.

Tiphie.
Scolie.

    (++) Antennes des deux sexes aussi longues au moins que la tête et le tronc.

Sapyge.
Thynne.

  (b) Pattes longues; les postérieures une fois aussi longues que la tête et le tronc réunis.

Pompile.

(2) Premier segment du corselet étroit, transversal, et distant en dessus de l'origine des ailes supérieures.

  (a) Pattes longues : les postérieures une fois au moins aussi longues que la tête et le tronc réunis.

Sphex.

(b) Pattes courtes ou moyennes.

(+) Labre entièrement à découvert, souvent très-grand.

Bembèce.

(++) Labre entièrement caché ou peu découvert.

* les yeux prolongés jusqu'au bord postérieur de la tête.

Larre.

** Les yeux ne s'étendant pas jusqu'au bord postérieur de la tête.

✠ Antennes insérées près de la bouche.

Crabron.

✠✠ Antennes insérées au milieu de la face ou loin de la bouche.

Philanthe.

TIPHIE. (Tiphia.)

Antennes filiformes, de treize ou quatorze articles, rapprochées à leur insertion, plus courtes que la tête et le tronc dans les femelles. Mandibules fortes, entières, ou dentées. Quatre palpes : les maxillaires allongés.

Tronc convexe en dessus, un peu plus long que large. Abdomen ovale ou oblong, attaché par un pédicule court. Anus des femelles muni d'un aiguillon caché. Pattes un peu courtes, à jambes ciliées ou dentelées.

Antennæ filiformes, tredecim vel quatuordecim articulatæ, ad insertionem approximatæ, capite truncoque breviores in feminis. Mandibulæ validæ, edentulæ. Palpi quatuor : maxillaribus elongatis.

Truncus supernè convexus, paulò longior quàm

latior. Abdomen ovale vel ovato-oblongum; breviter pediculatum. Anus feminarum aculeo tecto instructus. Pedes breviusculi ; tibiis ciliatis vel denticulatis.

OBSERVATIONS.

Les *tiphies* ne sont pas sans rapports avec les mutilles, mais les deux sortes d'individus de l'espèce sont ailées. Ce sont des hyménoptères velus qui ressemblent à des guêpes dont ils diffèrent principalement par leurs ailes supérieures non plissées.

Ces insectes ont le corps allongé, velu, l'abdomen en fuseau, la tête obtuse, les yeux ovales et entiers, les pattes courtes, à cuisses grosses, comprimées, et à jambes ciliées ou dentelées.

ESPÈCES.

1. Tiphie grosses-cuisses. *Tiphia femorata.*

    T. nigra; femoribus quatuor posticis angulatis rufis. **F.**
    Tiphia femorata. Fab. p. 223. Latr.
    Tiphia hemiptera. Panz. fasc. 77. tab. 14.
    Habite en Europe, en France. Elle fait son nid dans la terre.

2. Tiphie morio. *Tiphia morio.*

    T. tota nigra; alis fuscis; femoribus posticis cinereo-barbatis.
    Tiphia morio. Panz. fasc. 55. tab. 1.
    An tiphia morio ? Fab. p. 227.
    Habite l'Europe méridionale, l'Autriche.

3. Tiphie velue. *Tiphia villosa.* Latr.

    T. atra, subvillosa ; antennis pedibusque concoloribus.
    Bethylus villosus. Panz. fasc. 98. tab. 16.
    Habite en Allemagne.
    Etc.

SCOLIE. (Scolia.)

Antennes filiformes, presque droites, un peu écartées à leur insertion, plus longues dans les mâles que dans les femelles. Mandibules fortes, saillantes, arquées. Quatre palpes : les maxillaires plus courts que les mâchoires. Les yeux échancrés.

Corps oblong. Le premier segment du corselet tronqué postérieurement. Abdomen allongé, subcylindrique. Pattes un peu courtes : les jambes des postérieures ciliées, presque épineuses. Anus des femelles très-piquant.

Antennæ filiformes, rectiusculæ, ad insertionem subdistantes. In masculis paulò longiores quàm in feminis. Mandibulæ validæ, exsertæ, arcuatæ. Palpi quatuor : maxillaribus maxillis brevioribus. Oculi emarginati.

Corpus oblongum. Metathorax posticè truncatus. Abdomen elongatum, subcylindricum (præsertìm in masculis). Pedes breviusculi : tibiis posticorum ciliato-spinosis. Anus feminarum aculeo abscundito validoque instructus.

OBSERVATIONS.

Les *scolies* constituent un beau genre d'hyménoptères rapaces, la plupart d'une assez grande taille. Ces insectes ont le corps allongé, peu ou point velu, noir avec des taches jaunes ou rousses. Ils ressemblent à de grandes tiphies, et paraissent avoir des rapports avec les bembéces. Les antennes des femelles sont très-courtes , tandis que celles des mâles sont plus longues , mais sans excéder de beaucoup la longueur de la tête et du tronc.

Ces insectes sont nombreux en espèces, la plupart étrangers à l'Europe , et ceux qu'on y rencontre ne se trouvent guères que dans ses parties méridionales. Ils fréquentent les fleurs et les lieux sablonneux. Il est vraisemblable que leurs habitudes sont analogues à celles des autres *terrifores*. Citons-en quelques espèces européennes.

ESPÈCES.

1. Scolie hémorrhoïdale. *Scolia hœmorrhoidalis.*

> *S. atra, hirta ; abdomine fasciis duabus flavis , thorace antice anoque ferrugineo-hirtis.* F.
>
> *Scolia hœmorrhoidalis.* Fab. p. 230.
>
> Roem. gen. ins. tab. 27. f. 4.
>
> Habite en Allemagne.

2. Scolie front-jaune. *Scolia flavifrons.*

> *S. atra ; abdomine fasciis duabus flavis ; alis ferrugineis apice cyaneis.* F.
>
> *Scolia hortorum.* Fab. pag. 232. *Mas.*
>
> *Scolia flavifrons.* Fab. p. 229. *Femina.*
>
> Roem. gen. ins. tab. 27. f. 3.
>
> Habite le midi de la France, l'Espagne.

3. Scolie insubrienne. *Scolia insubrica.* Latr.

> *S. nigra, cinereo-hirta ; abdomine atro , fasciis sex flavis, anticis tribus interruptis.*
>
> *Scolia interrupta.* Fab. p. 236. Panz. fasc. 62. t. 14.
>
> *Sphex canescens.* Scop. flora et fauna, insub. 2. t. 22. f. 8.
>
> Habite le midi de la France , l'Italie, la Suisse.

4. Scolie quadriponctuée. *Scolia quadripunctata.*

> *S. atra ; abdomine punctis quatuor albis ; alis ferrugineis apice fuscis.* F.
>
> *Scolia quadripunctata.* Fab. p. 236. Panz. fasc. 3. t. 22. *Mas.*

Scolia violacea. Panz. fasc. 66. t. 18. *Femina.*

Habite en Italie, en France.

5. Scolie marquée. *Scolia signata.*

> S. atra ; *abdomine fasciis duabus flavis, his utrinque puncto atro ; ano tridentato ; alis apice fuscis.* P.

> *Scolia signata.* Panz. fasc. 62. t. 13.

> Ross. faun. etr. tab. 8 *fig.* D. E.

> Habite le midi de l'Europe.

6. Scolie cylindrique. *Scolia cylindrica.*

> S. atra ; *abdominis segmentis margine punctoque laterali margine continuo flavis.*

> *Scolia cylindrica.* Fab. p. 238. *Elis cylindrica ejusd.*

> *Sapyga cylindrica.* Panz. fasc. 87. t. 19.

> *Myzine.* Latr.

> Habite en Italie, etc. Corps fort allongé. Mandibules bidentées.

> Etc.

SAPYGE. (Sapyga.)

Antennes filiformes, un peu longues, s'épaississant souvent vers leur sommet ; non plus courtes que le tronc dans les femelles. Mandibules fortes, trigones, pluridentées. Les yeux échancrés.

Corps allongé, glabre ou pubescent. Corselet tronqué antérieurement. Pattes courtes : à jambes presque lisses.

Antennæ filiformes, longiusculæ, versus apicem sæpè incrassatæ ; in feminis non trunco breviores. Mandibulæ validæ, trigonæ, pluridentatæ. Oculi emarginati.

Corpus elongatum, glabrum aut pubescens. Thorax anticè truncatus. Pedes breves : tibiis sublævibus.

OBSERVATIONS.

Les *sapyges* tiennent de très-près aux scolies par leurs rapports et même par leur aspect. Néanmoins leurs antennes sont un peu plus longues dans les deux sexes ; et, quoique celles des femelles soient moins longues que celles des mâles, elles sont au moins aussi longues que la tête et le tronc réunis. Leurs pattes d'ailleurs n'ont point la jambe épineuse, ni fortement ciliée comme celles des scolies. Ces insectes se distinguent des tiphies par leurs palpes maxillaires plus courts que les mâchoires.

Nos sapyges sont ceux de M. Latreille, auxquels je réunis ses polochres. On les rencontre dans les lieux exposés au soleil, autour des murs et des terres où habitent les apiaires. M. Latreille soupçonne que ce sont des parasites, c'est-à-dire, qu'ils sont carnassiers et insectivores.

ESPECES.

1. Sapyge ponctué. *Sapyga punctata.*

> *S. atra ; abdomine punctis quatuor albis.*
> *Sapyga punctata.* Latr. hist. nat. des crust. et des ins. 13. p. 272. et gen. crust. et ins. vol. 1. tab. 13. f. 9.
> *Vespa*, n.º 13. Geoff. 2. p. 379.
> Panz. fasc. 100. t. 17.
> Habite en Europe ; aux environs de Paris.

2. Sapyge prisme. *Sapyga prisma.*

> *S. atra ; abdomine fasciis tribus : anticá posticáque interruptis punctoque anali flavis.* F.
> *Apis clavicornis.* Lin.
> *Sapyga prisma.* Latr. hist. nat. des crust. , etc.
> *Masaris crabroniformis.* Panz. fasc. 47. t. 22.
> *Scolia prisma.* Fab. p. 236.
> Habite en Europe.

THYNNE. (Thynnus.)

Antennes filiformes, presque sétacées, plus courtes et plus épaisses dans les femelles que dans les mâles. Mandibules étroites, saillantes, arquées, subunidentées, plus fortes dans les femelles. Les yeux des femelles entiers.

Corps allongé, presque linéaire dans les mâles. Pattes courtes, comprimées ; à jambes des postérieures ciliées, subépineuses.

Antennæ filiformes, subsetaceæ, in feminis breviores et crassiores. Mandibulæ angustæ, exsertæ, arcuatæ, subunidentatæ, in feminis validiores. Oculi in feminis integri.

Corpus elongatum, in masculis sublineare. Pedes breves, compressi; tibiis posticorum ciliato-spinosis.

OBSERVATIONS.

Le genre *thynne* a pour type un insecte recueilli à la Nouvelle-Hollande, et probablement il y en existe plusieurs espèces. Par leur forme, les thynnes semblent annoncer le voisinage des pompiles. M. Latreille les range dans sa famille des sapygites.

ESPECE.

1. **Thynne denté.** *Thynnus dentatus.* Fab.

T. abdomine atro : segmento secundo tertio quatorque punctis duobus albis. Fab. p. 244.

Thynnus dentatus. Latr. gen. crust. et ins. 1. t. 13. f. 1—2, et vol. 4. p. 111

Habite la Nouvelle-Hollande.

POMPILE. (Pompilus.)

Antennes menues, presque sétacées, à articles oblongs. Mandibules, soit simples, soit subdentées au côté interne. Quatre palpes : les maxillaires souvent plus longs. Les yeux entiers.

Corps oblong ; abdomen ovoïde, subsessile ; les pattes longues : les postérieures étant une fois aussi longues que la tête et le tronc réunis.

Antennæ graciles, subsetaceæ ; articulis oblongis. Mandibulæ simplices, aut latere interno subdentatæ. Palpi quatuor : maxillaribus sæpè longioribus. Oculi integri.

Corpus oblongum ; abdomen obovatum, subsessile. Pedes longi : posticis capite truncoque conjunctis duplo longioribus.

OBSERVATIONS.

Les *pompiles* se distinguent des insectes des quatre genres précédens, au premier aspect, par la longueur de leurs pattes postérieures. Ils sont assez nombreux et constituent une famille dans l'ouvrage de M. Latreille. Leurs habitudes, et un peu leur port, les rapprochent des *sphex* ; car il paraît que plusieurs font de même leur nid dans la terre, aux lieux sablonneux exposés au soleil. Leur corselet néanmoins les en distingue ; son premier segment étant prolongé en dessus, jusqu'à l'origine des ailes supérieures.

ESPÈCES.

1. Pompile annelé. *Pompilus annulatus.* Latr.

> P. ater ; capite, thoracis antico, abdominisque segmentis,
> basi flavis ; alis ferrugineis, apice atris. Jur.
> Pompilus annulatus. Panz. fasc. 76. t. 16.
> Sphex annulata. Fab. suppl. p. 245.

Habite le midi de la France, l'Italie.

2. Pompile quadriponctué. *Pompilus quadripunctatus.*
Latr.

> P. ater ; antennis, thoracis strigâ anticâ, scutello, punctis
> quatuor abdominis, alisque ferrugineis.
> Sphex quadripunctata. Fab. p .219.
> Pompilus octopunctatus. Panz. fasc. 76. t. 17.

Habite près de Bordeaux, et en Espagne.

3. Pompile des chemins. *Pompilus viaticus.*

> P. pubescens, niger ; alis fuscis ; abdomine antice ferru-
> gineo : cingulis nigris. F.
> Sphex viatica. Lin.
> Pompilus viaticus. Fab. suppl. p. 246.
> Panz. fasc. 65. tab. 16.

Habite en Europe. Il fait son nid dans la terre, aux lieux sablonneux ; y dépose un œuf et des larves.

4. Pompile brun. *Pompilus fuscus.* Latr.

> P. glaber, ater ; abdomine basi ferrugineo. F.
> Pompilus fuscus. Fab. suppl. p. 246.
> Panz. fasc. 65. tab. 15. Sphex fusca. Lin.
> Ichneumon, n. 74. Geoff. 2. p. 354.

Habite en Europe.

5. Pompile rufipède. *Pompilus rufipes.* Latr.

> P. ater ; abdominis segmentis utrinque puncto albo ; alis
> apice fuscis. F.
> Panz. fasc. 65. tab. 17. Fab. suppl. p. 250.
> Sphex rufipes. Lin.

Habite en Europe.

6. Pompile biponctué. *Pompilus bipunctatus.* Latr.

> *P. glaber, ater; abdomine punctis duobus fasciáque pos-*
> *ticá albis; alis apice fuscis. F.*
> *Pompilus bipunctatus.* Fab. suppl. p. 251.
> Panz. fasc. 72. tab. 8.
> Habite en Europe.

7. Pompile tacheté. *Pompilus maculatus.*

> *P. glaber, ater; thorace maculato, abdominis segmento*
> *primo punctis duobus, secundo margine albis.*
> *Evania maculata.* Fab. p. 193.
> *Pompilus frontalis.* Panz. fasc. 72. tab. 9.
> *Cenopales maculata.* Latr. gen. crust. et ins. 4. p. 63.
> Habite en Europe. Commun en France.
> **Etc.**

SPHEX. (Sphex.)

Antennes filiformes, grêles, rapprochées à leur insertion, souvent arquées ou en spirale. Lèvre supérieure très courte. Mandibules, soit simples, soit dentées au côté interne. Quatre palpes grêles. Promuscide
plus ou moins allongée, trifide, fléchie dans son milieu
ou vers son extrémité.

Tête grosse; corps allongé; abdomen pédiculé; pattes
postérieures fort longues. Anus des femelles muni d'un
aiguillon caché.

Antennæ filiformes, graciles, ad insertionem ap-
proximatæ, sœpè arcuatæ aut in spiram contortæ.
Labrum brevissimum. Mandibulæ vel simplices, vel
latere interno dentatæ. Palpi quatuor graciles. Promus-
cis plus minusve elongata, trifida, medio aut versùs
apicem flexa.

Caput magnum; corpus elongatum; abdomine pe-

diculato. Pedes postici prœlongi. Anus feminarum aculeo abscundito instructus.

OBSERVATIONS.

Les *sphex* ont l'aspect des ichneumonides , et surtout des cryptures, à cause du pédicule, souvent assez long, qui joint leur abdomen au corselet ; mais les femelles n'ont point de véritable tarrière ; elles n'ont qu'un aiguillon simple et caché dans le dernier anneau de leur abdomen.

On a confondu les *sphex* avec les pompiles , les uns et les autres ayant les pattes postérieures fort allongées , et peut-être des habitudes analogues. M. *Latreille* a montré que ces deux genres étaient bien distingués par le premier segment du corselet qui , dans les sphex, est transversal , étroit, et ne se prolonge pas en dessus jusqu'à l'origine des ailes supérieures.

Nos sphex sont partagés en différens genres par M. Latreille. Il en forme sa famille des *sphégimes*. Ce sont des insectes carnassiers , parasites. Ils font leur nid dans la terre , y déposent un œuf , et placent à côté , soit une chenille , soit une araignée qu'ils ont tuée avec leur aiguillon. La larve, qui ne tarde pas à éclore , se nourrit alors de cette provision.

Dans les uns , la promuscide , qui se compose de la lèvre inférieure et des mâchoires , est allongée en trompe , et sa longueur surpasse de beaucoup celle de la tête ; dans d'autres , elle est à peine plus longue que la tête. Les sphex de M. Latreille sont dans ce second cas.

ESPÈCES.

[*Mandibules dentées au côté interne.*]

1. Sphex des sables. *Sphex sabulosa.* L.

> *S. hirta, nigra ; abdominis petiolo biarticulato , segmento secundo tertioque ferrugineis.* L.

Sphex sabulosa. Lin. Fab. p. 198. Panz. fasc. 65. t. 1**.

Ammophila sabulosa. Latr.

Ichneumon , n.º 63. Geoff. 2. p. 349.

Habite en Europe.

2. Sphex langue-blanche. *Sphex lutaria.* F.

S. nigra , glabra; abdominis petiolati segmento secundo teritioque rufis ; labio argenteo. Fab. p. 199.

Panz. fasc. 65. t. 14.

Ammophila. Latr.

Habite en Europe.

3. Sphex des chemins. *Sphex arenaria.*

S. nigra , hirta ; abdominis petiolo (brevi) uniarticulato ; segmento secundo tertioque rufis ; alis longitudine corporis.

Sphex arenaria. Fab. p. 199. Panz. fasc. 65. t. 13.

Sphex viatica. Lin. ex D. Latr.

Ammophila Latr.

Habite en Europe , aux lieux sablonneux, sur les chemins.

4. Sphex ailes jaunâtres. *Sphex flavi pennis.* Latr.

S. atra , fronte aureá, abdomine rufo : petiolo apiceque atris. F.

Sphex flavi pennis. Fab. p. 201. *Pepsis flavipennis ejusd.*

Habite l'Italie , la Provence , les environs de Bordeaux.

[*Mandibules sans dents au côté interne.*]

5. Sphex spiralier. *Sphex spirifex.*

S. atra ; thorace hirto immaculato ; petiolo uni articulato ; flavo, longitudine abdominis. L.

Sphex spirifex. Lin. Fab. p. 204.

Panz. fasc. 76. tab. 15.

Pelopæus. Latr.

Habite l'Europe australe , le midi de la France;

- Etc.

BEMBÈCE. (Bembex.)

Antennes filiformes , grossissant un peu vers leur sommet, rapprochées à leur insertion. Lèvre supérieure très-saillante, en triangle allongé, rostriforme. Mandibules pointues, dentées au côté interne. Palpes grêles, courts. Promuscide (mâchoires et lèvre inférieure) allongée, fléchie.

Corps allongé. Segment antérieur du corselet transversal, étroit. Abdomen ovale-conique, presque sessile. Pattes courtes ou moyennes.

Antennæ filiformes, sensìm extrorsùm crassiores, ad insertionem approximatæ. Labrum penitùs exsertum, elongató-trigonum, rostriforme. Mandibulæ acutæ, latere interno dentatæ. Palpi graciles, breves. Promuscis elongata, inflexa.

Corpus elongatum. Thoracis segmentum anticum transversale, angustum. Abdomen ovato-conicum, thoraci pediculo brevissimo affixum. Pedes breves aut longitudine mediocres.

OBSERVATIONS.

Les *bembèces* ont des rapports, par leurs habitudes, avec les sphex et les crabrons. Elles ressemblent un peu aux guêpes par les couleurs et la forme de leur corps, mais leurs ailes supérieures ne sont point plissées, et leur abdomen est presque sessile. Enfin, leurs mâchoires et leur lèvre inférieure forment une promuscide allongée, fléchie presque comme dans les abeilles. Leur lèvre supérieure très-saillante, prolongée en bec souvent abaissé, est ce qui les caractérise éminemment.

Ces rapaces font leur nid dans la terre, et y déposent un œuf et des insectes pour nourrir la larve qui doit y éclore.

ESPECES.

1. Bembèce à bec. *Bembex rostrata.*

    B. labio superiori conico fisso; abdomine atro : fasciis glaucis repandis. F.

Apis rostrata. Lin.

Bembex rostrata. Fab. Panz. fasc. 1. tab. 10.

Habite en Europe, sur les collines sablonneuses.

2. Bembèce oculée. *Bembex oculata.* Jur.

B. labro conico, thorace immaculato, abdomine nigro: fasciis flavis, primá interruptá, secundá oculatá, reliquis repandis. P.

Panz. fasc. 84. tab. 22.

Habite en Suisse, aux lieux montagneux.

Voyez, dans le même fascicule de Panzer, son *bembex integra,* t. 21.

3. Bembèce marquée. *Bembex signata.*

B. labio superiorirotundato integro; corpore nigro flavoque vario. F.

Bembex signata. Fab. p. 247.

Monedula. Latr.

Habite en Amérique.

Etc.

LARRE. (Larra.)

Antennes filiformes ou subsétacées , insérées près de la bouche. Lèvre supérieure petite , cachée ou peu découverte. Mandibules souvent échancrées au côté inférieur près de la base , avec un angle en saillie. Les yeux grands , souvent rapprochés postérieurement.

Tête transverse. Premier segment du corselet transverse, étroit, marginal. Abdomen allongé-conique. Pattes courtes ; à jambes postérieures ciliées ou épineuses.

Antennæ filiformes vel subsetaceæ, os versùs insertæ. Labrum parvum, absconditum aut parùm detectum. Mandibulæ sæpe latere infero versùs basim emarginatæ, cum angulo prominulo. Oculi magni, posticè sæpe convergentes.

Caput transversum. Thoracis segmentum anticum transversale , perangustum , marginale. Abdomen elongato-conicum. Pedes breviusculi ; tibiis posticis ciliato-spinosis.

OBSERVATIONS.

Les *larres* sont fort nombreux , paraissent tenir aux crabrons et aux sphex par leurs rapports, et plusieurs même ressemblent aux ichneumonides par l'aspect. M. Latreille , qui en forme sa famille des *larrates* , les a divisés en treize genres. Croyant pouvoir me dispenser d'entrer dans ces détails , je distingue ces insectes des bembèces , par le labre caché ou peu découvert ; des crabrons, par leurs yeux prolongés jusqu'au côté postérieur de la tête ; enfin , des philanthes , par leurs antennes insérées près de la bouche et non loin d'elle.

Les insectes, dont il s'agit , font leur nid dans le sable.

ESPECES.

Mandibules échancrées au côté inférieur , près de la base.

1. Larre ichneumoniforme. *Larra ichneumoniformis.* F.

> *L. atra : abdominis primo secundoque segmento rufis.* Fab.
> p. 221.
> Panz. fasc. 76. tab. 18.
> Coqueb. ill. ic. dec. 2. t. 12. f. 10. *femina.* et f. 11. *mas.*
> Habite en Hongrie et dans le midi de la France.

2. Larre tricolor. *Larra tricolor.*

> *L. nigra ; abdomine utrinque lunulis argenteo-sericeis :*
> *basi rufo , apice nigro.*
> *Pompilus tricolor.* Fab. Panz. fasc. 84. t. 19.
> *Lyrops.* Latr.
> Habite en Barbarie, etc.

3. Larre pompiliforme. *Larra pompiliformis.* P.

> *L. nigra; abdomine nigro, basi ferrugineo.* Panz. fasc. 89.
> tab. 13.
> *Lyrops.* Latr.
> Habite en Allemagne.

4. Larre peint. *Larra picta.*

> *L. nigra, lœvis; thorace maculato; abdomine ferrugineo:*
> *fasciis tribus flavis.*
> *Crabro pictus.* Fab. p. 299. Panz. fasc. 17. t. 19. et fasc. 72.
> t. 10.
> *Dinetus.* Latr.
> Habite en Allemague.

5. Larre flavipède. *Larra flavipes.*

> *L. nigra; thorace macultato; abdomine flavo: segmentorum*
> *marginibus anoque nigris.*
> *Philanthus flavipes.* Fab p. 290. Panz. fasc. 84. t. 24.
> *Palarus flavipes.* Latr. gen. crust. et ins. 1. t. 14. f. 1.
> Habite l'Europe australe, l'Italie.

Mandibules non échancrées au côté inférieur.

6. Larre à cinq bandes. *Larra quinquecincta.*

> *L. nigra; scutello flavo; abdomine fasciis quinque flavis*
> *continuis.*
> *Mellinus quinquecinctus.* Fab. p. 287. Panz. fasc. 72. t. 14.
> *Gorytes quinquecinctus.* Latr.
> Habite en Europe. Voyez Panzer, fasc. 98. t. 17.

7. Larre épineux. *Larra spinosa.*

> *L. nigra, nitida; abdomine fasciis tribus transversis flavis:*
> *primâ interruptâ.*
> *Nysson spinosus.* Latr. Panz. fasc. 72. t. 13.
> Habite en France, en Allemagne, etc.
> Etc.

CRABRON. (Crabro.)

Antennes filiformes, courtes, brisées, le premier
article plus long, insérées près de la bouche. Lèvre su-

périeure petite, peu découverte. Mandibules bidentées ou pluridentées. Les yeux non rapprochés supérieurement.

Corps allongé. Premier segment du corselet transversal, linéaire, marginal. Pattes courtes ou moyennes.

Antennœ filiformes, breves, fractœ, propè os insertœ : articulo primo longiore. Labrum parvum, paululùm detectum. Mandibulœ bidentatœ aut pluridentatœ. Oculi subovati, supernè distantes.

Corpus elongatum. Thoracis segmentum anticum trransvesum, angustum, marginale. Pedes breves aut longitudine mediocres.

OBSERVATIONS.

Les *crabrons* sont des insectes assez communs, que l'on rencontre sur les fleurs, et qui ressemblent presqu'à des guêpes, leur corps étant en général varié de noir et de jaune. Ils font leur nid dans le sable, dans les vieux bois, dans les fentes des murs; déposent un œuf au fond, et placent auprès, soit des mouches, soit quelqu'autre insecte, pour servir de nourriture à la larve qui y naîtra.

Avec nos crabrons et les philanthes qui viennent ensuite, M. Latreille forme sa famille des *crabronites* qu'il divise en un assez grand nombre de genres. Ces insectes sont effectivement nombreux et variés; mais ils se tiennent par de grands rapports, et les deux genres que je présente me paraissent suffire.

Dans nos crabrons, les antennes sont courtes, brisées, ont le premier article plus long, et s'insèrent près de la bouche. Elles sont plus longues dans les *philanthes*, non brisées, et s'insèrent loin de la bouche. De part et d'autre, les yeux ne sont point rapprochés postérieurement comme dans les *larres*. Plusieurs crabrons ont la lèvre argentée et brillante.

ESPECES.

1. Crabron souterrain. *Crabro subterraneus.*

> *C. thorace maculato, abdomine utrinque maculis quinque flavis ; pedibus ferrugineis.*
>
> *Crabro subterraneus.* Fab. p. 295. Panz. fasc. 3. t. 21.
> Habite en Europe.

2. Crabron à six bandes. *Crabro sexcinctus.*

> *C. thorace maculato ; abdomine fasciis sex flavis : primis interruptis.* F.
>
> *Crabro sexcinctus.* Fab. p. 295. Panz. fasc. 64. t. 13.
> Habite en Europe.

3. Crabron fossoyeur. *Crabro fossorius.*

> *C. thorace immaculato, abdomine maculis quinque lutes- centibus, pedibus nigris.* F.
>
> *Crabro fossorius.* Fab. p. 294. Panz. fasc. 72. t. 11.
> *Sphex fossoria.* Lin.
> Habite en Europe.

4. Crabron porte-crible. *Crabro cribrarius.*

> *C. niger ; thorace maculato ; abdomine fasciis flavis : in- termediis interruptis ; tibiis anticis clypeis conca- vis.* F.
>
> *Sphex cribraria.* Lin.
> *Crabro cribrarius.* Fab. p. 297. Panz. fasc. 15. t. 18—19.
> Habite en Europe. Le premier article des tarses antérieurs est dilaté en palette.
> Etc.

PHILANTHE. (Philanthus.)

Antennes beaucoup plus longues que la tête, renflées vers le bout, et insérées loin de la bouche. Lèvre supérieure courte, transverse, fléchie. Mandibules presque sans dents au côté interne. Les yeux écartés en dessus.

Tête grande, plus large que le tronc. Abdomen ovale-conique.

Antennæ capite in plurimis multò longiores , sensìm extrorsùm crassiores, capitis faciei medio insertæ , ab ore distantes. Labrum breve , transversum inflexum. Mandibulæ latere interno subedentulæ. Oculi supernè distantes.

Caput magnum , trunco latius. Abdomen ovato-conicum.

OBSERVATIONS.

Les *philanthes* tiennent de très-près aux crabrons par leurs rapports et par leurs habitudes. Cependant on peut les en distinguer par la forme et l'insertion de leurs antennes. Ils ont d'ailleurs le chaperon trilobé et souvent les yeux échancrés.

Je rapporte à ce genre les *philanthus* et les *cerceris* de M. Latreille , quoiqu'ils puissent être distingués.

ESPECES.

1. Philanthe couronné. *Philanthus coronatus.*

> *Ph. niger , thorace maculato ; abdominis fasciis quinque flavis : anticis duabus interruptis.* F.
>
> *Philanthus coronatus.* Fab. p. 288. Latr.
>
> Panz. fasc. 84. t. 23.
>
> Habite en Europe. Se trouve aux environs de Paris.

2. Philanthe apivore. *Philanthus apivorus.*

> *Ph. niger , ore ronteque flavo maculatis ; thorace maculato ; abdomine fasciis sex flavis : anticis duabus semi-interruptis.*
>
> *Philanthus apivorus.* Latr. hist. des fourm. p. 307. pl. 12. f. 2. femelle.
>
> *Philanthus pictus.* Fab. Panz. fasc. 47. t. 23. mâle.
>
> Habite en Europe. Il fait son nid dans les terrains exposés au

soleil, et s'empare de l'abeille domestique qu'il tue et place dans son nid, près de son œuf.

3. Philanthe à oreilles. *Philanthus lœtus.*

Ph. niger ; thorace maculato : abdominis primo segmento, punctis duobus, reliquis fascia flavis. F.
Philanthus lœtus. Fab. p. 291. Panz. fasc. 63. t. 11.
Cerceris aurita. Latr.
Habite en Europe. Se trouve aux environs de Paris.
Etc.

SECONDE SECTION.

———

HYMÉNOPTÈRES A TARRIÈRE,
[*Terebrantes.* Latr.].

Abdomen des femelles muni d'une tarrière qui sert à déposer les œufs.

Les *hyménoptères* nombreux que comprend cette section sont remarquables en ce que les femelles ont à l'extrémité de l'abdomen, une tarrière qui leur sert à déposer les œufs. Cette tarrière, qui est rarement piquante, est, le plus souvent, saillante à l'extrémité de l'abdomen. Elle y varie dans sa grandeur, sa composition et sa direction, étant tantôt droite et caudiforme, tantôt recourbée sous l'abdomen ou au-dessus, etc. En général, elle est composée de plusieurs pièces séparables longitudinalement (Deux pièces latérales servant de gaîne à la vraie tarrière.)

Cette section embrasse six familles distinctes, que je distribue, divise et caractérise de la manière suivante.

DIVISION DES HYMÉNOPTÈRES A TARRIÈRE.

§. *Tarrière tubulaire conique , non fissile.*

Les tubulifères.

§§. *Tarrière plurivalve , fissile.*

(1) Abdomen pédiculé ou subpédiculé. Il tient au corselet par un pédicule ou par un point. Larves apodes.

(a) Les quatre ailes veinées.

(*) Antennes filiformes ou sétacées , de vingt articles et au-delà , le plus souvent vibratiles.

Les ichneumonides.

(**) Antennes de douze à seize articles. Pédicule de l'abdomen s'insérant au-dessus de l'extrémité postérieure du corselet. .

Les évaniales.

(b) Les deux ailes inférieures non veinées.

(*) Antennes brisées. Abdomen caréné en dessous. La tarrière jamais roulée en spirale.

Les cinipsaires.

(**) Antennes droites. Abdomen caréné en dessous. La tarrière roulée en spirale , au moins dans sa base , sous l'abdomen.

Les diplolépaires.

(2) Abdomen tout-à-fait sessile. Il tient au corselet par toute sa largeur. Larves pédifères.

Les érucaires.

LES TUBULIFÈRES.

La tarrière des femelles , plus ou moins apparente , forme un tube conique pointu , qui ne se divise point en plusieurs valves longitudinales séparables.

Sous cette coupe, je réunis les *chrysidides* et les *proctotrupiens* de M. Latreille , dans l'intention de réduire, le plus possible, le nombre des familles et surtout celui des genres, lorsque les insectes me paraissent se rapprocher assez par leurs rapports.

Ces insectes font, en quelque sorte, une transition des hyménoptères à aiguillon , à ceux qui ont une véritable tarrière.

Dans les chrysidides , la tarrière n'existe pas encore par des pièces particulières ; elle n'est formée que par les derniers segmens articulés de l'abdomen ; enfin , elle est rétractile et porte à son extrémité un petit aiguillon.

Mais dans les *proctotrupiens* , quoique tubulaire et pointue , la tarrière semble souvent formée de deux valves soudées , qui ne se séparent point , et déjà elle est distincte des derniers anneaux de l'abdomen.

Les hyménoptères *tubulifères* ont l'abdomen inséré au corselet par une portion de son diamètre transversal. Leurs ailes inférieures n'ont point de nervures distinctes. Je les divise ainsi.

(1) Tarrière rétractile formée par les derniers anneaux de l'abdomen, et portant un petit aiguillon. Le corps se contractant en boule lorsqu'on le prend.

(a) Mandibules allongées et étroites.

Chryside.

(b) Mandibules courtes, larges, tronquées, dentées.

Clepte.

(2) Tarrière saillante, pointue, sans aiguillon. Le corps ne se contractant point en boule.

(a) Corselet entier, non divisé, à segment antérieur toujours court.

Oxyure.

(b) Corselet divisé en deux parties, ou ayant le segment antérieur allongé.

Dryne.

CHRYSIDE. (Chrysis.)

Antennes filiformes, brisées, vibratiles, un peu plus longues que la tête. Lèvre supérieure très-petite. Mandibules allongées, étroites, pointues. Quatre palpes inégaux.

Tête transverse. Corselet tronqué aux deux bouts. Abdomen concave en dessous. Le corps brillant, orné de couleurs métalliques, se contractant en boule.

Antennæ filiformes, fractæ, vibratiles, capite paulò longiores. Labrum minimum. Mandibulæ elongatæ, angustæ, acutæ. Palpi quatuor inæquales.

Caput transversum. Thorax anticè posticèque truncatus. Abdomen subtùs fornicatum. Corpus splendidum, coloribus metallicis sæpiùs ornatum, in globum contractile.

OBSERVATIONS.

Les *chrysides* semblent avoir des rapports avec les guêpes ; aussi Geoffroy ne les en avait pas distinguées. Ce sont de petits insectes glabres , très-brillans et que l'on reconnaît d'abord aux belles couleurs métalliques dont la plupart sont ornés. Leur abdomen , presque sessile ou attaché par un pédicule très-court , est concave en dessous , et souvent terminé par des espèces de dentelures. Ces insectes se contractent en boule lorsqu'on les prend. Les femelles font sortir de leur anus un aiguillon conique , faible , peu ou point piquant, et qui est une espèce de tarrière. L'insecte l'allonge et le dirige comme à volonté , et s'en sert pour déposer ses œufs.

On voit souvent les chrysides voltiger près des murs exposés au soleil , cherchant des trous pour y faire leur nid.

ESPÈCES.

1. Chryside enflammée. *Chrysis ignita.*

> *Ch. glabra , nitida ; thorace viridi ; abdomine aureo apice quadridentato.*
> *Chrysis ignita.* Lin. Fab. Panz. fasc. 5. t. 22.
> *Vespa ,* n.º 20. Geoff. 2. p. 382.
> Habite en Europe. Très-commune. Abdomen plus rouge que doré.

2. Chryside éclatante. *Chrysis fulgida.*

> *Ch. glabra , nitida ; thorace abdominisque primo segmento cœruleis ; ano quadridentato.*
> *Chrysis fulgida.* Lin. Fab. Panz. fasc. 79. t. 15.
> Habite en Europe.

3. Chryside brûlante. *Chrysis calens.*

> *Ch. cœrulea , nitida ; abdomine aureo , ano quadridentato cœruleo.*
> *Chrysis calens.* Fab. p. 239.
> *Stylbum.* Latr.
> Habite en Europe , dans le midi de la France.
> Etc.

CLEPTE. (Cleptes.)

Antennes filiformes, vibratiles, presque de la longueur du corselet. Mandibules courtes, larges, subtrigones, dentelées. Promuscide nulle : la lèvre inférieure étant courte, arrondie au sommet.

Abdomen ovale, subpédiculé, déprimé, non voûté en dessous.

Antennæ filiformes, vibratiles, thoracis ferè longitudine. Mandibulæ breves, latæ, subtrigonæ, denticulatæ. Promuscis nulla : labio brevi, apice rotundato.

Abdomen ovale, subpediculatum, depressum, infrà non fornicatum.

OBSERVATIONS.

Les *cleptes* ont des couleurs brillantes comme les chrysides, mais ils en diffèrent éminemment par la forme des mandibules. Leur corselet est un peu rétréci en devant. Les femelles ont une tarrière tubuleuse, rétractile.

ESPECES.

1. Clepte demi-doré. *Cleptes semi-aurata.*
  C. abdomine ferrugineo, apice cyaneo.
  Ichneumon semiauratus. Fab. p. 184.
  Panz. fasc. 51. t. 2. mas. et fasc. 52. t. 1. fem.
  Habite en Europe.

2. Clepte nitidule. *Cleptes nitidula.*
  C. cyaneo-nigra; thorace abdomineque anticè ferrugineis.
  Ichneumon nitidulus. Fab. p. 184.

Coqueb. ill. ic. dec. 1. tab. 4. f. 5.
Habite en Italie , aux environs de Paris.

3. Clepte pallipède. *Cleptes pallipes.*

> *C. capite thoraceque suprà auratis ; abdominis segmentis
> primis supernè ferrugineis.*

> *Cleptes pallipes.* Le pelt. ann. du mus. vol. 7. p. 119. f. 1.
> Habite aux environs de Paris.

OXYURE. (Oxyurus.)

Antennes filiformes , quelquefois s'épaississant vers
leur sommet , plus longues que la tête , insérées au milieu du front ou près de la bouche. Lèvre supérieure petite. Mandibules variées, pointues , avec ou sans dents.

Corselet allongé , continu , non divisé en deux nœuds.
Tarrière tubuleuse , rarement cachée.

*Antennæ filiformes , interdùm extrorsùm crassio-
res, capite longiores , frontis medio aut paulò inferiùs
insertæ. Labrum parvum. Mandibulæ variæ , acutæ,
dentatæ aut edentulæ.*

*Thorax elongatus , continuus , non binodis. Fe-
minarum terebra tubulosa , acuta , rarò occulta.*

OBSERVATIONS.

Je rapporte à cette coupe , que je présente comme générique , ceux des *proctotrupiens* de M. Latreille, dont le corselet est continu et non divisé en deux nœuds ; le segment
antérieur de ce corselet étant court , transverse et arqué.
Les insectes qui sont dans ce cas, constituent nos *oxyures.*
Ils ne sont point brillans comme les chrysides et les cleptes,
et les femelles ont une véritable tarrière tubuleuse, pointue,
non fissile , presque toujours saillante. Les antennes de ces

insectes ont dix à quinze articles , sont un peu longues, quelquefois brisées , et quelquefois aussi vont en s'épaississant vers leur sommet. L'abdomen est un peu pédiculé, caréné en dessous dans les femelles.

ESPECES.

[*Antennes brisées.*]

1. Oxyure frontale. *Oxyurus frontalis.*
>O. *niger* ; *capite punctato* ; *abdomine depresso subsessili.*
>*Sparasion frontale.* Latr.
>Habite en France , dans le Piémont.

2. Oxyure antéon. *Oxyurus anteon.*
>O. *niger* , *nitidus* ; *pedibus flavescentibus.*
>*Anteon jurianum.* Latr.
>Habite en France.

3. Oxyure conique. *Oxyurus conicus.*
>O. *niger* ; *abdomine conico acutissimo* ; *femoribus clavatis*
>   *ferrugineis.*
>*Ichneumon conicus.* Fab. *Chalcis conica* , ejusd.
>*Diapria conica.* Latr.
>Habite en Europe.

4. Oxyure cornue. *Oxyurus cornutus.*
>O. *ater* , *nudus* , *nitens* ; *vertice cornuto.*
>*Psylus cornutus.* Panz. fasc. 83. t. 11.
>*Diapria cornuta.* Latr.
>Habite au midi de la France , etc.

[*Antennes non brisées.*]

5. Oxyure brévipenne. *Oxyurus brevipennis.*
>O. *niger* ; *thorace posticè granulato* ; *abdomine pedibus-*
>   *que fusco-fulvis.*
>*Proctotrupes brevipennis.* Latr. gen. crust. et ins. 1. tab. 13.
>   f. 1. et vol. 4. p. 38.
>Habite le midi de la France ; sur la terre.

Tom. IV.

6. **Oxyure noire.** *Oxyurus niger.*

> O. totus ater, nitidus ; antennarum articulo primo pedi-
> busque flavis.
>
> *Codrus niger.* Panz. fasc. 85. tab. 9.
>
> *Proctotrupes.* Latr.
>
> Habite en Allemagne.

7. **Oxyure anomalipède.** *Oxyurus anomalipes.*

> O. ater, nitidus ; pedibus anticis, tibiis tarsisque mediis
> et posticis testaceis.
>
> *Sphex anomalipes.* Panz. fasc. 52. t. 23. et fasc. 100. t. 18.
>
> *Helorus anomalipes.* Latr.
>
> Habite en Allemagne, et aux environs de Paris.

DRYNE. (Drynus.)

Antennes filiformes, insérées près du bord antérieur
de la tête. Mandibules dentées, très-pointues. Palpes
inégaux ; les maxillaires plus longs.

Corps allongé. Corselet, soit formé de deux nœuds,
soit continu et ayant le segment antérieur allongé. Abdomen ovale, attaché par un pédicule court.

*Antennæ filiformes, os versùs propè clypeum in-
sertæ. Mandibulæ dentatæ, acutæ. Palpi inæquales :
maxillaribus longioribus.*

*Corpus elongatum. Thorax vel binodis, vel conti-
nuus : segmento antico elongato. Abdomen ovale, thoraci pediculo brevi affixum.*

OBSERVATIONS.

Sous le nom de dryne, je réunis le *drynus* et les *bethylus*
de M. Latreille. Ce sont encore des proctotrupiens pour cet
entomologiste ; mais leur corselet est formé de deux nœuds,

ou a son segment antérieur allongé; ce qui n'a point lieu dans nos oxyures.

Dans le *drynus* de M. Latreille, les antennes sont droites, longues, et ont dix articles; celles de ses *bethylus* ont treize articles et sont brisées.

ESPÈCES.

1. Dryne formicaire. *Drynus formicarius.*

> D. subruber; *thoracis parte posticâ abdomineque nigrescentibus; alis anticis fusco-fasciatis.*
>
> *Drynus formicarius.* Latr. gen. crust. et ins. 1. tab. 12. f. 6.
>
> Hist. nat. des crust. et des ins. vol. 13. p. 228.
>
> Habite le midi de la France.

2. Dryne cénoptère. *Drynus cenopterus.*

> D. ater, lœvis, nitidus; pedibus fuscis; alis opacis subaveniis.
>
> *Tiphia cenoptera.* Panz. fasc. 81. t. 14.
>
> *Bethylus cenopterus.* Latr.
>
> Habite en Allemagne et aux environs de Paris.

3. Dryne hémiptère. *Drynus hemipterus.*

> D. ater, glaber; alis brevissimis.
>
> *Tiphia hemiptera.* Fab. suppl. p. 254.
>
> Panz. fasc. 77. t. 14.
>
> *Bethylus hemipterus.* Latr.
>
> Habite en Allemagne.
>
> Etc.

TARRIÈRE PLURIVALVE, FISSILE.

Elle se divise longitudinalement en plusieurs valves, dont les latérales servent de gaîne à la tarrière proprement dite.

Cette coupe embrasse le reste des hyménoptères, et se trouve ici partagée en cinq familles, savoir : les ichneumonides, les évaniales, les cinipsaires, les diplo-

lépaires ou gallicoles, enfin, les érucaires. On remarque
que les trois premières de ces familles sont des insectes
carnassiers dans l'état de larve, puisqu'ils dévorent les
larves et les chrysalides des autres insectes ; tandis que
les insectes des deux dernières familles ne sont que des
phytiphages et ne se nourrissent que de substances végétales. Exposons-les successivement.

LES ICHNEUMONIDES.

*Antennes filiformes ou sétacées, de vingt articles et
au-delà, le plus souvent vibratiles. Les quatre ailes
veinées.*

On a donné le nom d'*ichneumonides* aux hyménoptères pupophages qui composent principalement le genre
ichneumon de Linné ; et, comme ces *ichneumonides*
sont nombreuses en races diverses, on les a divisées en
beaucoup de genres.

Les insectes dont il s'agit, sont des hyménoptères à tarrière, remarquables en général par leur corps grêle, allongé, à abdomen pédiculé, ayant des antennes longues,
droites ou avancées, multiarticulées et vibratiles. Les
femelles de ces insectes ont une tarrière composée de
trois filets, dont les deux latéraux, par leur réunion,
servent de fourreau à celui du milieu. Les larves des *ichneumonides* sont sans pattes, et vivent toutes dans le
corps des autres insectes. Les femelles, en effet, percent
avec leur tarrière le corps des autres insectes encore en
larves, surtout des chenilles, et y déposent un ou plusieurs
de leurs œufs. Là, ces œufs ne tardent pas à éclore, et

les jeunes larves *ichneumonides* se nourrissent aux dépens de la chenille ou de la larve d'hyménoptère ou de diptère qui les contient, et en dévorent le corps graisseux sans attaquer les organes essentiels de l'insecte ; ce qui fait qu'il continue de vivre, et parvient souvent à se changer en chrysalide avant de périr. Quant aux larves ichneumonides, elles se développent dans la larve qu'elles dévorent, s'y transforment en chrysalide après s'être enveloppées d'une coque de soie, et arrivées à l'état parfait, elles sortent du corps qui les contenait, après en avoir percé la peau.

Le groupe que forment les *ichneumonides* est naturel, assez bien circonscrit par le caractère des antennes de ces insectes, et a pu, avec raison, être considéré comme un genre. Mais ce genre étant extrêmement nombreux en espèces, on a pensé qu'il serait utile de le partager en plusieurs coupes particulières, comme autant de genres séparés, et qu'on ne devait considérer le groupe lui-même que comme une famille.

En conséquence, prenant toujours en considération les caractères qu'indique M. Latreille, je divise les *ichneumonides* de la manière suivante.

DIVISION DES ICHNEUMONIDES.

1. Mandibules non dentées ou en pointe entiere à leur extrémité. Tête globuleuse.

Xoride.

2. Mandibules bidentées ou échancrées à leur extrémité : elles sont étroites, allongées, croisées.

(a) Abdomen vu en dessus, offrant au moins cinq anneaux distincts.

(+) Bouche point avancée en bec.

Ichneumon.

Crypture.

(++) Bouche avancée en bec.

Agathis.

(b) Abdomen vu en dessus, paraissant inarticulé ou formé au plus de trois anneaux distincts.

Sigalphe.

3. Mandibules tridentées à leur extrémité, formant un carré irrégulier, grandes et écartées.

Alysie.

XORIDE. (Xorides.)

Antennes filiformes, droites, un peu longues. Palpes maxillaires très-longs. Mandibules simples ou un peu sinuées sur les côtés : à sommet entier, non échancré, ni denté.

Tête globuleuse. Abdomen oblong, rétréci en pédicule à sa base. Tarrière saillante.

Antennæ filiformes , rectæ , longiusculæ. Palpi maxillares longissimi. Mandibulæ simplices vel ad latera subsinuatæ : apice integro, nec dentato, nec emarginato.

Caput globosum. Abdomen oblongum, in pediculum ad basim attenuatum. Terebra exserta.

OBSERVATIONS.

Sauf les *xorides* dont il s'agit ici, les autres ichneumonides, selon M. Latreille, ont le sommet des mandibules, soit échancré, soit bidenté ou tridenté : c'est donc un genre assez bien circonscrit dans son caractère.

Nos *xorides* embrassent celles de M. Latreille, et ses *stéphanes*. Néanmoins il n'y a encore que très-peu d'espèces d'indiquées.

ESPÈCES.

1. **Xoride indicatrice.** *Xorides indicatorius.*

   X. niger, punctatus ; thorace immaculato ; abdomine rubescente : lateribus inferis albido-maculatis.

   Ichneumon indicatorius. Latr. gen. crust. et ins. 1. t. 12, f. 3.

   Habite en France.

2. **Xoride prédicateur.** *Xorides prœcatorius.*

   X. ater ; scutello flavicante ; thorace maculato ; abdominis segmentis margine albidis ; pedibus rufis.

   Ichneumon prœcatorius. Fab. p. 139. Latr.

   Habite en Allemagne.

3. **Xoride couronnée.** *Xorides coronatus.*

   X. ater ; alis fuscis : lunulâ pallidâ ; abdomine ferrugineo, apice nigro ; femoribus posticis serratis.

   Ichneumon serrator. Fab. suppl. p. 224. *Bracon serrator* ejusd.

   Piez. p. 108.

   Stephanus coronatus. Jur. hymen. pl. 7. Panz. fasc. 76. t. 13. Latr. gen. crust. et ins. 4. p. 4.

   Habite la France, l'Allemagne.

ICHNEUMON. (Ichneumon.)

Antennes filiformes ou sétacées, droites, longues, multiarticulées, vibratiles. Palpes inégaux ; les maxillaires plus longs. Mandibules allongées, bidentées ou échancrées à leur extrémité.

Tête transverse. Abdomen subpédiculé. La tarrière bien saillante et caudiforme.

Antennæ filiformes aut setaceæ, rectæ, longæ, multiarticulatæ, vibratiles. Palpi inœquales : maxillaribus longioribus. Mandibulæ elongatæ, apice bidentatæ vel emarginatæ.

Caput transversum. Abdomen subpediculatum. Terebra penitùs exserta, caudiformis.

OBSERVATIONS.

Quoique M. Latreille ait divisé les ichneumonides en huit genres, son genre *ichneumon* est resté d'une étendue énorme par le nombre des espèces qui s'y rapportent. D'après cette considération, j'ai cru qu'il serait utile de profiter de la principale division qu'il y introduit, pour le partager en deux coupes génériques, assez faciles à distinguer. Ainsi c'est avec les ichneumons de sa première division, dont je ne sépare pas ses acœnites, que je forme le genre *ichneumon* dont il s'agit ici. A-peu-près comme tous les autres, ce genre est sans doute artificiel ; mais il embrasse des espèces convenablement liées entre elles par leurs rapports, et qui, toutes, offrent cette particularité, dans les femelles, d'avoir à l'extrémité de leur abdomen, une tarrière caudiforme, toujours saillante, quelquefois fort longue. Elle indique les habitudes particulières de ces races ; car elle fait sentir qu'ayant l'habitude de rechercher les nids des autres insectes pour y enfoncer leur tarrière, ou de percer les larves qui sont sous les écorces des arbres, elles ont souvent de grands obstacles à vaincre pour pénétrer dans les lieux où elles doivent déposer leurs œufs ; par suite leur tarrière en a obtenu une saillie constante et une longueur plus ou moins grande , appropriées aux habitudes de ces animaux.

Comme les autres ichneumonides, les larves de nos *ichneu-mons* sont carnassières , et vivent toujours dans le corps des autres insectes. Parvenus à l'état d'insecte parfait, les ichneumons dont il s'agit, ne se distinguent principalement de nos cryptures que parce que les femelles de celles-ci ont la tarrière rétractile , entièrement ou presqu'entièrement cachée dans l'abdomen lorsqu'elle n'est pas employée.

ESPECES.

[*Abdomen presque sessile.*]

1. Ichneumon persuasif. *Ichneumon persuasorius.*

> *I. scutello albo , thorace maculato , abdomine segmentis omnibus utrinque punctis duobus albis.* Fab.
>
> Panz. fasc. 19. tab. 18.
>
> *Pimpla persuasoria.* Fab. Piez. p. 112.
>
> Habite l'Europe boréale.

2. Ichneumon manifestateur. *Ichneumon manifestator.*

> *I. ater, immaculatus ; abdomine sessili, cylindrico ; pedibus rufis.*
>
> *Ichneumon manifestator.* Lin. Fab. Latr. Panz. fasc. 19. t. 21.
>
> *Pimpla manifestator.* Fab. Piez. 113.
>
> Habite en Europe.

3. Ichneumon piéton. *Ichneumon pedator.*

> *I. luteus ; abdominis segmentis utrinque puncto atro ; antennis aculeoque nigris.*
>
> *Ichneumon pedator.* Fab. p. 157. *Pimpla pedator ,* ejusd. Piez.
>
> Habite aux Indes orientales.

4. Ichneumon extenseur. *Ichneumon extensor.*

> *I. niger ; abdomine subcylindrico ; pedibus rufis ; aculeo corpore longiore.*
>
> *Ichneumon extensor.* Lin. Fab. p. 168.

Pimpla extensor. Fab. Piez. p. 115.
Ichneumon. Geoff. 2. p. 359. n.º 86.
Habite en Europe.

5. Ichneumon réluctateur. *Ichneumon reluctator.*

I. niger ; abdomine piceo vel sanguineo ; tibiis anticis cla-
vatis.
Ichneumon reluctator. Panz. fasc. 71. t. 13.
Cryptus reluctator. Fab. Piez. p. 79.
Habite l'Europe boréale.

6. Ichneumon douteux. *Ichneumon dubitator.* F.

I. ater , nitidus ; abdominis segmento secundo tertioque ru-
fis , reliquis margine flavo.
Ichneumon dubitator. Panz. fasc. 78. t. 14.
Cryptus dubitator. Fab. Piez. p. 85.
Acænites. Latr. gen. crust. et ins. p. 9.
Habite en Allemagne.

7. Ichneumon plumuleux. *Ichneumon pennator.*

I. niger ; abdomine sessili cylindrico ; pedibus rufis ; aculeo
longitudine abdominis hirto. F.
Ichneumon pennator. Fab. p. 171.
Pimpla pennator. Fab. Piez. p. 116.
Habite à Kiel.

[*Abdomen pédiculé.*]

8. Ichneumon élévateur. *Ichneumon elevator.*

I. ater, pedibus flavis : posticis apice albis ; abdomine cla-
vato.
Panz. fasc. 71. tab. 15.
An ophion clavator ? Fab. Piez. p. 134.
Habite en Allemagne.

9. Ichneumon abbréviateur. *Ichneumon abbreviator.*

I. niger ; abdomine brevissimo clavato rufo , apice truncato
nigro.
Ichneumon abbreviator. Fab. *Ophion abbreviator,* ejusd.
Piez.
Panz. fasc. 71. t. 17.
Habite en Allemagne.

10. **Ichneumon jaunissant.** *Ichneumon flavator.*

I. *ater ; alis nigris immaculatis ; abdomine flavo.*

Ichneumon flavator. Fab. p. 161.

Coqueb. illust. ic. dec. 3. tab. 11. f. 9.

Habite en Barbarie. Tarrière de la longueur de l'abdomen.

11. **Ichneumon incubateur.** *Ichneumon incubitor.*

I. *niger, abdomine ferrugineo, apice nigro : maculâ albâ; alis hyalinis.*

Ichneumon incubitor. Lin. Fab. *Cryptus*, n.º 53. ejusd. Piez.

Geoff. 2. p. 341. pl. 16. f. 1.

Habite en Europe.

12. **Ichneumon pédiculaire.** *Ichneumon pedicularius.*

I. *apterus, rufus; capite thoracis abdominisque postico nigris.*

Ichneumon pedicularius. Panz. fasc. 81. t. 13.

Cryptus pedicularius. Fab. Piez. p. 92.

Habite en Europe.

13. **Ichneumon lunulé.** *Ichneumon lunator.*

I. *nigro flavoque varius; abdomine clavato : utrinque lunulis flavis.*

Ichneumon lunator. Fab. p. 162.

Habite l'Amérique septentrionale. Tarrière plus longue que le corps.

Etc.

CRYPTURE. (Crypturus.)

Antennes filiformes ou sétacées, multiarticulées, vibratiles, plus ou moins longues. Palpes inégaux. Mandibules allongées, bidentées ou échancrées à leur extrémité.

Tête transverse. Abdomen allongé, pédiculé, quelquefois presque sessile. Tarrière aculéiforme, rétractile, non saillante ou peu saillante dans l'inaction.

Antennæ filiformes aut setaceæ , multiarticulatæ, vibratiles, longitudine variæ. Palpi inæquales. Mandibulæ elongatæ , apice bidentatæ vel emarginatæ.

Caput transversum. Abdomen elongatum , pediculatum, interdùm subsessile. Terebra aculeiformis , retractilis , in abdomine abscondita , vel parùm exserta.

OBSERVATIONS.

Nos *cryptures* peuvent être considérées comme un·sous-genre , c'est-à-dire , comme un démembrement du genre *ichneumon* , que je ne divise que pour faciliter l'étude des nombreuses espèces de ce dernier , et que pour soulager la mémoire à l'aide d'un nom particulier.

Ainsi les *cryptures* , dont il est ici question , embrassent les ichneumons de M. Latreille , dont la tarrière, retirée dans l'inaction , est alors cachée entièrement ou en grande partie , et ne forme point une queue bien remarquable à l'extrémité de l'abdomen des femelles.

La facilité qu'on a de saisir ce caractère semble constituer son seul intérêt. Il en offre cependant un autre ; car il indique, en quelque sorte, les habitudes particulières de ces ichneumonides. En effet , les *cryptures* n'ont pas autant de difficultés à vaincre pour placer leurs œufs que la plupart des ichneumons, puisqu'il paraît qu'elles ne recherchent, pour déposer leurs œufs , que des corps mous et à découvert , tels que les chenilles et les chrysalides non cachées. Une tarrière courte et fort petite a donc pu leur suffire , et dans l'inaction cette tarrière a pu rentrer entièrement ou en grande partie dans l'abdomen.

Ceux de ces insectes dont l'abdomen est pédiculé, peuvent être pris pour des *sphex* ; car ils en ont l'aspect , leur tarrière étant non ou peu apparente. Quoique les cryptures soient nombreuses en espèces, je n'en citerai ici que quelques-unes pour exemple.

ESPECES.

1. **Crypture meurtrière.** *Crypturus sugillatorius.*

> *Cr. scutello flavicante, thorace immaculato, abdomine atro : segmento primo secundoque utrinque puncto albo, pedibus rufis.* F.
> *Ichneumon sugillatorius.* Lin. Fab.
> Geoff. 2. p. 345. n.° 54.
> Habite en Europe, dans les bois.

2. **Crypture entrepreneuse.** *Crypturus molitorius.*

> *Cr. scutello albo, thorace immaculato; abdominis apice tibiarumque basi albis.*
> *Ichneumon molitorius.* Lin. Fab.
> Panz. fasc. 19. tab. 16.
> Habite en Europe.

3. **Crypture étendue.** *Crypturus extensorius.*

> *Cr. scutello flavicante, thorace immaculato, abdominis segmento secundo tertioque ferrugineis; ultimis apice albidis.*
> *Ichneumon extensorius.* Lin. Fab.
> Panz. fasc. 19. t. 17.
> Habite en Europe.

4. **Crypture joyeuse.** *Crypturus lœtatorius.*

> *Cr. niger; scutello albo, thorace maculato; abdomine rufo apice nigro; tibiis posticis annulo albo.*
> *Ichneumon lœtatorius.* Fab. Panz. fasc. 19. t. 19.
> Habite en Europe.

5. **Crypture cracheuse.** *Crypturus sputator.*

> *Cr. niger; thorace immaculato; abdominis segmento secundo tertioque rufis.*
> *Ichneumon sputator.* Fab. Piez. p. 66.
> Panz. fasc. 19. t. 20.
> Habite en Europe.

6. Crypture vespoïde. *Crypturus vespoïdes.*

*Cr. ater ; scutello bidentato, margine flavo ; abdominis
　segmentis margine flavis : secundo bipunctato, ultimo im-
　maculato.*

Ichneumon necatorius. Fab. Piez. p. 62.

Panz. fasc. 47. tab. 19.

Habite l'Allemagne, le midi de la France. Abdomen sessile.

7. Crypture bidentée. *Crypturus bidentorius.*

*Cr. scutello flavicante ; thorace submaculato ; abdominis
　segmento secundo tertioque basi flavis ; pedibus rufis.*

Ichneumon bidentorius. Fab. p. 147 et Piez. p. 63.

Panz. fasc. 45. tab. 15.

Habite l'Europe boréale.

Etc: L'*ichneumon deprimator* de Fab. Panz. fasc. 79. t. 11. appartient à ce genre.

AGATHIS. (Agathis.)

Antennes sétacées , multiarticulées, droites ou presque convolutes. Bouche avancée en bec droit ou incliné.
Mandibules bidentées au sommet. Lèvre inférieure allongée , subbifide.

Corps allongé. Abdomen oblong , subpédiculé. Tarrière saillante.

*Antennæ setaceæ , multiarticulatæ , rectæ aut sub-
convolutæ. Os in rostellum prominens , rectum aut
inflexum. Mandibulæ apice bidentatæ. Labium elongatum , subbifidum.*

*Corpus elongatum. Abdomen subpediculatum ,
oblongum. Terebra exserta.*

OBSERVATIONS.

Sous le nom d'*agathis*, je réunis ceux de **M.** Latreille
avec ses bracons, qu'auparavant il avait nommés vipiones.

Ce qui m'y autorise, jusqu'à un certain point, c'est que les unes et les autres de ces ichneumonides ont la bouche avancée en bec. Par cette considération seule, je les distingue de mes ichneumons.

ESPECES.

[*Museau droit.*]

1. Agathis des malvacées. *Agathis malvacearum.*

> *A. niger; pedibus fasciáque propè basim abdominis rubescentïbus ; tarsis nigrinis.*
>
> *Agathis malvacearum.* Latr. hist. nat. des crust. et des ins. 13. p. 175. et gen. crust. et ins. 1. tab. 12. f. 2.
>
> Habite aux environs de Paris. Tarrière de la longueur du corps.

2. Agathis jaune. *Agathis purgator.*

> *A. luteus ; antennis aculeoque nigris ; alis hyalinis : fasciis duabus fuscis.*
>
> *Ichneumon purgator.* Fab. p. 156. Coqueb. illust. ic. dec. 1. tab. 4. f. 3.
>
> *Agathis.* Latr. *Bracon purgator.* Fab. Piez. p. 104.
>
> Habite en France.

[*Museau très-incliné.*]

3. Agathis nominateur. *Agathis nominator.*

> *A. luteus, nigro-maculatus; alis fuscis : lunulâ albâ.*
>
> *Ichneumon nominator.* Fab. p. 155.
>
> *Bracon nominator.* Fab. Piez. p. 104. Latr.
>
> *Vipio.* Latr. hist. des crust., etc. 13. p. 176.
>
> Panz. fasc. 79. f. 10.
>
> Habite en France. Tarrière très-longue.

4. Agathis urinateur. *Agathis urinator.*

> *A. niger ; thorace anticè rufo ; abdomine rufo : maculis dorsalibus nigris ; alis fuscis.*
>
> *Ichneumon urinator.* Fab. Panz. fasc. 76. t. 12.
>
> *Bracon urinator.* Fab. Piez. p. 109.
>
> Habite en Allemagne ; dans les bois.

SIGALPHE. (*Sigalphus.*)

Antennes sétacées, multiarticulées. Mandibules arquées, bidentées au sommet. Palpes maxillaires à six articles.

Tête transverse. Abdomen ovale, arrondi au sommet, n'offrant que trois segmens dorsaux, ou qu'un seul. Tarrière courte, cachée.

Antennæ setaceæ, multiarticulatæ. Mandibulæ arcuatæ. Palpi maxillares articulis sex.

Caput transversum. Abdomen ovale, apice rotundato, subsessile : segmentis dorsalibus tribus, aut unico. Terebra brevis, abscondita.

OBSERVATIONS.

Les *sigalphes* tiennent à nos cryptures par leur tarrière; mais ils sont très-singuliers en ce que leur abdomen n'offre pas plus de trois segmens dorsaux, et quelquefois n'en montre qu'un seul. Le nombre des articles de leurs palpes maxillaires, sert aussi à les distinguer. Leur abdomen est voûté en dessous.

ESPÈCES.

1. Sigalphe arroseur. *Sigalphus irrorator.* Latr.
   S. ater; alis anticis apice nigris; puncto albo; abdomine clavato : apice maculâ villosâ aureâ.
   Cryptus irrorator. Fab. Piez. p. 88.
   Degeer, mém. sur les ins. 1. pl. 36. f. 12—13.
   Ichneumon. Geoff. 2. p. 837. n.º 36.
   Habite l'Europe australe.

2. Sigalphe oculé. *Sigalphus oculator.* Latr.
   S. ater; abdominis basi utrinque puncto flavo; thorace posticè bidentato.

Ichneumon oculator. Fab. p. 169. Piez. p. 68.
Panz. fasc. 72. t. 3.
Habite en Europe. Commun aux environs de Paris.

ALYSIE. (*Alysia.*)

Antennes filiformes, submoniliformes, longues, multiarticulées. Mandibules grandes, écartées, larges et tridentées à leur extrémité. Palpes maxillaires à six articles.

Tête transverse, large. Abdomen en massue, rétréci en pédicule vers sa base. Tarrière courte, peu saillante.

Antennæ filiformes, submoniliformes, longæ, multiarticulatæ. Mandibulæ magnæ, intervallo dissitæ, ad apicem latæ et tridentatæ. Palpi maxillares articulis sex.

Caput transversum, latum. Abdomen clavatum, in pediculum versus basim attenuatum. Terebra brevis, subexserta.

OBSERVATIONS.

Il paraît que les *alysies* sont les seules ichneumonides qui aient les mandibules tridentées au sommet. Elles ont les palpes maxillaires à six articles comme les sigalphes. M. Latreille, qui n'en indique qu'une espèce, dit qu'elle dépose ses œufs sur les excrémens humains.

ESPECE.

1. Alysie stercoraire. *Alysia stercoraria.* Latr.
    Ichneumon manducator. Panz. fasc. 72. t. 4.
    Cryptus manducator. Fab. Piez. p. 87.
    Habite aux environs de Paris, et en Allemagne.

Tome IV. 10

LES ÉVANIALES.

Antennes filiformes, de douze à quinze articles. Abdomen inséré sur le dos du corselet, ou au-dessus de son extrémité postérieure. Les quatre ailes veinées.

Les *évaniales* sont des insectes à larves carnassières et pupophages. Ces insectes se rapprochent beaucoup des ichneumonides par leurs habitudes et souvent par leur aspect. Ils en sont distingués par la singulière insertion de l'abdomen sur le dos du corselet, ou au moins au-dessus de son extrémité postérieure, près de l'écusson. Son pédicule est long, plus ou moins recourbé. Cet abdomen n'est point caréné en dessous. Les évaniales d'ailleurs sont distinguées des ichneumonides, parce que leurs antennes ont moins de vingt articles. Ces insectes ont les ailes courtes, et les pattes postérieures longues. Je ne les partage qu'en deux genres : savoir, *évanie* et *fœne*.

ÉVANIE. (Evania.)

Antennes filiformes, de treize articles, rapprochées à leur base. Quatre palpes inégaux, subsétacés. Mandibules trigones, subdentées.

Tête transverse ; corps court ; abdomen très-court, comprimé, attaché à un pédicule arqué, qui s'insère sur le dos du corselet. Tarrière courte ; pattes postérieures fort longues.

*Antennæ filiformes, tredecim articulatæ, ad inser-
tionem approximatæ. Palpi quatuor inæquales, subsetacei. Mandibulæ trigonæ, subdentatæ.*

*Caput transversum; corpus breve; abdomen brevis-
simum, compressum, pediculo arcuato suprà thoracem insertum. Terebra brevissima; pedes postici prælongi.*

OBSERVATIONS.

Les *évanies* sont des insectes très-singuliers à cause de la
petitesse de leur abdomen et de la situation particulière du
pédicule qui le soutient. Elles ont la tête verticale, transverse; le corps court; l'abdomen subtriangulaire ou ovoïde,
comprimé, très-petit, et comme suspendu à un filet arqué, inséré au-dessus du métathorax. Ces insectes ont les
ailes courtes. On n'en connaît encore que les espèces suivantes.

ESPÈCES.

1. Évanie lisse. *Evania lœvigata.* Ol.

> *E. atra; thorace scabro; capite lœvi.* Oliv. dict. n.º 2.
> *Sphex appendigaster.* Brown. jam. t. 44. f. 6.
> Habite en Amérique.

2. Évanie appendigastre. *Evania appendigaster.*

> *E. atra, thorace capiteque scabris; alis nigro-venosis punc-
> toque marginali nigro.* Oliv. dict. n.º 1.
> *Sphex appendigaster.* Lin.
> Panz. fasc. 62. t. 12.
> Habite l'Italie, la France australe.

3. Évanie naine. *Evania minuta.* Ol.

> *E. atra; alis albis, basi tantum nigro-venosis.* Oliv. dict.
> n.º 4.
> Habite aux environs de Paris.

FŒNE. (*Fœnus.*)

Antennes filiformes, droites, de treize ou quatorze articles. Quatre palpes filiformes. Mandibules dentées.

Tête, soit sessile, soit élevée sur un cou. Abdomen allongé, à pédicule court, s'insérant au-dessus de l'extrémité postérieure du corselet. Tarrière saillante. Les pattes postérieures fort longues, à jambes renflées en massue.

Antennæ filiformes, rectæ, tredecim aut quatuordecim articulatæ. Palpi quatuor filiformes. Mandibulæ dentatæ.

Caput vel sessile, vel collo elevatum. Abdomen elongatum ; pediculo brevi suprà thoracis extremitatem posticam inserto. Pedes postici longi ; tibiis clavatis.

OBSERVATIONS.

Les *fœnes*, comme les évanies, doivent être séparées des ichneumonides, puisque leurs antennes ont moins de vingt articles. D'ailleurs les unes et les autres ont le pédicule de leur abdomen inséré au-dessus de l'extrémité postérieure du corselet. Dans les fœnes, ce pédicule s'insère plus bas que l'écusson, et dans les évanies, il paraît s'insérer plus haut encore. Mais ce qui distingue plus fortement nos fœnes, c'est leur abdomen qui est fort allongé, soit linéaire, soit en massue. Ici, nous réunissons le genre fœne et le genre pélécine de M. Latreille.

ESPÈCES.

1. Fœne jaculateur. *Fœnus jaculator.* Latr.

> *F. niger ; abdomine falcato, medio rufo ; tibiis posticis clavatis, basi apiceque albis.*

Ichneumon jaculator. Lin. Fab. p. 177. Oliv. dict. n.o 149.

Ichneumon. Geoff. 2. p. 328. n.o 16.

Fænus jaculator. Latr. hist. nat. des crust. et des ins. 13. pl. 100. f. 4.

Panz. fasc. 96. tab. 16.

Habite en Europe.

2. Fœne polycérateur. *Fænus polycerator.*

F. ater; abdomine lineari-longissimo; tibiis posticis clavatis. F.

Ichneumon polycerator. Fab. p. 162. Oliv. dict. n.o 113.

Pelecinus polycerator. Lat.

Drur. illust. of. ins. exot. 2. pl. 40. f. 4.

Habite en Amérique.

LES CINIPSAIRES.

Antennes brisées, de six à douze articles. L'abdomen caréné en dessous dans les femelles. La tarrière jamais roulée en spirale. Les deux ailes inférieures non veinées.

Les *cinipsaires* tiennent encore aux ichneumonides et aux évaniales, puisque ce sont des hyménoptères carnassiers et pupophages, qui vivent aux dépens des autres larves d'insectes. Elles détruisent un grand nombre de chenilles ou autres larves, ainsi que des chrysalides. Il y en a qui piquent les galles que des diplolèpes ont formées; et de l'œuf qu'elles y déposent, sort une larve qui dévore celle du diplolèpe.

Les antennes des *cinipsaires* sont coudées, et renflées en massue vers le bout. La tarrière des femelles est en général cachée sous l'abdomen, entre les deux lames étroites de sa carène, sans être roulée en spirale. Dans la plupart de ces insectes, les pattes postérieures sont propres à sauter. Voici comment je les divise.

(1) Pattes postérieures à jambes très-arquées.

Leucopsis.

Chalcide.

(2) Pattes postérieures à jambes droites.

    (a) Segment antérieur du corselet grand, en carré transversal, ou en triangle tronqué à sa pointe.

Cinips.

    (b) Segment antérieur du corselet très-court, transverso-linéaire.

Cinipsile.

LEUCOPSIS. (Leucopsis.)

Antennes courtes, brisées, grossissant vers le bout, de douze à treize articles. Palpes filiformes. Mandibules cornées, bidentées. Lèvre inférieure allongée, échancrée au sommet.

Tête transverse. Corselet fort élevé. Abdomen comprimé, arrondi à son extrémité, à pédicule très-court. Tarrière des femelles sétiforme, naissant entre deux lames de la base de l'abdomen, ensuite se recourbant sur son dos. Les pattes postérieures à cuisses renflées et à jambes arquées. Les ailes supérieures doublées longitudinalement.

Antennæ breves, fractæ, versùs apicem incrassatæ, duodecim aut tredecim articulatæ. Palpi filiformes. Mandibulæ corneæ, bidentatæ. Labium elongatum, apice emarginatum.

Caput transversum. Thorax valdè gibbus. Abdo-

men compressum, apice rotundatum, quasi sessile : pediculo brevissimo. *Feminarum terebra setiformis, ex abdominis basi enascens, intrà lamellas duas vaginata, dein super abdomen recurva. Pedes postici femoribus turgidis, tibiisque arcuatis. Alæ superæ longistrorsùm duplicatæ.*

OBSERVATIONS.

Les *leucopsis* tiennent aux chalcides par leurs rapports, et ressemblent un peu aux guêpes par leurs couleurs et le plissement de leurs ailes. Ils sont très-distingués des chalcides par la longueur et la singulière situation de leur tarrière, et ne peuvent se confondre avec les guêpes, leur tarrière ou leur aiguillon étant toujours hors de l'abdomen et recourbé sur le dos. Les larves de ces insectes sont carnassières. Il paraît que les femelles déposent leurs œufs dans les nids des apiaires.

ESPÈCES.

1. **Leucopsis géant.** *Leucopsis gigas.* F.

> L. nigra, *thorace punctis duobus dorsalibus, abdomine sessili : fasciis quatuor flavis.* Fab. p. 245.
> *Leucopsis gigas.* Coqueb. illust. ic. dec. 1. tab. 6. f. 1.
> Panz. fasc. 84. t. 17 et 18.
> Habite le midi de la France.

2. **Leucopsis dorsigère.** *Leucopsis dorsigera.*

> L. *abdomine sessili nigro : fasciis duabus punctoque flavis.* Fab. p. 246.
> *Leucopsis dorsigera.* Oliv. dict. n.° 1.
> Panz. fasc. 58. t. 15.
> Habite le midi de la France, l'Italie. Il s'introduit dans les guêpiers pour y pondre.

3. Leucopsis intermédiaire. *Leucopsis intermedia.*
    Illig.

> *L. nigra; thoracis maculis duabus abdominisque fasciis*
> *quatuor inæqualibus flavis.*
> *Leucopsis dorsigera.* Panz. fasc. 15. t. 17.
> Habite le midi de la France. Ses rapports le rapprochent de
> l'espèce n.º 1.
> Etc.

CHALCIDE. (*Chalcis.*)

Antennes courtes, brisées, de onze ou douze articles,
à partie supérieure fusiforme. Palpes filiformes. Mandibules courtes, cornées.

Tête transverse, presque sessile. Corselet élevé. Abdomen subglobuleux, acuminé postérieurement, comprimé sur les côtés inférieurs, attaché par un pédicule
court. Tarrière des femelles courte, cachée sous l'abdomen entre deux lames. Pattes postérieures à cuisses
larges, comprimées, dentées, et à jambes arquées.

Antennæ breves, fractæ, undecim vel duodecim
articulatæ; parte superiore fusiformi. Palpi filifor-
mes. Mandibulæ breves, corneæ.

Caput transversum, subsessile. Thorax elevatus.
Abdomen subglobosum, posticè acuminatum, ad la-
tera inferiora compressum, brevi pediculo thoraci af-
fixum. Feminarum terebra brevis, abscondita, sub
abdomine intrà lamellas duas vaginata. Pedes pos-
tici femoribus latis compressis dentatis; tibiis ar-
cuatis.

OBSERVATIONS.

Les *chalcides* ont beaucoup de rapports avec les cinips;
mais elles en sont distinguées par leurs antennes courtes,

brisées, et par les jambes arquées de leurs pattes postérieures.

Ces hyménoptères ont le corps petit, souvent orné de couleurs brillantes ; l'abdomen ovale ou presque globuleux, terminé en pointe ; enfin, les cuisses des pattes postérieures grandes, renflées, comprimées, ce qui donne à ces insectes la faculté de sauter, presque aussi vivement que les puces. Leurs ailes ne sont point doublées longitudinalement comme celles des leucopsis , et leur tarrière est petite , cachée sous le ventre.

ESPÈCES.

1. Chalcide déginguendée. *Chalcis sispes.* F.

> *C. nigra; abdominis petiolo femoribusque posticis incrassatis, flavis.* Fab. p. 194.
> *Sphex sispes.* Lin. *Vespa.* Geoff. 2. p. 380. n.º 16.
> *Chalcis sispes.* Oliv. dict. n.o 2. Panz. fasc. 77. t. 11.
> Habite le midi de l'Europe. Rare aux environs de Paris.

2. Chalcide clavipède. *Chalcis clavipes.* F.

> *C. atra ; femoribus posticis incrassatis rufis.* Fab. p. 195.
> *Chalcis clavipes.* Latr. Oliv. n.o 3. Panz. fasc. 78. t. 15.
> Habite en Allemagne , et aux environs de Paris.

3. Chalcide naine. *Chalcis minuta.* F.

> *C. atra ; femoribus posticis incrassatis, apice flavis.* Fab. p. 195.
> *Vespa.* Geoff. 2. p. 380. n.o 15.
> *Chalcis minuta.* Latr. Oliv. n.o 5. Panz. fasc. 32. t. 6. *Ejusdem.*
> *Chalcis flavipes.* Panz. Fasc. 78. t. 16. *Var. pauló major.*
> Habite l'Allemagne , la France.

4. Chalcide annelée. *Chalcis annulata.* F.

> *C. atra; femoribus posticis incrassatis dentatis : puncto apicis albo; tibiis albis nigro-annulatis.* Fab. p. 197.
> Habite en Amérique. On la trouve dans les nids des polistes (guêpes cartonnières). Sa larve vit aux dépens de celles de ces guêpiaires.
> Etc.

CINIPS. (Cinips.)

Antennes courtes, brisées, de six à douze articles. Palpes presqu'en massue. Mandibules cornées, dentées au sommet.

Corps très-petit. Segment antérieur du corselet spacieux, en carré transverse, ou en triangle obtus ou tronqué au sommet. Abdomen subovale, caréné en dessous, attaché par un pédicule court. Tarrière saillante ou cachée entre les lames de la carêne. Les jambes des pattes postérieures droites.

Antennæ breves, fractæ; articulis sex ad duodecim. Palpi subclavati. Mandibulæ corneæ, apice dentatæ.

Corpus perparvum. Thoracis segmentum anticum spatiosum, transversè quadratum aut triangulare: apice obtuso vel truncato. Abdomen subovale, subtùs carinatum, pediculo brevi affixum. Terebra exserta vel intrà lamellas carenæ occulta. Tibiæ pedum posticorum rectæ.

OBSERVATIONS.

En réduisant les *cinips* aux cinipsaires à jambes postérieures droites, et dont le segment antérieur du corselet n'est pas un rebord étroit et transversal, nous réunissons aux cinips de M. Latreille quelques-uns de ses genres qui, quoique pouvant en être distingués, y tiennent assez par leurs rapports pour autoriser cette association. Ces genres sont ses eurytomes, ses eulophes, ses cléonymes, et ses spalangies.

Nos cinips sont de petits hyménoptères ornés de couleurs très-brillantes, parmi lesquels plusieurs ont la faculté de sauter. Ils ont des rapports avec les chalcides, les périlampes et les diplolèpes. Ces petits insectes volent avec agilité, et presque tous vivent aux dépens d'une grande quantité de chenilles, et de chrysalides, que leurs larves carnassières détruisent. Aussi plusieurs de leurs espèces ont été confondues par les auteurs avec les ichneumons.

ESPECES.

1. Cinips du marceau. *Cinips capreæ.*

C. *viridis, nitida; pedibus pallidis.* Linn.
Cinips capreæ. Fab. p. 102. Oliv. dict. n.o 31.
Cinips. Geoff. 2. p. 302. n.o 18.
Habite dans toute l'Europe, sur le saule marceau.

2. Cinips du bédegar. *Cinips bedegaris.*

C. *viridis, nitens; abdomine depresso aureo.* Linn.
Cinips bedegaris. Latr. Oliv. dict. n.o 2.
Geoff. 2. p. 296. n.o 1.
Ichneumon bedegaris. Fab. p. 185.
Habite en Europe. Sa larve vit dans les galles chevelues du rosier sauvage en y dévorant l'hôte de ces galles.

3. Cinips pourpré. *Cinips purpurascens.*

C. *viridi-œneus, nitidus; abdomine purpurascente : primo segmento œneo.* Fab. supp. p. 231. *Ichneumon.*
Diplolepis purpurascens. Fab. Piez.
Habite les environs de Paris.

4. Cinips dorsal. *Cinips dorsalis.*

C. *pallidus; capitis thoracisque dorso viridi-œneo; alis maculá transversá fuscá.* F.
Ichneumon dorsalis. Fab. suppl. p. 231. *Diplolepis ejusd.*
Habite en France.

5. Cinips de la sarrète. *Cinips serratulœ.*

C. *atra, nitida; antennis verticillato-pilosis.* Fab. suppl. p. 214.

    Eurytoma serratulæ. Latr. gen. crust. et ins. 4. p. 27.
    Habite la France, l'Allemagne, etc.

6. Cinips ramicorne. *Cinips ramicornis.*

    C. viridis ; antennis ramosis.
    Eulophus. Geoff. 2. p. 313. pl. 15. f. 3. Oliv. dict.
    Latr. gen. crust. et ins. 4. p. 28.
    Ichneumon ramicornis. Fab. p. 190.
    Habite l'Europe. Ce cinips est très-singulier par ses antennes ;
       mais il paraît seul dans ce cas.

7. Cinips déprimé. *Cinips depressus.*

    C. obscurè aureus ; abdomine depresso cyaneo ; alis apice
     fuscis : maculá fasciáque posticá albis.
    Ichneumon depressus. Fab. suppl. p. 231.
    Cleonymus. Latr. gen. crust. et ins. 4. p. 29.
    Habite aux environs de Paris.
    Etc.

CINIPSILE. (Cinipsillum.)

Antennes filiformes, en général brisées, souvent épaissies vers leur sommet, de huit à douze articles. Quatre palpes. Mandibules variées.

Corps court. Corselet transverse, à segment antérieur très-court, ne formant qu'un rebord transverso-linéaire. Abdomen très-court, presqu'en cœur, ou spatuliforme, caréné en dessous. Tarrière courte, le plus souvent cachée entre les lames de la carêne.

Antennæ filiformes, in universum fractæ, sæpè versùs apicem crassescentes ; articulis octo ad duodecim. Palpi quatuor. Mandibulæ variæ.

Corpus breve. Thorax transversus : segmento antico brevissimo, transverso-lineari. Abdomen subcordatum aut spathuliforme, brevissimum. Terebra brevis, sæpiùs intrà lamellas carenæ occulta.

OBSERVATIONS.

Sous cette dénomination nouvelle, que j'emploie pour éviter toute confusion, je réunis les périlampes, les ptéromales, les encyrtes, les platygastres, les scélions, et les téléas de M. *Latreille*, c'est-à-dire, les cinipsaires à jambes droites, qui ont le corselet plus large que long, et dont le segment antérieur très-court, n'est qu'un rebord transverso-linéaire. En me bornant à ce cadre, je facilite l'étude, sans nuire à la possibilité de rétablir les coupes inférieures.

ESPECES.

1. Cinipsile violet. *Cinipsillum violaceum.*

> C. *capite thoraceque obscurè œneis ; abdomine angulato, nitido, violaceo, apice emarginato.*
> *Chalcis violacea.* Panz. fasc. 88. t. 15.
> *Cinips violacea.* Latr. hist. nat. des crust. et des ins. 13; p. 222.
> *Perilampus.* Latr. gen. crust. et ins. 4. p. 30.
> Habite en Allemagne.

2. Cinipsile doré. *Cinipsillum chrysis.*

> C. *viridi-œneum, nitens ; abdomine ovato aureo.*
> *Ichneumon chrysis.* Fab. p. 185.
> *Perilampus.* Latr.
> Habite la Barbarie, le midi de la France.

3. Cinipsile des galles. *Cinipsillum gallarum.*

> C. *fusco-œneum, abdomine nigro ; tibiis pallidis.*
> *Diplolepis gallarum.* Fab. Piez. p. 141.
> *Pteromalus.* Latr.
> Habite..

4. Cinipsile grand écusson. *Cinipsillum infidum.*

> C. *nigrum, antennarum basi, fronte, pedibusque rufis ; scutello flavo, apice bifurco.*
> *Ichneumon infidus.* Rossi. faun. etr. append. p. 111.

Encyrtus. Latr.
Habite l'Italie, la France.

5. Cinipsile rugosule. *Cinipsillum rugosulum.*

*C. nigrum, subtilissimè punctulato-rugosulum; abdomine
suprà longistrorsùmque striato.*

Scelio rugosulus. Latr. hist. des crust. et des ins. 13. p. 227.
et gen. crust. et ins. 4. p. 32.

Habite aux environs de Paris.

6. Cinipsile clavicorne. *Cinipsillum clavicorne.*

*C. nigrum, nitidum, punctatum; abdomine suborbiculato;
antennis brevibus, apice clavatis.*

Scelio. Latr. gen. crust. et ins. 1. tab. 12. f. 9 et 10. *mas,* et f.
11 et 12. *femina.*

Teleas clavicornis. Latr. gen. crust. et ins. 4. p. 33.

Habite aux environs de Paris.

LES DIPLOLÉPAIRES.

*Antennes droites, de onze à seize articles. Abdomen
caréné en dessous. La tarrière roulée en spirale
sous l'abdomen.*

M. Latreille donne le nom de *diplolépaires* à des hyménoptères très-voisins des cinipsaires par leurs rapports, mais qui ont les antennes droites, l'abdomen toujours caréné en dessous, et la tarrière des femelles roulée
en spirale, au moins dans sa base, et cachée sous l'abdomen entre deux lames.

Les diplolépaires doivent effectivement être distinguées
des cinipsaires ; car ce sont des insectes phytiphages,
c'est-à-dire, qui ne se nourrissent que de matières végétales. Les larves de la plupart sont *gallicoles,* et habitent dans ces excroissances végétales et singulières,

onnues sous le nom de *noix de galles*. En effet, les emelles de ces insectes ayant piqué différentes parties les végétaux pour y introduire leurs œufs, elles ont occasionné dans ces parties une extravasion des sucs de la plante, et par suite ces monstruosités appelées *galles* dont je viens de parler. Ce sont donc les diplolépaires qui donnent lieu à la formation des *galles*, et non les cinips qu'on en voit quelquefois sortir ; ces derniers n'ayant introduit leur œuf dans la galle déjà existante, que pour que la jeune larve carnassière s'y nourrisse aux dépens de celle du diplolèpe.

Comme dans les cinipsaires, les ailes inférieures des diplolépaires sont sans nervures distinctes. Je ne divise cette petite famille qu'en deux genres, de la manière suivante :

(1) Antennes de onze à douze articles. Abdomen attaché au corselet par un pédicule allongé.

Eucharis.

(2) Antennes de treize articles au moins. Abdomen attaché au corselet par un pédicule très-court.

Diplolèpe.

EUCHARIS. (Eucharis.)

Antennes épaisses, moniliformes, droites, à onze ou douze articles. Palpes très-petits. Mandibules allongées, pointues, inermes.

Corselet convexe, se terminant par un écusson simple ou fourchu. Abdomen ovale, subtrigone, attaché au corselet par un pédicule allongé.

Antennæ crassæ , moniliformes , rectæ : articulis undecim vel duodecim. Palpi minimi. Mandibulæ elongatæ , acutæ , inermes.

Thorax convexus , posticè scutello simplici vel furcato terminatus. Abdomen breviter ovatum , subtrigonum , pedunculo prælongo thoraci affixum.

OBSERVATIONS.

Les *eucharis* diffèrent éminemment des diplolèpes par le long pédicule de leur abdomen, et même par leurs antennes qui n'ont que douze articles. Ces insectes semblent tenir encore aux cinipsaires par leurs couleurs brillantes et métalliques ; mais ils ont les antennes droites, non brisées. Ces antennes sont courtes. L'abdomen est court, ovale-trigone, comprimé sur les côtés inférieurs, ce qui le rend caréné en dessous.

ESPECES.

1. Eucharis relevée. *Eucharis ascendens.*

    E. ænea ; abdomine petiolato conico ascendente.
    Cinips ascendens. Fab. panz. fasc. 88. t. 10.
    Eucharis ascendens. Latr.
    Habite en Allemagne.

2. Eucharis fourchue. *Eucharis furcata.* Fab.

    E. atra ; scutello spinis duabus incurvis porrectis ; abdomine ascendente. Fab.
    Ichneumon cyniformis. Ross. faun. etr. mant. 2. t. 6. fig. G.
    Latr. gen. crust. et ins. 4. p. 21.
    Habite....l'Amérique méridionale.

DIPLOLÈPE. (Diplolepis.)

Antennes filiformes, droites, de treize à seize articles.

Quatre palpes inégaux. Mandibules courtes, souvent dentées.

Corselet en général gibbeux, se terminant postérieurement en écusson. Abdomen ovale ou subcordiforme, un peu petit, comprimé au moins sur les côtés inférieurs, caréné en dessous et attaché par un pédicule très-court. Tarrière presque capillaire, roulée en spirale, et cachée sous l'abdomen entre deux lames.

Antennæ filiformes, rectæ, tredecim ad sexdecim articulatæ. Palpi quatuor inæquales. Mandibulæ breves, sæpè denticulatæ.

Thorax in universum gibbosus, posticè in scutellum terminans. Abdomen ovatum vel subcordiforme, parvulum, ad latera infera præsertim compressum, subtùs carinatum, thoraci pediculo brevissimo affixum. Terebra subcapillaris, in spiram convoluta, infrà abdomen intrà lamellas duas abscondita.

OBSERVATIONS.

Les *diplolèpes* sont en général de très-petits hyménoptères qui ressemblent beaucoup aux cinips et aux chalcides; mais leurs antennes ne sont point brisées ou coudées; leur tarrière, toujours cachée sous le ventre, est inférieurement roulée en spirale; et d'ailleurs les larves de ces insectes ne sont point carnassières; elles sont souvent victimes de celles des cinipsaires qui les dévorent.

Geoffroy paraît être le premier qui ait distingué les diplolèpes; Linné et Fabricius en faisaient des cinips. La plupart donnent lieu aux *galles* ou *noix de galles* connues, ainsi qu'aux *bedegars*.

J'en vais citer quelques espèces, parmi lesquelles les deux

dernières, la *figite* et surtout l'*ibalie* de M. Latreille, s'éloignent un peu des autres.

ESPÈCES.

1. Diplolèpe de la galle à teinture. *Diplolepis gallæ tinctoriæ.* Oliv.

> D. *testaceus, abdomine suprà fusco nitido.* Oliv. dict. n° 5. Voyage dans l'empire ottoman, 1. p. 252. pl. 14 et 15.
>
> Habite dans le Levant, sur un chêne. Il donne lieu aux *galles du commerce*. Ces galles sont grosses, rondes, tuberculenses, et se forment sur les jeunes rameaux du chêne, et non sur les feuilles ni sur leur pétiole.

2. Diplolèpe du chêne tauzin. *Diplolepis quercûs tojæ.*

> D. *griseus; abdomine ferrugineo nitido.*
>
> *Cinips quercûs tojæ.* Fab. p. 102. Coqueb. illustr. ic. dec. 1. pl. 1. f. 9.
>
> Bosc. journal d'hist. nat. 2. p. 154. pl. 32. f. 1—3.
>
> Habite en France, dans la galle du chêne tauzin.

3. Diplolèpe des feuilles du chêne. *Diplolepis quercûs folii.* Oliv.

> D. *fuscus; alis albis : puncto marginali nigro.* Oliv. dict. n.° 3.
>
> *Diplolepis.* Geoff. 2. p. 309. n.° 1. pl. 15. f. 2.
>
> *Cinips quercûs folii.* Lin. Fab. p. 101. Panz. fasc. 88. t. 11.
>
> Habite en Europe, dans la galle ronde et lisse des feuilles du chêne.

4. Diplolèpe du rosier. *Diplolepis rosæ.* Oliv.

> D. *niger; abdomine ferrugineo posticè nigro; pedibus ferrugineis.*
>
> *Diplolepis rosæ.* Oliv. dict. n.° 1. Latr. hist. nat. des crust., etc. 13. p. 207.
>
> *Diplolepis.* Geoff. 2. p. 310. n.° 2.
>
> *Cinips rosæ.* Lin. Fab. p. 100.
>
> Habite en Europe, dans le bedegar du rosier sauvage.

5. **Diplolèpe du lierre terrestre.** *Diplolepis glechomæ.*

D. ater, glaber, nitidus; antennis pedibusque rubellis.

Cinips glechomæ. Lin. Fab. p. 101. Oliv.

Diplolepis glechomæ. Latr. hist. nat. des crust. etc. 13. p. 207.

Cinips. Geoff. 2. p. 303. n.º 20.

Habite en Europe, dans la galle ronde du lierre terrestre.

6. **Diplolèpe longicorne.** *Diplolepis bedegaris fungosi.*

D. fusco-ferrugineus; oculis nigris; antennis longitudine corporis.

Diplolepis. Geoff. 2. p. 311. n.º 3.

Diplolepis bedegaris. Oliv. dict. n.º 2.

Habite aux environs de Paris. Sa larve vit dans la galle fongueuse et lisse du rosier.

7. **Diplolèpe figite.** *Diplolepis figites.*

D. ater, nitidus; thoracis dorso lineis longitudinalibus impressis; alis albis; tibiis tarsisque fusco-rufis.

Figites scutellaris. Latr. gen. crust. et ins. vol. 1. t. 12. f. 4—5. et vol. 4. p. 19.

Habite la France, etc.

8. **Diplolèpe ibalie.** *Diplolepis ibalia.*

D. ater; abdomine compresso cultriforme ferrugineo; pedibus nigris.

Ophion cutellator. Fab. Panz. fasc. 72. t. 6.

Ibalia cutellator Latr. gen. crust. et ins. 4. p. 17.

Habite la France méridionale.

LES ÉRUCAIRES.

Abdomen tout-à-fait sessile, tenant au corselet par toute sa largeur. Larves connues pédifères.

Les *érucaires* constituent pour moi une famille particulière, circonscrite par le caractère que je viens d'énoncer. Ce sont en effet les seuls hyménoptères connus, dont les larves observées soient *pédifères*. Comme beaucoup de ces larves offrent une sorte de ressemblance avec les chenilles, ou larves de lépidoptères, j'ai donné le nom d'*érucaires* aux insectes de cette famille. Ces insectes sont phytiphages, ont l'abdomen sessile, et la tarrière composée de trois ou quatre pièces, dont la moyenne ou les deux intérieures sont dentelées. Ils sont en quelque sorte des porte-scie.

Dans notre distribution des ordres des insectes, distinguant les suceurs des broyeurs, les hyménoptères commencent nécessairement la division de ces derniers, et viennent après les lépidoptères qui terminent celle des suceurs. D'après l'ordre de cette distribution, j'aurais dû commencer les hyménoptères par la famille des *érucaires* qui semblent offrir une transition des lépidoptères aux autres hyménoptères. Pour cela, il fallait que la section des hyménoptères à tarrière fût la première, et que ceux à aiguillon formassent la seconde. Cette inversion aurait été beaucoup plus conforme à l'ordre de la nature. Voici la distribution des *érucaires* ou fausses-chenilles.

DIVISION DES ÉRUCAIRES.

---

§. *Tarrière de trois pièces : les deux latérales servant de fourreau à la troisième qui est interne, filiforme, soit saillante avec son fourreau, soit roulée en spirale avec lui, et cachée sous l'abdomen dans une coulisse. — Larves connues n'ayant que six pattes.* [Érucaires urocérates.]

Urocère.

Orysse.

§§. *Tarrière de quatre pièces, dont deux externes servent de fourreau, et deux internes sont dentelées en scie.* [Les érucaires tenthrédines.]

* Labre non saillant. Il est très-petit ou nul. Larves connues n'ayant que six pattes.

. (1) Tarrière saillante. Tête portée sur un cou allongé.

Xiphidrie.

(2) Tarrière non saillante. Point de cou allongé portant la tête.

Pamphilie.

** Labre saillant. Larves connues ayant dix-huit à vingt-deux pattes.

(1) Antennes de neuf articles ou davantage.

Tenthrède.

(2) Antennes ayant moins de neuf articles.

(a) Antennes de cinq à sept articles, terminées en bouton ou en massue ovoïde.

Clavellaire.

(b) Antennes de trois articles, dont le dernier est fort long.

Hylotome.

UROCÈRE. (Sirex.)

Antennes filiformes ou sétacées, de treize à vingt-cinq articles. Les palpes labiaux plus longs que les maxillaires, épaissis vers leur sommet. Mandibules cornées, épaisses à leur base, subdentées, à dent terminale plus longue. Corps cylindrique. Abdomen sessile, allongé, sub-cylindrique, terminé dans les femelles par une pointe avancée, comme une corne, et qui recouvre la tarrière. Celle-ci sétacée, renfermée entre deux valves.

Antennœ filiformes aut setaceœ ; articulis 13 *ad* 25. *Palpi labiales maxillaribus longiores, versùs apicem incrassati. Mandibulœ corneœ, ad basim incrassatœ, subdentatœ : dentè terminali longiore.*

Corpus cylindricum. Abdomen sessile, elongatum, subcylindricum, in feminis mucrone porrecto corniformi terminatum. Terebra setiformis, valvulis duabus inclusœ, exserta, sub abdominis mucrone recepta.

OBSERVATIONS.

Les *urocères* constituent un genre établi par Geoffroy et admis depuis par les entomologistes, quoique plusieurs en aient changé le nom.

Ces insectes sont les plus grands de la famille. Ils ne sont pas sans rapports avec les ichneumons, quoique aucun d'eux ne soit carnassier; mais ils en ont de bien plus grands avec les tenthrèdes, dont ils diffèrent cependant par la composition de leur tarrière, et sa saillie hors de l'abdomen.

La tarrière des *urocères*, quoiqu'en partie cachée sous la gouttière de la corne qui termine l'abdomen de ces insectes, consiste en un aiguillon sétiforme, un peu long, légèrement dentelé, et renfermé entre deux valves filiformes.

Les femelles enfoncent leur tarrière sous l'écorce des arbres, et y déposent leurs œufs. Les larves qui en éclosent n'ont que six pattes, au moins dans la seule espèce où elles furent observées. Elles s'y nourrissent en rongeant et perçant le bois.

ESPECES.

1. **Urocère géant.** *Sirex gigas.*

S. *abdomine basi apiceque flavo ; corpore nigro.*

Sirex gigas. Lin. Fab. *fem. Urocerus gigas.* Latr. gen. , etc.
3. p. 243.

Urocerus. Geoff. 2. p. 265. pl. 14. f. 3.

Panz. fasc. 52. tab. 20.

Sirex mariscus. Fab. Piez. p. 51. *mas.* ex D. Latr.

Habite en Europe. Commun dans les bois de sapins, etc.

2. **Urocère spectre.** *Sirex spectrum.*

S. *niger ; maculâ testaceâ ponè singulos oculos ; pedibus
flavescentibus.*

Sirex spectrum. Lin. Fab. Piez. p. 50.

Panz. fasc. 52. tab. 16. *Urocerus spectrum.* Latr.

Habite en Europe.

3. **Urocère bleu.** *Sirex juvencus.*

S. *cœruleus ; pedibus testaceis ; abdominis maris parte mediâ rubrâ.*

Sirex juvencus. Lin. Fab. *Urocerus juvencus.* Latr.

Sirex. Panz. fasc. 52. t. 17. *fem.* et t. 21. *mas.*

Habite la Suède, l'Allemagne, et dans le Jura.

4. **Urocère cornes-brunes.** *Sirex fuscicornis.*

S. *fuscus, fulvo-maculatus ; abdomine nigro fasciis flavis
annulato ; antennis nigris.*

Sirex fuscicornis. Fab. Piez. p. 49.

Urocerus fuscicornis. Latr. *Tremex* ejusd.

Habite l'Allemagne, le midi de la France. Les antennes n'ont
que treize à seize articles.

———

ORYSSE. (Oryssus.)

Antennes filiformes , de dix ou onze articles , insérées près de la bouche. Quatre palpes inégaux , les maxillaires plus longs. Mandibules cornées, entières. Lèvre inférieure arrondie.

Abdomen sessile, mutique à son extrémité dans les deux sexes. Tarrière longue, filiforme, cachée et roulée en spirale dans l'intérieur de l'abdomen. Ailes couchées.

Antennæ filiformes, decim vel undecim articulatæ, propè os insertæ. Palpi quatuor; maxillaribus longioribus. Mandibulæ corneæ, integræ. Labium rotundatum.

Abdomen sessile, in utroque sexu muticum. Feminarum terebra longa filiformis in abdomine abscondita, et spiraliter convoluta. Alæ incumbentes.

OBSERVATIONS.

Les *orysses* sont bien distingués des urocères, parce que l'abdomen des femelles n'est point mucroné à son extrémité, et que la tarrière est cachée dans son intérieur, étant trop longue pour s'y renfermer sans courbure. Lorsqu'elle entre en action, elle sort du ventre en dessous, s'élance entre deux valves situées sous le dernier segment de l'abdomen, traverse la coulisse qu'elles forment, et va s'enfoncer dans les fentes ou les crevasses des arbres pour y déposer les œufs.

ESPÈCES.

1. Orysse couronné. *Oryssus coronatus.*

> *O. niger; capitis facie anticâ lineolis duabus albis; abdomine rufo, basi apiceque infero nigris.* Lat.
> *Oryssus coronatus.* Fab. Latr. Encycl. p. 561. Panz. fasc. 52. t. 19.
> Coqueb. ill. ic. dec. 1. tab. 5. f. 7.
> Habite en Europe, dans les bois.

2. Orysse unicolor. *Oryssus unicolor.* Latr.

> *O. niger; capite thorace abdomineque immaculatis.* Latr. Encycl. p. 561.
> Habite aux environs de Paris.

XIPHIDRIE. (Xiphidria.)

Antennes sétacées, quelquefois grossissant vers le bout, multiarticulées. Mandibules plus ou moins saillantes.

Tête portée sur un cou allongé. Corps allongé, subcylindrique ou linéaire. La tarrière des femelles saillante.

Antennæ setaceæ, versùs apicem interdùm incrassatæ, multiarticulatæ. Mandibulæ plus minusve exsertæ.

Caput collo elongato elevatum. Corpus elongatocylindricum aut lineare ; feminarum oviductu exserto.

OBSERVATIONS.

Les *xiphidries* semblent avoisiner les urocères, à cause de leur corps allongé, terminé postérieurement par une pointe dans les femelles, leur tarrière étant saillante. En général, un cou allongé supporte leur tête, ce qui les rend remarquables. Peut-être que leurs larves n'ont que six pattes ; mais il paraît qu'elles ne sont pas connues.

ESPECES.

1. Xiphidrie chameau. *Xiphidria camelus.* Latr.

    X. abdomine atro : lateribus albo-maculatis ; thorace lævi.

    Sirex camelus. Lin. Fab. Panz. fasc. 52. t. 18.

    Xiphidria camelus. Fab. Piez. p. 52.

    Habite en Europe.

2. Xiphidrie dromadaire. *Xiphidria dromedarius.*

    X. abdomine atro medio rufo : puncto utrinque albo ; tibiis basi albis.

Xiphidria dromedarius. Latr. Fab. Piez. p. 53.
Panz. fasc. 85. t. 10. *Urocerus.*
Habite en Europe.

PAMPHILIE. (Pamphilius.)

Antennes sétacées, simples dans les deux sexes, à articles nombreux. Quatre palpes : les maxillaires plus longs, à six articles. Mandibules allongées, étroites, aiguës, arquées, ayant une dent au côté interne. Lèvre inférieure trifide.

Tête grande. Abdomen sessile, déprimé. Tarrière non saillante. Larves à six pattes.

Antennæ setaceæ, in utroque sexu simplices; articulis numerosis. Palpi quatuor : maxillaribus longioribus, sex articulatis. Mandibulæ elongatæ, angustæ, peracutæ, arcuatæ, interno latere unidentatæ. Labium trifidum.

Caput magnum. Abdomen sessile, depressum. Terebra non exserta. Larvæ pedibus sex.

OBSERVATIONS.

Les *pamphilies*, que M. Latreille range parmi ses tenthrédines, parce qu'apparemment la tarrière des femelles est de quatre pièces, ont leurs larves à six pattes onguiculées, celles membraneuses manquant entièrement. Cette considération montre que le nombre de pattes, dans les larves, ne peut servir à distinguer les urocérates des tenthrédines.

On distingue les pamphilies des xiphidries, particulièrement parce que les premières n'ont point un cou allongé, et que la tarrière de leurs femelles n'est point saillante.

Les pamphilies ressemblent assez aux tenthrèdes ; leur corps néanmoins est un peu plus court et plus large. Leurs larves sont terminées postérieurement par deux espèces de cornes.

ESPÈCES.

1. Pamphilie tête-rouge. *Pamphilius erythro cephalus.* Latr.

> *P. antennis setaceis ; corpore cæruleo, capite rubro.*
> *Tenthredo erythrocephala.* Lin. Fab.
> Panz. fasc. 7. tab. 9.
> Latr. Encycl. n.o 1.
> Habite le nord de l'Europe, sur le pin sauvage.

2. Pamphilie du bouleau. *Pamphilius betulæ.* Latr.

> *P. ruber ; thorace ano. oculisque nigris ; alis posticè fuscis.*
> *Tenthredo betulæ.* Lin. Fab.
> *Cephalcia.* Panz. fasc. 87. t. 18.
> *Lyda betulæ.* Fab. Piez. p. 44.
> Habite en Europe, sur le bouleau.

3. Pamphilie des prés. *Pamphilius pratensis.* Lat.

> *P. capite thoraceque nigro flavoque variis ; abdomine nigro: margine ferrugineo.*
> *Tenthredo pratensis.* Fab. *Lyda pratensis* ejusd. Piez. p. 45.
> *Pamphilius pratensis.* Latr. Encycl.
> Habite en Allemagne.

4. Pamphilie des forêts. *Pamphilius sylvaticus.* Latr.

> *P. ater ; antennis flavidis ; capitis maculis, scutello pedibusque flavis.*
> *Tenthredo sylvatica.* Lin. Fab. Panz. fasc. 65. t. 10.
> *Pamphilius sylvaticus.* Latr. Encycl. n.o 19.
> Habite en Europe, dans les bois.
> Etc.

TENTHRÈDE. (Tenthredo.)

Antennes filiformes ou sétacées, quelquefois pectinées, de neuf à quatorze articles. Lèvre supérieure saillante. Palpes inégaux : les maxillaires plus longs. Mandibules cornées, saillantes, pointues, souvent dentées au côté interne. Lèvre inférieure trifide au sommet.

Corps oblong, subcylindrique. Abdomen sessile. Tarrière cachée sous l'abdomen, composée de deux lames dentelées, enfermées entre deux valves. Larve en forme de chenille, ayant six pattes onguiculées, et douze à seize pattes membraneuses.

Antennæ filiformes aut setaceæ, interdùm pectinatæ, articulis novem ad quatuordecim. Labrum exsertum. Palpi inæquales : maxillaribus longioribus. Mandibulæ corneæ, exsertæ, acutæ, latere interno sæpè dentatæ. Labium apice trifidum.

Corpus oblongum, in multis cylindraceum. Abdomen sessile. Terebra bilamellata, denticulata, valvulis duabus vaginata, sub abdomine abscondita. Larva erucæformis, multipeda : pedibus 6 unguiculatis, et 12 ad 16 membranaceis.

OBSERVATIONS.

On a donné aux *tenthrèdes* le nom français de *mouches à scie*, à cause de la forme singulière de la tarrière de ces insectes. Elle est retirée et cachée dans l'inaction ; mais on peut la voir sortir en pressant le ventre de l'animal, et regardant dessous. Avec cette tarrière à lames dentelées, les tenthrèdes font des entailles, soit dans les feuilles, soit dans les tiges des plantes, et c'est dans ces entailles qu'elles déposent leurs œufs.

Les insectes de ce genre sont nombreux en espèces. Ils ont le vol lourd, et leurs ailes souvent semblent chiffonnées. On a donné à leurs larves le nom de *fausses chenilles*, parce qu'elles leur ressemblent par leurs pattes nombreuses. Elles en ont dix-huit à vingt-deux; mais les chenilles n'en ont jamais plus de seize. *Panzer* a figuré un grand nombre de ces insectes.

ESPECES.

[*Antennes simples dans les deux sexes.*]

1. Tenthrède rustique. *Tenthredo rustica.*

> *T. nigra; abdomine cingulis tribus flavis : posticis duobus interruptis.*
> *Tenthredo rustica.* Lin. Fab. Latr.
> Panz. fasc. 64. t. 10.
> Habite en Europe.

2. Tenthrède à trois bandes. *Tenthredo tricincta.*

> *T. nigra; abdominis segmento primo, quarto, quinto, anoque flavis.*
> *Tenthredo tricincta.* Lat. Fab. Piez. p. 3o.
> Geoff. 2. p. 276. n.º 11. tab. 14. f. 5.
> Habite en Europe. Commune aux environs de Paris.

3. Tenthrède de la scrophulaire. *Tenthredo scrophulariœ.*

> *T. abdomine cingulis quinque flavis : primo remoto.*
> *Tenthredo scrophulariœ.* Lin. Fab. Latr.
> Geoff. 2. p. 277. n.º 13.
> Panz. fasc. 100. t. 10. *mas.*
> Habite en Europe, sur la scrophulaire.

4. Tenthrède parée. *Tenthredo togata.*

> *T. nigra; abdomine cylindrico : segmento primo macula, quintoque toto rufis.*
> *Tenthredo togata.* Fab. Piez. p. 32.

Panz. fasc. 82. t. 12.
Habite en Allemagne.

5. Tenthrède livide. *Tenthredo livida.*

T. nigra; antennis ante apicem albis; abdomine apice pe-
dibusque ferrugineis.
Tenthredo livida. Lin. Fab. Geoff. n.º 22.
Panz. fasc. 52. tab. 6.
Habite en Europe, dans les jardins.

6. Tenthrède du marceau. *Tenthredo capreæ.*

T. flava; capite thorace abdomineque suprà nigris; alis
puncto flavo.
Tenthredo capreæ. Lin. Fab. Geoff. n.º 20.
Panz. fasc. 65. tab. 8.
Habite en Europe, sur les saules.
Etc.

[*Antennes pinnées ou pectinées selon les sexes.*]

7. Tenthrède céphalote. *Tenthredo cephalotes.*

T. atra; antennis pectinatis; abdomine cingulis quatuor
flavis.
Tenthredo cephalotes. Fab. p. 111. Panz. fasc. 62. t. 7—8.
Coqueb. ill. ic. dec. 1. tab. 3. f. 8.
Megalodontes cephalotes. Latr. *Tarpa.* Fab. Piez.
Habite en Allemagne.

8. Tenthrède du pin. *Tenthredo pini.*

T. nigra; antennis pennatis lanceolatis; thorace sub-
villoso.
Tenthredo pini. Lin. *Tenthredo.* Geoff. 2. p. 286. n.º 33.
Hylotoma pini. Fab. Piez. p. 22.
Pteronus. Panz. fasc. 87. t. 17.
Lophyrus pini. Latr.
Habite en Europe.

9. Tenthrède dorsale. *Tenthredo dorsata.*

T. albida; antennis subpectinatis; capite, thoracis abdo-
minisque dorso nigris.
Tenthredo dorsata. Fab. Panz. fasc. 62. t. 9.
Hylotoma dorsata. Fab. Piez. p. 21.

Lophyrus dorsatus. Latr.
Habite en Allemagne.

10. **Tenthrède difforme.** *Tenthredo difformis.*

T. atra; antennis semipectinatis; femoribus anticis tibiisque omnibus albis.

Tenthredo difformis. Panz. fasc. 62. t. 10.

Lophyrus difformis. Latr.

Habite dans la Suisse.

CLAVELLAIRE. (Cimbex.)

Antennes en massue, composées de cinq à sept articles. Lèvre supérieure saillante. Palpes filiformes. Mandibules cornées, fortes, pointues au sommet, dentées au côté interne.

Corps gros, allongé. Abdomen sessile. Tarrière des tenthrèdes. Larve à vingt-deux pattes.

Antennæ clavatæ; articulis quinque ad septem. Labrum exsertum. Palpi filiformes. Mandibulæ corneæ, validæ, apice acutæ, latere interno dentatæ.

Corpus crassum. Abdomen sessile. Terebra tenthredinum, non exserta. Larva pedibus 22.

OBSERVATIONS.

Les *clavellaires* seraient de grosses tenthrèdes, et ne devraient pas être séparées de ce genre, si leurs antennes n'offraient un caractère distinctif remarquable. Aussi Linné et la plupart des entomologistes les avaient rangées parmi les tenthrèdes. Mais les antennes de ces insectes n'ayant pas plus de sept articles et se terminant en massue, fournissent un caractère suffisant pour considérer ces tenthrédines comme un genre particulier.

Ces insectes ont le corps gros, volent lourdement et ressemblent à de grosses abeilles. Ce sont les frélons de Geoffroy.

Les larves des clavellaires ont vingt-deux pattes : six écailleuses, et seize membraneuses. Ces larves ont sur les côtés quelques ouvertures particulières par lesquelles elles seringuent une liqueur lorsqu'on les touche.

ESPÈCES.

1. Clavellaire fémorale. *Cimbex femorata.*

> *C. nigra ; antennis luteis ; femoribus posticis maximis.*
> *Tenthredo femorata.* Lin. Fab.
> *Cimbex femorata.* Latr. Oliv. dict. n.o 1. Fab. Piez. p. 15.
> *Crabro.* Geoff. 2 p. 263. n.o 3. pl. 14. f. 4.
> Habite en Europe, sur les saules.

2. Clavellaire jaune. *Cimbex lutea.*

> *C. antennis luteis ; abdominis segmentis plerisque flavis.*
> *Tenthredo lutea.* Lin.
> *Cimbex lutea.* Latr. Oliv. n.o 3. Fab. Piez. p. 16.
> Habite en Europe, sur le saule, l'aulne, etc.

3. Clavellaire à épaulettes. *Cimbex axillaris.*

> *C. pubescens ; antennis luteis ; thorace nigro, ad latera*
> *flavo-maculato ; abdominis segmentis flavis, interme-*
> *diis nigris.*
> *Tenthredo axillaris.* Panz. fasc. 84. t. 11.
> *Cimbex axillaris.* Latr. *Crabro.* Geoff. 2. p. 262. n.o 1.
> Habite en Europe.

4. Clavellaire marginée. *Cimbex marginata.*

> *C. antennis apice lutescentibus ; corpore nigro ; abdomi-*
> *nis segmentis posticis margine albis.*
> *Tenthredo marginata.* Lin. Panz. fasc. 17. t. 14.
> *Cimbex marginata.* Lat. Fab. Piez. p. 17.
> Habite en Europe.

5. Clavellaire luisante. *Cimbex sericea.*

> *C. thorace atro, abdomine viridi-œneo nitente.*
> *Tenthredo sericea.* Panz. fasc. 17. t. 16—17.

Cimbex sericea. Lat. Fab. Piez. p. 18.

Habite en Europe, sur le bouleau.

Etc.

HYLOTOME. (Hylotoma.)

Antennes filiformes, s'épaississant un peu vers leur sommet ; à trois articles, dont le dernier est fort long, quelquefois fourchu. Lèvre supérieure saillante, échancrée. Mandibules non dentées.

Port des tenthrèdes. Larve ayant 18—20 pattes.

Antennæ filiformes, versùs apicem subincrassatæ, triarticulatæ : articulo ultimo longissimo, interdùm furcato. Labrum exsertum, emarginatum. Mandibulæ edentulæ.

Habitus tenthredinum. Larva pedibus 18 ad 20.

OBSERVATIONS.

Les *hylotomes* se confondraient aisément avec les tenthrèdes, si l'on négligeait la singulière particularité de leurs antennes, savoir : de n'offrir que trois articles distincts, dont les deux premiers sont très-courts, et le troisième fort long. Dans les mâles, ces antennes sont ciliées, quelquefois fourchues.

ESPÈCES.

1. Hylotome du rosier. *Hylotoma rosæ.*

> H. *nigra ; abdomine flavo ; alarum anticarum costâ nigrâ.*

> Tenthredo rosæ. Lin. Fab. Geoff. 2. p. 274. n.o 4.

> Panz. fasc. 49. tab. 15.

> *Hylotoma rosæ.* Latr. Fab. Piez. p. 25.

> Habite en Europe, sur les rosiers.

2. Hylotome sans nœuds. *Hylotoma enodis.*

H. atro-cærulescens ; alis apice vix coloratis.
Tenthredo enodis. Lin. Fab.
Panz. fasc. 49. tab. 13.
Hylotoma enodis. Latr. Fab. Piez. p. 23.
Habite en Europe, sur le saule.

3. Hylotome brûlé. *Hylotoma ustulata.*

H. corpore nigro ; abdomine cærulescente ; tibiis pallidis.
Tenthredo ustulata. Lin. Fab.
Panz. fasc. 49. t. 12.
Hylotoma ustulata. Latr. Fab. Piez.
Habite en Europe.

4. Hylotome fourchu. *Hylotoma furcata.*

H. nigra ; abdomine rufo ; antennis masculorum furcatis.
Tenthredo furcata. Lin. Fab.
Coqueb. ill. ic. dec. 1. tab. 3. f. 4. Panz. fasc. 46. t. 1.
Hylotoma furcata. Latr. Fab. Piez. p. 22.
Habite en France.
Etc.

ORDRE SIXIÈME.

NÉVROPTÈRES.

Bouche munie de mandibules, de mâchoires et de lèvres. Quatre ailes nues, membraneuses, réticulées. Abdomen allongé, dépourvu d'aiguillon et de tarrière. Larve hexapode.

Nous avons vu, dans les *hyménoptères*, des insectes en partie *rongeurs* et en partie suceurs, c'est-à-dire, munis de mandibules, et cependant possédant encore une espèce de suçoir composé de plusieurs lames allongées, subtubuleuses, sur le point de se changer, par raccourcissement, en véritables mâchoires et en lèvre inférieure. Maintenant nous allons voir, dans les *névroptères*, des insectes tous dépourvus de suçoir, dans l'état parfait, mais ayant des mâchoires et des mandibules plus ou moins fortes, plus ou moins apparentes, suivant les familles, et dont toutes les espèces sont carnassières et dévorent les petits insectes.

Les névroptères ont quatre ailes nues, membraneuses, transparentes, souvent colorées ou marquées de taches colorées, plus ou moins opaques, et chargées de nervures qui forment une espèce de réseau. Ces ailes sont étendues, et plus ou moins égales en grandeur, selon les genres et les espèces.

La bouche de ces insectes est armée de deux fortes mandibules et de deux mâchoires très-aiguës dans les libellules qui font la guerre aux autres insectes; mais ces parties sont très-petites et presque imperceptibles dans les éphémères qui ne prennent aucune nourriture, et qui ne passent à leur dernier état que pour s'accoupler, se reproduire, et périr bientôt après. Ainsi, partout où nous observons que des organes sont peu employés, nous les voyons sans développemens, ou n'en ayant toujours que de proportionnels à leur usage.

Grandes ou petites, selon leur emploi, les parties de la bouche, dans les névroptères, n'offrent plus de suçoir, mais des organes propres à broyer ou déchirer; en sorte que ceux de ces insectes qui, dans l'état parfait, prennent encore des alimens, ne sont plus bornés à des liquides, mais rongent, déchirent et broyent des matières solides.

La tête des névroptères est pourvue de deux antennes diversement conformées selon les genres : elles sont très-courtes et subulées dans les libellules et les éphémères, assez longues et sétacées dans les friganes, filiformes et terminées en massue ou par un bouton dans l'ascalaphe, etc.

Outre les deux grands yeux à facettes, on voit encore sur le vertex trois petits yeux lisses disposés en triangle.

L'abdomen des névroptères est allongé, quelquefois même d'une longueur extraordinaire, comme dans les libellules : il est composé de huit ou neuf anneaux distincts. Il n'est armé, ni d'un aiguillon, ni d'une tarrière propre à déposer les œufs, comme dans les hyménoptères; mais il est terminé par deux ou trois soies en forme de queue dans les éphémères, et par des espèces de crochets dans les mâles des libellules et des myrméléons.

Enfin, ici aucune larve n'est apode ; toutes ont six pattes dans leur partie antérieure, et dorénavant, c'est-à-dire, dans les orthoptères et les coléoptères, ce sera la même chose.

La métamorphose offre des diversités remarquables dans les névroptères : elle prouve ici, comme nous l'avons déjà vu ailleurs, que la considération qu'elle fournit ne peut être prise que généralement, comme pour limiter la classe, mais qu'on ne saurait l'employer pour instituer et caractériser les ordres ; car elle forcerait de dilacérer les plus naturels.

Ce sont les considérations générales de la bouche qui doivent, avant tout autre caractère, être employées à cet usage, puisque, dans aucun ordre, le caractère qu'elles fournissent ne souffre d'exception. Qu'importe qu'à raison de son usage, la langue des lépidoptères soit tantôt longue, tantôt courte ; c'est toujours une langue de deux pièces, roulée en spirale dans l'inaction. Il en est de même dans tous les ordres ; les diversités que présentent les parties de la bouche dans les familles et les genres d'un même ordre, ne contrarient jamais le caractère général que fournit la bouche dans la détermination de cet ordre.

Si quelque entomologiste voulait contester la prééminence que j'attache au caractère de la bouche sur celui de la métamorphose, qu'il explique pourquoi, dans un ordre aussi naturel que celui des névroptères, la nymphe de la libellule marche et mange, tandis que celle des myrméléons, dont l'insecte parfait ressemble tant à une libellule, se trouve enfermée dans une coque, et y reste immobile, sans manger ? pourquoi, dans la famille même des hémérobins, l'on voit des nymphes actives, d'autres qui ne le sont nullement ? pourquoi, dans les diptères, la nymphe des cousins est différente de la chrysalide des mouches ? etc.

Je le répète, quoique des différences dans la métamorphose puissent nous offrir des caractères utiles dans la détermination des genres, et quelquefois dans celle des familles, leur considération est d'une valeur très-inférieure à celle de la forme générale de la bouche.

Si, pour caractériser les ordres des insectes, l'on voulait donner aux organes du mouvement une prééminence sur les parties de la bouche, on rencontrerait les mêmes inconvéniens que ceux qui naissent des caractères de la métamorphose, et l'on s'exposerait aussi à dilacérer des ordres très-naturels.

En effet, dans les insectes, où les organes du mouvement sont les pattes et les ailes, on sait que dans une grande partie des hyménoptères les larves sont apodes, tandis que dans une autre partie elles sont pédifères : il faudrait donc rejeter dans un autre ordre les *tenthrédines* et les *urocérates.*

Relativement aux ailes, on en attribue aux hémiptères deux cachées sous des élytres qui en sont distinctes. Si le caractère des hémiptères ne consistait que dans celui que je viens de citer, comment rapporter à cet ordre la plupart des cigales ; comment surtout y rapporter les *aphidiens* qui ont quatre ailes tout-à-fait membraneuses, transparentes et servant au vol ; bien plus encore, comment placer dans ce même ordre les *gallinsectes*, dont les femelles sont constamment aptères, et dont les mâles n'ont que deux ailes ? C'est donc le caractère de la bouche qui, partout, décide l'ordre, puisqu'il est toujours le même.

Les organes du mouvement sont si sujets à varier dans les insectes du même ordre, comme les pattes dans les chenilles, et les ailes dans différens ordres [puisqu'il n'en est aucun qui n'offre des insectes ailés et des aptères constans], que la considération de ces organes ne peut être utile dans la détermination de l'ordre, que comme caractère auxiliaire, surtout lorsque deux ordres présentent, dans la bouche des insectes qu'ils comprennent, trop peu de dissemblance. Ainsi, le caractère des ailes est devenu utile pour aider à distinguer les coléoptères des orthoptères. Mais la nature des parties de la bouche ne varie jamais dans aucun des ordres.

Geoffroy confondait les névroptères avec les hyménoptères, et formait, avec ces insectes, un ordre qu'il intitulait *tétraptères à ailes nues* : voilà l'inconvénient de ne considérer qu'un caractère particulier. La bouche des hyménoptères est très-différente ; et leur abdomen muni, dans les femelles, soit d'une tarrière, soit d'un aiguillon, les distingue essentiellement. Linné est le premier qui ait formé l'ordre des névroptères ; mais il ne l'a caractérisé qu'obscurément, parce qu'il ne donnait aucune attention au caractère de la bouche, et que n'en trouvant point de suffisant dans les ailes, il ne l'a séparé des hyménoptères que comme manquant de l'aiguillon. Aussi a-t-il placé cet ordre entre les hyménoptères et les lépidoptères, quoique les rapports naturels ne puissent permettre un pareil rapprochement ; les lépidoptères ne ressemblant aux névroptères, ni par les parties de la bouche, ni par la métamorphose.

Fabricius, dans son ordre intitulé *synistrata* [vol. 3. p. 63], associe les névroptères avec la forbicine et la po-

dure, c'est-à-dire, avec des animaux qui ne se métamor-
phosent point, et qui conséquemment ne sont point des
insectes.

La plupart des névroptères vivent dans l'eau et n'en
sortent que dans l'état d'insecte parfait. Les autres vivent
dans les champs et dans les bois, habitant sur les arbres
pour faire la guerre aux pucerons, ou se cachant dans
le sable pour tendre des piéges aux fourmis ou autres
petits animaux incapables d'y échapper. Enfin, il y en
a qui vivent à couvert dans des galeries qu'ils se sont
creusées, soit dans la terre, soit dans l'intérieur des
bois. Le plus grand nombre vit de proie ; néanmoins il
s'en trouve qui ne se nourrissent que de matières végétales.

Ceux qui vivent dans l'eau ont des organes qui ressemblent à des branchies externes, mais qui ne sont que
des trachées saillantes.

Quoique les névroptères soient bien moins nombreux
que les hyménoptères, les caractères des diverses races
sont si variés, si irréguliers, et enjambent tellement les
uns sur les autres, qu'il est assez difficile de démêler en
quelque sorte, leurs familles particulières, et de les
circonscrire en groupes détachés par des caractères bien
éminens.

Effectivement, dans l'insecte parfait, aucun caractère
extérieur ne distingue les névroptères dont les larves vivent
dans l'eau, de ceux dont les larves habitent hors des eaux.
On en trouve dans l'un et l'autre cas qui appartiennent à
la même famille, et il en est ainsi à l'égard des névroptères dont les nymphes sont inactives et de ceux qui
ont des nymphes agissantes.

Néanmoins, en donnant beaucoup d'attention aux rapports les mieux constatés, nous avons, en général, suivi M. Latreille, et partagé cet ordre de la manière suivante.

DIVISION DES NÉVROPTÈRES.

I.re SECTION. — *Antennes beaucoup plus longues que la tête, de seize articles ou davantage.*

(1) Ailes inférieures plissées ou doublées longitudinalement.

Les friganides.

(2) Ailes inférieures non plissées ni doublées longitudinalement.

    * Tête non prolongée antérieurement en un museau rostriforme.

      (a) Antennes filiformes, non épaissies vers le sommet, ni terminées en bouton.

        (+) Deux ou trois articles aux tarses.

Les termitines.

        (++) Quatre ou cinq articles aux tarses.

Les hémérobins.

      (b) Antennes s'épaississant en massue vers le sommet, ou terminées en bouton. Six palpes.

Les myrméléonides.

    ** Tête prolongée antérieurement en museau rostriforme.

Les panorpates.

II.e SECTION. — *Antennes de la longueur de la tête au plus, de trois à sept articles.*

(1) Deux ou trois filets terminant l'abdomen ; tarses à quatre articles ; les mandibules non apparentes.

Les éphémères.

(2) Point de filets terminant l'abdomen; tarses à trois articles; mandibules grandes et fortes.

Les libellulines.

LES FRIGANIDES.

Les antennes longues et sétacées. Les ailes inférieures plissées longitudinalement.

Les *friganides* dont il s'agit ici , embrassent les per-liaires et les friganites de M. Latreille. Elles offrent des névroptères dont les larves sont aquatiques et vivent dans des fourreaux déplaçables.

Les insectes parfaits de cette famille ressemblent pres-qu'à des phalènes à ailes allongées. Leurs antennes sont longues, sétacées, à articles nombreux , ce qui force de les écarter des éphémères qui , sous d'autres rapports, semblent réellement s'en rapprocher. Néanmoins leurs ailes couchées, soit horizontalement, soit en toît, ont cela de particulier que les inférieures, plus larges que les supérieures, sont doublées ou plissées longitudinalement.

Les larves de ces insectes se construisent des fourreaux cylindriques et de toutes pièces , à la manière des teignes, et les transportent avec elles dans leurs déplacemens.

Je partage les *friganides* en trois genres que je divise de la manière suivante.

[1] Mandibules nulles ou imperceptibles. Cinq articles aux tarses.

Frigane.

[2]. Mandibules très-apparentes. Trois articles aux tarses.

Némoure.

Perle.

FRIGANE. (Phryganea.)

Antennes longues, sétacées, multiarticulées. Mandibules nulles ou imperceptibles. Mâchoires soudées à la lèvre inférieure. Quatre palpes : les maxillaires fort longs. Ailes grandes, velues, en toît : les inférieures plissées.

Abdomen nu. Larves aquatiques, vivant dans des fourreaux. Nymphes inactives. [Cinq articles aux tarses.]

Antennæ longæ, setaceæ, multiarticulatæ. Mandibulæ nullæ aut inconspicuæ. Palpi quatuor : maxillaribus prœlongis.

Alæ magnæ, villoso-hispidæ, deflexæ : inferis latioribus plicatis. Abdomen nudum [ecaudatum]. Larvæ aquaticæ, in vaginis cylindricis habitantes. Pupa quiescens. [Tarsi articulis quinque.]

OBSERVATIONS.

Les *friganes* sont intéressantes à connaître, surtout dans leur état de larve, parce qu'elles habitent alors dans des fourreaux à la manière des teignes ; ce qui les a fait nommer *teignes aquatiques* par Réaumur. Ces fourreaux sont faits de différentes matières, telles que des débris de végétaux, de petites coquilles, de grains de sable, que les larves qui les habitent, lient et agglutinent ensemble, sous la forme d'un petit cylindre irrégulier et raboteux à l'extérieur ; et elles les traînent partout avec elles sans difficulté.

Les larves des friganes mangent les feuilles des plantes aquatiques , et quelquefois aussi elles dévorent les larves des libellules et des tipules.

La tête des friganes est petite , munie de deux gros yeux saillans , et d'antennes longues , sétacées.

Leurs ailes sont longues , couchées , inclinées en toît , ayant l'extrémité postérieure un peu relevée. Elles sont plus ou moins chargées de poils fins, très-courts ; ce qui a fait donner à ces insectes, par Réaumur, le nom de *mouches papilionacées*.

Toutes les friganes vivent dans l'eau , tant qu'elles sont sous la forme de larve. On les trouve dans les ruisseaux, les étangs , les marais. Lorsqu'elles sont parvenues à l'état d'insecte parfait , elles ne volent guères que le soir , après le coucher du soleil. On les prend alors facilement pour des phalènes. Les petites espèces volent le soir , par troupes nombreuses , au-dessus des eaux.

ESPECES.

1. Frigane réticulée. *Phryganea reticulata.*

Ph. nigra ; alis subferrugineis atro-reticulatis.
Phryganea reticulata. Lin. Fab. p. 75.
Panz. fasc. 71. f. **5.**
Habite en Europe , aux lieux aquatiques.

2. Frigane grande. *Phryganea grandis.*

Ph. alis fusco-testaceis, cinereo-maculatis. Lin.
Phryganea grandis. Lin. Fab. p. 76. Oliv. dict. n.o 10.
Panz. fasc. 94. f. 18.
Habite en Europe. Commune.

3. Frigane striée. *Phryganea striata.*

Ph. alis testaceis , nervoso--striatis. Lin.
Phryganea striata. Lin. Fab. p. 75. Oliv. dict. n.o 3.

Phryganea. Geoff. 2. p. 246. pl. 13. f. 5.
Habite en Europe, aux lieux aquatiques.

4. Frigane rhombifère. *Phryganea rhombica.*

Ph. alis griseis : maculâ laterali rhombicâ albâ.
Phryganea rhombica. Lin. Fab. Oliv. dict. n.o 14.
Phryganea. Geoff. 2. p. 246. n.o 2.
Roes. ins. 2. cl. 2. tab. 16. f. 1—7.
Etc.

———

NÉMOURE. (Nemoura.)

Antennes sétacées, un peu plus longues que le corps. Lèvre supérieure presque demi-circulaire, très-apparente. Mandibules cornées, larges, dentées. Palpes filiformes.

Tête un peu épaisse, subverticale. Point de soies articulées et caudiformes à l'anus. Tarses à trois articles.

Antennæ setaceæ, corpore paulò longiores. Labrum subsemi-circulare, valdè conspicuum. Mandibulæ corneæ, latæ, dentatæ. Palpi filiformes.

Caput crassiusculum, subverticale. Anus setis caudalibus articulatis nullis. Tarsi articulis tribus.

OBSERVATIONS.

Les *némoures* forment un genre établi par M. Latreille. Elles ne tiennent aux friganes que par le défaut de soies caudales à l'extrémité de l'abdomen. Geoffroy les a confondues parmi ses perles, et Fabricius parmi ses *semblis ;* mais leur labre très-apparent et l'absence de filets à la queue, les en distinguent éminemment. Olivier en cite cinq espèces dans l'Encyclopédie.

ESPECES.

1. **Némoure nébuleuse.** *Nemoura nebulosa.*

 N. pubescens , nigra ; pedibus fuscis ; alis cinereis.
 Oliv.

 Semblis nebulosa. Fab. p. 74.

 Perla. Geoff. p. 232. n.° 3.

 Habite en Europe , aux lieux aquatiques. Le mâle seulement
  a deux crochets courts à l'anus, et non deux soies articulées.

2. **Némoure cendrée.** *Nemoura cinerea.* Oliv.

 N. nigra ; pedibus lividis ; alis fusco-cinereis.

 Phryganea nebulosa. Lin.

 Nemoura cinerea. Oliv. dict. n.° 2.

 Habite en Europe , aux lieux humides.

 Etc.

———

PERLE.　(Perla.)

Antennes longues , sétacées. Lèvre supérieure transverse , très-courte , peu apparente. Mandibules presque membraneuses ; demi-transparentes. Palpes subsétacés.

Tête aplatie , horizontale. Abdomen un peu court.
Ailes grandes, horizontales. Deux longs filets à l'anus.

*Antennæ longæ , setaceæ. Labrum transversum ,
brevissimum , vix conspicuum. Mandibulæ submem-
braneæ, semi-hyalinæ. Palpi subsetacei.*

*Caput depressum, horisontale. Abdomen brevius-
culum , planulatum. Alæ magnæ , horisontales. Anus
setis duabus , longis , caudalibus. Tarsi articulis tribus.*

Le genre *perle* , établi par Geoffroy , était confondu par
Linné , parmi ses friganes. Il avoisine davantage les né-

moures , surtout d'après la considération du nombre d'articles des tarses ; mais , parmi les friganides , il est le seul qui rappelle les éphémères , à cause des deux longues soies caudales qui s'observent à l'extrémité de l'abdomen , dans les espèces qu'il embrasse.

Les ailes de la perle sont grandes , transparentes , chargées de nervures qui forment un réseau lâche. Elles sont couchées horizontalement et les inférieures sont plissées ou en partie doublées dans leur longueur.

La larve de la perle vit dans l'eau , et habite un fourreau formé comme celui des autres friganides.

ESPÈCES.

1. Perle bordée. *Perla marginata.*

> *P. caudâ bisetâ fuscâ ; capitis maculis , abdominis margine flavescentibus ; alis immaculatis.* Fab.
> *Semblis marginata.* Fab. p. 73.
> Panz. fasc. 71. f. 3.
> Habite en Allemagne.

2. Perle brune. *Perla bicaudata.*

> *P. caudâ bisetâ; setis longitudine corporis.*
> *Phryganea bicaudata.* Lin. *Semblis bicaudata.* Fab. p. 73.
> Panz. fasc. 71. f. 4.
> *Perla fusca.* Geoff. 2. p. 231. n.₀ 1. pl. 13. f. 2.
> Habite en Europe. Commune au printemps ; au bord des rivières.

3. Perle verdâtre. *Perla virescens.*

> *P. bicaudata , virescens ; antennis apice nigris.*
> *Semblis viridis.* Fab. p. 74.
> *Perla.* Geoff. 2. p. 232. n.₀ 4.
> Habite en Europe. Commune aux environs de Paris. Elle est fort petite.
> Etc.

LES TERMITINES.

*Deux ou trois articles aux tarses. Les ailes inférieures
non plissées. Les antennes filiformes ou submoniliformes, à environ dix-huit articles.*

Les *termitines* paraissent tenir un peu aux fourmis par
l'aspect et même par les habitudes. Ce sont néanmoins de
véritables névroptères qui se rapprochent des hémérobins par leurs rapports, et qui constituent une petite
famille particulière.

Ils n'ont que deux ou trois articles aux tarses, et
parmi eux on ne trouve ni larves, ni nymphes aquatiques.

Tous les insectes de cette famille sont destructeurs, et
causent des dégâts plus ou moins considérables, selon
leurs espèces. Les uns vivent en société, et les autres solitairement. On n'y rapporte que les deux genres qui suivent.

TERMITE.   (Termes.)

Antennes filiformes, submoniliformes, un peu courtes,
insérées devant les yeux. Lèvre supérieure saillante, avancée au-dessus des mandibules, un peu voûtée. Mandibules
cornées, dentées, saillantes. Quatre palpes filiformes.
Lèvre inférieure quadrifide au sommet.

Tête courte, arrondie postérieurement. Corselet orbiculaire ou presque carré. Ailes fort longues, horizontales, caduques. Abdomen un peu court, sans soies
caudales au bout. Tarses à trois articles.

Insectes vivant en société, composée de trois sortes
d'individus.

Antennæ filiformes, submoniliformes, breviusculæ, ante oculos insertæ. Labrum exsertum , suprà mandibulas productum, subfornicatum. Mandibulæ corneæ, dentatæ , exsertæ. Palpi quatuor filiformes. Labium apice quadrifidum.

Caput breve, posticè rotundatum. Thorax orbicularis aut subquadratus. Alæ prælongæ , horisontales , deciduæ. Abdomen breviusculum : setis caudalibus nullis. Tarsi articulis tribus.

Insecta societates ineuntia ; individuum tribus generibus.

OBSERVATIONS.

Les *termites* ont été placés parmi les insectes aptères par Linné , parce que la plupart se montrent presque toujours sans ailes. En effet, dans les espèces et les individus qui doivent en avoir, les ailes tombent facilement, soit lorsqu'à l'approche de quelque danger, l'insecte s'agite pour fuir par la course, soit lorsque l'insecte fait lui-même tomber ses ailes avec ses pattes pour en être moins embarrassé. Ce genre néanmoins doit être rapporté à l'ordre des névroptères, dans lequel, en effet, plusieurs entomologistes l'ont placé, et ce qui est confirmé par ses rapports avec les psocs.

Ces insectes, et surtout leurs larves, sont voraces, et destructeurs des bois, des meubles, des vêtemens, des livres, et des collections d'histoire naturelle. Dans les pays étrangers, certaines espèces font en peu de temps de si grands ravages, qu'elles occasionnent des pertes énormes. On les y connaît sous le nom de *fourmis blanches.* –

C'est presque toujours à couvert que les *termites* travaillent. Ils construisent leur habitation, les uns dans la terre, les autres dans les troncs des arbres même les plus

élevés ou dans les vieux bois, les autres encore dans des nids
monstrueux qu'ils élèvent sur la terre, à cinq ou six pieds
de hauteur.

L'espèce la plus remarquable de ce genre est celle qui
fait ces nids monstrueux ; c'est le *termes fatale* de Linné,
espèce des Indes et de l'Afrique, dont M. *Smeathman*,
voyageur anglais, nous a donné l'histoire et la descrip-
tion.

ESPECES.

1. Termite des Indes. *Termes fatale.*

> *T. supra fuscum ; thorace segmentis tribus ; alis pallidis ;
> costá testaceá.* Fab.
> *Termes fatale.* Lin. Fab. p. 87.
> *Termes destructor.* Degeer, ins. 7. p. 50. tab. 37. f. 1—3.
> *Termes arda.* Forsk. descript. anim. p. 96. tab. 25. *fig.* A.
> Habite les Indes orientales, l'Afrique, l'Amérique. Il est
> une calamité pour ceux qui sont voisins de son habita-
> tion.

2. Termite destructeur. *Termes destructor.*

> *T. supra testaceum ; capite atro ; antennis flavis.* F.
> *Termes destructor.* Fab. p. 89.
> *Termes arboreum.* Acta anglic. 71. 1. 145. tab. 10. f. 7—9.
> Haoite dans les îles de l'Amérique méridionale. Nichant dans
> les arbres.

3. Termite lucifuge. *Termes lucifugum.* Latr.

> *T. nigrum, nitidum, pubescens ; alis fucescenti-hyalinis ;
> tibiis tarsisque fusco-flavescentibus.*
> *Termes lucifugum.* Lat. hist. nat. des crust. et des ins. 13. p. 69,
> et gen. crust. et ins. 3. p. 206.
> Ross. faun. etr. mant. 2. tab. 5. *fig.* K.
> Habite en Italie, à Bordeaux, dans des troncs d'arbres.

4. Termite morio. *Termes morio.* F.

> *T. atrum ; ore pedibusque testaceis ; alis nigris.* F.
> *Termes morio.* Fab. p. 90. Latr. hist. nat. des crust., etc. 13.
> p. 69.
> Habite à Cayenne.

5. Termite du Cap. *Termes Capensis.* Latr.

> *T. suprà fuscum, infrà rufescens; alis subcinereis, palli-*
> *dis, sémi-hyalinis.*
>
> *Termes capensis.* Latr. hist. nat. des crust. etc. 13. p. 68.
> Degeer, ins. 7. pl. 38. f. 1—2.
> Habite au Cap de Bonne-Espérance, au Sénégal.

6. Termite flavicolle. *Termes flavicolle.* F.

> *T. obscurè piceum; thorace pedibusque flavis.*
> *Termes flavicolle.* Fab. p. 91. Latr. hist. nat. p. 70.
> Habite en Barbarie, en Provence.
> Etc.

PSOC. (Psocus.)

Antennes sétacées, allongées, insérées devant les yeux. Lèvre supérieure membraneuse, presque carrée. Mandibules cornées, larges, échancrées, bidentées. Deux palpes maxillaires, quadriarticulés. Mâchoires comme doubles ; l'une interne, cornée, linéaire, crénelée au sommet, le plus souvent saillante ; l'autre externe, membraneuse, engaînant l'intérieure. Lèvre inférieure membraneuse, large, ayant une écaille double de chaque côté.

Corps court, ovale-gibbeux. Tête grande, inclinée. Corselet bossu. Ailes grandes, transparentes, nerveuses, en toît. Deux articles aux tarses dans la plupart.

Antennæ setaceæ, elongatæ, antè oculos insertæ. Labrum membranaceum, subquadratum. Mandibulæ corneæ, latæ, emarginato-bidentatæ. Palpi duo maxillares, quadriarticulati. Maxillæ subgemellæ : alia interna, cornea, linearis, apice crenata, sæpius exserta ; altera externa, membranacea, internam va-ginans. Labium membranaceum, latum, lateribus squamâ duplici utrinque suffultum.

Corpus breve, ovato-gibbum. Caput magnum, deflexum. Thorax gibbus. Alœ magnæ, hyalinæ, nervosæ, deflexæ. Tarsi articulis duobus, in plurimis.

OBSERVATIONS.

Les *psocs*, parfaitement caractérisés par les observations de M. *Latreille*, et dont M. *Coquebert* a donné d'excellentes figures avec de bons détails, composent un genre qui a beaucoup de rapports avec les termites, et qui comprend des espèces que l'on plaçait parmi les hémerobes. Mais la nymphe des psocs est agissante, tandis que celle des hémerobes est inactive et enfermée dans une coque.

Ces insectes ont le corps court, la tête grosse, les yeux saillans, et leurs petits yeux lisses sont disposés en triangle. Leur corselet est partagé en deux segmens, dont le second est grand et bombé. Ils ont l'abdomen ovale-oblong; les ailes fort grandes, particulièrement les supérieures.

La pièce extérieure des mâchoires me paraît devoir être considérée comme une *galette* qui fait l'office de gaine.

Les psocs courent et sautent; ils dévorent, comme les termites, les productions animales et végétales conservées, les herbiers, les livres, etc. On les trouve sur les arbres, les murs et dans les maisons. On en connaît plusieurs espèces aux environs de Paris.

ESPECES.

1. Psoc biponctué. *Psocus bipunctatus.*

　　P. flavo fuscoque varius; alis punctis duobus nigris. F.
　　Hemerobius bipunctatus. Lin.
　　Psocus bipunctatus. Latr. gen. crust. et ins. 3. p. 208.
　　Fab. suppl. p. 204. Coqueb. illust. ic. dec. 1. tab. 2. f. 3.
　　Psylle, n.° 7. Geoff. 1. p. 488.
　　Psocus bipunctatus. Panz. fasc. 94. f. 21.
　　Habite en Europe, sur les arbres, les murs, etc.

2. **Psoc à quatre points.** *Psocus quadripunctatus.*

P. *alis albis : basi punctis quatuor atris., apice fusco-ra-*
diatis. F.

Psocus quadripunctatus. Fab. suppl. p. 204.

Panz. fasc. 94. f. 22. Coqueb. ill. ic. dec. 1. pl. 2. f. 9.

Habite en Europe.

3. **Psoc longicorne.** *Psocus longicornis.*

P. *niger ; ore pedibusque pallidis ; antennis longioribus*
fuscis. F.

Psocus longicornis. Fab. suppl. p. 203. Panz. fasc. 94. f. 19.

Habite en Allemagne.

4. **Psoc à bandes.** *Psocus fasciatus.*

P. *alis albis : fasciis tribus atomisque numerosis nigris.* F.

Psocus fasciatus. Fab. suppl. p. 203. Panz. fasc. 94. f. 20.

Habite en Allemagne.

5. **Psoc pédiculaire.** *Psocus pedicularius.* Latr.

P. *fuscus ; abdomine pallido ; alis anticis subimmaculatis.*
Latr.

Psocus pedicularius. Latr. Coqueb. ill. ic. dec. 1. pl. 2. f. 1.

An psocus abdominalis ? Fab. n.º 9. p. 204 ?

Habite en Europe , dans les maisons.

6. **Psoc pulsateur.** *Psocus pulsatorius.*

P. *apterus ; ore rubro ; oculis luteis.* F.

Psocus pulsatorius. Fab. p. 204. Coqueb. ill. ic. dec. 1. t. 2.
f. 14.

Termes pulsatorium. Lin.

Le pou du bois. Geoff. 2. p. 602.

Habite en Europe. Commun dans les maisons, parmi les papiers, les herbiers, etc. Il ressemble à une mitte qui court
avec célérité. Ses tarses ont trois articles.

Etc.

LES HÉMÉROBINS.

Quatre ou cinq articles aux tarses. Les antennes fili-
formes ou sétacées. Métamorphose variable.

Sous le nom d'*hémérobins* , je forme une coupe ou

même une famille que je crois assez naturelle, d'après les rapports qui se montrent entre les races qu'elle comprend, quoique ces races offrent, dans leurs habitudes et dans leurs métamorphoses, d'assez grandes diversités ; et je réunis les hémérobins, les mégaloptères, et les raphidines de M. Latreille.

Parmi mes hémérobins, les uns, en effet, vivent hors de l'eau, tandis que les autres ont leurs larves et leurs nymphes aquatiques ; et parmi eux encore, l'on trouve des nymphes inactives, et des nymphes agissantes.

Cependant, si l'on en excepte la mantispe et la raphidie, presque tous ces insectes ont été rapportés au genre de l'*hémerobe* par la plupart des entomologistes. Quoiqu'ils y tiennent par différens rapports, ils sont néanmoins très-distincts des hémerobes, et M. Latreille a eu raison de les en séparer.

Au reste, cette famille, plus nombreuse en genres qu'en espèces connues, me paraît devoir être divisée de la manière suivante.

DIVISION DES HÉMÉROBINS.

** Segment antérieur du corselet très grand, formant sa principale partie.*

(1) Quatre articles aux tarses.

Raphidie.

(2) Cinq articles aux tarses.

(a) Pattes antérieures avancées, chélifères et ravisseuses.

Mantispe.

(b) Pattes semblables, les antérieures non ravisseuses.

(+) Ailes en toît.

Sialis.

(++) Ailes horizontales.

❊ Antennes simples.

Corydale.

❊❊ Antennes pectinées.

Chauliode.

** *Segment antérieur du corselet très-court, ne formant qu'un rebord transverse.*

(a) Trois petits yeux lisses distincts.

Osmyle.

(b) Point de petits yeux lisses distincts.

Hémerobe.

RAPHIDIE. (Raphidia.)

Antennes filiformes, distantes, insérées entre les yeux, de la longueur du corselet. Lèvre supérieure saillante. Mandibules cornées, étroites, un peu saillantes, à pointe arquée. Palpes filiformes. Mâchoires courtes.

Corps allongé. Tête ovale, inclinée. Corselet cylindrique, à segment antérieur allongé en forme de cou. Ailes égales, réticulées, disposées en toît. Anus des mâles muni de deux crochets forts; celui des femelles terminé par une soie longue, un peu arquée. Quatre articles aux tarses. Nymphe active.

Antennæ filiformes, distantes, inter oculos insertæ, thoracis longitudine. Labrum exsertum. Mandi-

bulæ corneæ, angustæ, exsertiusculæ, acumine ar-
cuato. Palpi filiformes. Maxillæ breves.

Corpus elongatum. Caput ovale, inflexum. Thorax
cylindricus : segmento antico elongato colliformi. Alæ
æquales, reticulatæ, deflexæ. Anus in masculis va-
lidè biunguiculatus ; in feminis setâ longâ subarcuatâ
terminatus. Tarsi articulis quatuor. Pupa currens.

OBSERVATIONS.

Les *raphidies* sont les seuls insectes de cette famille qui
aient quatre articles aux tarses. La partie antérieure de
leur corselet, étant allongée comme un cou, les rend
d'ailleurs assez remarquables. Elles ont trois petits yeux
lisses; et leurs ailes diaphanes, réticulées, sont disposées
en toit. La larve de ces insectes ressemble à un petit ser-
pent. On ne connaît encore que l'espèce suivante; on la
croit carnassière.

ESPECE.

1. Raphidie serpentine. *Raphidia ophiopsis.*

> *Raphidia ophiopsis.* Linn. Fab. p. 99.
> Degeer, ins. 2. p. 742. pl. 25. f. 4 Geoff. ins. 2. p. 233.
> Panz. fasc. 50. f. 11.
> Habite en Europe, sur les arbres.

MANTISPE. (Mantispa.)

Antennes filiformes, grenues, à peine plus longues
que la tête. Les yeux saillans.

Partie antérieure du corselet allongée, cylindrique,
en massue, portant antérieurement les pattes de devant.

Celles-ci avancées, ravisseuses, chélifères. Ailes en toît, réticulées. Nymphe active.

Antennæ filiformes, submoniliformes, capite vix longiores. Oculi prominuli.

Thoracis pars anterior elongata, cylindrico-clavata, pedes anticos extremitate fulsiens. Hi porrecti, chelati, raptutorii. Alæ reticulatæ, deflexœ. Pupa agilis.

OBSERVATIONS.

Les insectes de ce genre sont très-singuliers par leurs pattes antérieures avancées, et qui se terminent chacune en une pince à deux ongles inégaux, dont le plus grand se replie sur l'autre. La première espèce que l'on connut fut d'abord prise pour une raphidie, à cause de l'allongement singulier de son corselet ; mais ensuite on en fit une mante. Elle en a effectivement l'aspect, malgré sa petite taille.

On en connaît maintenant plusieurs espèces : ce sont réellement des névroptères qui avoisinent les raphidies par leurs rapports ; leurs ailes ne sont point plissées comme celles des orthoptères.

ESPÈCES.

1. Mantispe villageoise. *Mantispa pagana.* Latr.

> *M. rufescenti-flavescens ; thorace scabriusculo ; alis costâ flavescente.*
> *Raphidia mantispa.* Lin. Scop. carn. n.º 512.
> *Mantis pagana.* Fab. Panz. fasc. 50. f. 9.
> Habite en France, en Allemagne, etc.

2. Mantispe verdâtre. *Mantispa minuta.*

> *M. thorace elongato teretiusculo ; alis hyalinis : costâ virescente.*

Mantis minuta. Fab. p. 24. Act. soc. Linn. 6. p. 32.
Stoll. mant. tab. 2. f. 7.
Habite l'Amérique méridionale.

3. Mantispe frêle. *Mantispa pusilla.*

*M. thorace teretiusculo lœvi ; alis hyalinis : anticis costâ
flavidulâ.*
Mantis pusilla. Pall. Spicil. zool. fasc. 9. t. 1. f. 9.
Stoll. mant. t. 1. f. 3. Fab. p. 25. Act. soc. Linn. n.º 41.
Habite le Cap de Bonne-Espérance.

4. Mantispe naine. *Mantispa nana.*

*M. thorace teretiusculo elongato ; alis hyalinis fusco-ve-
nosis abdomine longioribus.*
Mantis nana Act soc. Linn. n.º 42.
Stoll. mant. t. 4. f. 15.
Habite la côte de Coromandel.

SIALIS. (Sialis.)

Antennes sétacées , simples , à articles cylindriques.
Mandibules petites, cornées. Palpes filiformes : les maxillaires plus longs. Petits yeux lisses nuls.

Ailes en toît. Le pénultième article des tarses bilobé.
Larve aquatique. Nymphe inactive, dans une coque.

*Antennœ setaceœ, simplices ; articulis cylindricis.
Mandibulœ parvœ , corneœ. Palpi filiformes : maxillaribus longioribus. Ocelli nulli.*

*Alœ deflexœ. Tarsi articulo penultimo bilobo. Lar-
va aquatica. Pupa quiescens , folliculata.*

OBSERVATIONS.

Par ses habitudes et sa métamorphose , le *sialis* semble
étranger aux hémérobins ; cependant il tient tellement aux

hémerobes mêmes, par ses rapports, qu'avant M. Latreille, on ne l'en avait pas distingué. Mais c'est un insecte aquatique, et le segment antérieur de son corselet est plus grand que le second.

ESPECE.

1. Sialis noir. *Sialis niger.*

> Latr. hist. nat. des crust., etc. 13. p. 44.
> *Hemerobius lutarius.* Lin. *Semblis lutaria.* Fab. p. 74.
> Hémerobe aquatique. Geoff. 2. p. 255.
> Habite en Europe, aux lieux aquatiques.

———

CORYDALE. (Corydalis.)

Antennes sétacées, simples, à articles cylindriques très-courts. Mandibules très-grandes, avancées, ressemblant à des cornes.

Tête plus large que le corselet. Ailes couchées horizontalement.

Antennæ setaceæ, simplices ; articulis cylindricis brevissimis. Mandibulæ maximæ, porrectæ, cornua referentes.

Caput thorace multò latius. Alæ horisontales.

OBSERVATIONS.

La *corydale* semble avoir des rapports avec la raphidie, quoique ses tarses soient à cinq articles, et Linné l'a effectivement rapportée à ce genre. Depuis, cependant, presque tous les entomologistes en firent une hémerobe.

ESPECE.

1. **Corydale cornue.** *Corydalis cornuta.* Lat.
   Raphidia cornuta. Lin.
   Hemerobius cornutus. Lin. Fab. p. 81. Oliv. Encyclop.
   n.° 1.
   Degeer. Ins. 3. p. 559. pl. 27. f. 1.
   Habite la Pensylvanie, la Caroline. Sa taille est un peu
   grande.

CHAULIODE. (Chauliodes.)

Antennes pectinées, un peu plus longues que le corselet. Mandibules courtes, dentées en leur partie interne. Les palpes maxillaires un peu plus longs que les
labiaux.

Tête de la largeur du corselet. Ailes couchées horizontalement.

*Antennæ pectinatæ, thorace paulò longiores. Man-
dibulæ breves, intùs dentatæ. Palpi maxillares labialibus paulò longioribus.*

*Caput thoracis latitudine. Alæ horisontaliter incum-
bentes.*

OBSERVATIONS.

La *chauliode* n'a point les mandibules avancées et très-
saillantes, comme la corydale, et elle diffère des autres
hémérobins par ses antennes pectinées. Cet insecte exotique fut encore confondu parmi les hémerobes. Il a trois
petits yeux lisses sur la tête.

ESPÈCE.

1. **Chauliode pectinicorne.** *Chauliodes pectinicornis.*
   Latr.
   Hemerobius pectinicornis. Lin. Oliv. Encycl. n.° 2.

Hemerobius. Degeer , ins. 3. p. 562. pl. 27. f. 3.

Semblis pectinicornis. Fab. p. 72.

Habite l'Amérique septentrionale. Elle est un peu moins grande
que la corydale.

OSMYLE. (Osmylus.)

Antennes moniliformes, un peu plus courtes que le
corps. Lèvre supérieure saillante. Mandibules cornées,
voûtées. Lèvre inférieure transverse, un peu échancrée
au milieu. Trois petits yeux lisses, frontaux, disposés en
triangle.

Segment antérieur du corselet plus étroit et plus court
que le postérieur.

*Antennæ moniliformes, corpore paulò breviores.
labrum exsertum. Mandibulæ corneæ, fornicatæ. Lu-
bium transversum, medio subemarginatum. Ocelli tres,
frontales, in triangulum dispositi.*

*Thorax segmento antico postico angustiore et bre-
viore.*

OBSERVATIONS.

L'*osmyle* étant un insecte aquatique, muni de petits
yeux lisses, et à antennes grenues, méritait d'être séparé
des hémerobes, comme l'a fait M. Latreille.

ESPECE.

1. Osmyle tacheté. *Osmylus maculatus.* Latr.

Hemerobius maculatus. Fab. p. 83. Oliv. Encycl. n.° 9.

Roes. ins. 3. tab. 21. f. 3.

Habite en France, en Allemagne, aux lieux aquatiques. Il a
les ailes blanches, tachetées de noir, surtout les supérieures.

HÉMEROBE. (Hemerobius.)

Antennes sétacées , un peu longues , à articles très-nombreux , peu distincts. Lèvre supérieure un peu saillante. Mandibules cornées , arquées , petites. Quatre palpes inégaux. Petits yeux lisses nuls ou indistincts.

Tête inclinée. Les yeux saillans. Le corps allongé. L'abdomen arqué, nu. Ailes grandes , réticulées , en toît. Larve bicorne. Nymphe inactive , dans une coque.

Antennæ setaceæ , longiusculæ ; articulis numerosissimis , parùm distinctis. Labrum subexsertum. Mandibulæ corneæ , arcuatæ , parvulæ. Palpi quatuor inæquales. Ocelli nulli distincti.

Caput inflexum : oculis prominulis. Corpus oblongum ; abdomine arcuato nudo. Alæ magnæ , reticulatæ , deflexæ. Larva bicornis. Pupa folliculata , quiescens.

OBSERVATIONS.

Les *hémerobes* ont des rapports évidens avec les termitines et les myrméléonides. Elles ont les ailes grandes, proportionnellement à leur corps, nues, et chargées de nervures qui forment un joli réseau. Ces ailes , surtout dans une espèce , sont transparentes, minces et très-délicates.

Les larves des hémerobes intéressent par leurs habitudes. Elles ont le corps ovale, allongé , muni de six pattes ; la tête petite, armée en devant de deux mandibules en forme de cornes ou de pince , qui se joignent et se croisent. Elles paraissent creuses , percées au bout , et servent à l'insecte pour saisir et sucer sa proie. Ces larves dévorent les pucerons et en détruisent une si considérable quantité que Réaumur les a nommées *lions des pucerons*. Elles ont, comme les araignées, leur filière placée près de l'anus.

Les œufs des hémerobes sont singuliers : ils sont blancs, soutenus chacun par un fil long, mince comme un cheveu. On les rencontre, ainsi disposés et ramassés, sur diverses plantes.

Les hémerobes ne sont point des insectes aquatiques ; on les rencontre fréquemment dans les jardins ; elles volent lourdement et sont faciles à saisir. Quelques espèces répandent une mauvaise odeur lorsqu'on les prend.

ESPECES.

1. **Hémerobe perle.** *Hemerobius perla.*

> *H. luteo-viridis ; alis hyalinis : vasis viridibus.* L.
> *Hemerobius perla.* Lin. Fab. p. 82. Oliv. dict. n.º 5.
> Panz. fasc. 87. f. 13.
> Geoff. 2. p. 253. n.º 1. pl. 13. f. 6. Lion des pucerons.
> Habite en Europe, dans les jardins, les bois. Ses yeux sont dorés et brillans.

2. **Hémerobe œil-d'or.** *Hemerobius chrysops.*

> *H. viridi nigroque varius ; alis hyalinis : venis viridibus, lineolis nigris reticulatis.* Lin.
> *Hemerobius chrysops.* Lin. Fab. p. 82. Geoff. n.º 2.
> Degeer. ins. 2. p. 708. pl. 22. f. 1.
> Habite en Europe, dans les bois.

3. **Hémerobe blanche.** *Hemerobius albus.*

> *H. albus ; alis hyalinis ; oculis æneis.* L.
> *Hemerobius albus.* Lin. Fab. p. 82.
> Panz. fasc. 87. f. 14.
> Habite en Europe.

4. **Hémerobe phalénoïde.** *Hemerobius phalænoides.*

> *H. testaceus ; alis basi mucronatis, posticè excisis.*
> *Hemerobius phalænoides.* Lin. Fab. p. 83.

Panz. fasc. 87. f. 15.
Habite en Europe, dans les bois.
Etc.

LES MYRMÉLÉONIDES.

*Antennes s'épaississant en massue vers leur sommet,
ou terminées en bouton. Six palpes.*

Les *myrméléonides* ou fourmilions étant les seuls névroptères qui aient six palpes, et les antennes en massue ou terminées en bouton, sont très-faciles à distinguer des autres. Ces insectes ne sont nullement aquatiques ; leurs larves mêmes n'habitent que les lieux secs
et en général sablonneux. Ils ont leur nymphe inactive
et dans une coque, au moins quant à ceux dont la nymphe est connue.

Dans l'état parfait, les myrméléonides sont d'assez
beaux insectes ; les uns, à ailes grandes et fort longues,
ressemblent à des libellules ; et les autres, par leurs
antennes terminées en bouton et leur corps velu,
ont, en quelque sorte, l'aspect des papillons. Les
premiers intéressent fort dans l'état de larve, à cause
des habitudes particulières de cette dernière. Mais
les larves des seconds ne paraissent pas encore être connues.

Les myrméléonides constituent une belle famille bien
tranchée par ses caractères, et dans laquelle il paraît
qu'il y a aussi beaucoup de particularités curieuses à
découvrir relativement aux espèces et à leurs habitudes.
Les ailes de ces insectes, quoique transparentes, sont
souvent ornées de petites taches colorées remarquables.
On ne distingue encore que deux genres dans cette famille.

MYRMÉLÉON. (Myrmeleon.)

Antennes grossissant insensiblement vers leur sommet, arquées, à peine plus longues que le corselet. Six palpes inégaux ; les labiaux plus longs.

Abdomen très-long, linéaire, terminé par deux crochets dans les mâles. Ailes grandes, allongées, inégales, à nervures réticulées. Larve bicorne. Nymphe inactive dans une coque.

Antennæ gradatìm versùs apicem crassiores, arcuatæ, thorace vix longiores. Palpi sex inæquales; labialibus longioribus.

Abdomen lineare, longissimum, in masculis apice biappendiculatum. Alæ maximæ, elongatæ, inæquales, hyalinæ, nervis reticulatæ. Larva bicornis. Pupa quiescens, folliculata.

OBSERVATIONS.

Les *myrméléons* ressemblent aux libellules par leur aspect, et tiennent aux hémerobes par leurs rapports. Mais leurs six palpes et leurs antennes courtes, presque en massue, les distinguent éminemment des hémerobes. Les caractères de leurs antennes, de leurs palpes, de leur larve, et de leur métamorphose, ne permettent pas de les confondre avec les libellulines.

Ces insectes ne sont point agiles, volent peu ou ne volent qu'à de médiocres distances. Leurs larves connues ne marchent que lentement et à reculons. Elles sont carnassières, munies de six pattes, ont le ventre gros et la tête petite; mais cette tête est armée de deux cornes mandibu-

Tom. IV. 14

laires, disposées en pince, qui servent à saisir la proie et à la sucer.

On connaît ces jolis entonnoirs de sable que forment ces larves, et au fond desquels elles se tiennent, pour attraper les insectes qui s'y laissent tomber. Ce sont, le plus souvent, des fourmis qu'elles saisissent, ce qui leur a fait donner le nom de *fourmilions*.

ESPÈCES.

1. Myrméléon fourmilion. *Myrmeleon formicarium.*

> *M. alis fusco-nebulosis : maculá posticá marginali albâ.* Linn.
> *Myrmeleon formicarium.* Lin. Fab. p. 93. Oliv. dict. n.° 11.
> Latr. hist. nat. des crust., etc. 13. p. 30. pl. 98. f. 3.
> Le fourmilion. Geoff. 2. p. 258. pl. 14. f. 1.
> Panz. fasc. 95. f. 11.
> Habite en Europe, aux lieux sablonneux, abrités.

2. Myrméléon de Pise. *Myrmeleon pisanum.*

> *M. villosum; alis griseis immaculatis : nervis nigro-punctatis; thorace rubro cinereo, lineá nigrá duplici.*
> *Myrmeleon pisanum.* Rossi, Faun. etr. 2. p. 14. t. 9. f. 8.
> Panz. fasc. 59. f. 4. Latr. gen. crust., etc. 3. p. 192.
> *Myrmeleon occitanicum.* Oliv. dict. n.° 5.
> Habite au midi de la France, en Italie, en Barbarie.

3. Myrméléon libelluloïde. *Myrmeleon libelluloides.*

> *M. alis griseis, fusco-maculatis; corpore nigro flavoque maculato.* L.
> *Myrmeleon libelluloides.* Lin. Fab. p. 92. Oliv. dict. n.o 1.
> Latr. gen. crust., etc. 3. p. 191.
> Degeer, ins. 3. p. 565. pl. 27. f. 9.
> Habite le Cap de Bonne-Espérance, l'Italie, le midi de la France, etc.
> Etc.

ASCALAPHE. (Ascalaphus.)

Antennes longues, droites, filiformes, brusquement terminées par un bouton un peu comprimé. Six palpes courts, un peu inégaux, filiformes.

La tête et le corps velus. Abdomen oblong, terminé par deux crochets dans les mâles. Ailes nues, transparentes, réticulées.

Antennæ longæ, rectæ, filiformes, capitulo subcompresso abrupte terminatæ. Palpi sex breves, subinæquales, filiformes.

Caput corpusque hirsuta. Abdomen oblongum, in masculis apice biappendiculatum. Alæ nudæ, hyalinæ, nervis reticulatæ.

OBSERVATIONS.

Très-voisins des myrméléons par leurs rapports, les *ascalaphes* en sont bien distingués par leur aspect, leurs longues antennes, leur corps velu, ovale-oblong. Comme ils volent avec facilité, et que la plupart ont des taches colorées sur leurs ailes, ils ont une sorte de ressemblance avec les papillons. Ces insectes fréquentent les lieux secs et sablonneux. On n'a observé, ni leur larve, ni leur nymphe.

ESPÈCES.

1. **Ascalaphe de Barbarie.** *Ascalaphus Barbarus.*
   A. alis reticulatis, flavescente-hyalinis : maculis duabus fuscis. F.
   Myrmeleon barbarum. Lin.
   Ascalaphus barbarus. Fab. p. 95.

Latr. gen. crust. , etc. 3. p. 194.
Habite la Barbarie, l'Italie , le midi de la France.

2. Ascalaphe longicorne. *Ascalaphus longicornis.*

A. niger , flavo-maculatus ; alis aureo-flavis.
Myrmeleon longicorne. Lin.
Ascalaphus italicus. Oliv. dict. n.° 2.
Ascalaphus longicornis. Latr. hist. nat. des crust. , etc. 3.
p. 28.
Ascalaphus c. nigrum. Lat. gen. etc. 3. p. 194.
Habite le midi de la France.

3. Ascalaphe italique. *Ascalaphus italicus.*

A. alis anticis hyalinis : maculâ duplici baseos flavâ ; pos-
ticis flavis , basi atris.
Ascalaphus italicus. Fab. p. 95. Panz. fasc. 3. f. 23.
Latr. hist. nat. des crust. , etc. 13. p. 27. pl. 97. *bis.* f. 3.
Habite l'Europe australe.
Etc.

LES PANORPATES. Latr.

Tête prolongée antérieurement en un museau rostri-
forme.

Les *panorpates* constituent une petite famille de névroptères carnassiers et terrestres , qui semblent avoisiner les myrméléonides, par leurs rapports, comme l'indiquent les némoptères, et qui sont remarquables par leur
tête prolongée antérieurement en un museau rostriforme , au bout duquel ou sous l'extrémité duquel la
bouche est située. Leurs ailes sont à-peu-près horizontales.

Ces insectes ont des antennes sétacées , multiarticulées, insérées entre les yeux. Leurs tarses sont à cinq
articles. Celles de leurs nymphes que l'on connaît , sont
agissantes. Je les divise ainsi.

[1] Six palpes. Ailes très-inégales.

Némoptère.

[2] Quatre palpes. Ailes égales , ou à-peu-près.

Panorpe.

Bittaque.

NÉMOPTÈRE. (Nemoptera.)

Antennes filiformes ou sétacées , non plus longues que le corps, à articles nombreux , très courts. Prolongement rostriforme de la tête conique, non plus long qu'elle , soutenant les parties de la bouche. Six palpes : les maxillaires plus courts que les labiaux. Petits yeux lisses non distincts.

Abdomen allongé , subcylindrique. Ailes étendues , très-inégales : les supérieures presque ovales , réticulées, ayant une côte sublatérale ; les inférieures extrêmement longues , fort étroites , plus rétrécies encore vers leur base.

Antennæ filiformes vel setaceæ , corpore non longiores ; articulis numerosis , brevissimis. Capitis processus rostriformis conicus , non illo longior, öris partes fulciens. Palpi sex : maxillares labialibus breviores. Ocelli nulli distincti.

Abdomen elongatum , subcylindricum. Alæ extensæ , valdè inæquales : superæ subovatæ , reticulatæ, costá sublaterali ; inferæ longissimæ , perangustæ , versùs basim paulò magis angustiores.

OBSERVATIONS.

Quoique de la famille des panorpates, les *némoptères* tiennent encore aux myrméléonides, puisqu'elles ont pareillement six palpes. Elles en sont néanmoins très-distinguées par le museau conique de la partie antérieure de leur tête.

Les némoptères diffèrent singulièrement des autres panorpates, non-seulement par leurs palpes, et leur défaut de petits yeux lisses, mais en outre par l'extrême inégalité de leurs ailes. Ce sont, en effet, des insectes fort singuliers, ayant les ailes inférieures extrêmement longues, linéaires, presque filiformes, et qui ne paraissent guères servir au vol. M. *Latreille*, qui a établi leur genre, a donc été très-autorisé à les distinguer des panorpes. Il les a appelés némoptères, pour exprimer qu'ils ont des ailes filiformes.

Ces beaux insectes ont cinq articles aux tarses, et se trouvent dans l'Europe australe et dans le Levant. Ils volent assez mal, ne se transportent que lentement et à de petites distances, en agitant péniblement leurs ailes. Outre l'espèce qui était déjà connue, *Olivier* en a rapporté, de son voyage au Levant, de nouvelles fort curieuses.

ESPECES.

1. **Némoptère de Cos.** *Nemoptera Coa.* **Latr.**

   N. alis flavescentibus.: punctis numerosis maculisque plurimis nigris. Oliv.

   Panorpa coa. Lin. Fab. p. 98. Coqueb. illustr. ic. dec. 1. tab. 3 f. 3

   Nemoptera Coa. Lat. hist. nat. des crust. 13. p. 20. pl. 97. *bis.* f. 2.

   Nemoptera Coa Oliv. dict. n.° 1.

   Habite les îles de l'Archipel, la Morée, l'Espagne.

2. **Némoptère sinuée.** *Nemoptera sinuata.* **Oliv.**

   N. alis flavis : punctis fasciisque quatuor sinuatis nigris. Oliv.

Nemoptera sinuata, Oliv. dict. n.o 2.

Habite la Troade, dans la plaine où fut située l'ancienne
ville de Troye.

3. Némoptère à balancier. *Nemoptera halterata*. Oliv.

N. alis hyalinis; lineâ costali flavescente. Oliv.
Panorpa halterata. Forsk. descr. anim. p, 97. tab. 25. *fig.* E.
Nemoptera halterata. Oliv. dict. n.o 3.
Habite l'Egypte, aux environs d'Alexandrie.

4. Némoptère étendue. *Nemoptera extensa*. Oliv.

N. alis hyalinis, immaculatis; posticis biextensis, apice
nigris. Oliv.
Panorpa halterata. Fab. suppl. p. 2o8.
Nemoptera extensa. Oliv. dict. n.o 4.
Habite près de Bagdad, dans le Levant.

5. Némoptère pâle. *Nemoptera pallida*. Oliv.

N. pallidè flava; alis hyalinis, immaculatis; posticis linea-
ribus albis : fasciâ fuscâ. Oliv.
Nemoptera pallida. Oliv. n.o 5.
Habite le désert, au nord-ouest de Bagdad.

6. Némoptère blanche. *Nemoptera alba*. Oliv.

N. alba, immaculata; alis posticis setaceis. Oliv.
Nemoptera alba. Oliv. dict. n.o 6.
Habite à Bagdad. On la trouve le soir dans les maisons; elle
est fort petite.

PANORPE. (Panorpa.)

Antennes filiformes-sétacées, à peine de la longueur
du corps. Palpes filiformes, presque égaux. Museau prolongé en bec au-dessus du labre. Mandibules bidentées au sommet. Mâchoires fourchues. Trois petits yeux
lisses.

Abdomen terminé, dans les mâles, en queue articulée, à extrémité plus grosse et en pince. Ailes égales,
couchées horizontalement.

Antennæ filiformi-setaceæ, corporis longitudinem vix æquantes. Palpi filiformes, subæquales. Processus rostriformis suprà labrum productus. Mandibulæ apice bidentatæ. Maxillæ furcatæ. Ocelli tres.

Abdomen masculorum in caudam articulatam apice capituliformi chelatam terminatum. Alæ æquales, horisontaliter incumbentes.

OBSERVATIONS.

Les *panorpes* sont remarquables en ce que l'abdomen des mâles a ses trois derniers segmens imitant une queue articulée, presque semblable à celle d'un scorpion. Leurs ailes sont allongées, veinées en réseau, horizontales, à-peu-près égales, et plus longues que le corps. Leurs pattes sont peu allongées, et les tarses, qui ont cinq articles, sont terminés par deux crochets. On rencontre ces insectes dans les prairies, les lieux ombragés. Leurs larves sont inconnues.

ESPECES.

1. **Panorpe commune.** *Panorpa communis.*

> *P. alis hyalinis : venis maculisque transversis nigris.* Oliv.
>
> *Panorpa communis.* Lin. F. p. 97. Oliv. dict. n.° 1.
> Panz. fasc. 50. f. 10. *mas.*
> La mouche scorpion. Geoff. 2. p. 260. pl. 14. f. 2.
> Habite en Europe, dans les haies, les bois.

2. **Panorpe fasciée.** *Panorpa fasciata.*

> *P. fusco-rufescens ; alis hyalinis : punctis fasciisque fuscis.* Oliv.
>
> *Panorpa fasciata.* Fab. p. 98. Oliv. dict. n.° 3.
> Habite la Caroline.

BITTAQUE. (Bittacus.)

Antennes capillaires, longues : à articles allongés, très-menus. Mandibules étroites, très-longues, pointues, non dentées. Trois petits yeux lisses.

Abdomen subcylindrique, à-peu-près semblable dans les deux sexes, non terminé dans le mâle par une queue articulée et recourbée. Ailes couchées horizontalement. Pattes très-longues. Un seul crochet aux tarses.

Antennæ capillares, longæ : articulis elongatis tenuissimis. Mandibulæ angustæ, longissimæ, acutæ; dentibus nullis. Ocelli tres.

Abdomen cylindraceum, in utroque sexu subsimile, in mare, caudâ articulatâ recurvâ, non terminatum. Alæ horisontaliter incumbentes. Pedes prælongi. Tarsi ungue unico.

OBSERVATIONS.

Les *bittaques* sont sans doute très-voisins des panorpes par leurs rapports; mais, outre que leur bouche offre plusieurs particularités distinctives, les mâles n'ont point l'abdomen terminé en queue de scorpion, et les tarses sont terminés par un seul crochet.

ESPECE.

1. Bittaque tipulaire. *Bittacus tipularius.* Latr.

B. *alis immaculatis; abdomine falcato; pedibus longissimis.*

Panorpa tipularia. Fab. p. 98.

Bittacus tipularius. Latr. hist. nat. des crust., etc. 13. p. 20.

Vill. entom. 3. tab. 7. f. 11.

Habite le midi de la France.

Nota. **M.** Latreille regarde le *panorpa scorpio* de Fabricius, comme une autre espèce de ce genre, malgré l'observation du célèbre entomologiste de Kiel, sur la queue du mâle.

DEUXIÈME SECTION.

Antennes de trois à sept articles. — Larves aquatiques; nymphes agissantes.

On rapporte à cette section, les névroptères dont les antennes sont courtes, subulées, et n'ont que trois à sept articles. Ce sont des insectes aquatiques, dont les larves, en général, ont, sur les côtés de l'abdomen, des houppes de filets tubuleux et respiratoires, qui ressemblent à des branchies. Ces larves sont carnassières.

[1] Deux ou trois filets à l'abdomen. Point de mandibules apparentes.

Les éphémères.

[2] Point de filets à l'abdomen. Mandibules grandes et très-apparentes.

Les libellulines.

ÉPHÉMÈRE. (Ephemera.)

Antennes menues, plus courtes que la tête, triarticulées. Bouche fort petite, membraneuse, à parties peu distinctes. Point de mandibules apparentes. Quatre palpes très-courts. Trois petits yeux lisses.

Corps allongé, très-mou. Ailes horizontales ou droites, transparentes, réticulées : les inférieures plus petites, quelquefois presque nulles. Abdomen terminé par deux ou trois soies très-longues. Quatre articles aux tarses.

Antennæ tenues, capite breviores, triarticulatæ. Os perparvum, membranaceum : partibus mollitie vix discernendis. Mandibulæ nullæ conspicuæ. Palpi quatuor brevissimi. Ocelli tres.

Corpus elongatum, mollissimum. Alæ horisontales aut erectæ, hyalinæ, reticulatæ : inferioribus minoribus, quandoque subnullis. Abdomen setis duabus tribusve longissimis terminatum. Tarsi articulis quatuor.

OBSERVATIONS.

Sous le rapport de l'habitation, et sous celui des mandibules nulles ou non apparentes, les *éphémères* semblent se rapprocher des friganes ; mais leurs antennes sont fort différentes, et plusieurs autres particularités remarquables distinguent ces insectes des friganides.

Les éphémères doivent leur nom à la courte durée de leur vie, lorsqu'elles sont parvenues à l'état d'insecte parfait. Il y en a qui meurent le jour même où elles se sont transformées ; il s'en trouve qui ne voient jamais le soleil, car elles éclosent après son coucher, et meurent avant l'aurore ; enfin la vie de quelques-unes, dans leur dernier état n'est que de deux ou trois heures. Cependant quelques espèces vivent encore trois ou quatre jours. Il est aisé de sentir que si les parties de la bouche des éphémères sont petites, sans développement et peu distinctes, cela tient évidemment à ce que ces insectes, parvenus à l'état parfait, ne prennent plus de nourriture, ne s'occupent alors que de leur régénération, et périssent bientôt après.

Swammerdam et Blanckaert parlent d'une grande espèce d'éphémère qui sort des rivières de la Hollande, en été, pendant trois ou quatre jours, dans une abondance surprenante, et qui ne vit que quelques heures. *Réaumur* a donné l'histoire d'éphémères plus petites, qui vivent dans les rivières de la Seine et de la Marne, et qui, pendant quelques jours d'été, s'élèvent en l'air par milliards vers le coucher du soleil, et meurent deux ou trois heures après.

Les éphémères, avant d'être parvenues à l'état d'insecte ailé, ont vécu long-temps dans l'eau, sous celui de larve et de nymphe, et c'est sous ces deux formes qu'elles prennent tout leur accroissement. Elles vivent alors, les unes une année entière, et les autres pendant deux ou même trois années. Ces larves respirent par des houppes en forme de branchies, placées sur les côtés de l'abdomen. Quant aux nymphes, elles sont agissantes et ressemblent beaucoup aux larves dont elles ne diffèrent que parce qu'elles ont les étuisqui renferment en raccourci leurs ailes.

Après leur métamorphose, ayant obtenu l'état d'insecte ailé, ayant même déjà fait usage de leurs ailes, les éphémères ont encore à se défaire d'une dépouille complète, en un mot, subissent une dernière mue; particularité qui est extraordinaire.

Ces insectes, dans leur état parfait, ont les deux pattes antérieures presque insérées sous la tête, un peu avancées, mais distantes et longues.

ESPÈCES.

[1] *Quatre ailes distinctes. Queue à deux soies.*

1. Ephémère de Swammerdam. *Ephemera Swammerdiana.* Latr.

> E. *grandis , flavo-rufescens; abdomine supernè obscuro; alis albidis : neris eminentibus luteolis.*
>
> Swammerd. bibl. nat. 2. tab. 13. f. 6—8.
>
> Schœff. ic. tab. 204. f. 3. Lat. hist. nat. des crust. , etc. 13. p. 98.
>
> Habite en Hollande.

2. Ephémère longicaude. *Ephemera longicauda.* Oliv.

> E. *lutea; capite nigro ; alis fuscis; caudâ bisetâ corpore triplo longiori.*
>
> Oliv. dict. n.º 6.
>
> Latr. hist. nat. des crust. , etc. 13. p. 98. n.º 8.
>
> Habite les bords de la Meuse.

3. Ephémère bioculée. *Ephemera bioculata.*

> E. *caudâ bisetâ; alis albis reticulatis; capite tuberculis duobus luteis.* L.
>
> *Ephemera bioculata.* Lin. Fab. p. 70. Panz. fasc. 94. f. 17.
>
> Geoff. 2. p. 239. n.º 5. pl. 13. f. 4.
>
> Habite en Europe, sur le bord des eaux.

[2] *Quatre ailes distinctes. Queue à trois soies.*

4. Ephémère commune. *Ephemera vulgata.*

> E. *caudâ trisetâ; alis fusco-reticulatis maculatisque; corpore fusco.* Fab.
>
> *Ephemera vulgata.* Lin. Fab. p. 68. Oliv. dict. n.º 1.
>
> Panz. fasc. 94. f. 16. Degeer. ins. 2. p. 621. pl. 9. f. 13.
>
> Habite en Europe.

[3] *Deux ailes seulement , apparentes.*

5. Ephémère diptère. *Ephemera diptera.*

> E. *caudâ bisetâ; alis duabus : costâ marginali fuscâ, cinereo-maculatâ.* Lin.

Ephemera diptera. Lin. Fab. p. 71. Degeer, ins. 2. p. 656. t. 18. f. 5.

Habite en Europe.

Nota. L'on connaît plusieurs autres espèces, qui appartiennent aux deux premières divisions.

LES LIBELLULINES.

Point de filets à l'abdomen. Mandibules grandes, très-apparentes.

Les *libellulines* sont la plupart de grands névroptères fort remarquables par la longueur de leurs ailes et de leur abdomen. On les connaît vulgairement sous le nom de *demoiselles.* Elles ont des antennes courtes, de cinq à sept articles, et leur bouche est recouverte et comme fermée par les deux lèvres et surtout par l'inférieure.

Ces insectes ont en général la tête grosse, soit hémisphérique, soit transverse; les yeux grands, fort rapprochés; et l'abdomen très-allongé, soit déprimé, soit subcylindrique.

Leurs ailes sont grandes, oblongues, égales, finement réticulées par des nervures, transparentes, souvent distinguées par différentes taches colorées. Ces ailes ne sont jamais couchées sur le dos de l'insecte, mais elles sont étendues et ouvertes horizontalement, ou relevées comme dans les papilionides.

Les libellulines ont trois articles aux tarses. Leurs larves et leurs nymphes sont aquatiques. Ce sont des insectes carnassiers, très-voraces. Dans l'état parfait, ils volent avec une grande rapidité et font la chasse aux autres insectes.

Les organes sexuels sont différemment placés selon le sexe : dans la femelle , ils se trouvent à l'extrémité postérieure de l'abdomen ; mais dans le mâle , ils sont situés sous le premier anneau du ventre , c'est-à-dire, sous celui qui tient au corselet ; ce qui est véritablement singulier.

La larve des libellulines est hexapode , et porte un masque mobile qui lui couvre la tête et en partie la bouche. La nymphe est agissante et se nourrit comme la larve ; elle n'en diffère que parce qu'elle a quatre petits corps aplatis qui sont des moignons d'ailes. Lorsque la nymphe veut se transformer , elle sort de l'eau , monte sur des tiges de plantes ou des troncs d'arbres , s'y fixe , et souvent en peu d'heures elle passe à l'état d'insecte parfait.

On rencontre des libellulines partout , mais plus souvent dans le voisinage des eaux , dans les lieux frais , les bois , etc.

Les libellulines constituent une famille si naturelle , qu'elles paraissent ne former réellement qu'un seul genre ; aussi Linné les a-t-il toutes comprises dans son genre *libellula*. Olivier n'en a fait aussi qu'un seul genre; mais il l'a divisé en deux sections, qui sont les mêmes divisions formées par Degeer. Cependant *Fabricius* et *M. Latreille* ont cru devoir partager cette famille en trois genres ; et , depuis , les entomologistes paraissent , tous , les adopter. Nous en allons citer les principaux caractères distinctifs.

(1) Tête hémisphérique. Les yeux réunis ou rapprochés par leur bord supérieur. Ailes horizontales.

(a) Un vésicule près du derrière de la tête , portant trois petits yeux lisses disposés en triangle.

Libellule.

(b) Point de vésicule près du derrière de la tête. Les petits yeux lisses sur une ligne transverse.

OEshne.

(2) Tête transverse. Les yeux saillans, écartés à leur bord supérieur. Petits yeux lisses en triangle. Ailes relevées presque verticalement dans le repos.

Agrion.

LIBELLULE. (Libellula.)

Antennes courtes, filiformes-sétacées. Bouche presque masquée : les mandibules, les mâchoires et les palpes en partie recouverts par la lèvre inférieure voûtée qui les embrasse. Celle-ci à lame intermédiaire entière et petite.

Tête hémisphérique, ayant postérieurement un vésicule qui porte trois petits yeux lisses en triangle. Ailes horizontales. Abdomen le plus souvent déprimé, lancéolé, quelquefois en massue.

Antennæ breves, filiformi-subulatæ. Os veluti larvatum : mandibulis maxillis palpisque labio fornicato subopertis : id lamellâ intermediâ integrâ, perparvâ.

Caput hemisphæricum ; vesiculâ posticâ ocellos in triangulum dispositos gerente. Alæ horisontales. Abdomen sæpiùs depressum, lanceolatum, quandoque subclavatum.

OBSERVATIONS.

Les *libellules* et les *œshnes* embrassent les plus fortes libellulines, celles qui sont les plus voisines entr'elles par leurs rapports. Les unes et les autres ont les ailes horizontales, et de grands yeux à réseau, presque contigus par leur bord supérieur ou postérieur. Mais les libellules ont, près du derrière de la tête, une vésicule portant les petits yeux lisses, qui peut servir à les distinguer des œshnes. Dans les cas embarrassans, on aura recours à l'examen de la lèvre inférieure, sa lame intermédiaire, dans les libellules, étant entière et plus petite que les latérales.

L'abdomen des libellules est grand, presque toujours déprimé, lancéolé, plus rarement en massue. Comme les espèces de ce genre sont nombreuses, nous n'en citerons ici que quelques-unes.

ESPECES.

1. **Libellule quadrimaculée.** *Libellula quadrimaculata.*
 L. alis posterioribus basi omnibusque medio antico maculâ nigricante ; abdomine depresso tomentoso. Fab.
 Libellula quadrimaculata. Lin. Fab. Oliv. dict. n.° 1.
 Panz. fasc. 88. f. 19.
 Libellula. Geoff. 2. p. 224. n.° 6. La Française.
 Habite en Europe.

2. **Libellule bronzée.** *Libellula œnea.*
 L. alis hyalinis ; thorace viridi œneo. Lin.
 Libellula œnea. Lin. Fab. p. 381. Oliv. dict. n.o 15.
 Panz. fasc. 88. f. 20.
 Libellula. Geoff. 2. p. 226. n.° 10. L'Aminthe.
 Habite en Europe.

3. **Libellule déprimée.** *Libellula depressa.*
 L. alis omnibus basi nigricantibus ; abdomine depresso lateribus flavicante. Fab.
 Libellula depressa. Lin. Fab. p. 373. Oliv. dict. n.o 10.
 Panz. fasc. 89. f. 22.
 Libellula. Geoff. 2. p. 225. n.° 7. pl. 13. f. 1. L'Eléonore.
 Habite en Europe. J'adopte l'opinion de M. *Latreille* relativement au synonyme de Geoffroy, quoique la figure citée de *Panzer*, présente, pour l'abdomen, des différences en coloration et en forme.

4. Libellule jaunâtre. *Libellula flaveola.*

 L. alis basi luteis. Lin.

 Libellula flaveolu. Lin. Fab. p. 375.

 Latr. hist. nat. des crust., etc. 13. p. 14.

 Schœff. icon. tab. 4. f. 1.

 Habite en Europe. Commune aux environs de Paris.
Etc.

OESHNE. (OEshna.)

Antennes courtes, filiformes-subulées. Bouche en partie masquée par la lèvre inférieure, comme dans les libellules. Lame intermédiaire de la lèvre inférieure échancrée et aussi large que les latérales.

Tête grosse, hémisphérique : point de vessie distincte à son sommet postérieur. Petits yeux lisses en ligne transverse. Abdomen long, subcylindrique. Ailes horizontales.

Antennæ breves, filiformi-subulatæ. Os sublarvatum labio, ut in libellulis. Labii lamellá intermediá emarginatá, latitudine laterales æquante.

Caput magnum, hemisphœricum : vesiculá posticá nullá conspicuá. Ocelli in lineam transversam dispositi. Abdomen elongato-cylindraceum. Alœ horisontales.

OBSERVATIONS.

Les *œshnes* sont, en général, les plus grandes et surtout les plus fortes libellulines. On les distingue des libellules, parce qu'elles manquent de vésicule près du derrière de la tête ; que leurs petits yeux lisses sont en ligne transverse, quoique un peu irrégulière, et parce que la lame intermédiaire de

leur lèvre inférieure est échancrée , et au moins aussi large
que les latérales. Celles-ci sont comme tronquées , dentées, etc. Leur abdomen , qui est fort long , est subcylindrique, et n'est point déprimé en dessus , ni lancéolé.

Les œshnes sont nombreuses en espèces ; nous allons en
citer trois seulement.

ESPECES.

1. **OEshne à tenailles.** *OEshna forcipata.*

> *OE. thorace nigro : characteribus variis flavescentibus; cau-*
> *dá unguiculatá.*
>
> *Libellula forcipata.* Lin. Oliv. dict. n° 37.
>
> *OEshna forcipata.* Fab. p. 383. Lat. hist. nat. , etc. 13. pl. 97.
> *bis.* f. 1.
>
> Panz. fasc. 88. f. 21.
>
> *Libellula.* Geoff. 2. p. 228. n.° 13. La Caroline.
>
> Habite en Europe. Commune.

2. **OEshne annelée.** *OEshna annulata.* Latr.

> *OE. nigra ; thoracis lateribus flavo-trifascialis.*
>
> Lat. hist. nat. des crust., etc. 13. p. 6.
>
> Harris, insect. angl. tab. 23. f. 3.
>
> Habite le midi de la France et en Angleterre.

3. **OEshne grande.** *OEshna grandis.*

> *OE. thorace lineis quatuor flavis; corpore variegato.* Fab.
>
> *Libellula grandis.* Lin. Oliv. dict. n.° 38.
>
> *OEshna grandis.* Fab. p. 384. Lat. n.° 9.
>
> *Libellula.* Geoff. 2. p. 227. n.° 12. Harris , ins. angl. t. 12.
>
> Schœff. icon. tab. 2. f. 4.
>
> Habite en Europe.
>
> Etc.

AGRION. (Agrion.)

Antennes très-courtes, subulées. Bouche masquée par
la lèvre inférieure , dont la lame intermédiaire est profondément bifide.

Tête transverse , sans vésicule à son sommet. Les yeux écartés ; les petits yeux lisses en triangle. Abdomen très-grêle , cylindrico-linéaire. Les ailes relevées presque verticalement dans le repos.

Antennæ brevissimæ , subulatæ. Os larvatum , labio suboccultatum ; labii laminâ intermediâ profundè bifidâ.

Caput transversum , supernè non vesiculosum. Oculi remoti. Ocelli in triangulum dispositi. Abdomen gracillimum , cylindrico-lineare. Alæ in quiete erectæ.

OBSERVATIONS.

Les *agrions* présentent une coupe assez remarquable et bien distincte , parmi les libellulines. Leurs ailes allongées, subspatulées, ne sont point horizontales dans le repos ; mais sont toujours plus ou moins relevées verticalement. Leur tête est transverse , subtrigone , beaucoup plus large que le corselet , et porte des yeux écartés, semi-globuleux. Enfin, leur abdomen est très-grêle et fort long. Ces insectes sont en général plus frêles , plus délicats que les autres libellulines.

ESPÈCES.

1. **Agrion vierge.** *Agrion virgo.*

> *A. alis erectis coloratis.* Fab.
> *Libellula virgo.* Lin. Oliv. *Agrion virgo.* Fab. p. 386.
> Panz. fasc. 79. f. 17—18.
> *Libellula.* Geoff. 2. p. 221. n.º 1. La Louise, et n.º 2. L'Ulrique.
> Habite en Europe , et se trouve aux environs de Paris , ainsi que sa variété.

2. **Agrion fillette.** *Agrion puella.*

A. *alis erectis hyalinis.* Fab.

Libellula puella. Lin. *Agrion puella.* Fab. Lat.

(a) *Corpore cinereo cæruleoque alterno ; alis puncto nigro.* *Libellula*, n.º 3. Geoff. L'Amélie.

(b) *Corpore infra cæruleo-viridi, suprà fuseo ; thorace fasciis fuscis cærulescentibusque alternis.* Geoff. n.º 4. La Dorothée.

(c) *Corpore viridi pallidè incarnato ; thorace fasciis tribus longitudinalibus nigris.* Geoff. n.º 5. La Sophie.

Etc.

Habite en Europe , aux lieux aquatiques, et offre diverses variétés.

3. **Agrion linéaire.** *Agrion linearis.* Fab.

A. *alis reticulatis; abdomine longissimo.* Fab. p. 388.

Libellula Lucretia. Drury , ins. 2. t. 48. f. 1.

Oliv. dict. n.º 41. Seba mus. 4. tab. 68. f. 1—2.

Habite dans les Indes. Cette espèce est dans la collection du Muséum. Son abdomen grêle et extrêmement long, la rend très-remarquable.

Etc.

ORDRE SEPTIÈME.

—

LES ORTHOPTÈRES.

Bouche munie de mandibules , de mâchoires , de lèvres et d'une galette recouvrant plus ou moins chaque mâchoire.

Deux élytres molles., presque membraneuses , à épiderme réticulaire , recouvrant deux ailes droites , plissées longitudinalement. Point d'écusson.

Larves conformées comme l'insecte parfait , mais n'ayant ni ailes , ni élytres. Nymphe active.

OBSERVATIONS.

Sous le rapport important des caractères de la bouche, les *orthoptères* tiennent presque également aux névroptères et aux coléoptères; car les parties de la bouche, dans les insectes de ces trois ordres, sont à très-peu-près les mêmes, sauf quelques particularités, et la diversité des développemens de ces parties, selon les races.

Mais, d'une part, les orthoptères se rapprochent plus des coléoptères que des névroptères par leurs ailes, puisqu'ils ont des élytres très-distinctes; et de l'autre part, ils tiennent de plus près aux névroptères qu'aux coléoptères par la métamorphose, puisque leur nymphe est active, marche et mange comme celle de beaucoup de névroptères, tandis que celle des coléoptères n'a aucune activité, ne marche et ne mange point. Les orthoptères doivent donc être placés entre les deux ordres d'insectes broyeurs que je viens de citer.

Les entomologistes qui attachèrent beaucoup d'importance aux particularités de la métamorphose, trouvèrent de grands rapports entre les orthoptères et les hémiptères. Ils les virent dans la nymphe active des uns et des autres, et même dans les élytres demi-coriaces de ces insectes. Ils rapprochèrent donc ces deux ordres, et par-là, ils mélangèrent, dans leur distribution, les insectes uniquement broyeurs avec ceux qui sont tout-à-fait suceurs, c'est-à-dire, les insectes dont les parties utiles de la bouche sont extrêmement différentes, et dont les habitudes le sont pareillement.

Or, j'ai montré, par la citation de faits bien connus, que la métamorphose variait dans les ordres les plus naturels, parce qu'elle dépend des habitudes principales de l'insecte; tandis que la nature des parties de la bouche ne varie nullement dans l'étendue de chaque ordre, et qu'il n'y a d'autres variations dans ces parties, que celles qui tiennent au plus ou moins de développement de ces mêmes parties, selon leur plus ou moins d'emploi.

D'après ces considérations, la prééminence de valeur doit appartenir à la nature des parties de la bouche, et l'emporter sur la métamorphose; car celle-ci, qui n'a pu être employée que dans sa généralité pour caractériser la classe, ne saurait, dans ses particularités de détail, servir à la détermination des ordres. Si on l'employait, il faudrait dilacérer les plus naturels; il faudrait même rompre ou mutiler de véritables familles.

Dans une distribution des animaux où l'on procède du plus simple vers le plus composé, du plus imparfait vers le plus parfait, ayant prouvé la nécessité de commencer la classe des *insectes* par ceux qui ne sont que des suceurs, afin qu'ils avoisinassent les vers pareillement suceurs, et de terminer cette classe par les insectes uniquement *broyeurs*; il est évident que les névroptères, les orthoptères et les coléoptères, étant uniquement broyeurs, doivent constituer les trois derniers ordres de la classe.

La convenance de ces rangs assignés est d'autant plus grande que, dans une pareille distribution des animaux, l'on est forcé, par les caractères zootomiques, de placer les *arachnides* et les *crustacés* après les *insectes*; et l'on sait que dans, les animaux de ces deux classes, l'on trouve aussi des mandibules et des mâchoires qui agissent par des mouvemens latéraux et transverses, tout-à-fait analogues aux mouvemens des mandibules et des mâchoires des *insectes broyeurs*.

Certes, ce ne sont pas là des déterminations arbitraires; et je crois qu'il sera difficile de contester solidement ces principes.

Les orthoptères ont de si grands rapports avec les coléoptères, que Geoffroy ne les en a point séparés. Il en fit une division de ses coléoptères, en les distinguant par leurs élytres molles et presque membraneuses.

Si Geoffroy eut tort de réunir les orthoptères aux coléoptères, puisqu'ils en sont essentiellement distincts, quoique voisins par leurs rapports, celui de Linné fut bien plus grand, en les confondant dans un même ordre avec les hémiptères. On voit les inconvéniens graves d'un défaut de coordination dans les caractères dont on peut faire usage pour juger des rapports.

Les ailes des coléoptères sont pliées transversalement, c'est-à-dire, repliées sur elles-mêmes ; tandis que, sauf la forficule, celles des orthoptères sont droites et simplement plissées dans leur longueur, à-peu-près comme un éventail. Ainsi, de part et d'autre, ce sont des ailes pliées ou plissées, cachées sous de véritables élytres ; et ces rapports des orthoptères avec les coléoptères sont encore à ajouter à ceux de la bouche.

L'aile des orthoptères est souvent entièrement cachée sous l'élytre ; mais lorsqu'elle la dépasse, elle prend presque toujours à son bord, la consistance de l'élytre même.

Ce fait prouve évidemment que des différences de circonstance, en ont opéré dans la consistance et l'emploi des ailes supérieures : en sorte qu'on peut dire que depuis les diptères, tous les insectes ont réellement quatre ailes ; les supérieures servant plus ou moins au vol, et étant plus ou moins altérées dans leur transparence et dans leur consistance, par les agens extérieurs qui ont plus d'action sur elles que sur les inférieures.

Ainsi, les orthoptères, que Degeer avait déjà distingués, furent, avec raison, considérés par *Olivier*, comme constituant un ordre particulier très-distinct, puisque ces insectes diffèrent des coléoptères par leurs ailes et leur larve agissante, et des névroptères par leurs élytres. Olivier leur assigna le nom d'*orthoptères*, mot composé qui signi-

fie ailes droites, par opposition avec les ailes des coléoptères qui sont pliées transversalement sur elles-mêmes dans
l'inaction.

Les insectes de cet ordre ont des antennes sétacées ou filiformes, quelquefois ensiformes, plus ou moins longues;
deux grands yeux à réseau; deux ou trois petits yeux lisses
dans la plupart.

Leur bouche offre une lèvre supérieure recouvrant souvent ses parties supérieures; deux mandibules fortes, dentées au côté interne; deux mâchoires aussi dentées,
chacune portant sur le dos un palpe à cinq articles, et une
galette qui la recouvre plus ou moins; une proéminence
au palais qui s'avance en forme de langue; enfin, une
lèvre inférieure qui ferme la bouche inférieurement,
et soutient les deux palpes postérieurs ou labiaux qui n'ont
que trois articles.

Le corselet de ces insectes est assez grand, quelquefois
très-prolongé, et n'offre point d'écusson postérieurement.

Les pattes, en général, sont épineuses, et, dans un grand
nombre de ces insectes, les postérieures sont renflées,
grandes, et servent à exécuter des sauts considérables. Là,
comme ailleurs, on trouve des races ou des individus en
qui les ailes avortent constamment.

En général, les orthoptères sont phytiphages, c'est-à-
dire, se nourrissent de végétaux. Quelques-uns néanmoins
semblent omnivores, mangent et gâtent nos provisions de
quelque nature qu'elles soient.

Je n'admets que quatre familles parmi les orthoptères; et
je les divise de la manière suivante :

DIVISION DES ORTHOPTÈRES.

(1) Ailes inclinées en toît.

Les locustaires.

(2) Ailes horizontales.

(a) Abdomen simple, n'ayant point à son extrémité, dans les deux sexes, deux filets ou deux appendices particuliers.

Les mantides.

(b) Abdomen ayant à son extrémité, dans les deux sexes, deux filets ou deux appendices particuliers.

*Corselet non aplati, arrondi sur les côtés, n'ayant point ses bords tranchans et débordans.

Les grillonides.

**Corselet aplati, à bords tranchans, débordant, soit seulement sur les côtés, soit même au-dessus de la tête.

Les coureurs.

PREMIÈRE SECTION.

Ailes en toît incliné.

LES LOCUSTAIRES.

Toutes les *locustaires* ont, dans le repos, les ailes couchées sur le corps, et disposées en toît incliné. Ce sont les seuls orthoptères connus qui soient dans ce cas;

ainsi ce sont les seuls qu'embrasse la première section de cet ordre.

Ces insectes ne composent évidemment qu'une seule famille ; car, quoique les sauterelles puissent être distinguées séparément des autres locustaires, une conformation générale et à-peu-près semblable, dans tous ces insectes, indique clairement leur parenté commune. Cette parenté fut même sentie de tout temps ; en sorte que les criquets, ainsi que les autres genres avoisinans, furent toujours confondus avec les sauterelles par le vulgaire ; et il fallut que l'observation des entomologistes vint apprendre, entr'autres particularités distinctives, que les sauterelles ont quatre articles aux tarses, tandis que les autres locustaires n'en ont que trois.

Toutes les locustaires sont herbivores, et, dans la plupart, les pattes postérieures sont fort longues et propres à sauter.

Cette famille comprend six genres ; parmi lesquels, les sauterelles et les criquets sont les plus nombreux en espèces.

> Sauterelle.
> Pneumore.
> Criquet.
> Xiphicère.
> Truxale.
> Achet.

DIVISION DES LOCUSTAIRES.

** Quatre articles aux tarses. Les antennes sétacées, très-longues.*

> Sauterelle.

** *Trois articles aux tarses. Les antennes filiformes ou ensiformes, courtes ou de longueur moyenne.*

(1) Antennes de seize articles ou davantage. Partie antérieure du sternum non creusée pour recevoir la bouche.

(a) Antennes filiformes, quelquefois terminées en bouton.

(+) Pattes postérieures plus courtes que le corps, non propres à sauter. L'abdomen vésiculeux.

Pneumore.

(++) Pattes postérieures plus longues que le corps, et propres à sauter.

Criquet.

(b) Antennes aplaties ou comprimées, lancéolées ou ensiformes.

(+) Tête courte, non prolongée supérieurement en pyramide.

Xiphicère.

(++) Tête prolongée supérieurement en pyramide.

Truxale.

(2) Antennes de treize ou quatorze articles. Partie antérieure du sternum ayant une cavité qui reçoit la bouche.

Achet.

SAUTERELLE. (Locusta.)

[*Gryllus.* L.]

Antennes sétacées, très-longues, à articles nombreux, très-petits. Lèvre supérieure entière : l'inférieure subquadrifide , ayant ses divisions intermédiaires très - petites.

Ailes en toît. Abdomen des femelles terminé par une

tarrière ensiforme. Pattes postérieures propres à sauter.

Antennæ setaceæ, longissimæ ; articulis numerosis, minimis. Labrum integrum. Labium subquadrifidum : laciniis intermediis minimis.

Alæ deflexæ. Feminarum abdomen terebrá ensiformi terminatum. Pedes postici magni, saltatorii.

OBSERVATIONS.

Les *sauterelles* ont beaucoup de rapports avec les criquets ; mais elles ont quatre articles aux tarses, et leurs antennes sétacées très-longues, et la tarrière des femelles les en distinguent facilement.

Ces insectes sautent comme les criquets, à l'aide de leurs pattes postérieures, qui sont fortes et longues. Ils marchent lentement, et volent assez bien.

Les femelles déposent leurs œufs dans la terre, par le moyen de la tarrière qu'elles portent à l'extrémité de leur abdomen, tarrière qui ressemble à un sabre et qui est composée de deux lames.

Les sauterelles pondent un assez grand nombre d'œufs à-la-fois, et ces œufs sont réunis dans une membrane mince.

Les larves et les nymphes ressemblent à l'insecte parfait, sauf les parties dont elles manquent. Les premières n'ont ni ailes, ni étuis pour les contenir en raccourci ; les deuxièmes ont quatre paquets ou espèces de boutons dans lesquels sont contenues les ailes non développées. Ces parties ne se développent que lorsque l'insecte a pris tout son accroissement.

Les sauterelles se trouvent fréquemment dans les prairies ; elles sont voraces et mangent les herbes.

ESPECES.

1. Sauterelle à coutelas. *Locusta viridissima.*

> *L. viridis ; elytris abdomine longioribus ; terebrâ ensiformi rectâ.*
>
> *Gryllus viridissimus.* Linn. *Locusta viridissima.* Fab. p. 41.
>
> Panz. fasc. 89. tab. 18—19.
>
> *Locusta*, n.º 2. Geoff. 1. p. 398. pl. 8. f. 3.
>
> Habite en Europe. Très-commune.

2. Sauterelle à sabre. *Locusta verrucivora.*

> *L. viridis ; elytris abdomine longioribus, fusco-maculatis ; terebrâ ensiformi curvâ.*
>
> *Gryllus verrucivorus.* Lin. *Locusta verrucivora.* Fab.
>
> Panz. fasc. 89. tab. 20—21.
>
> *Locusta*, n.º 1. Geoff. 1. p. 397.
>
> Habite en Europe.

3. Sauterelle feuille-de-lis. *Locusta lilifolia.* F.

> *L. thorace tetragono lævi : lineis duabus flavis ; elytris viridibus alâ brevioribus.* Fab.
>
> *Locusta lilifolia.* Fab. p. 36. Latr. hist. nat. des crust., etc. 12. p. 131.
>
> Habite en France, en Italie. Tarrière courbée.

4. Sauterelle mélangée. *Locusta varia.*

> *L. antennis flavescentibus ; fronte acuminatâ ; elytris viridibus, immaculatis, abdomine vix longioribus.*
>
> *Locusta varia.* Fab. p. 42. Latr. hist. nat., etc. 12. p. 131.
>
> Panz. fasc. 33. pl. 1.
>
> Habite aux environs de Paris, en Allemagne. Taille petite.
>
> Etc.

PNEUMORE. (Pneumora.)

Antennes filiformes , de seize à vingt articles. Petits yeux lisses rapprochés , et placés à des distances égales.

Abdomen vésiculeux , comme vide. Toutes les pattes plus courtes que le corps.

Antennæ filiformes : articulis a sexdecim ad vigenti.
Ocelli approximati , inter se subœquè dissiti.

Abdomen vesiculosum , ut vacuum , inflatum. Pe-
des omnes , corpore breviores.

OBSERVATIONS.

Les *pneumores* sont des locustaires assez voisines des criquets par leurs rapports ; mais à corps oblong , gros , vésiculeux et comme vide , au moins dans la plupart. Leurs
pattes sont menues , plus courtes que le corps , et probablement ces insectes ne sauraient sauter.

Ce genre, établi par M. *Thunberg* , comprend quelques
espèces qui viennent du Cap de Bonne-Espérance.

ESPÈCES.

1. Pneumore à six taches. *Pneumora sex-guttata.* T.

> *P. viridis ; elytris maculis duabus albis ; abdomine vesicu-*
> *loso : maculis utrinque tribus , albis.*
> *Gryllus inanis.* Fab. p. 49. *Pneumora sex-guttata.* Thunb.
> Habite le Cap de Bonne-Espérance.

2. Pneumore sans taches. *Pneumora immaculata.* T.

> *P. viridis ; elytris immaculatis ; scutello carinato utrinque*
> *dentato ; abdomine variegato.*
> *Gryllus papillosus.* Fab. *Pneumora immaculata.* Thunb.
> Habite le Cap de Bonne-Espérance.

3. Pneumore tachetée. *Pneumora maculata.* T.

> *P. viridis calloso-punctata ; abdomine vesiculoso , albo*
> *variegato.*
> *Gryllus variolosus.* Fab. *Pneumora maculata.* Thunb.
> Habite le Cap de Bonne-Espérance.

CRIQUET. (Acrydium.)

Antennes filiformes, quelquefois un peu comprimées, subensiformes, dans quelques-uns terminées presqu'en bouton, et ayant vingt à vingt-cinq articles. Mandibules multidentées. Petits yeux lisses inégalement espacés entre eux.

Pattes postérieures fortes, propres à sauter. Les ailes larges, bien plissées, colorées.

Antennæ filiformes, interdùm compressiusculæ, subensiformes, in non nullis subcapitatæ : articulis a vigenti ad vigenti quinque. Mandibulæ multidentatæ. Ocelli inæqualiter inter se dissiti.

Pedes postici validi, saltatorii. Alæ latæ, exquisitè plicatæ, coloratæ.

OBSERVATIONS.

Les *criquets* ont tant de ressemblance avec les sauterelles que *Linné* ne les en a pas distingués. Néanmoins ils en diffèrent généralement, 1.º parce qu'ils n'ont que trois articles aux tarses; 2.º parce que leurs antennes ne sont pas très-longues et sétacées comme celles des sauterelles; 3.º parce qu'ici les femelles ne portent pas, comme celles des sauterelles, une tarrière saillante et comprimée, à l'extrémité de l'abdomen.

Ces insectes sont extrêmement remarquables lorsqu'ils volent; ils déployent alors deux ailes grandes et fort larges qu'on ne leur soupçonnait pas en les voyant dans l'état de repos; et, comme dans la plupart des espèces ces ailes sont ornées de couleurs vives et brillantes, on les prendrait presque pour de beaux papillons lorsqu'ils volent.

Les criquets sautent aussi bien que les sauterelles, et volent plus facilement encore ; en sorte que leur vol est plus long-temps soutenu. Aussi l'on croit que c'est parmi eux que se trouvent les espèces qui ont l'habitude d'émigrer et de se transporter à de grandes distances, d'une région à l'autre, formant alors des essaims nombreux et redoutables par les dévastations qu'ils causent dans les pays où ils s'arrêtent.

Les insectes de ce genre ont souvent le corselet caréné à sa partie postérieure, et les jambes épineuses. Ils sont herbivores et très-voraces. Les espèces exotiques, comme celles des Grandes-Indes, de l'Amérique méridionale et de l'Afrique, sont remarquables par leur grandeur et la beauté de leurs ailes. On connaît maintenant beaucoup d'espèces de ce genre ; je n'en citerai que quelques-unes.

ESPÈCES.

[*Corselet caréné en crête.*]

1. **Criquet en scie.** *Acrydium serratum.*

> *A. thorace cymbiformi carinato serrato ; posticè producto acuto.*
>
> *Gryllus serratus.* Lin. Fab. p. 48.
>
> Roes. ins. 2. tab. 16. f. 2.
>
> *Acrydium serratum.* Oliv. dict. n.º 9.
>
> Habite le Cap de Bonne-Espérance. *Fab.* L'Amérique méridionale. *Oliv.*

2. **Criquet en crête.** *Acrydium cristatum.* Oliv.

> *A. thorace cristato : carinâ quadrifidâ ; alis cœruleis apice nigris.*
>
> *Gryllus cristatus.* Lin. Fab. p. 46. *Ejusd. gryllus dux* ex D. Latr.
>
> Stoll. gryll. tab. 1. *b. fig.* 1. Drur. t. 2. tab. 44.
>
> *Acrydium cristatum.* Oliv. dict. n.º 3.
>
> Habite l'Amérique méridionale.

Tome IV. 16

3. **Criquet caréné.** *Acrydium carinatum.* Oliv.

> *A. thorace cristato : carinâ trifidâ ; alis virescentibus : fas-*
> *ciâ nigrâ.*
> *Gryllus carinatus.* Fab. p. 47.
> *Acrydium carinatum.* Oliv. dict. n.° 5.
> Habite en Orient.

4. **Criquet stridule.** *Acrydium stridulum.*

> *A. thorace carinato ; alis rubris extimo nigris.*
> *Gryllus stridulus.* Lin. Fab. p. 56.
> *Acrydium stridulum.* Oliv. dict. n.° 35. *Ejusd. acr. fuligi-*
> *nosum*, n.° 36.
> Geoff. 1. p. 393. n.° 3. Panz. fasc. 87. n.° 12.
> Habite en Europe , dans les lieux arides.

Corselet peu ou point caréné en crête.

. **Criquet bleuâtre.** *Acrydium cœrulescens.*

> *A. thorace subcarinato ; alis virescenti-cœruleis : fasciâ*
> *nigrâ.*
> *Gryllus cœrulescens.* Lin. Fab. p. 58. Panz. fasc. 87. f. 11.
> *Acrydium.* Geoff. 1. p. 392. n.° 2. Oliv. dict. n.° 49.
> Habite en Europe.

6. **Criquet germanique.** *Acrydium germanicum.*

> *A. testaceum ; alis sanguineis apice hyalinis ; femoribus*
> *posticis nigro-punctatis.*
> *Gryllus germanicus.* Fab. p. 57. Roes. ins. 2. t. 21. f. 7.
> *Acrydium germanicum.* Oliv. dict. n.° 41.
> Habite en Allemagne. Ici M. Latreille rapporte l'*acrydium*
> n.° 3 de Geoffroy.

7. **Criquet émigrant.** *Acrydium migratorium.*

> *A. thorace subcarinato : segmento unico ; mandibulis cœ-*
> *ruleis.*
> *Gryllus migratorius.* Lin. Fab. p. 53.
> Roes. ins. 2. Gryll. tab. 24.
> *Acrydium migratorium.* Oliv. dict. n.° 24.
> Habite l'Orient , la Tartarie, etc. Est-ce bien là l'espèce qui
> forme ces essaims émigrans, si redoutables ?. Au reste, il

paraît qu'il y a plusieurs espèces de ce genre qui ont l'habitude d'émigrer.

Etc.

—————

XIPHICÈRE. (Xiphicera.)

Antennes courtes, aplaties, lancéolées ou ensiformes. Tête courte, à front incliné verticalement.

Corselet caréné. Ailes longües, en toît. Les jambes très-épineuses.

Antennœ breves, compressœ, lanceolatœ vel ensiformes. Caput breve, fronte ad perpendiculum inflexâ.

Thorax carinatus. Alœ longœ, deflexœ. Pedes tibiis spinosissimis.

OBSERVATIONS.

Les *xiphicères* ont les antennes des truxales, la tête et les autres parties des criquets. Elles ne sont donc complètement ni criquets, ni truxales, et doivent être distinguées comme constituant un genre particulier. Il y en a au Muséum plusieurs espèces non déterminées ; je crois qu'on peut y rapporter les suivantes, d'après M. Latreille.

ESPECES.

1. Xiphicère gallinacée. *Xiphicera gallinacea.*

> *X. thorace cymbiformi, maximo, utrinque producto ; elytrisque fuscis immaculatis; femoribus posticis, compressis, serratis.*

Gryllus gallinaceus. Fab. p. 48.

Habite les Indes orientales.

2. Xiphicère serripède. *Xiphicera serripes.*

> *X. thorace cymbiformi , posticè producto ; elytris fuscis;*
> *femoribus posticis serratis.*

Gryllus serripes. Fab. p. 48. *An gryllus carinatus?* Linn.
Habite dans les Indes.

— — —

TRUXALE. (Truxalis.)

Antennes courtes , comprimées , ensiformes, à articles peu distincts. Bouche à la base du prolongement de
la tête.

Tête prolongée supérieurement en pyramide qui porte
à son sommet les antennes et les yeux. Elytres en toît.
Pattes postérieures plus longues que le corps , propres
à sauter.

Antennœ breves , compressœ , ensiformes; articu-
lis vix distinctis. Os ad basim processús capitis.
Caput supernè in pyramidam apice antenniferam
et oculiferam productum. Elytra deflexa. Pedes pos-
tici corpore longiores, saltatorii.

OBSERVATIONS.

Les *truxales* ont, comme les criquets, l'abdomen des femelles sans tarrière saillante , et les pattes postérieures fort
longues et propres à sauter; mais qui sont plus grêles.
Ces insectes sont bien distingués des autres locustaires , par
leur tête prolongée supérieurement en cône ou en forme
de pyramide dont le sommet porte les antennes et les yeux.
Ils le sont aussi par leurs antennes courtes , aplaties et ensiformes. Leurs yeux sont ovales-allongés. On n'en connaît
que peu d'espèces.

ESPÈCES.

1. Truxale grand-nez. *Truxalis nasutus.*

T. viridulus ; alis hyalinis basi viridi-flavidulis.

Truxalis nasutus. Fab. p. 26. *Gryllus nasutus.* Lin.

Latr. hist. nat. des crust., etc. 12. p. 147. pl. 94. f. 5.

Habite le midi de la France, l'Espagne, l'Italie, l'Afrique.

2. Truxale ailes-rouges. *Truxalis erythropterus.*

T. alis basi rubellis.

Sulz. hist. ins. tab. 8. f. 5. Drury. ins. 2. t. 40. f. 1.

Truxalis erythropterus. Latr. hist. nat., etc. p. 148.

Habite en Afrique.

3. Truxale grylloïde. *Truxalis grylloides.* Latr.

*T. corpore cinereo; elytris abdomine brevioribus : lineâ
albâ.*

Acrydium conicum. Oliv. dict. n.o 64.

Truxalis grylloides. Latr. hist. nat., etc. p. 148. p.o 3.

Habite le midi de la France.

Etc.

ACHET. (Acheta.)

Antennes filiformes, de treize ou quatorze articles, de moitié plus courtes que le corps. La bouche reçue dans une cavité du sternum antérieur.

Corselet prolongé postérieurement comme un grand écusson qui égale ou dépasse l'abdomen. Pattes postérieures propres à sauter. Point de pelottes entre les crochets des tarses.

Antennæ filiformes, corpore dimidio breviores; articulis tredecim vel quatuordecim. Os in cavitate sterni antici receptum.

Thorax posticè in scutellum magnum productus, abdomen supertegens, adæquans aut superans. Pedes postici saltatorii. Tarsorum articulus ultimus appendice terminali nullâ.

OBSERVATIONS.

Les *achets* dont il s'agit, sont de petites locustaires que j'ai depuis long-temps distinguées des criquets, d'abord à cause du prolongement postérieur de leur corselet ; ensuite parce que leur bouche est reçue dans une cavité de la partie antérieure du sternum. Ce ne sont point les *acheta* de Fabricius, mais les *tetrix* de M. Latreille. On les trouve dans les lieux secs et pierreux. Leurs élytres avortent presqu'entièrement.

ESPÈCES.

1. Achet à deux points. *Acheta bipunctata.*

> *A. thorace ad longitudinem abdominis posticè producto, bipunctato.*
>
> *Gryllus bipunctatus.* Lin. *Acrydium bipunctatum.* Fab. p. 26.
>
> Panz. fasc. 5. f. 18. Geoff. 1. p. 394. n.º 5.
>
> *Tetrix subulata.* Var. B. Latr.
>
> Habite en Europe, dans les lieux secs. Il est très-petit.

2. Achet subulé. *Acheta subulata.*

> *A. thorace posticè producto subulato, abdomine longiore.*
>
> *Gryllus subulatus.* Lin. *Acrydium subulatum.* Fab.
>
> Schœff. icon. ins. tab. 154. f. 9—10.
>
> *Tetrix subulata.* Latr. Criquet, n.º 6. Geoff. 1. p. 395.
>
> Habite en Europe.

LES MANTIDES.

Corps allongé, étroit. Ailes horizontales. Extrémité de l'abdomen, dans les deux sexes, n'ayant point deux filets ou deux appendices particuliers. Tarses à cinq articles.

Les *Mantides* sont, en général, des orthoptères de

grande taille , et qui ont des formes singulières. Elles ne sont , ni sauteuses, ni véritablement coureuses ; elles tiennent évidemment aux locustaires.

Leurs ailes, néanmoins, ne sont point inclinées en toît comme celles des locustaires , et leurs pattes postérieures ne sont point propres à sauter. Elles ont la tête découverte ; le corselet étroit , sbuvent fort allongé. Il n'y a point de tarrière saillante dans les femelles , et , dans aucun sexe, on ne voit point à l'extrémité de l'abdomen deux filets ou deux appendices saillans , comme dans les grillonides et dans les blattaires.

La plupart des mantides sont des insectes exotiques , qui vivent dans les climats chauds ; on n'en trouve que quelques espèces dans le midi de l'Europe ; elles ont , en général , des mouvemens lents.

Les mantides comprennent quelques genres, dont les uns paraissent réunir des insectes carnassiers, puisqu'ils ont des pattes ravisseuses ; tandis que les autres n'embrassent que des espèces phytiphages.

Les femelles , en pondant, laissent échapper une humeur visqueuse, qui enveloppe les œufs et qui prend de la consistance à l'air, à mesure qu'elle se dessèche. Il en résulte, sur les tiges des plantes où ces femelles ont pondu, des masses subglobuleuses ou ovoïdes , de la grosseur d'une noix. Si l'on ouvre ces espèces de nids, on trouve l'intérieur régulièrement divisé en une multitude de loges alvéolaires qui contiennent les œufs.

Probablement , le desséchement et le retrait de la matière visqueuse qui enveloppait les œufs , ont donné lieu à la singulière conformation de ces corps.

Quatre genres, bien distincts, composent la famille des *mantides* ; on la divise de la manière suivante.

(a) Pattes antérieures ravisseuses. Hanches longues.

(+) Antennes simples dans les deux sexes. Les genoux sans feuillets.

Mante.

(++) Antennes pectinées dans les mâles. Les genoux des quatre pattes postérieures garnis d'un feuillet.

Empuse.

(b) Point de pattes ravisseuses. Hanches courtes.

(+) Corps oblong, déprimé; l'abdomen large et fort aplati sur les côtés.

Phasme.

(++) Corps linéaire, subfiliforme, non aplati.

Spectre.

———

MANTE. (Mantis.)

Antennes sétacées, simples dans les deux sexes, plus courtes que le corps. Lèvre inférieure à quatre divisions.

Tête inclinée. Corselet allongé, étroit. Pattes antérieures avancées, un peu courtes, ravisseuses, armées, vers leur extrémité, de piquans en dents de peigne, avec un onglet terminal et mobile.

Antennæ setaceæ, corpore breviores, in utroque sexu simplices. Labium quadrifidum.

Caput inflexum. Thorax angustus, elongatus. Pedes antici porrecti, breviusculi, raptatorii, versùs extremitatem dentibus semi-pectinati, et ungue mobili terminati.

OBSERVATIONS.

Les *mantes* sont des insectes fort remarquables par leur conformation particulière, et qui ont le corselet étroit, fort allongé antérieurement, presque linéaire, cette partie nue étant d'une seule pièce.

Leurs pattes sont fort longues, surtout les postérieures ; ce qui, avec leur corps étroit et allongé, donne à ces insectes un aspect très-singulier. Les deux pattes antérieures sont les moins longues ; mais elles sont, en général, plus larges que les autres, et armées, vers leur extrémité, de piquans rangés d'un côté en dents de peigne, avec un ongle allongé, terminal, et susceptible de se replier sur les piquans pour saisir la proie.

La tête est assez petite, deltoïde, inclinée, munie de deux gros yeux, entre lesquels sont situées les antennes.

Les élytres sont couchées horizontalement, et en partie croisées l'une sur l'autre ; elles forment néanmoins un plan un peu convexe.

Les mantes saisissent avec leurs pattes antérieures les petits insectes qu'elles peuvent attraper, et les dévorent ; elles se mangent quelquefois les unes les autres.

Les œufs des mantes sont allongés.

ESPECES.

1. Mante prêcheuse. *Mantis oratoria.*

    M. viridis ; elytris abdomine brevioribus, viridibus ; alis maculâ cœruleo-nigrâ, anterius rufescentibus.

    Mantis oratoria. Lin. Fab. p. 20. Oliv. dict. n.º 11.

    Habite le midi de la France.

2. Mante religieuse. *Mantis religiosa.*

    M. viridis ; elytris abdominis longitudine, viridibus, immaculatis ; alis hyalinis.

    Mantis religiosa. Lin. Panz. fasc. 50. f. 8.

Mantis. Geoff. 1. p. 399. pl. 8. f. 4.

Latr. gen. crust. et ins. 3. p. 92.

Habite le midi de la France, et aux environs de Fontaine-
bleau.

3. Mante suppliante. *Mantis præcaria.*

*M. thorace subciliato ; elytris virescentibus : ocello fer-
rugineo.* Lin.

Mantis præcaria. Lin. Fab. Oliv. dict. n.° 13.

Mérian. Surin. tab. 66. Seba mus. 4. t. 67. f. 3—6.

Habite l'Amérique méridionale, l'Afrique.

4. Mante tricolore. *Mantis tricolor.*

*M. thoracè lateribus expanso lobato; capite cornuto; pe-
dibus anticis latissimis.* Linn.

Mantis tricolor. Lin. Fab. p. 18. Oliv. dict. n.° 36.

Habite dans l'Inde.

5. Mante scrophuleuse. *Mantis strumaria.*

M. thorace utrinque membranaceo, dilatato, obcordato.
Lin.

Mantis strumaria. Lin. Fab. p. 18. Oliv. n.° 38.

Merian. Surin. tab. 27.

Habite dans les Indes.

Etc,

EMPUSE. (Empusa.)

Antennes pectinées dans les mâles.

Partie supérieure de la tête prolongée en corne. Corselet allongé. Pattes antérieures ravisseuses : les quatre
postérieures munies d'un appendice membraneux aux
articulations.

Antennæ in masculis pectinatæ.

*Caput supernè in cornu productum. Thorax elon-
gatus. Pedes antici raptatorii : posticis quatuor ad ge-
nicula lobo seu appendice membraneo instructis.*

OBSERVATIONS.

Les *empuses* sont des mantides des plus singulières par leur forme. Elles tiennent néanmoins de très-près aux mantes, et n'en sont distinguées que par les antennes des mâles, la partie cornue de leur tête, et les appendices foliacés qui s'observent aux géniculations des quatre pattes postérieures, dans la plupart.

ESPÈCES.

1. Empuse gongyloïde. *Empusa gongyloides.*

> *E. flavescens ; thorace lineari-subciliato ; femoribus ante-rioribus spinâ terminalis ; reliquis lobo.*
>
> *Mantis gongyloides.* Lin. Fab. p. 17. Oliv. dict. n.º 7.
>
> Seba mus. 4. tab. 68. f. 9. Stoll. spect. p. 47. pl. 16. f. 58. A.
>
> Habite à Surinam. *Oliv.* Je la crois plutôt d'Asie. Peut-être que la *mantis pennicornis*, Oliv. dict. n.º 50, n'en diffère pas.

2. Empuse appauvrie. *Empusa pauperata.*

> *E. albida ; thorace lineari-spinuloso ; femoribus anticis spinâ terminalis ; reliquis lobo.*
>
> *Mantis pauperata.* Fab. p. 17. Oliv. dict. n.º 8.
>
> Herbst. archiv. ins. tab. 51. f. 1. Stoll. pl. 10. f. 40.
>
> Habite le midi de la France, l'Espagne, etc.

3. Empuse flabellicorne. *Empusa flabellicornis.*

> *E. thorace dilatato membranaceo ; femoribus anticis spinâ terminalis ; reliquis lobo.*
>
> *Mantis flabellicornis.* Fab. p. 16.
>
> Habite à Tranquebar.

4. Empuse pectinicorne. *Empusa pectinicornis.*

> *E. thorace lævi, vertice subulato, antennis pectinatis.*
>
> *Mantis pectinicornis.* Lin. Fab. p. 18. Oliv. dict. n.º 32.
>
> Herbst. archiv. ins. tab. 50. f. 2.
>
> Habite la Jamaïque.

5. Empuse mendiante. *Empusa mendica.*

> *E. thorace marginato dentato ; clytris albo viridique variis : margine albo punctato.*

Mantis mendica. Fab. p. 17. Oliv. dict, n.º 9.
Stoll. mant. tab. 12. f. 47.
Habite à Alexandrie. *Forsk.*
Etc.

PHASME. (Phasma.)

Antennes filiformes ou sétacées, courtes dans les femelles, plus longues dans les mâles. Palpes comprimés. Lèvre inférieure quadrifide : à découpures externes plus longues.

Tête allongée-ovale, dirigée en avant. Corselet aplati, court, étranglé ou rétréci vers le milieu. Abdomen aplati. Toutes les pattes ayant les cuisses comprimées et comme ailées. Les élytres en forme de feuilles.

Antennæ filiformes vel setaceæ, in feminis breves, in masculis longiores. Palpi compressi. Labium quadrifidum : laciniis externis longioribus.

Caput elongato-ovatum, anticè porrectum. Thorax brevis, depressus, medio angustatus. Pedes omnes femoribus compressis, subalatis. Elytra foliiformia.

OBSERVATIONS.

Les *phasmes* sont des insectes très-singuliers en ce qu'ils ressemblent presque entièrement à des feuilles, surtout leurs élytres. Leur corps, rétréci en devant, est comprimé dans presque toutes ses parties. Ils ont le corselet court, aplati, étranglé au milieu, à seconde pièce fort courte, ce qui est très-différent dans les spectres, qui ont la seconde pièce du corselet fort allongée. Les élytres sont grandes, larges, veinées, ressemblant à des feuilles sèches. Dans les mâles, les antennes sont sétacées et beaucoup plus longues que dans les femelles.

ESPECE.

1. **Phasme feuille-sèche.** *Phasma siccifolia.*

> *Ph. thorace denticulato ; femoribus ovatis membranaceis ;
> abdomine ovali, depresso.*
>
> *Mantis siccifolia.* Fab. p. 18. Oliv. dict. n.º 6. *Phyllium.*
> Latr.
>
> Donovan. nat. hist. ius. ind. fasc. 8. tab. 3.
>
> Habite les Indes orientales. La femelle est aptère, le mâle est
> ailé, plus petit. J'en ai vu une variété de l'Isle-de-France,
> à élytres d'un rouge-brun ou feuille-morte, et dont on voit
> une mauvaise figure dans *Seba*, vol. 4. pl. 75. f. 11.

SPECTRE. (Spectrum.)

Antennes sétacées, à articles souvent très-nombreux.
Palpes subcylindriques. Lèvre inférieure à quatre divisions : les deux externes plus longues.

Tête ovale, un peu oblique. Corps très-long, cylindrique, effilé : le corselet cylindrique, à second segment fort allongé. Elytres très-courtes, souvent nulles.
Pattes longues, grêles et distantes.

*Antennæ setaceæ ; articulis sæpè numerosissimis.
Palpi subcylindrici. Labium quadrifidum : laciniis
externis longioribus.*

*Caput ovatum, subobliquum. Corpus longissimum,
cylindricum aut filiforme. Thorax cylindricus ; segmento secundo antico longiore. Elytra brevissima,
sæpè nulla. Pedes longi, graciles, distantes.*

OBSERVATIONS.

Les *spectres* ont une forme particulière, extraordinaire
même, et qui les distingue non-seulement des phasmes et

des mantes , mais même de tous les autres insectes. Leur corps, des plus grands que l'on connaisse, parmi les insectes, est allongé comme un bâton, cylindrique, tout d'une venue, sans appendices latéraux. Il est quelquefois très-grêle, filiforme, et ne ressemble point à un corps animal. Beaucoup d'espèces sont aptères. Les autres ont des élytres très-courtes, et leurs ailes , qui sont un peu plus grandes, ont leur bord interne plus coriace ou moins transparent que le reste. Les pattes sont grêles, longues, par paires écartées. Comme les phasmes et les mantes , ils ont cinq articles aux tarses.

ESPECES.

[*Corps ailé.*]

1. Spectre soldat.   *Spectrum gigas.*

> *S. thorace teretiusculo, scabro ; elytris brevissimis ; pedibus spinosis.*
> Stoll. spect. tab. 2. f. 5.
> *Phasma gigas.* Fab. suppl. *Mantis gigas.* Linn.
> Seba mus. 4. tab. 77. f. 1—2.
> Habite les Indes orientales.

2. Spectre nécydaloïde.   *Spectrum necydaloides.*

> *S. thorace scabro ; elytris ovatis, angulatis, brevissimis ; alis oblongis.* F.
> *Phasma necydaloides.* Fab. suppl. p. 188.
> *Mantis necydaloides.* Linn.
> Stoll. spectr. tab. 3. f. 8. tab. 4. f. 11.
> Habite les Indes orientales.

3. Spectre atrophique.   *Spectrum atrophicum.*

> *S. thorace quadrispinoso ; elytris brevissimis ; basi aristato-mucronatis.* Fab.
> *Mantis atrophica.* Pall. spicil. zool. fasc. 9. p. 12. tab. 1. f. 7.
> *Phasma atrophica.* Fab. suppl. p. 188.
> Habite l'île de Java.
> Et autres à corps ailé.

[*Corps aptère.*]

4. Spectre filiforme. *Spectrum filiforme.*

S. corpore filiformi, aptero, fusco ; pedibus longissimis,
tenuissimis, inermibus.

Phasma filiformis. Fab. suppl. p. 186.

Mantis. Brown. jam. t. 42. f. 5.

Herbst. arch. tab. 51. f. 2.

Habite l'Amérique méridionale.

5. Spectre férule. *Spectrum ferula.*

S. corpore filiformi, aptero, viridi ; pedibus longitudine
corporis ; femoribus posticis apice spinosis.

Phasma ferula. Fab. suppl. p. 187.

Habite la Guadeloupe.

6. Spectre plume. *Spectrum calamus.*

S. corpore filiformi aptero virescente ; femoribus striatis.

Phasma calamus. Fab. suppl. p. 187.

Habite l'Isle de Sainte-Croix d'Amérique.

7. Spectre bâton. *Spectrum baculus.*

S. corpore cinerascente tuberculato aptero ; pedibus angulatis.

Phasma baculus. Latr. hist. nat. des crust. et des ins. 12. p.
104. pl. 94. f. 2.

Habite les Antilles. *Mauger.* Il a les antennes courtes : serait-
ce une femelle ?

8. Spectre d'Italie. *Spectrum Rossii.*

S. corpore filiformi aptero virescente ; femoribus dentatis.

Phasma Rossia. Fab. suppl. p. 187.

Mantis Rossia. Ross. Faun. etr. 1. tab. S. f. 1.

Habite l'Italie, le midi de la France. Il a les antennes
courtes.

LES GRILLONIDES.

*Le corselet non aplati, arrondi sur les côtés, sans
bords tranchans. Deux filets ou deux appendices
au bout de l'abdomen dans les deux sexes.*

Les *grillonides* ont trois articles aux tarses, et leurs

ailes, dans le repos, paraissent mucronées. Ces insectes courént avec célérité, ce qui montre, ainsi que les appendices de leur abdomen, leurs rapports avec les coureurs ; mais la plupart ont, en outre, la faculté de sauter. Ils constituent une petite famille qui n'embrasse encore que trois genres et que je divise de la manière suivante.

(1) Point de pattes propres à sauter : les pattes antérieures palmées.

Courtilière.

(2) Pattes postérieures propres à sauter : les antérieures non palmées.

(a) Antennes submoniliformes. Point de tarrière dans les femelles.

Tridactyle.

(b) Antennes sétacées. Une tarrière dans les femelles.

Grillon.

COURTILIÈRE. (Gryllo-talpa.)

Antennes sétacées, multiarticulées, de la longueur du corselet. Lèvre supérieure arrondie, entière. Mandibules multidentées.

Corps oblong. Corselet ovoïde, arrondi latéralement. Pattes antérieures fouisseuses, palmées et dentées au sommet ; les postérieures non propres à sauter. Abdomen terminé par deux filets : celui des femelles sans tarrière saillante.

Antennæ setaceæ, thoracis longitudine, multiarticulatæ. Labrum rotundatum, integrum. Mandibulæ multidentatæ.

*Gorpus elongatum. Thorax obovatus, ad latera ro-
tundatus. Pedes antici fossorii, apice palmati dentati;
posticis non saltatoriis. Abdomen filamentis duobus
terminatum ; oviductu non exserto in feminis.*

OBSERVATIONS.

Les *courtilières* ou taupes-grillons ont effectivement
beaucoup de rapports avec les grillons ; mais on les en distingue facilement par leurs pattes antérieures, qui sont élargies à leur extrémité, dentées, palmées, et presque analogues à celles des taupes. Elles leur servent de même à
creuser la terre dans laquelle ces insectes se pratiquent des
galeries et des retraites.

Les courtilières ne sont que trop connues par les dégâts
qu'elles font dans les jardins, en coupant les racines des
plantes qui se trouvent dans leur passage. Elles n'ont que
trois articles aux tarses.

ESPECES.

1. **Courtilière commune.** *Gryllotalpa vulgaris.*

   *G. alis caudatis elytris longioribus ; pedibus anticis pal-
matis quadridentatis.*

   Gryllus gryllotalpa. Lin. *Acheta gryllotalpa.* Fab. p. 28.

   Gryllus. Geoff. 1. p. 387. pl. 8. f. 1.

   Latr. hist. nat. des crust., etc. 12. p. 122. pl. 94. f. 4.

   Habite en Europe, dans les jardins.

2. **Courtilière didactyle.** *Gryllotalpa didactyla.* Latr.

   G. tibiis anticis bidentatis. Latr.

   Latr. hist. nat. des crust., etc. 12. p. 122.

   Habite à Cayenne.

TRIDACTYLE. (Tridactylus.)

Antennes submoniliformes, courtes, à dix articles.
Pattes antérieures non palmées, mais à jambes épineuses

au sommet. Pattes postérieures à jambes grêles, allongées, munies de trois appendices digitiformes à la place du tarse.

Antennæ submoniliformes, breves, decem-articulatæ. Pedes antici non palmati : tibiis apice spinosis; postici tibiis elongatis, gracilibus : illis, tarsorum loco, appendicibus tribus digitiformibus.

OBSERVATIONS.

Les *tridactyles* sont des insectes très-voisins des courtilières par leurs rapports ; mais ils s'en distinguent singuliérement par leurs pattes et leurs antennes.

ESPÈCES.

1. Tridactyle paradoxe. *Tridactylus paradoxus.* Latr.
T. luteo pallidus, thorace dilutè fusco ; elytris alis brevioribus.
Tridactylus paradoxus. Latr. gen. crust. et ins. 3. p. 97.
Acheta digitata. Coqueb. illustr. ic. dec. 3. tab. 21. f. 3.
Habite la Guinée.

2. Tridactyle mélangé. *Tridactylus variegatus.*
T. niger, punctis albo-luteis variegatus.
Tridactyle mélangé. Cuv. regn. anim. ins. p. 378.
Habite le midi de la France. Espéce petite.

GRILLON. (Gryllus.)

Antennes sétacées, plus longues que le corselet. Deux mandibules. Quatre palpes un peu longs. Lèvre inférieure quadrifide.

Tête et corselet transverses. Corps oblong. Deux appendices sétacés à l'extrémité de l'abdomen. Celui des femelles muni d'une tarrière. Pattes postérieures propres à sauter.

Antennæ setaceæ, thorace longiores. Mandibulæ duæ robustæ. Palpi quatuor longiusculi. Labium quadrifidum.

Caput thoraxque transversa. Corpus oblongum. Appendices duo setaceæ ad apicem abdominis. Feminarum abdomen oviductu longo terminatum. Pedes postici saltatorii.

OBSERVATIONS.

Les *grillons* sautent presque aussi bien que les sauterelles, et ne sont pas sans rapports avec elles ; néanmoins ils en ont de plus grands avec la courtilière et le tridactyle, mais leurs pattes antérieures ne sont pas fouisseuses. On les nomme *cri-cris* en quelques endroits, à cause du bruit singulier qu'ils font entendre presque continuellement, surtout dans les temps chauds.

Leur bouche est formée d'une lèvre supérieure arrondie; de deux mandibules fortes, dentées; de deux mâchoires pointues; de quatre palpes et deux galettes ; enfin d'une lèvre inférieure quadrifide. Leurs élytres sont ordinairement plus courtes que l'abdomen. Leurs tarses sont à trois articles. Leurs petits yeux lisses sont peu distincts.

ESPÈCES.

1. **Grillon des champs.** *Gryllus campestris.*

> *G. alis elytris brevioribus : corpore nigro ; stylo lineari.* Oliv.
>
> *Gryllus acheta campestris.* Linn.
>
> *Acheta campestris.* Fab. panz. fasc. 88. f. 8 et 9.
>
> Habite en Europe. Il est plus gros et plus brun que le suivant.

2. **Grillon domestique.** *Gryllus domesticus.*

> *G. alis caudatis elytris longioribus, abdomine stylis duobus apice fissis.* Oliv.
>
> *Gryllus acheta domesticus.* Lin.
>
> Habite en Europe, dans les maisons. Attiré par la chaleur, il se tient dans des trous près des fours, des cheminées de cuisine.

3. **Grillon monstrueux.** *Gryllus monstrosus.*

> *G. elytris alisque caudato-convolutis.* Oliv.
>
> *Acheta monstrosa.* Fab.
>
> Habite le Cap de Bonne-Espérance. Il est gros, brun, et a l'extrémité des élytres et des ailes roulée en spirale, au moins dans le mâle.

4. **Grillon à voile.** *Gryllus umbraculatus.*

> *G. niger; elytris apice albis; umbraculo frontis deflexo.* Gmel. p. 2061.
>
> Habite la Barbarie, l'Espagne.

LES COUREURS.

Corselet aplati, à bords tranchans, et débordant soit seulement sur les côtés, soit même sur la tête. Deux appendices au bout de l'abdomen.

Les *coureurs* tiennent aux grillonides par leur agilité, mais ils ne sautent point. Ils y tiennent encore parce qu'ils ont à l'extrémité de l'abdomen, dans les deux sexes, deux appendices, soit constitués par des vésicules oblongues, soit plus allongés et conformés en pinces. Leur corselet est toujours aplati; leurs antennes sont longues, sétacées ou filiformes.

Ces orthoptères sont fort agiles, courent avec célérité, et recherchent les lieux obscurs.

Je réunis sous cette coupe, deux genres très-distincts

l'un de l'autre, qui semblent même indiquer chacun l'existence d'une famille particulière, et néanmoins qui, sous certains rapports, sont ici convenablement rapprochés : voici les caractères qui les signalent.

[1] Cinq articles aux tarses ; tête cachée sous le corselet ; élytres en recouvrement ; ailes droites.

Blatte.

[2] Trois articles aux tarses ; tête libre, hors du corselet ; élytres à suture droite ; ailes pliées transversalement et plissées.

Forficule.

BLATTE. (Blatta.)

Antennes sétacées, longues, posées sous les yeux. Labre arrondi antérieurement ; lévre inférieure bifide.

Corps oblong, presque ovale, déprimé. Corselet aplati, lisse, bordé, recouvrant la tête. Elytres horizontales. Deux appendices courts et coniques à l'extrémité de l'abdomen. Pattes propres à la course ; cinq articles aux tarses.

Antennæ setaceæ, longæ, infrà oculos insertæ. Labrum antice rotundatum ; labium bifidum.

Corpus oblongum, subovale, depressum. Thorax planulatus, lœvis, clypeiformis, marginatus, caput obtegens. Elytra horisontalia. Abdomen appendicibus duabus brevibus, conicis terminatum. Pedes cursorii ; tarsis quinque articulatis.

OBSERVATIONS.

La *blatte* est un de ces insectes domestiques qui sont bien connus dans les cuisines , les boulangeries , et les moulins. Elle est attirée dans ces derniers lieux par l'odeur de la farine qu'elle aime beaucoup.

Ces insectes vivent la plupart dans les maisons où ils sont très-incommodes, mangeant et rongeant tout ce qu'ils trouvent , principalement la farine , le pain, le sucre, le fromage, différentes de nos provisions, et en outre le cuir , la laine , et divers de nos meubles.

Les blattes sont très-agiles ; elles courent avec beaucoup de vitesse et font ordinairement plus d'usage de leurs pattes que de leurs ailes, quoique quelques-unes volent très-bien. La plupart fuient la lumière et ne paraissent que la nuit. Elles se cachent pendant le jour , dans les trous et les fentes des murs , derrière les tapisseries et les armoires ; la nuit, elles sortent et se répandent partout.

C'est de ce genre qu'est le kakerlac [*Blatta americana*] des îles de l'Amérique , qui dévore si avidement les provisions des habitans , leurs vêtemens mêmes , et qui fait tant de dégâts dans les sucreries.

D'après ce qui a été observé, il paraît que la blatte femelle porte quelque temps à l'orifice de sa partie sexuelle, un corps ovale que l'on a pris pour un gros œuf , et qui est au contraire un paquet d'œufs enveloppés, qu'elle dépose ensuite et fixe contre quelque corps étranger approprié aux besoins des petits. Les larves qui eu sortent ne diffèrent guères de l'insecte parfait , que par la taille et le défaut d'ailes et d'élytres.

ESPÈCES.

1. Blatte géante. *Blatta gigantea.*
　　B. livida ; *thoracis clypeo macula quadrata fusca.* Lin.

Blatta gigantea. Fab. Oliv. dict. n.º 1.
Seba, mus. 4. tab. 85. f. 17—18.
Habite l'Amérique méridionale, Cayenne.

2. Blatte kakerlac. *Blatta americana.* L.

    B. ferruginea ; *thoracis clypeo postice exalbido.* Linn.
    Blatta americana. Fab. Oliv. dict. n.º 7.
    Degeer, ins. 3. pl. 44. f. 1—2—3.
    La grande blatte. Geoff. 1. p. 381. n.º 2.
    Habite l'Amérique, et se trouve en Europe où des vaisseaux
        l'ont apportée.

3. Blatte des cuisines. *Blatta orientalis.*

    B. ferrugineo-fusca ; *elytris abbreviatis sulco oblongo-im-*
        presso. Lin.
    Blatta orientalis. Fab. Oliv. dict. n.º. 21.
    Geoff. 1. p. 380. n.º 1. pl. 7. f. 5.
    Panz. fasc. 96. f. 12.
    Habite le Levant, toute l'Europe, et l'Amérique septen-
        trionale.

4. Blatte jaune. *Blatta laponica.*

    B. flavescens, elytris nigro-maculatis. Lin.
    Blatta laponica. Fab. Oliv. dict. n.º 28.
    Geoff. 1. p. 381. n.º 3.
    Habite les cabanes des Lapons, et se trouve en France.

5. Blatte de Petiver. *Blatta petiveriana.*

    B. nigra, elytris maculis quatuor flavescentibus. F.
    Cassida petiveriana. Lin.
    Blatta petiveriana. Fab. Oliv. dict. n.º 20.
    Petiv. Gaz. tab. 71. f. 1.
    Habite les Indes orientales.
    Etc.

FORFICULE. (Forficula.)

Antennes filiformes, insérées devant les yeux, à ar-
ticlés très-distincts, moins longues que le corps. Labre
entier ; lèvre inférieure bifide.

Corps allongé, étroit ; corselet presque carré, aplati, débordant. Elytres très-courtes à suture droite. Ailes longues, plissées, repliées, et cachées sous les élytres dans l'inaction. Abdomen armé de pinces. Trois articles aux tarses.

Antennæ filiformes, ante oculos insertæ, corpore breviores, articulis valdè distinctis. Labrum integrum. Labium profundè bifidum.

Corpus elongatum, angustum. Thorax subquadratus, planus, marginatus. Elytra dimidiata, alis breviora ; suturâ rectâ. Alæ longæ, partìm transversè, partìm in radios longitudinales plicatæ, in quiete sub elytris occultatæ. Abdomen apice forcipatum. Tarsi triarticulati.

OBSERVATIONS.

Les *forficules* terminent l'ordre des orthoptères, et forment une transition naturelle de cet ordre à celui des coléoptères. Elles ont, en effet, comme la plupart des coléoptères, des élytres à suture droite, et en outre des ailes plus longues que les élytres, non-seulement plissées en éventail dans leur longueur, mais de plus repliées transversalement, et cachées complètement sous ces élytres pendant le repos. D'ailleurs elles semblent presque entièrement privées de petits yeux lisses. Ainsi, sous ces rapports, les forficules seraient des coléoptères, avec lesquels effectivement Olivier les a rangées.

Cependant, comme les orthoptères, les forficules ont sur leurs mâchoires de véritables galettes, et leur nymphe est active, c'est-à-dire, marche et mange ; tandis que celle des coléoptères est inactive. Il faut donc, comme l'a fait M. *Latreille*, les placer parmi les orthoptères, et en terminer l'ordre, afin qu'elles servent en quelque sorte de passage pour arriver à l'ordre suivant. Par leurs élytres fort courtes, les forficules semblent, en effet, conduire aux psélaphiens qui sont dans le même cas, et qui commencent l'ordre des coléoptères.

Les forficules, surtout la grande espèce d'Europe, sont des insectes fort communs et bien connus. La pince qu'elles portent à l'extrémité de leur abdomen les rend fort remarquables, et c'est à cette espèce d'arme, avec laquelle elles semblent vouloir se défendre, qu'elles doivent le nom qu'elles portent. On les connaît vulgairement sous le nom redoutable de *perce-oreille*, et, par une prévention sans fondement, beaucoup de personnes les craignent. Elles sont beaucoup plus à craindre, dans les jardins, par les dégâts qu'elles font en rongeant les fruits mûrs et succulens, tels que les pêches, les abricots, les prunes, les raisins, etc.

Ces insectes, à corps presque linéaire et aplati, n'ont point d'écusson. Ils courent très-vite, et lorsqu'on veut les prendre, ils relèvent l'extrémité de leur abdomen comme pour se défendre, sans néanmoins pouvoir faire aucun mal.

ESPECES.

1. Forficule auriculaire. *Forficula auricularia.*

> *F. antennis quatuordecim-articulatis, forcipe arcuatá basi dentatá.*
>
> *Forficula auricularia.* Lin. Fab. Oliv.
>
> Le grand perce-oreille. Geoff. 1. p. 375. n.º 1. pl. 7. f. 3.
>
> Panz. fasc. 87. f. 8.
>
> Habite en Europe, sous les pierres, sous l'écorce des arbres.

2. Forficule géante. *Forficula gigantea.*

> *F. pallida ; supra nigro variegata ; ano bidentato ; forcipe porrectá unidentatá.* Fab.
>
> *Forficula gigantea.* Oliv. dict. n.º 2.

Forficula maxima. Vill. ent. 1. p. 427. tab. 2. f. 53.

Habite la France méridionale. Plus de vingt articles aux antennes.

3. Forficule bimaculée. *Forficula biguttata.*

F. nigra, capite postice pedibusque rufis ; elytris rufo maculatis et alarum apicibus exsertis albidis.

Forficula biguttata. Fab. et fortè forficula bipunctata ejusd.

Panz. fasc. 87. f. 10.

Habite en Autriche, etc. Onze ou douze articles aux antennes.

4. Forficule naine. *Forficula minor.*

F. elytris testaceis immaculatis ; capité nigro.

Forficula minor. Lin. Fab. Oliv. dict. n.° 7.

Le petit perce-oreille. Geoff. 1. p. 375. n.° 2.

Panz. fasc. 87. f. 9.

Habite en Europe, et se trouve en France. Dix ou douze articles aux antennes. Pinces peu arquées. L'abdomen mucroné entre les pièces de la pince.

Etc.

ORDRE HUITIÈME.

LES COLÉOPTÈRES.

Bouche munie de mandibules, de mâchoires, et de lèvres. Quatre ou six palpes.

Deux élytres dures en général, coriaces, recouvrant deux ailes membraneuses plus longues; mais plissées et pliées transversalement dans l'inaction.

Larve vermiforme, hexapode, rarement subapode, à tête écailleuse, sans yeux. Nymphe inactive.

Les *coléoptères*, dans notre marche, constituent le huitième et dernier ordre des insectes, celui qui est le plus étendu, le plus nombreux en espèces et en genres, enfin, celui qui embrasse les insectes les plus remarquables par leur taille, par la singularité de leur forme, par la solidité de leurs tégumens, en un mot, ceux dont l'organisation paraît la plus avancée dans ses progrès de composition.

En terminant leur classe, ces insectes, au lieu d'offrir une transition reconnaissable à celle qui vient ensuite, semblent finir brusquement leur série, et n'arriver qu'à une sorte de cul-de-sac où ils trouvent leur terme. On en donnera la raison dans l'exposition préliminaire des *arachnides* qui viennent après les insectes.

Si les coléoptères ne piquent pas autant la curiosité que les hyménoptères, par des habitudes singulières, par des sociétés nombreuses, travaillant, en quelque sorte, en commun, et formant des ouvrages vraiment admirables ils intéressent singulièrement, malgré cela, par leur nombre et leur grande diversité dans la nature, par celle surtout des formes de leur tête ou de leur chaperon et de leur corselet, par celle de leur manière de vivre, en un mot, par cette consistance plus solide de la plupart de leurs parties extérieures qui les rend plus conservables dans nos collections.

Tous généralement sont des *broyeurs*, soit phytiphages, soit zoophages; tous prennent encore de la nourriture après être parvenus à leur état parfait; aussi, sauf une espèce singulière à plusieurs égards [*la clavigère*], tous ont des mandibules et des mâchoires distinctes.

Les coléoptères se reconnaissent au premier aspect par leurs parties extérieures opaques, coriaces, et en général fort dures, et parce qu'ils ont deux ailes membraneuses, veinées, longues, repliées transversalement sur elles-mêmes dans l'inaction, et alors cachées sous des espèces d'étuis qu'on nomme *élytres*, et qui ne sont que les deux ailes supérieures ainsi transformées. Ces élytres sont opaques, dures, coriaces, convexes en dehors, un peu concaves en dedans ou en dessous, et presque toujours jointes l'une à l'autre, par leur bord interne, en une suture ou ligne droite.

Lorsque l'insecte veut voler, il écarte latéralement ses élytres en les élevant un peu, et alors il déploie les deux ailes membraneuses et transparentes qui se trouvaient cachées et repliées sous ces espèces d'étuis.

Les élytres étant ouvertes et assez écartées pour ne pas gêner le jeu des ailes, contribuent, par leur position et leur concavité, à faciliter le vol. On prétend néanmoins qu'elles ne font aucun mouvement, et que les ailes, mises en jeu et frappant l'air, occasionnent elles seules le vol.

Les ailes des coléoptères sont rarement en proportion avec le poids de leur corps : elles ne sont pas assez grandes et ne sont pas mues par des muscles assez vigoureux ; ce qui fait qu'en général ces insectes volent très-mal et avec quelque difficulté. Quelques-uns même ne peuvent faire usage de leurs ailes que quand l'air est parfaitement calme. Quelques autres, dont le corps est plus léger, s'élèvent et volent avec plus de facilité, surtout lorsque le temps est chaud et sec ; mais leur vol est court. Aucun d'ailleurs ne peut voler que vent arrière, et jamais contre le vent. *Oliv.*

Ici, comme dans les insectes des autres ordres, des différences d'habitudes en entraînent dans l'emploi des

parties, et celles qui ne servent plus ou qui ne servent
que rarement, ne reçoivent plus de développemens, ou
n'en obtiennent que de proportionnels. Aussi , un grand
nombre de coléoptères ne faisant plus d'usage de leurs
ailes , ces ailes sont avortées plus ou moins complètement, et beaucoup d'entre eux en manquent entièrement. Le plus souvent alors les élytres sont réunies par
leur suture et ne peuvent plus s'ouvrir. Ces insectes ne
se transportent d'un lieu à l'autre qu'en marchant, courant ou sautant. On les reconnaît toujours facilement pour
des coléoptères, non-seulement par les caractères de
leur bouche, mais parce que leurs élytres subsistent encore.

Un petit nombre de coléoptères, tels que les nécydales, les staphylins et quelques mordelles, ont des élytres si courtes ou si étroites, que ces parties peuvent à
peine cacher les ailes. Ces élytres cependant n'en existent
pas moins et se font reconnaître par leur position, leur
consistance et leur forme.

La tête des coléoptères est pourvue de deux antennes diversement figurées, et en général composées de
dix ou onze articles assez distincts.

La bouche de ces insectes est armée de deux fortes
mandibules cornées qui leur servent comme de pince
pour saisir leur proie, et couper les alimens que les
deux mâchoires , qui se trouvent en dessous , divisent
et broient pour compléter la mastication. La forme de
cette bouche est à-peu-près la même que celle des orthoptères et des névroptères : on y voit quatre ou six palpes , savoir : un ou deux attachés à la base extérieure de
chaque mâchoire, et deux autres insérés aux parties latérales de la lèvre inférieure. Les palpes maxillaires

n'ont pas plus de quatre articles, et ceux de la lèvre n'en ont que trois.

Ces insectes ont deux grands yeux à réseau ; mais ils manquent des petits yeux lisses, dont la plupart des autres insectes sont pourvus.

Le corselet des coléoptères varie beaucoup dans sa figure. Il est lisse ou raboteux, glabre, velu, ou épineux, convexe, globuleux ou cylindrique, bordé, etc. Il est terminé postérieurement, en général, par une pièce triangulaire, plus ou moins remarquable, nommée *écusson*, placée entre les élytres, près de leur origine.

Le ventre est ordinairement conique, assez dur en dessous, très-mou en dessus, à la partie qui se trouve cachée sous les élytres : il est composé de six ou sept anneaux, qui ont chacun un stigmate de chaque côté.

Les tarses qui terminent les six pattes, sont composés chacun de deux à cinq pièces. Ils peuvent être employés avantageusement à diviser en plusieurs sections cet ordre très-nombreux, comme l'a fait Geoffroy.

La larve des coléoptères ressemble à un ver mou ; elle est munie ordinairement de six pattes écailleuses, d'une tête aussi écailleuse, et de mâchoires souvent très-fortes. Ces sortes de larves sont, en général, très-voraces ; leur accroissement est d'autant plus prompt que leur nourriture est plus abondante, et que la chaleur de l'atmosphère est plus grande. Certaines néanmoins restent plusieurs années dans l'état de larve. La plupart des larves dont il s'agit, manquent d'antennes, et aucune n'a d'yeux : on voit seulement la place qu'ils occuperont dans l'insecte parfait. Leur corps est plus ou moins allongé, composé de douze ou treize anneaux. Ces larves muent ou changent plusieurs fois de peau avant de se transformer en nymphe.

Les nymphes des coléoptères ne prennent point de nourriture, et ne font aucun mouvement. Toutes les parties extérieures du corps de l'insecte parfait, se montrent à travers la peau très-mince qui les recouvre. Elles restent pendant quelque temps dans cet état, après quoi elles quittent leur peau de nymphe, et se montrent sous la forme d'insecte parfait.

L'accouplement de ces insectes est tel que le mâle est presque toujours placé sur le dos de la femelle. Sa durée est ordinairement de plusieurs heures, souvent d'un jour, et même quelquefois de deux.

Les insectes de cet ordre sont les plus nombreux en genres et même en espèces. Ce sont ceux, après les lépidoptères, et surtout les papillons, qui ont été ramassés et étudiés avec le plus de soin, dans leur dernier état, soit à cause de la couleur brillante de la plupart d'entre eux, soit à cause de la forme singulière et bizarre d'un grand nombre, soit enfin, parce qu'ils sont plus aisément saisis par les naturalistes et les voyageurs, que ceux des autres ordres. Pour s'en former une idée, il faut consulter le bel ouvrage de M. *Olivier* sur ces insectes.

Linné a divisé les coléoptères en trois sections, d'après la considération de la forme de leurs antennes. La première section comprend ceux dont les antennes sont en massue ou épaissies vers leur sommet qui se termine en bouton ; la seconde renferme ceux dont les antennes sont filiformes ; et dans la troisième, il place ceux qui ont les antennes sétacées.

Je préfère néanmoins, pour les premières divisions des

coléoptères, employer la considération du nombre des tarses, à l'imitation de Geoffroy et d'Olivier, parce que cette considération offre des caractères constans et faciles à saisir, ce qui la rend extrêmement avantageuse. Je réserverai celle de la forme des antennes, pour subdiviser ces premières divisions, lorsque leur étendue le rendra nécessaire.

Ainsi je partage les genres nombreux de l'ordre des coléoptères en cinq sections, savoir :

1.re SECT. 2 articles à tous les tarses [*les Dimères*].

2.e SECT. 3 articles à tous les tarses [*les Trimères*].

3.e SECT. 4 articles à tous les tarses [*les Tétramères*].

4.e SECT. 5 articles aux tarses des deux premières paires de pattes, et quatre à ceux de la troisième paire [*les Hétéromères*].

5.e SECT. 5 articles à tous les tarses [*les Pentamères*].

PREMIÈRE SECTION.

Deux articles à tous les tarses [les Dimères].

Conformément à notre manière générale de procéder, nous commençons l'ordre des *coléoptères* par les insectes de cet ordre qui ont le moins de parties, et même qui ont le plus d'imperfection dans les parties qui caractérisent leur ordre.

Il y a très-peu de coléoptères qui n'aient que deux articles aux tarses, et l'on a été long-temps sans en connaître un seul qui fût dans ce cas. Il y en a moins encore qui n'aient que six articles aux antennes, et même qui manquent de mandibules et de lèvre inférieure. Ce sera donc par ces coléoptères, en quelque sorte imparfaits, que l'ordre devra commencer.

Au reste, on en connaît à peine une demi-douzaine. Tous ont les élytres fort raccourcies, comme dans les forficules et les staphylins. Quoiqu'il soit possible d'en former trois genres, comme l'a fait M. Latreille, je ne les diviserai ici qu'en deux coupes génériques, qu'en *clavigères* et en *psélaphes*.

CLAVIGÈRE. (Claviger.)

Antennes insensiblement épaissies en massue vers leur sommet, à six articles. Point de mandibules, ni de lèvre inférieure, ni de palpes labiaux distincts. Mâchoires très-petites, ayant des palpes très-courts, subfiliformes.

Corps et corselet subcylindriques. Abdomen large, presque arrondi à l'extrémité. Elytres raccourcies. Un seul crochet aux tarses.

Antennæ sensìm extrorsùm crassiores, sex articulatæ. Mandibulæ, labium, palpique labiales nulli aut obsoletissimi. Maxillæ minimæ; palpis brevissimis subfiliformibus.

Corpus thoraxque subcylindrica; abdomen magnum, latum, apice rotundatum. Elytra abbreviata. Tarsi monodactyli.

OBSERVATIONS.

C'est assurément une grande imperfection et une grande singularité pour un coléoptère, que de n'offrir ni mandibules, ni lèvre inférieure distinctes, et de n'avoir que six articles aux antennes. C'est cependant le cas de la *clavigère* dont nous ne connaissons encore qu'une espèce.

ESPECE.

1. Clavigère testacée. *Claviger testaceus.*
   Claviger. Latr. gen. crust. et ins.
   Panz. fasc. 59. f. 3.
   Habite en Allemagne. Sa couleur est d'un rouge-marron.

———

PSÉLAPHE. (Pselaphus.)

Antennes submoniliformes, de onze articles. Des mandibules, des mâchoires, et une lèvre inférieure. Quatre palpes.

Tête distincte ; corselet ovale ou subcylindrique. Elytres raccourcies. Un ou deux crochets aux tarses.

Antennæ submoniliformes ; articulis undecim. Mandibulæ, maxillæ, labium. Palpi quatuor.

Caput distinctum. Thorax ovalis vel subcylindricus. Elytra abbreviata. Tarsi uni aut biunguiculati.

OBSERVATIONS.

Quoique la chennie de M. *Latreille* puisse être distinguée de ses psélaphes, elle me paraît s'en rapprocher assez pour qu'on puisse l'y associer sans un grand inconvénient. De part et d'autre, les antennes à onze articles, les élytres raccourcies, etc., semblent autoriser cette association.

Je ne crois pas , comme on pourrait le penser , que des élytres raccourcies , parmi les coléoptères , soient toujours les indices d'une seule et même famille ; d'où il résulterait que les psélaphes appartiendraient à la famille des staphylins. Les forficules offrent déjà un exemple du contraire , et ici la forme des antennes et de l'abdomen , ainsi que le nombre des articles des tarses , en font présumer un autre.

ESPÈCES.

* *Palpes très-petits, non avancés.*

1. Psélaphe chennie. *Pselaphus chennium.*

> *Ps. rufo-castaneus ; capite bituberculato.*
> *Chennium bituberculatum.* Latr. gen. crust. et ins. 3. p. 1.
> Habite la France méridionale , près de Brives. Sous chaque antenne , la tête est munie d'un tubercule pointu. Les tarses ont deux crochets.

** *Palpes maxillaires plus grands, avancés.*

2. Psélaphe de Heis. *Pselaphus Heisei.* Latr.

> *Ps. rufo-castaneus, pubescens ; capite elongato.*
> *Pselaphus Heisei.* Herbst, coléopt. 4. tab. 39. f. 9—10.
> Habite en Allemagne.

3. Psélaphe plissé. *Pselaphus impressus.*

> *Ps. ater ; elytris abbreviatis rufis ; thorace globoso, puncto utrinque impresso ; pedibus fuscis.* P.
> Panz. fasc. 89. tab. 10.
> Habite aux environs de Paris , etc. Les élytres sont rouges , comme plissées à leur base.

SECONDE SECTION.

Trois articles à tous les tarses [les Trimères].

Les coléoptères *trimères* n'embrassent pas beaucoup plus de genres que les *dimères* ; néanmoins un de leurs genres, celui des coccinelles, est fort nombreux en espèces connues. Ainsi, déjà le second cadre comprend beaucoup plus de races que le premier ; en sorte qu'on verra de même les cadres suivans s'accroître en étendue par la quantité de genres et d'espèces qu'ils embrasseront, et offrir dans le dernier, celui des pentamères, les coléoptères les plus nombreux et les plus perfectionnés. Il semble que la nature ait une tendance à donner cinq articles à tous les tarses des coléoptères, et qu'elle n'ait pu l'exécuter que peu-à-peu. Je divise les coléoptères trimères de la manière suivante :

(1) Antennes plus longues que le corselet. Corps ovale ou oblong.

(a) Antennes velues vers le sommet. Tous les articles des tarses entiers.

Dasycère.

(b) Antennes non velues. Le pénultième article des tarses bilobé.

(+) Antennes moniliformes ou filiformes.

Lycoperdine.

Endomyque.

(+–+) Antennes terminées en massue : le troisième article plus long que le suivant.

Eumorphe.

(2) Antennes plus courtes que le corselet. Corps hémisphérique.

Coccinelle.

———

DASYCÈRE. (Dasycerus.)

Antennes grêles, plus longues que le corselet ; à derniers articles globuleux, velus. Le chaperon avancé, couvrant le dessus de la bouche.

Corps ovale, convexe. Le corselet hexagone, plus large que la tête, plus étroit que les élytres. Celles-ci embrassant l'abdomen.

Antennœ graciles, thorace longiores : articulis ultimis globulosis, hispidis. Clypeus porrectus, os supertegens.

Corpus ovale, convexum. Thorax hexagonus, capite latior, elytris angustior. Elytra abdomen obvolventia.

OBSERVATIONS.

Le *dasycère* est un insecte fort petit, découvert par M. Alex. Brongniart, très-remarquable par ses antennes, et dont la forme du corps semble tenir des ténébrionites, mais qui paraît n'avoir que trois articles à tous les tarses.

ESPECE.

1. **Dasycère sillonné.** *Dasycerus sulcatus.*

Dasycerus. Brongn. Bullet. des sciences, n.° 39. p. 115. pl. 7. f. 5.

Habite aux environs de Paris. Il vit dans les bolets. Il paraît être aptère.

LYCOPERDINE. (Lycoperdina.)

Antennes moniliformes, grossissant un peu vers leur sommet. Mandibules simples. Palpes maxillaires filiformes.

Tête plus étroite que le corselet. Le corps ovale-allongé. Le pénultième article des tarses bilobé.

Antennœ moniliformes, sensìm versùs apicem sub-

incrassatæ. Mandibulæ simplices. Palpi maxillares filiformes.

Caput thorace angustius. Corpus ovato-elongatum. Tarsorum articulo penultimo bilobo.

OBSERVATIONS.

Les *lycoperdines* paraissent voisines des endomyques par leurs rapports ; mais elles s'en distinguent par leurs antennes, leurs palpes maxillaires et leurs mandibules. D'ailleurs elles ne vivent guères que dans les champignons.

ESPECES.

1. Lycoperdine sans tache. *Lycoperdina immaculata.*
> *L. nigro-brunnea, nitida, lævis, immaculata; antennis pedibusque piceo-rufis.*
> Latr. gen. crust. et ins. 3. p. 73.
> *Endomychus bovistæ.* Fab. Oliv. col. 6. n.º 100. pl. 1. f. 4.
> Panz. fasc. 8. f. 4.
> Habite en Europe, dans le *lycoperdon bovista.*

2. Lycoperdine à bande. *Lycoperdina fasciata.*
> *L. rufa ; elytris lævibus : maculá magná fuscá.*
> *Endomychus fasciatus.* Fab. 1. p. 505.
> Oliv. col. 6. n.º 100. pl. 1. f. 5.
> Habite en Europe.

ENDOMYQUE. (Endomychus.)

Antennes filiformes, grossissant légèrement vers leur sommet. Les palpes maxillaires plus gros à leur extrémité. Mandibules bifides ou bidentées au sommet.

Corps ovale-oblong. Corselet un peu rétréci antérieurement.

Antennæ filiformes, versùs apicem paululùm cras-

siores. Palpi maxillares apice subcapitati. Mandi-
bulæ apice bifido aut bidentato.

Corpus ovato-oblongum. Thorax anticè sensìm an-
gustatus.

OBSERVATIONS.

Les *endomyques* se distinguent principalement des lycoperdines par leurs mandibules non simples au sommet,
mais bifides ou à deux dents. On ne les confondra point
avec les eumorphes. dont les antennes sont terminées en
massue.

ESPECE.

1. Endomyque écarlate. *Endomychus coccineus.*

> *E. niger , nitidus; thoracis limbo laterali coleoptrisque*
> *sanguineo-rubris., elytro singulo maculis duabus nigris.*
> Latr.
>
> *Chrysomela coccinea.* Lin.
> *Endomychus coccineus.* Fab. Panz. fasc. 44. f. 17.
> Latr. hist. nat. des crust. et des ins. vol. 11. pl. 93. f. 10.
> Oliv. coléop. 6. n.º 100. pl. 1. f. 1.
> Habite l'Europe boréale , les environs de Paris , sous l'écorce
> des bouleaux.

EUMORPHE. (Eumorphus.)

Antennes plus longues que le corselet , terminées en
massue comprimée : leur troisième article beaucoup
plus long que le suivant. Palpes maxillaires filiformes ;
les labiaux très-courts , terminés en bouton.

Corps ovale ; corselet presque carré.

Antennæ thorace longiores , in clavam depressam
terminatæ : earum articulo tertio sequente multò lon-

giore. Palpi maxillares filiformes; labiales brevissimi, subcapitati.

Corpus ovatum. Thorax subquadratus.

OBSERVATIONS.

Les *eumorphes* sont des insectes exotiques, très-rares, et qui avoisinent les coccinelles par leurs rapports. Mais leur corps n'est point hémisphérique, et leurs antennes, plus longues que le corselet, sont remarquables par la longueur de leur troisième article. On en connaît déjà plusieurs espèces.

ESPÈCES.

1. Eumorphe de Kirby. *Eumorphus Kirbyanus.* Latr.

> *E. niger nitidus punctulatus; elytro singulo maculis duabus rufo-flavescentibus, sinuatis.*
> *Eumorphus.* Oliv. col. 6. n.º 99. pl. 1. f. 3.
> Habite les Indes orientales.

2. Eumorphe immarginé. *Eumorphus immarginatus.* Latr.

> *E. niger nitidus; elytro singulo maculis duabus flavis rotundatis.*
> *Eumorphus immarginatus.* Latr. gen. crust. et ins. 1. t. 11. f. 12.
> Habite l'île de Sumatra, les Indes orientales.

3. Eumorphe marginé. *Eumorphus marginatus.*

> *E. ater; elytris marginatis violaceis : punctis duobus flavis.* Fab.
> *Eumorphus marginatus.* Oliv. col. 6. n.º 99. pl. 1. f. 1.
> Habite les îles de la mer du sud. *Labillardière.*

COCCINELLE. (Coccinella.)

Antennes plus courtes que le corselet, terminées en

massue. Quatre palpes, dont les maxillaires plus longs,
à dernier article sécuriforme.

Corps hémisphérique, plus rarement obovale. Corselet transverse, bordé ainsi que les élytres. Trois articles aux tarses.

Antennœ thorace breviores, clavâ terminatœ. Palpi quatuor; maxillaribus longioribus : articulo ultimo securiformi.

Corpus hemisphæricum, rariùs obovatum. Thorax transversus, marginatus, externo margine retrorsùm arcuato. Elytra submarginata. Tarsi articulis tribus.

OBSERVATIONS.

Les *coccinelles* sont des insectes communs, connus de tout le monde, même des enfans, et que leur forme générale fait assez facilement distinguer des autres coléoptères.

Ces insectes sont, la plupart, hémisphériques, planes en dessous, convexes en dessus où ils sont lisses et ornés de couleurs vives et brillantes. Leur coloration consiste ordinairement en divers points épars, sur un fond vivement et également coloré.

Les coccinelles ont des rapports avec les chrysomèles ; mais elles en sont bien distinguées par le caractère de leurs antennes, et en outre par celui de leurs tarses.

Les larves des coccinelles sont hexapodes, allongées, plus larges à leur partie antérieure, et se rétrécissent graduellement en pointe postérieurement. Elles sont grisâtres, comme bariolées ou panachées et marchent lentement. On les trouve souvent sur les plantes chargées de pucerons, parce qu'elles s'en nourrissent principalement : ce sont des *aphidivores.*

Les nymphes sont courtes, ridées transversalement, variées et tachetées de diverses couleurs. Elles sont inactives, et fixées sur des feuilles ou des branches, par une extrémité de leur corps.

Les espèces de ce genre sont fort nombreuses, mais difficiles à déterminer, parce qu'on est exposé à prendre des variétés pour des espèces. En effet, on trouve quelquefois en accouplement deux coccinelles qui paraissent différentes entre elles, et qu'on eût pris pour deux espèces en les voyant séparément.

ESPÈCES.

1. Coccinelle marginée. *Coccinella marginata.*

> *C. coleoptris rubris : margine nigro ; thorace utrinque puncto marginali albo.* Fab. eleut. 1. p. 356.
> *Coccinella marginata.* Lin. Oliv. col. 6. n.º 98. pl. 4. f. 45.
> Habite l'Amérique méridionale.

2. Coccinelle sanguine. *Coccinella sanguinea.*

> *C. elytris sanguineis immaculatis ; thoracis margine punctisque duobus flavis.*
> Oliv. col. 6. n.º 98. pl. 3. f. 24. *a. b.*
> *Coccinella sanguinea.* Linn. Fab. eleut. 1. p. 358.
> Habite l'Amérique méridionale.

3. Coccinelle biponctuée. *Coccinella bipunctata.*

> *C. elytris rubris : punctis duobus nigris.*
> *Coccinella bipunctata.* Lin. Fab. eleut. 1. p. 360.
> Oliv. col. 6. n.º 98. p. 1002. pl. 1. f. 2. *a. b.*
> Habite en Europe. Commune.

4. Coccinelle à cinq points. *Coccinella quinquepunctata.*

> *C. elytris rubris : punctis quinque nigris.*
> *Coccinella quinquepunctata.* Lin. Fab.
> Oliv. coléopt. pl. 1. f. 3. *a. b.*
> Habite en Europe, sur les plantes.

5. **Coccinelle à sept points.** *Coccinella septempunctata.*

C. elytris rubris : punctis septem nigris.
Coccinella septempunctata. Lin. Fab.
Geoff. ins. 1. p. 321. n.º 3. pl. 6. f. 1.
Habite en Europe. C'est la plus commune.
Etc.

TROISIÈME SECTION.

Quatre articles à tous les tarses [les Tétramères].

Cette troisième section est beaucoup plus nombreuse en genres et en espèces que les deux précédentes, et comprend tous les coléoptères qui ont généralement quatre articles à tous les tarses. Tous ces insectes sont phytiphages, vivent dans les bois, sur les plantes ou sur des champignons. Dans la plupart, les larves ont des pattes très-courtes, et souvent n'ont à la place que des mamelons.

Si l'on observe, parmi les insectes de cette section, quelques familles assez naturelles et même fort remarquables, comme les *chrysomélines*, les *cérambiciens*, les *charansonites*, il y en a d'autres qui sont plus obscures et presque hypothétiques ; l'on trouve même, parmi ces insectes, quelques genres singuliers qui semblent, en quelque sorte, isolés. Il en résulte qu'en général les *coléoptères tétramères* sont difficiles à étudier, à distribuer dans l'ordre de leurs rapports, et surtout à diviser convenablement, c'est-à-dire, sans surcharger la méthode d'une multitude de petites divisions qui accroîtraient pro-portionnellement la difficulté de son usage.

Dans ma tendance à simplifier la méthode, tant que je le croirai possible, sans trop nuire à l'étude, je divi-serai les tétramères en six coupes principales, dont quel-ques-unes me paraissent des familles naturelles, tandis que les autres n'en sont que de supposées et de provisoires : voici mes divisions.

DIVISION DES COLÉOP. TÉTRAMÈRES.

§. *Tête sans museau avancé.*

* Antennes de onze articles au moins, et toujours le troisième article des tarses bilobé.

(1) Antennes en massue perfoliée.

Les érotylènes.

(2) Antennes non en massue. Elles sont, soit sétacées, soit filiformes ou mouiliformes, quelquefois grossissant un peu vers leur sommet.

(a) Antennes filiformes ou moniliformes, courtes en général. Lèvre inférieure non dilatée en cœur à son extrémité.

Les chrysomélines.

(b) Antennes longues et sétacées dans la plupart, quel-quefois moniliformes. Lèvre inférieure dilatée en cœur à son extrémité.

Les cérambiciens.

** Antennes n'ayant pas en même temps onze articles et le troi-sième article des tarses bilobé.

(1) Troisième article des tarses entier.

Les corticicoles.

(2) Troisième article des tarses bilobé.

Les scolitaires.

§§. *Tête ayant un museau avancé.*

Les charansonites.

LES ÉROTYLÈNES.

Antennes en massue perfoliée. Une dent cornée au côté interne des mâchoires. Le troisième article des tarses bilobé.

Parmi les coléoptères tétramères, dont la tête n'offre point antérieurement un museau avancé, et dont le troisième article des tarses est divisé en deux lobes, tous ceux qui ont des antennes en massue perfoliée, constituent la famille des *érotylènes.*

La plupart de ces insectes ont le corps arrondi ou ovale, quelquefois hémisphérique, souvent même très-bombé ou gibbeux, rappellent l'aspect des coccinelles qui terminent la section précédente, et semblent annoncer le voisinage des chrysomélines qui viennent effectivement après eux.

Voici comment l'on peut diviser les quatre genres qui se rapportent à cette famille.

(1) Palpes maxillaires terminés par un article plus grand, transversal, sémi-lunaire ou en hache.

Erotyle.

Triplax.

(2) Palpes maxillaires terminés par un article allongé, presque ovale, mais point en croissant ni en hache.

(a) Corps linéaire. Massue des antennes de cinq articles.

Langurie.

(b) Corps hémisphérique. Massue des antennes de trois articles.

Phalacre.

EROTYLE. (*Erotylus.*)

Antennes terminées en massue oblongue, perfoliée. Quatre palpes courts, inégaux, dont le dernier article est large et en croissant. Division intérieure des mâchoires cornée, terminée par deux dents.

Corps ovale, gibbeux. Pattes à jambes grêles.

Antennæ clavá oblongá, subperfoliatá terminatæ. Palpi quatuor breves, inæquales; articulo ultimo semilunato aut securiformi. Maxillarum processus internus corneus, apice bidentatus.

Corpus ovatum, dorso convexo subgibboso. Pedes tibiis gracilibus subcylindricis.

OBSERVATIONS.

Les *érotyles* se distinguent, au premier aspect, par leur corps ovale, convexe, à dos souvent gibbeux, lisse, et ordinairement varié de couleurs vives; quelques-uns sont presque hémisphériques. On avait confondu ces insectes, les uns avec les chrysomèles, et les autres avec les coccinelles; mais, outre l'aspect particulier qui les distingue, on les reconnaît par leurs antennes en massue, et on ne peut les confondre avec les coccinelles, puisqu'ils ont quatre articles aux tarses.

Ces insectes ont le corselet un peu aplati, les élytres très-bombées, embrassant l'abdomen sur les côtés par un rebord replié à angle tranchant. Ils fréquentent les plantes et les fleurs, et vivent à-peu-près comme les chrysomèles.

On en connaît plus de trente espèces. La plupart se trouvent dans l'Amérique méridionale.

ESPECES.

1. Erotyle géant. *Erotylus giganteus.*

> *E. ovatus, ater ; elytris maculis fulvis numerosissimis.*
> *Erotylus giganteus.* Fab. eleut. 2. p. 3.
> Oliv. coléopt. 5. n.º 89. tab. 1. f. 6.
> Habite à Cayenne. Ses élytres sont très-convexes.

2. Erotyle bossu. *Erotylus gibbosus.*

> *E. ater, gibbus ; elytris flavescentibus nigro-punctatis ;*
> *Fasciá mediá posticáque nigris.*
> *Chrysomela gibbosa.* Lin.
> *Erotylus gibbosus.* Fab. Oliv. col. pl. 1. f. 4. a. b.
> Habite l'Amérique méridionale.

3. Erotyle histrion. *Erotylus histrio.*

> *E. ovato-oblongus, ater ; elytris nigro flavoque fasciatis :*
> *maculá baseos apicisque coccineá.* F.
> *Erotylus histrio.* Fab. Oliv. col. pl. 2. f. 12. a. b.
> Habite à Cayenne.

4. Erotyle cinq points. *Erotylus quinquepunctatus.*

> *E. elytris nigris : punctis quinque rubris.*
> *Chrysomela quinquepunctata.* Lin.
> *Erotylus quinquepunctatus.* Fab. el. 2. p. 5.
> Oliv. col. 5. n.º 89. pl. 1. f. 5.
> Habite l'Amérique méridionale.
> Etc.

TRIPLAX. (Triplax.)

Antennes moniliformes, terminées en massue courte, subovale. Mâchoires à division intérieure membraneuse : une très-petite dent à leur sommet.

Corps, soit arrondi, soit ovale-oblong. Corselet convexe. Pattes à jambes élargies, en triangle allongé.

Antennæ moniliformes, in clavam brevem subovatam terminatæ. Maxillæ processu interno membranaceo : dente minimo ad apicem.

Corpus vel rotundatum, vel ovato-oblongum. Thorax disco altiore. Pedes tibiis subdilatatis, elongato-trigonis.

OBSERVATIONS.

Fabricius a donné le nom de tritomes à ceux de ces insectes qui ont le corps arrondi ; ce ne sont pas les tritomes de Geoffroy. Quant à ceux qui ont le corps ovale ou oblong, il les a nommés *triplax*. Il convient de réunir les uns et les autres en un seul genre, comme l'a fait M. Latreille.

On sent que les *triplax* avoisinent les érotyles par leurs rapports ; mais ils ont la massue des antennes plus courte, ovale ou presque ronde. Leurs pattes ont les jambes moins grêles, un peu élargies. Ces insectes vivent dans les bolets sessiles qui naissent sur les troncs d'arbres, ou sous l'écorce des arbres.

ESPÈCES.

1. Triplax bipustulé. *Triplax bipustulatum.*

    T. ovato-rotundatum, nigrum, nitidum ; elytris maculâ baseos sanguineâ.

Tritoma bipustulatum. Fab. Latr.

Triplax bipustulata. Oliv. col. 5. n.° 89. pl. 1. f. 5.

Habite en Europe, dans les bolets.

2. Triplax nigripenne. *Triplax nigripenne.*

T. oblongum, rufum; antennis elytris pectoreque nigris.

Silpha russica. Lin.

Triplax russica. Fab. Oliv. col. 5. n.° 89. p. 491.

Et érotyle. pl. 1. f. 1.

Panz. fasc. 50. f. 7.

Habite en Europe, sur les arbres.

LANGURIE. (Languria.)

Antennes à massue perfoliée, oblongue, comprimée, de cinq articles. Mandibules bifides au sommet. Palpes maxillaires subfiliformes, à dernier article plus épais, allongé.

Corps linéaire ; corselet en carré long, marginé.

Antennæ in clavam perfoliatam, oblongam, compressam, quinque-articulatam terminatæ. Mandibulæ apice bifido. Palpi maxillares subfiliformes : articulo ultimo crassiore, longiore.

Corpus lineare. Thorax elongato-quadratus, marginatus.

OBSERVATIONS.

Les *languries* sont des insectes exotiques, à corps allongé, étroit, presque linéaire ; à antennes à peine plus longues que le corselet. Le pénultième article de leurs tarses est bilobé. Malgré leur forme allongée, on sent que ces insectes tiennent aux érotylènes par leurs rapports.

ESPÈCES.

1. Langurie bicolore. *Languria bicolor.*

L. rufa; elytris æneis punctatis : punctis in strias digestis.

Languria bicolor. Lat. gen. crust. et ins. 1. tab. 11. f. 11.
Et vol. 3. p. 65. Oliv. col. 5. n.º 88. pl. 1. f. 1.
Trogosita bicolor. Fab. eleut. 1. p. 152.
Habite l'Amérique septentrionale. Bosc.

2. Langurie de Mozard. *Languria Mozardi.*

> *L. rubra ; elytris nigris punctatis : punctis per series digestis.*
>
> *Languria Mozardi.* Latr. gen. crust. et ins. 3. p. 66.
> Habite l'Amérique septentrionale. Mozard.

3. Langurie allongée. *Languria elongata.*

> *L. elongata, ferruginea ; capite elytrisque cyaneis.*
> *Trogosita elongata.* Fab. eleut. 1. p. 152.
> Habite l'île de Sumatra.

4. Langurie filiforme. *Languria filiformis.*

> *L. elongata, ferruginea ; antennis pedibus que nigris.*
> *Trogosita filiformis.* Fab. eleut. 1. p. 152.
> Habite l'île de Sumatra.

PHALACRE. (Phalacrus.)

Antennes à massue oblongue, de trois articles : le dernier allongé, ovale ou conique. Mandibules étroites, arquées, bidentées au sommet. Palpes subfiliformes.

Corps presque hémisphérique ou ovale, très-lisse. Corselet ayant des angles aigus.

Antennæ clavá oblongá, triarticulatá : articulo ultimo elongato, ovali aut conico. Mandibulæ augusto-arcuatæ, apice bidentatæ. Palpi subfiliformes.

Corpus subhemisphæricum aut ovatum, lævissimum. Thorax angulis acutis.

OBSERVATIONS.

On rencontre les *phalacres* sur les fleurs composées, semi-flosculeuses, et sous les écorces d'arbres. Leur corps

st ovale ou presque hémisphérique , très-bombé et fort
lisse. Le troisième article de leurs tarses est bilobé , comme
dans les autres érotylènes.

ESPECES.

1. Phalacre bicolor. *Phalacrus bicolor.*

    Ph. niger, ovatus ; elytris apice punctis duobus rubris.
    Latr. gen. crust. et ins. 3. p. 66.
    Anthribe à deux points ronges. Geoff. 1. p. 308.
    Anthribe bimaculé. Oliv. Encycl. n.º 5.
    Anisostoma bicolor. Fab. éleut. 1. p. 100.
    Habite en Europe , sur les fleurs du pissenlit.

2. Phalacre pédiculaire. *Phalacrus pedicularius.*

    Ph. ovatus, niger, immaculatus ; elytris lœvibus.
    Anthribus pedicularius. Oliv. Encycl. n.º 6.
    Nitidula pedicularia. Fab. éleut. 1. p. 352.
    Habite en Europe , sur les fleurs.

3. Phalacre marbré. *Phalacrus marmoratus.*

    Ph. ovatus, niger ; elytris striatis, rubro nigroque marmo-
      ratis.
    Anthribus. Geoff. ins. 1. p. 306. n.º 1. pl. 5. f. 3.
    Anthribus marmoratus. Oliv. Encycl. n.º 8.
    Habite en Europe , sur les fleurs de la jacée.

LES CHRYSOMÉLINES.

*Antennes non en massue : elles sont filiformes ou mo-
niliformes. Lèvre inférieure non dilatée en cœur à
son extrémité.*

Les *chrysomélines* sont, en général, des insectes de petite taille , ayant la tête en partie enfoncée dans le corselet; des couleurs assez vives, quelquefois brillantes ;
des antennes courtes ou de longueur médiocre , filiformes ou moniliformes, s'épaississant quelquefois un peu

vers leur sommet, sans être véritablement en massue. Elles ont toutes le troisième article des tarses bilobé.

Les unes ont le corps arrondi ou ovale, quelquefois oblong, à corselet aussi large que long, ou au moins de la largeur des élytres à sa base, et on les a distinguées en *chrysomélines* proprement dites.

Les autres ont le corps allongé, le corselet cylindrique, étroit, conséquemment plus long que large, et on les a considérées comme formant une coupe particulière, sous le nom de *criocérides*. Celles-ci paraissent effectivement avoisiner les cérambiciens par leurs rapports.

Les chrysomélines ont les antennes moins longues que les cérambiciens, et n'ont pas comme eux la lèvre inférieure dilatée en cœur à son extrémité, quoiqu'elle soit quelquefois échancrée, surtout dans les criocérides. Ces insectes sont fort nombreux, très-diversifiés, vivent sur les plantes, et la plupart fréquentent les fleurs : je les divise de la manière suivante.

DIVISION DES CHRYSOMÉLINES.

* *Corselet n'étant pas plus long que large, ou dont la largeur à sa base, égale celle des élytres.* [Chrysomélines courtes.]

(1) Tête en partie cachée ou enfoncée sous le corselet.

(a) Corps suborbiculaire, clypéiforme, bordé. Corselet cachant la tête ou la recevant dans une échancrure.

Casside.

(b) Corps ovoïde ou ovale-oblong, non clypéiforme.

(+) Antennes écartées à leur insertion.

☐ Antennes simples, non en scie.

✠ Tête droite ou avancée. Corselet transverse, ne cachant qu'une partie de la tête.

Chrysomèle.

✠✠ Tête inclinée verticalement. Corselet très-bombé, cachant presque entièrement la tête.

Gribouri.

☐☐ Antennes en scie ou en peigne d'un côté.

Clythre.

(++) Antennes très-rapprochées à leur insertion.

☐ Point de pattes propres pour sauter.

Galéruque.

☐☐ Pattes postérieures propres à sauter.

Altise.

(2) Tête entièrement découverte. Le corps oblong.

Hispe.

* ** *Corselet étroit, plus long que large. Le corps allongé.* [Chrysomélines allongées.]

(a) Mandibules bifides ou échancrées à leur pointe.

(+) Antennes moniliformes. Les yeux échancrés.

Criocère.

(++) Antennes filiformes. Les yeux sans échancrure.

Donacie.

(b) Mandibules entières à leur pointe.

Sagre.

———

CASSIDE. (Cassida.)

Antennes submoniliformes, grossissant un peu vers leur sommet, très-rapprochées à leur insertion. Bouche en dessous. Palpes courts.

Tête cachée sous le corselet, ou reçue dans une échancrure de sa partie antérieure. Le corps suborbiculaire, déprimé, clypéiforme, bordé tout autour.

Antennæ submoniliformes, extrorsùm sensìm subcrassiores, basi approximatæ. Os inferum. Palpi breves.

Caput sub thorace absconditum aut in illius incisurâ anticâ receptum. Corpus suborbiculare, depressum, clypeiforme, ad periphœriam marginatum.

OBSERVATIONS.

On reconnaît facilement les *cassides* au premier aspect. Leur corps large, presque orbiculaire, déprimé, a, en quelque sorte, la forme d'un bouclier ou d'une petite tortue. Il est souvent un peu relevé au milieu du dos, et se trouve bordé ou dépassé tout autour par le corselet et les côtés des élytres. Fabricius a fait son genre *imatidium* avec les espèces qui ont le corselet échancré antérieurement.

Les larves des *cassides* sont très-singulières : elles ont six pattes, le corps large, court, aplati, bordé sur les côtés d'appendices branchus, subépineux. Leur queue se recourbe en dessus, se termine en fourche, et soutient les excrémens de l'animal dont il se fait une espèce de parasol.

En Europe, on rencontre ces insectes sur les chardons, les plantes à feuilles verticillées et rubiacées [*gallii*], et sur une inule d'automne ; mais on n'y en connaît que très-peu d'espèces. Dans les pays étrangers, au contraire, surtout dans l'Amérique et dans l'Inde, on en trouve un assez grand nombre et de fort belles.

ESPÈCES.

1. Casside verte. *Cassida viridis.*

> C. *viridis, pedibus pallidis : femoribus nigris.*
> *Cassida viridis.* Lin. Fab. éleut. 1. p. 387.
> Oliv. col. 6. n.º 97. p. 975. pl. 2. f. 29.
> Panz. fasc. 96. f. 4.
> Habite en Europe ; sur les chardons.

2. Casside équestre. *Cassida equestris.*

> C. *viridis, elytrorum basi strigâ argenteâ, abdomine nigro :*
> *margine pallido.*
> *Cassida equestris.* Fab. éleut. 1. p. 388.
> Oliv. coléopt. 6. n.º 97. pl. 1. f. 3.
> Habite en Europe, sur la menthe aquatique.

3. Casside noble. *Cassida nobilis.*

> C. *grisea, elytris lineâ cœruleâ nitidissimâ.* F.
> *Cassida nobilis.* Lin. Fab. éleut. 1. p. 396.
> Oliv. col. 6. n.º 97. pl. 2. f. 24.
> Panz. fasc. 39. t. 15.
> Habite en Europe, sur les plantes verticillées.
> Etc. Presque toutes les autres espèces connues sont exotiques.

CHRYSOMÈLE. (Chrysomela.)

Antennes moniliformes, grossissant un peu vers leur sommet, écartées, insérées devant les yeux. Mandibules courtes, crochues ; mâchoires bilobées. Quatre palpes, à dernier article plus gros, subtronqué.

Corps ovale, quelquefois presque orbiculaire, épais, convexe. Corselet large, subtransverse.

Antennæ moniliformes, sensìm extrorsùm crassiores, remotæ, ante oculos insertæ. Mandibulæ bre-

ves , uncinatœ ; maxillœ bilobœ. Palpi quatuor : articulo ultimo crassiore , subtruncato.

Corpus ovatum, interdùm suborbiculare , crassum, convexum. Thorax subtransversus.

OBSERVATIONS.

Les couleurs brillantes dont sont parées la plupart des *chrysomèles* ont fait donner à ce genre le nom qu'il porte. Sur plusieurs , en effet , le vert-doré, le bleu , l'azur , l'écarlate, etc. , brillent avec beaucoup d'éclat. Ces insectes néanmoins sont de moyenne taille. Leur corps est ovale , quelquefois presque hémisphérique , convexe en dessus , glabre , souvent lisse et même luisant.

Les chrysomèles ne sont pas sans rapports avec les érotyles , les coccinelles et les cassides , dont néanmoins elles sont très-distinctes. Mais elles en ont de plus grands avec les galéruques , les gribouris , les clythres et les altises.

La tête des chrysomèles est légèrement inclinée et un peu enfoncée dans le corselet , beaucoup moins cependant que dans les gribouris.

Le corselet est, en général, plus large que long et un peu bordé ; mais les élytres ne le sont pas. Le pénultième article des tarses est constamment bilobé.

Les chrysomèles vivent sur les herbes et sur les arbres , se nourrissent de leurs feuilles et y déposent leurs œufs. Plusieurs espèces aiment à vivre en société sur une même feuille qu'elles rongent en compagnie.

Ce genre est nombreux en espèces, quoiqu'il ait été fort réduit de l'état où on l'avait d'abord institué.

ESPECES.

1. Chrysomèle ténébrion. *Chrysomela tenebricosa.*
　C. ovata, aptera, atra ; thorace elytrisque lœvibus ; antennis pedibusque violaceis. Oliv. dict. 5. n.o 1. p. 689.

Coléopt. 5. p. 508. pl. 1. f. 11.

Tenebrio lævigatus. Lin.

Chrysomela tenebricosa. Fab. Panz. fasc. 44. t. 1.

Habite en Europe. Commune en France.

2. Chrysomèle violette. *Chrysomela violacea.*

C. ovata, cyanea, nitida ; thorace elytrisque subtilissimè
punctatis.

Oliv. coléopt. pl. 6. f. 82.

Chrysomela violacea. Panz. fasc. 44. tab. 8.

Habite en France, en Allemagne, sur les saules.

3. Chrysomèle céréale. *Chrysomela cerealis.* L.

C. ovata, rubro-ænea ; thorace elytrisque vittibus cæruleis.

Chrysomela cerealis. Lin. Fab. élent. 1. p. 439.

Oliv. coléopt. 5. n.º 91. p. 545. pl. 7. f. 104.

Panz. fasc. 44. t. 11.

Habite en Europe, sur les genets.

4. Chrysomèle du peuplier. *Chrysomela populi.*

C. ovata ; thorace cærulescente ; elytris rubris , apice
fuscis.

Chrysomela populi. Lin. Fab. élent. 1. p. 433.

Oliv. coléopt. pl. 7. f. 110.

Habite en Europe , sur le peuplier.

5. Chrysomèle sanguinolente. *Chrysomela sanguinolenta.*

C. atra ; elytris punctatis ; margine exteriori sanguineo.

Chrysomela sanguinolenta. Lin. Fab. éleut. 1. p. 441.

Geoff. ins. 1. p. 259. tab. 4. f. 7.

Oliv. coléopt. pl. 1. f. 8. Panz. fasc. 16. t. 10.

Habite en Europe , dans les bois.

Etc.

GRIBOURI. (Cryptocephalus.)

Antennes filiformes, simples , aussi longues ou plus
longues que le corselet , à articles oblongs. Division

externe des mâchoires plus grande que l'interne. Palpes courts.

Corps subcylindracé ; corselet bombé ou très-convexe. Tête penchée presque verticalement, enfoncée et en partie cachée sous le corselet.

Antennæ filiformes , simplices, thoracis longitudine vel thorace longiores; articulis oblongis. Maxillæ processu externo interno majore. Palpi breves.

Corpus subteres vel ovato - cylindricum : thorax valdè convexus. Caput ad perpendiculum ferè nutans, thoraci partìm intrusum.

OBSERVATIONS.

Les *gribouris* ont de grands rapports avec les chrysomèles , ce qui est cause que Linné ne les en a point distingués. Néanmoins ils en diffèrent , 1.º par leurs antennes filiformes , non grenues ; mais à articles oblongs; 2.º par leur corps presque cylindrique ou à-peu-près de même largeur d'un bout à l'autre ; 3.º en ce que leur corselet n'est point bordé , et surtout en ce que leur tête , au lieu d'être avancée ou saillante , est très inclinée en bas , forme presque un angle droit avec l'axe du corps , et ne paraît presque point lorsqu'on regarde l'animal en dessus. Je n'en distingue point les eumolpes, les colapses , ni même les chlamydes, quoique celles-ci aient les antennes un peu courtes et légèrement en scie.

Les gribouris sont la plupart ornés de couleurs assez brillantes. Ils vivent sur les plantes , et leurs larves y font quelquefois beaucoup de dégâts, en rongeant les jeunes pousses à mesure qu'elles se développent.

ESPÈCES.

1. **Gribouri de la vigne.** *Cryptocephalus vitis.*

C. *niger, pubescens, punctulatus; elytris brunneo-sangui-neis.*

Cryptocephalus vitis. Oliv. col. n.º 96. pl. 1. f. 9. *Eumolpus,* ibid. p. 911.

Eumolpus vitis. F. éleut. 1. p. 422.

Panz. fasc. 89. f. 12.

Habite la France et l'Europe australe, sur la vigne.

2. **Gribouri soyeux.** *Cryptocephalus sericeus.*

C. *aurato-viridis, nitidus, punctulatus; elytris rugosulis; antennis nigris.*

Chrysomela sericea. Lin.

Cryptocephalus sericeus. Fab. Oliv. Latr.

Habite en Europe, sur les saules, les fleurs semi - floscu-leuses.

3. **Gribouri cordigère.** *Cryptocephalus cordiger.*

C. *thorace variegato, elytris rubris : punctis duobus ni-gris.*

Chrysomela cordigera. Lin.

Cryptocephalus cordiger. Fab. éleut. 2. p. 44.

Oliv. coléop. 6. n.º 96. p. 793. pl. 4. f. 57. Panz. fasc. 13. t. 6.

Habite en Europe.

4. **Gribouri du coudrier.** *Cryptocephalus coryli.*

C. *niger; thorace elytrisque testaceis; suturâ nigrâ.*

Cryptocephalus coryli. Fab. éleut. 2. p. 45.

Panz. fasc. 68. t. 6. Oliv. col. pl. 4. f. 60.

Habite en Europe, sur le noisetier.

Etc.

CLYTHRE. (Clythra.)

Antennes filiformes, en scie d'un côté, à peine de la longueur du corselet. Mandibules avancées, bi-dentées au sommet.

Tête penchée, enfoncée dans le corselet. Corps sub-cylindrique, court.

Antennæ filiformes, hinc serratæ, breves, vix thoracis longitudine. Mandibulæ apice bidentatæ, sæpius porrectæ.

Caput nutans, thoraci intrusum. Corpus cylindraceum, breve.

OBSERVATIONS.

Ces coléoptères ont été confondus avec les chrysomèles par *Linné*, et avec les gribouris par *Fabricius*, dans ses premiers ouvrages. *Laicharting* et, depuis, les autres entomologistes, en ont formé un genre particulier, sous le nom de *clythre*. Geoffroy avait, le premier, reconnu ce genre, et lui avait donné le nom de *melolontha* ; nom que l'on a depuis attribué au genre des hannetons.

Les *clythres* se reconnaissent aisément au caractère de leurs antennes, et à leurs mandibules grandes, quelquefois très-avancées. Ces insectes fréquentent les fleurs. On en trouve assez souvent sur le chêne.

ESPÈCES.

1. Clythre taxicorne. *Clythra taxicornis.*
    C. obscurè cyanea ; elytris testaceis immaculatis ; antennis elongatis, serratis.
    Clythra taxicornis. Fab. éleut. 2. p. 34.
    Oliv. coléopt. n.º 96. p. 843. (Gribouri. pl. 1. f. 2.)
    Habite le midi de la France, l'Italie.

2. Clythre à quatre points. *Clythra quadripunctata.*
    C. nigra, elytris rubris : punctis duobus nigris.
    Chrysomela quadripunctata. Lin.
    Melolontha. Geoff. ins. 1. p. 195. tab. 3. f. 4.
    Oliv. coléopt. 6. n°. 96. p. 850. (Gribouri. pl. 1. f. 1.)
    Habite en Europe, sur les fleurs de différens arbres.

). Clythre longipède. *Clythra longipes.*

> *C. elytris rubro-lutescentibus : maculis tribus nigris.*
>
> *Clythra longipes.* Fab. éleut. 2. p. 28.
>
> Oliv. col. 6. n.º 96. p. 845. pl. 1. f. 13.
>
> Habite en Europe, sur le noisetier.

Etc.

GALÉRUQUE. (Galeruca.)

Antennes filiformes, plus longues que le corselet, très-rapprochées à leur base. Mâchoires à deux divisions presque égales en longueur : l'extérieure plus grêle. Le dernier article des palpes de la grandeur des autres, quelquefois plus court.

Corps oblong ; corselet court.

Antennæ filiformes, thorace longiores, basi valdè approximatæ. Maxillæ processibus duobus subæquè longis : externo graciliore. Palporum articulus ultimus aliis magnitudine similis, interdùm brevior.

Corpus oblongum. Thorax brevis.

OBSERVATIONS.

Les *galéruques* tiennent encore aux chrysomèles par leurs rapports ; mais elles ont les antennes moins grenues, plus longuesque la moitié du corps, insérées entre les yeux, et par suite très-rapprochées à leur base. Leur corps d'ailleurs est oblong, à corselet un peu plus étroit antérieurement. On pourrait les confondre avec les altises ; mais leurs cuisses postérieures ne sont point renflées, et ces insectes ne sautent point.

La démarche des galéruques est lente ainsi que celle des chrysomèles. Au lieu de se servir de leurs ailes lorsqu'ils se

croient menacés , ces insectes se laissent tomber et demeurent sans mouvement. Leurs larves ont à-peu-près les
mêmes habitudes que celles des chrysomèles, et vivent sur
les plantes.

ESPÈCES.

1. Galéruque de la tanaisie. *Galeruca tanaceti.*
>   G. *nigra , punctata ; elytris coriaceis.*
>   *Chrysomela tanaceti.* Lin.
>   *Galeruca tanaceti.* Fab. éleut. 1. p. 481.
>   Oliv. coléopt. 6. n.º 93. pl. 1. f. 1.
>   Habite en Europe , sur la tanaisie.

2. Galéruque de l'orme. *Galeruca calmariensis.*
>   G. *ovato-oblonga , cinereo-lutescens ; elytris vittd lineo-
>   láque baseos nigris.*
>   *Chrysomela calmariensis.* Lin.
>   *Galeruca calmariensis.* Fab. éleut. 1. p. 488.
>   Oliv. col. 6. pl. 3. f. 37.
>   Habite en Europe , sur l'orme dont elle détruit les feuilles.

3. Galéruque sanguine. *Galeruca sanguinea.*
>   G. *capite thorace elytrisque rubris , punctatis nigro-macu-
>   latis.*
>   *Galeruca sanguinea.* Fab. Oliv. coléopt. n.º 93. pl. 3.
>   f. 41.
>   Panz. fasc. 102. t. 8.
>   Habite en Europe , sur différens arbres.
>   Etc.

ALTISE. (Altica.)

Antennes filiformes , plus longues que le corselet ,
rapprochées à leur base. Mandibules terminées par deux
dents. Palpes inégaux.

Tête petite , plus étroite que le corselet. Corps ovale-
oblong. Pattes postérieures à cuisses renflées , propres
à sauter.

Antennæ filiformes, thorace longiores, basi approximatæ. Mandibulæ apice bidentatæ. Palpi inæquales.

Caput parvum, thorace angustius. Corpus ovato-oblongum. Pedes postici femoribus incrassatis saltatoriis..

OBSERVATIONS.

Quelques rapports qu'aient les *altises* avec les galéruques, on doit les en distinguer, puisqu'elles ont la faculté de sauter, et qu'on en juge facilement au renflement des cuisses postérieures de l'insecte. Les altises sont, en général, petites, et font beaucoup de tort aux plantes. On les nomme vulgairement *puces* des jardins. On en connaît un assez grand nombre d'exotiques.

ESPECES.

1. Altise des jardins. *Altica oleracea.*
   A. viridi-œnea; elytris punctatis.
   Chrysomela oleracea. Lin. Altise bleue. Geoff. 1. p. 245.
   Galeruca oleracea. Fab. éleut. 1. p. 498.
   Panz. fasc. 21. f. 1. *Altica*, n.º 66. Oliv. coléopt. 6. p. 705.
   Habite en Europe, dans les jardins, sur les choux, les navets, etc.

2. Altise testacée. *Altica testacea.*
   A. ovalis, convexa; testaceo-rubra; elytris punctulatis.
   Altica testacea. Oliv. col. 6. n.º 93. *bis.* p. 696. pl. 3. f. 49.
   Panz. fasc. 21. f. 13.
   Habite en Europe.

3. Altise rubis. *Altica nitidula.*
   A. ovato-oblonga, viridis, nitens; capite thoracequ͞e aureis; pedibus ferrugineis. Ol.
   Chrysomela nitidula. Lin.

Altica nitidula. Oliv. col. 6. p. 513. pl. 5. f. 80.
Habite en Europe, sur le saule.
Etc.

HISPE. (Hispa.)

Antennes filiformes, avancées antérieurement, rapprochées à leur insertion.

Tête entièrement découverte. Corps allongé. Corselet presque carré ou en trapèze, un peu plus étroit que les élytres. Abdomen oblong. Elytres couvrant et embrassant l'abdomen, arrondies ou presque tronquées à l'extrémité.

Antennæ filiformes, antice porrectæ, basi approximatæ.

Caput penitùs exsertum. Corpus elongatum. Thorax subquadratus aut trapeziformis, elytris parùm angustior. Abdomen oblongum. Elytra abdomen obtegentia amplectantiaque, apice rotundata aut subtruncata.

OBSERVATIONS.

Les *hispes*, par leur corps allongé et comme en pointe antérieurement, semblent se rapprocher des criocères. Les uns ont le corps hispide, presque épineux, tandis que les autres ont le corps mutique; on les a distingués sous les noms d'*hispes* et d'*alurnes*.

ESPECES.

1. Hispe noir. *Hispa atra.*

    H. atra; thorace antice spinoso, lateribus margine dilatato; elytris striato-punctatis, spinosis.
    Hispa atra. Lin. Panz. fasc. 96. f. 8.

Hispa spinosa. Fab. éleut. 2. p. 58.
Habite en Europe, sur les graminées.

2. Hispe testacé. *Hispa testacea.* L.

H. testacea, spinosa; antennis aculeïsque nigris.
Hispa testacea. Fab. éleut. 2. p. 59.
Oliv. coléopt. 6. n.° 95. p. 762. pl. 1 f. 7.
Habite le midi de la France, l'Italie, etc.

3. Hispe sanguinicolle. *Hispa sanguinicollis.* L.

H. nigra; thorace elytrorumque basi sanguineis; elytris
apice serratis.
Hispa sanguinicollis. Fab. éleut. 2. p. 60.
Oliv. coléopt. pl. 1. f. 12. *Alurnus.* Latr.
Habite l'Amérique méridionale, les Antilles.
Etc.

CRIOCÈRE. (Crioceris.)

Antennes filiformes ou submoniliformes, moins longues que le corps, rapprochées à leur base. Mandibules et mâchoires bifides. Palpes filiformes. Les yeux
échancrés.

Corps oblong; corselet étroit; abdomen en carré long,
obtus à l'extrémité.

Antennæ filiformes aut submoniliformes, corpore
breviores, basi approximatæ. Mandibulæ maxillæ-
que bifidæ. Palpi filiformes. Oculi emarginati.

Corpus oblongum. Thorax angustus [elytris an-
gustior]. Abdomen elongato - subquadratum, apice
obtusum.

OBSERVATIONS.

Les *criocères* sont des chrysomélines allongées, qui commencent, en quelque sorte, à annoncer le voisinage des
cérambiciens. Ils ont les yeux saillans et échancrés; le

corps allongé , glabre , lisse ; le corselet immarginé , sub-cylindrique , toujours plus étroit que les élytres ; enfin , la plupart sont ornés de couleurs brillantes.

Ces insectes ont la démarche lente , sont en général petits , portent leurs antennes dirigées en avant , et ont le pénultième article des tarses bilobé. On les rencontre sur les fleurs des jardins , des prés et des campagnes. Leurs larves sont courtes , assez grosses ou ramassées , et se couvrent le dos de leurs excrémens pour se garantir de l'action du soleil et des intempéries de l'air.

ESPÈCES.

1. **Criocère du lis.** *Crioceris merdigera.*

> *C. nigra ; thorace elytrisque rubris.*
> *Crioceris merdigera.* Lin. Criocère rouge. Geoff. n.° 1.
> *Crioceris merdigera.* Oliv. col. 6. n.° 94. p. 732. pl. 1. f. 8.
> Panz. fasc. 45. t. 2.
> Habite en Europe , sur le lis. Les élytres sont striés.

2. **Criocère de l'asperge.** *Crioceris asparagi.*

> *C. thorace rubro ; elytris flavidulis : cruce punctisque qua-*
> *tuor nigris.*
> *Chrysomela asparagi.* Lin. *Lema asparagi.* Fab. éleut.
> Panz. fasc. 71. t. 2.
> *Crioceris asparagi.* Oliv. col. 6. p. 744. pl. 2. f. 28.
> Habite en Europe , sur l'asperge.
> Etc.

DONACIE. (Donacia.)

Antennes filiformes, plus longues que le corselet , à articles inégalement allongés. Mandibules bidentées au sommet. Mâchoires bifides. Les yeux entiers.

Corps allongé , brillant. Pattes postérieures à cuisses un peu renflées.

Antennæ filiformes , thorace longiores ; articulis

inæqualiter elongatis. Mandibulæ apice bidentatæ. Maxillæ bifidæ. Oculi integri.

Corpus elongatum , colore metallico sœpius nitidum. Pedes postici femoribus incrassatis , subclavatis.

OBSERVATIONS.

Les *donacies* paraissent se rapprocher des sagres par leurs couleurs brillantes et métalliques et même un peu par le renflement des cuisses de leurs pattes postérieures. Mais elles s'en distinguent par leurs mandibules bidentées au sommet, et par leur corps plus étroit. Ces insectes vivent la plupart sur des plantes aquatiques.

ESPÈCES.

1. Donacie de la sagittaire. *Donacia sagittariæ.*

D. viridi-aurea ; elytris striatis : femoribus posticis dentatis.

Donacia sagittariæ. Fab. éleut. 2. p. 128.
Panz. fasc. 29. f. 7. Oliv. col. 4. n.° 75. pl. 1. f. 4. *a. b. c.*
Habite en Europe , sur les plantes aquatiques.

2. Donacie clavipède. *Donacia clavipes.*

D. viridi-aurea ; abdomine argenteo sericeo ; femoribus posticis longis , clavatis inermibus. Ol.

Donacia clavipes. Fab. éleut. 2. p. 128.
Oliv. col. 4. n.° 75. pl. 1. f. 6. *a. b.*
Donacia menyanthidis ? Panz. fasc. 29. t. 13.
Habite en Europe , sur les plantes aquatiques.
Etc.

SAGRE. (Sagra.)

Antennes filiformes , de la longueur du corselet ou un peu plus , insérées devant les yeux. Palpes filiformes. Mandibules entières à leur pointe. Les yeux échancrés.

Corps oblong, brillant. Pattes postérieures très-grandes, à cuisses épaisses, fortes et dentées.

Antennæ filiformes, thoracis longitudine vel ultrà, ante oculos insertæ. Palpi filiformes. Mandibulæ acumine simplici terminatæ. Oculi emarginati.

Corpus oblongum, colore metallico nitidum. Pedes postici maximi, femoribus incrassatis, validis, subdentatis.

OBSERVATIONS.

Les *sagres* sont des insectes étrangers à l'Europe, qui sont très-voisins des donacies par leurs rapports, mais qui s'en distinguent par leurs mandibules entières à leur pointe, et peut-être même par leurs cuisses postérieures qui sont en général épaisses et dentées.

ESPECE.

1. Sagre fémorale. *Sagra femorata.*

    S. viridi-ænea; femoribus tibiisque posticis dentatis.

    Sagra femorata. Fab. éleut. 2 p. 26.

    Oliv. col. 5. n.º 90. p. 497. pl. 1. f. 1.

    Habite aux Indes orientales, en Afrique.

    Voyez pour les autres espèces, Fab. éleut. vol. 2. p. 27. et Oliv. col. 5. n.º 90.

— Les *mégalopes* ayant les mandibules entières à leur pointe, comme les sagres, mais en étant très-distinctes, appartiennent à cette division des criocérides.

    Voyez Latr. gen. crust. et ins. 3. p. 45. et Oliv. col. 6. n.º 96. *bis.* p. 917.

LES CÉRAMBICIENS.

La lèvre inférieure évasée en cœur à son extrémité; les antennes longues, sétacées ou filiformes dans la plupart.

Les *cérambiciens* constituent, parmi les coléoptères,

une famille naturelle, très-remarquable par ses caractères généraux, et qui, comme toutes les autres, ne se
lie et ne semble se confondre avec les familles avoisi-
nantes, que vers ses limites.

En général, les cérambiciens se font remarquer par
un corps allongé, des antennes longues, sétacées ou
filiformes, et souvent par des yeux échancrés en forme
de rein, qui embrassent la base des antennes.

Ces tétramères ont le troisième article des tarses
bilobé, comme dans les chrysomélines ; mais leur lèvre
inférieure offre une languette fortement évasée en
cœur à son extrémité. Les autres articles des tarses sont
spongieux, et comme garnis de pelottes en dessous. Tous
ces insectes sont phytiphages, et dans la plupart les
larves ne vivent que de la substance du bois : elles font
beaucoup de tort aux arbres, surtout celles des grandes
espèces.

DIVISION DES CÉRAMBICIENS.

** Antennes longues, sétacées ou filiformes.*

(1) Lèvre supérieure très-apparente.

    (a) Antennes insérées hors des yeux. Les yeux entiers ou très-
peu échancrés.

    (+) Corselet mutique.

Lepture.

    (++) Corselet épineux ou tuberculeux.

Stencore.

    (b) Antennes insérées dans une échancrure des yeux.

      (a) Tête inclinée verticalement en bas.

      (+) Corselet épineux ou tuberculeux.

Lamie.

(+++) Corselet mutique, n'ayant ni épines ni tubercules.

Saperde.

(b) Tête en avant, mais un peu penchée.

(+) Elytres, soit plus courtes que l'abdomen, soit
longues et rétrécies en pointe postérieurement,
ne recouvrant pas complètement les ailes.

Nécydale.

(++) Elytres non subulées postérieurement, recouvrant
complètement l'abdomen et les ailes.

(✠) Corselet mutique, arrondi ou globuleux.

Callidie.

(✠✠) Corselet épineux ou tuberculeux ou très-
inégal sur les côtés.

Capricorne.

(2) Lèvre supérieure nulle ou non apparente. Les bords du corselet
tranchans, dentés, inégaux.

Prione.

** *Antennes courtes, moniliformes.*

(1) Corselet presque orbiculaire. Corps allongé, convexe.

Spondylide.

(2) Corselet carré. Corps allongé, déprimé.

Parandre.

LEPTURE. (Leptura.)

Antennes filiformes, insérées hors des yeux et entre
eux. Les yeux entiers ou très - peu échancrés. Mandibules entières; mâchoires bifides. Le dernier article des
palpes ovale, subcomprimé.

Tête penchée. Corselet mutique, rétréci antérieurement. Corps allongé ; élytres se rétrécissant vers leur extrémité dans la plupart.

Antennæ filiformes, extrà oculos interque eos insertæ. Oculi integri, vix lunati. Mandibulæ indivisæ ; maxillæ bifidæ. Palporum articulus ultimus ovatus, subcompressus.

Caput nutans. Thorax muticus, antice angustior. Corpus elongatum ; elytra versùs extremitatem sensìm angustata in plurimis.

OBSERVATIONS.

Les *leptures* et les stencores sont remarquables en ce que leurs antennes ne sont point insérées dans les yeux , c'est-à-dire , n'ont point leur base entourée d'un côté par les yeux , ce qui les réunit sous ce rapport : aussi M. Latreille ne sépare point ces deux genres. Nous ne l'imitons pas ici , parce qu'il est dans nos principes que partout, lorsque les espèces sont très-nombreuses , des distinctions génériques sont utiles , dès qu'on trouve les moyens d'en établir.

Ainsi les leptures, dont il s'agit ici , sont distinguées de nos stencores , en ce que leur corselet est mutique , c'est-à-dire, n'offre ni épines, ni tubercules. Ce sont les mêmes que celles de Fabricius et d'Olivier.

Beaucoup de leptures sont indigènes de l'Europe ; les autres sont exotiques. On croit que leur larve se nourrit de la substance du bois , ou de la racine des végétaux vivaces.

ESPÈCES.

1. **Lepture mélanure.** *Leptura melanura.*

> *L. nigra ; elytris rubescentibus lividisque : suturá apicéque nigris.*
>
> *Leptura melanura.* Lin. Fab. élent. 2. p. 355.
>
> *Stencorus.* Geoff. 1. p. 226. n.° 7. pl. 4. f. 1.

Oliv. col. 4. n.o 73. pl. 1. f. 6. Panz. fasc. 69. t. 19.
Habite aux environs de Paris.

2. Lepture rouge. *Leptura rubra.*

L. nigra; thorace elytris tibiisque purpureis.
Leptura rubra. Lin. Fab. éleut. 2. p. 357.
Panz. fasc. 69. t. 11. Oliv. col. 4. 73. pl. 2. f. 16.
Habite en Europe.

3. Lepture testacée. *Leptura testacea.*

*L. nigra ; elytris testaceis ; tibiis rufis ; thorace postice ro-
tundato.*
Leptura testacea. Lin. Fab. éleut. 2. p. 357.
Panz. fasc. 69. t. 12.
Habite en Europe.

4. Lepture noire. *Leptura nigra.*

*L. elytris attenuatis ; corpore nigro, nitido ; abdomine
rubro.*
Leptura nigra. Lin. Fab. éleut. 2. p. 360.
Panz. fasc. 69. t. 18.
Habite en Europe.
Etc.

STENCORE. (Stencorus.)

Antennes sétacées ou filiformes, insérées hors des
yeux et devant eux. Les yeux sans échancrure. Mandibules
entières ; mâchoires à deux lobes. Palpes inégaux, à dernier article plus gros, tronqué.

Corselet épineux ou tuberculeux latéralement.

*Antennæ setaceæ vel filiformes, extrà et antè ocu-
los insertæ. Oculi integri. Mandibulæ indivisæ; maxillæ bilobæ. Palpi inæquales, articulo ultimo crassiore,
truncato.*

Thorax spinosus aut tuberculatus ad latera.

OBSERVATIONS.

Les *stencores*, comme les leptures, n'ont point les antennes insérées dans les yeux, mais elles en sont séparées et posées devant. Ainsi ces deux genres diffèrent à cet égard des autres cérambiciens. Mais les stencores sont distingués des leptures par leur corselet non mutique, étant muni sur les côtés d'épines ou de tubercules. Cette distinction me paraît suffisante, et je la trouve utile, chacun de ces genres étant nombreux en espèces.

Geoffroy a établi ce genre et l'a déterminé à-peu-près par les mêmes caractéres, en y ajoutant la considération des élytres qui vont en se rétrécissant vers leur extrémité, ce qui a aussi lieu dans les leptures.

Les larves des stencores, comme la plupart de celles de cette famille, habitent, en général, dans l'intérieur des arbres.

ESPECES.

1. Stencore inquisiteur. *Stencorus inquisitor.*

> *S. niger, villosus ; thorace spinoso ; elytris nebulosis, fusco-subfasciatis.*
>
> *Cerambix inquisitor.* Lin. Rhagium, n.º 2. Fab. éleut. 2. p. 313.
>
> *Stencorus.* Geoff. 1. p. 223, n.º 2.
>
> Oliv. coléop. 4. n.º 69. pl. 2. f. 11.
>
> Habite en Europe, sur les troncs d'arbres.

2. Stencore du saule. *Stencorus salicis.*

> *S. rufus ; thorace tuberculato subspinoso ; elytris cæruleo-nigris.*
>
> *Stencorus.* Geoff. 1. p. 224. n.º 4.
>
> Oliv. coléop. 4. n.º 69. p. 22. pl. 1. f. 5.
>
> Habite aux environs de Paris, sur le saule, le marronnier d'Inde.
>
> Etc.

LAMIE. (*Lamia.*)

Antennes sétacées, longues, insérées dans l'échancrure des yeux. Mandibules simples ; mâchoires bifides.

Tête inclinée verticalement en bas. Corselet épineux ou tuberculeux.

Antennæ setaceæ, prœlongæ, in oculorum sinu insertæ. Mandibulæ simplices ; maxillæ bifidæ.

Caput in imá parte verticaliter inflexum. Thorax ad latera spinosus aut tuberculatus.

OBSERVATIONS.

Comme on a d'abord formé le genre des *lamies* presque uniquement d'après la considération du corps gros et un peu court de ces insectes, je n'avais pas voulu admettre ce genre fondé sur de semblables caractères. Mais M. Latreille ayant observé que ces cérambiciens ont, ainsi que nos saperdes , la tête fléchie verticalement en bas, c'est-à-dire , perpendiculaire à l'axe du corps , je profite de cette observation pour former le genre des lamies avec ceux des capricornes qui ont la tête verticale.

Ainsi les lamies, qui sont à-peu-près les mêmes que les *lamia* de Fabricius , ne sont distinguées des saperdes que parce qu'elles ont le corselet épineux ou tuberculeux , et des capricornes, que parce que, dans ceux-ci, la tête, quoique inclinée , est en avant.

Quelques-uns de ces insectes ont le corps allongé ; beaucoup d'autres l'ont assez gros et un peu court. On les trouve sur les arbres et sur les plantes.

ESPÈCES.

1. Lamie longimane. *Lamia longimanus.*

L. thorace spinis mobilibus ; elytris variegatis, basi unidentatis apiceque bidentatis ; antennis longissimis.

Cerambix longimanus. Lin.

Prionus longimanus. Fab. Oliv. coléopt. 4. n.º 66. pl. 3 et 4.
f. 12.

Habite l'Amérique méridionale.

2. Lamie charpentier. *Lamia œdilis.* Fab.

L. thorace spinoso, punctis quatuor luteis: elytris obscu-
ris, nebulosis; antennis longissimis.

Cerambix œdilis. Lin.

Oliv. coléopt. 4. p. 81. n.º 67. pl. 9. f. 59.

Habite l'Europe boréale, la France.

3. Lamie aranéiforme. *Lamia araneiformis.* Fab.

L. thorace spinoso, antennis longis: articulo quinto den-
tato, elytris porosis.

Cerambix araneiformis. Lin.

Oliv. coléopt. 4. p. 64. n.º 67. pl. 5. f. 34.

Habite l'Amérique méridionale.

Etc.

SAPERDE. (Saperda.)

Antennes sétacées, insérées dans l'échancrure des yeux.
Palpes filiformes. Mandibules et mâchoires comme dans
les lamies.

Tête inclinée verticalement en bas. Corselet mutique,
cylindracé. Corps allongé.

Antennæ setaceæ, in oculorum sinu insertæ. Palpi
filiformes. Mandibulæ maxillæque ut in lamiis.

Caput in imá parte verticaliter inflexum. Thorax
muticus, cylindraceus. Corpus elongatum.

OBSERVATIONS.

Les *saperdes* nous paraissent suffisamment distinguées
des lamies par leur corselet mutique. Elles semblent par-là
se rapprocher davantage des callidies; mais, outre que celles-

ci ont leur tête en avant, quoique un peu inclinée, leur corselet court, arrondi, presque globuleux, les en distingue facilement.

Le corps des saperdes est allongé, et d'une grosseur presque égale dans toute sa longueur. La tête est à-peu-près de même largeur que le corselet. Enfin, les élytres sont presque de même largeur partout, et recouvrent entièrement les ailes et l'abdomen, ce qui distingue les saperdes des nécydales.

Les saperdes se nourrissent de substance végétale. On les trouve sur les fleurs et sur les rameaux des arbrisseaux et des arbres, où elles sont presque immobiles, et se laissent prendre facilement. Leurs espèces sont nombreuses. Par leur aspect, elles ressemblent à des leptures; mais leurs yeux échancrés, entourant la base des antennes, les en distinguent.

ESPÈCES.

1. Saperde carcharias. *Saperda carcharias.* Fab.

> *S. flavescente-cinerea, nigro-punctata; antennis annulatis mediocribus.* Oliv.
>
> *Cerambix carcharias.* Linn. Fab. éleut. 2. p. 317.
>
> Lepture chagrinée. Geoff. 1. p. 208. n.º 1.
>
> Oliv. coléopt. 4. n.º 68. p. 6. pl. 2. f. 22.
>
> Habite en Europe.

2. Saperde du chardon. *Saperda cardui.* Fab.

> *S. fusca; thorace lineato; scutello flavo; antennis longis.*
>
> *Cerambix cardui.* Lin.
>
> *Saperda cardui.* Fab. éleut. 2. p. 325. Panz. fasc. 69. t. 6.
>
> Oliv. pl. 1. f. 5.
>
> Habite l'Europe australe.

3. Saperde tête-rouge. *Saperda erythrocephala.* F.

> *S. capite rufo; thorace villoso elytris antennisque nigris.*
>
> *Saperda erythrocephala.* Fab. éleut. 2. p. 322.

Panz. fasc. 69. t. 5.

Habite en Allemagne, dans le midi de la France.

Etc. Voyez le *saperda plumigera*. Oliv. pl. 1. f. 2. et le *saperda fasciculata*. Oliv. pl. 1. f. 3. Espèces curieuses par les faisceaux de poils de leurs antennes.

NÉCYDALE. (Necydalis.)

Antennes filiformes, posées dans l'échancrure des yeux. Mandibules simples. Mâchoires à deux lobes inégaux.

Tête un peu penchée. Corselet mutique. Abdomen allongé, étroit. Élytres, soit raccourcies, soit longues et subulées, ne recouvrant qu'imparfaitement les ailes et l'abdomen.

Antennæ filiformes, in oculorum sinu insertæ. Mandibulæ simplices. Maxillæ lobis duobus inœqualibus.

Caput paululùm nutans. Thorax muticus. Abdomen elongatum, angustum. Elytra vel dimidiata, vel elongato-subulata, alas abdominisque dorsum non penitùs tegentia.

OBSERVATIONS.

Les *nécydales*, quoique voisines des callidies sous certains rapports, s'en distinguent au premier aspect, ainsi que des autres cérambiciens. Leurs antennes sont plus filiformes que sétacées; leur abdomen allongé, offre un rétrécissement ou une espèce d'étranglement vers son origine, qui le sépare du corselet. Mais ce qui les rend plus remarquables encore, c'est que leurs élytres, diverses en forme et en grandeur, ne recouvrent qu'incomplètement les ailes et l'abdomen; et, sous ces élytres, les ailes, en général, sont lâches, élevées, presque droites ou peu pliées, même pendant le repos de l'animal.

Dans certaines espèces, les élytres sont raccourcies; dans d'autres, elles sont assez longues, et pointues en arrière.

Ces insectes, dans l'état parfait, se trouvent sur les fleurs. Leur larve vit dans le bois. On n'en connaît que peu d'espèces.

ESPECES.

1. Nécydale ichneumonée. *Necydalis major.*
> *N. elytris abbreviatis ; ferrugineis, immaculatis, antennis brevibus.*
>
> *Necydalis major.* Lin. *Molorchus abbreviatus.* Fab. éleut. 2. p. 374.
>
> Oliv. coléopt. 4. n.° 74. p. 5. pl. 1. f. 1.
>
> Habite en Europe. Rare aux environs de Paris.

2. Nécydale caramboïde. *Necydalis minor.*
> *N. fusca ; elytris abbreviatis, apice lineola alba.* Oliv.
> *Molorchus dimidiatus.* Fab. éleut. 2. p. 375.
> Oliv. coléop. 4. n.° 74. p. 6. pl. 1. f. 2.
> Habite en Europe.

3. Nécydale rousse. *Necydalis rufa.* Fab.
> *N. nigra ; elytris subulatis rufis ; femoribus clavatis.*
> Lepture à étuis étranglés. Geoff. 1. p. 220. n.° 22.
> Oliv. coléopt. 4. p. 6. pl. 1. f. 6.
> Habite en Europe. Commune aux environs de Paris.

CALLIDIE. (Callidium.)

Antennes sétacées, posées dans l'échancrure des yeux. Mandibules courtes, cornées. Palpes inégaux : le dernier article plus grand, obtus, presque en hache.

Tête un peu penchée. Corselet mutique, court, globuleux ou orbiculaire, quelquefois en ovale tronqué aux extrémités.

*Antennæ setaceæ, in oculorum sinu insertæ. Man-
dibulæ breves, corneæ. Palpi inæquales : articulo ultimo majore, obtuso, subsecuriforme.*

*Caput paululùm nutans. Thorax muticus, brevis,
globosus aut orbiculatus, interdùm ovalis utráque extremitate truncatá.*

OBSERVATIONS.

Les *callidies* tiennent de très-près aux capricornes et aux
callichromes par leurs rapports. Elles en sont distinguées
par leur corselet mutique, court, subglobuleux, et elles le sont
des saperdes par cette forme du corselet, et parce que
leur tête n'est point penchée verticalement en bas.

Le corps de ces insectes est allongé, et, en général, assez
varié dans ses couleurs. On trouve les callidies dans les
bois, sur les troncs d'arbres à demi-pourris, sur les fleurs
et dans les maisons.

ESPECES.

1. Callidie sanguine. *Callidium sanguineum.*

> C. *thorace subtuberculato ; elytrisque sanguineis.*
> *Cerambix sanguineus.* Lin.
> *Callidium sanguineum.* Fab. éleut. 2. p. 340.
> Panz. fasc. 70. t. 9. *Leptura*, n.º 21. Geoff.
> Habite en Europe. Commune aux environs de Paris. Elle est
> d'un rouge vif, velouté.

2. Callidie arquée. *Callidium arcuatum.*

> C. *thorace rotundato ; elytris fasciis quatuor flavis : primá
> interruptá ; reliquis retrorsùm arcuatis.*
> *Leptura arcuata.* Lin. *Clytus arcuatus.* Fab.
> Lepture, n.º 10. Geoff. Panz. fasc. 4. t. 14.
> Habite en Europe. Très-commune.
> Etc. Voyez Panzer, fasc. 70. tab. 1—20, et les *clytus* de Fa-
> bricius.

CAPRICORNE. (Cerambix.)

Antennes sétacées, longues, insérées dans l'échancrure des yeux. Lèvre supérieure apparente. Dernier article des palpes en cône renversé, plus grand que les autres.

Tête un peu inclinée. Corselet convexe, épineux ou tuberculeux.

Antennæ setaceæ, longæ, in oculorum sinu insertæ. Labrum conspicuum. Palporum articulus ultimus inverso-conicus, aliis major.

Caput paululùm nutans. Thorax convexus, spinosus aut tuberculatus.

OBSERVATIONS.

Après les priones, ce genre est un de ceux qui comprennent les plus beaux coléoptères, et c'est aussi celui qui a fourni son nom à la famille dont il fait partie.

Les *capricornes* sont remarquables par la longueur de leurs antennes. Leur tête est inclinée, mais en avant. Leur corselet est presque toujours plus large que la tête. Il est convexe, raboteux, plissé, tuberculé ou armé de quelques épines courtes, larges à leur base. Leurs élytres, plus ou moins convexes, couvrent entièrement l'abdomen, ayant quelquefois une ou deux pointes à leur extrémité.

On trouve ordinairement les capricornes dans les bois et sur les troncs d'arbres. Leurs larves vivent dans l'intérieur des arbres qu'elles percent. Elles réduisent en poudre la substance du bois dont elles se nourrissent.

ESPÈCES.

* *Palpes maxillaires plus courts que les labiaux; Couleurs métalliques, brillantes; odeur agréable.* [Callichromes. Latr.]

1. **Capricorne musqué.** *Cerambix moschatus.*

> C. *thorace spinoso, viridis, nitens; antennis mediocribus, cyaneis.*
> *Cerambix moschatus.* Lin. Fab. 2. p. 266.
> Oliv. coléopt. 4. n.º 67. p. 23. pl. 2. f. 7.
> Geoff. 1. p. 203. n.º 5.
> Habite en Europe, sur le saule. Il a l'odeur de rose.

2. **Capricorne bleu.** *Cerambix alpinus.*

> C. *cinereo-cærulescens, fasciâ maculisque nigris; thorace spinoso.*
> *Cerambix alpinus.* Lin. Fab. éleut. 2. p. 272.
> Oliv. col. n.º 67. t. 9. f. 58.
> Geoff. 1. p. 262. n.º 4. pl. 3. f. 6. La Rosalie.
> Habite en Europe, dans les montagnes. Il est trés-beau et sent le musc.

3. **Capricorne vert.** *Cerambix virens.*

> C. *thorace rotundato, spinoso; corpore viridi; femoribus rufis.* F.
> *Cerambix virens.* Lin. Fab. p. 267.
> Oliv. col. 4. n.º 67 tab. 11. n.º 78.
> Habite l'Amérique méridionale, les Antilles. Il a une odeur agréable.
> M. Latreille rapporté à cette division les *C. albitarsus, nitens, micans, ater, festivus, vittatus, velutinus, sericeus, elegans, suturalis, latipes, regius, albicornis, longipes, cyanicornis,* de Fabricius.

** *Palpes maxillaires plus longs que les labiaux.*

4. **Capricorne noir.** *Cerambix heros.*

> C. *niger; thorace spinoso rugoso; elytris subspinosis piceis; antennis longis.*

Tome IV. 21

Cerambix heros. Fab. eleut. 2. p. 270.

Oliv. col. 4. n.º 67. pl. 1. f. 1.

Geoff. 1. p. 200. n.º 1.

Habite en Europe. C'est le plus grand qui soit en France.

5. **Capricorne rude.** *Cerambix cerdo.*

C. niger; thorace spinoso; elytris scabris, apice rotundatis.

Cerambix cerdo. Lin. Fab. p. 270.

Oliv. col. 4. n.º 67. pl. 10. f. 65.

Geoff. 1. p. 201. n.º 2.

Habite en Europe. Il a les élytres chagrinées, rudes.

Etc.

PRIONE. (Prionus.)

Antennes sétacées, longues, souvent pectinées ou en scie, insérées dans l'échancrure des yeux. Quatre palpes filiformes. Lèvre supérieure nulle ou point apparente. Mandibules fortes, avancées.

Corps déprimé. Corselet aplati, subtransverse, tranchant et denté ou épineux sur les côtés.

Antennæ setaceæ, longæ, in nonnullis pectinatæ aut serratæ, in oculorum sinu insertæ. Palpi quatuor filiformes. Labrum subnullum, inconspicuum. Mandibulæ validæ, porrectæ.

Corpus depressum. Thorax planulatus, subtransversus, lateribus acutis, dentatis aut spinosis.

OBSERVATIONS.

Les *priones* sont la plupart de grands et beaux insectes exotiques, qui vivent dans les bois comme les capricornes, et qui ont aussi la démarche lente. Leur genre est caractérisé par la double considération de la lèvre supérieure très-petite et comme nulle , et du corselet tranchant , denté ou épineux sur les côtés.

Ces insectes ont le corps oblong, déprimé ; glabre ; la tête munie de mandibules fortes, souvent saillantes ; les yeux réniformes , entourant d'un côté la base des antennes.

Geoffroy a , le premier, établi ce genre , d'après une seule espèce qu'il a connue (*prionus coriarius*) ; mais il ne l'a caractérisé que sur la considération des antennes en scie de ce prione ; ce qui n'est pas général pour toutes les espèces de ce genre, et ce qui n'a lieu que dans les mâles.

ESPECES.

1. Prione cervicorne. *Prionus cervicornis.*

P. *thorace marginato , utrinque tridentato ; mandibulis porrectis , extùs unispinosis ; antennis brevibus.* F.
Cerambix cervicornis. Lin.
Prionus cervicornis. Fab. éleut. 2. p. 259.
Oliv, coléopt. 4. n.° 66. pl. 2. f. 8.
Habite l'Amérique méridionale, les Antilles. On mange sa larve : elle vit dans le fromager.

2. Prione à collier. *Prionus armillatus.*

P. *thorace marginato , utrinque quadridentato ; elytris ferrugineis , nigro-marginatis.* F.
Cerambix armillatus. Lin.
Prionus armillatus. Fab. p. 261.
Oliv. col. 4. n.° 66. pl. 5. f. 17.
Habite dans l'Inde. Il est très-grand.

3. Prione géant. *Prionus giganteus.*

P. *thorace utrinque bidentato ; corpore nigro ; elytris ferrugineis ; antennis brevibus.* F.
Cerambix giganteus. Lin.
Prionus giganteus. Fab. p. 261.
Oliv. col. n.° 66. pl. 6. f. 21.
Habite à Cayenne.

4. Prione tanneur. *Prionus coriarius.*

> P. *thorace marginato, tridentato; corpore piceo; antennis*
>   *brevibus.* F.
>
> *Cerambix coriarius.* Lin.
>
> *Prionus coriarius.* Fab. p. 260. Panz. fasc. 9. t. 8.
>
> Geoff. 1. p. 198. tab. 3. f. 9.
>
> Habite en Europe, aux environs de Paris, dans le tronc des
>   vieux arbres.

5. Prione scabricorne. *Prionus scabricornis.*

> P. *nigro-cinnamomeus, subvillosus; thorace submargi-*
>   *nato, unidentato; antennis scabris, versùs apicem gra-*
>   *cilioribus.*
>
> *Prionus scabricornis.* Fab. p. 258.
>
> Oliv. col. 4. n.o 66. pl. 11. n.º 42.
>
> Lepture rouillée. Geoff. 1. p. 210. n.º 6.
>
> Habite l'Europe, les environs de Paris.
>
> Etc.

×× *Antennes moniliformes ou grenues.*

APPENDICE DES CÉRAMBICIENS.

Je rapporte ici, comme appendice des cérambiciens, deux genres particuliers, qui tiennent d'une part aux cérambiciens par plusieurs rapports, et de l'autre qui se rapprochent des corticicoles; mais qui sont distincts des uns et des autres.

Les deux genres dont il s'agit, et qui forment une transition des cérambiciens aux corticicoles, sont les *spondylides* et les *parandres.*

SPONDYLIDE. (Spondylis.)

Antennes courtes, moniliformes, comprimées, insérées dans l'échancrure des yeux. Labre très-petit, presque nul. Mandibules fortes, avancées. Lèvre inférieure à deux lobes divergens.

Corps oblong, convexe. Corselet subglobuleux, mutique.

Antennæ breves, moniliformes, compressæ, in oculorum sinu insertæ. Labrum minimum, subnullum. Mandibulæ validæ, porrectæ. Labium lobis divaricatis.

Corpus oblongum, convexum. Thorax subglobosus, muticus.

OBSERVATIONS.

La *spondylide* appartient encore aux cérambiciens, et doit être placée dans le voisinage des priones à cause de son labre presque nul. Elle ressemble un peu aux callidies par son corselet, mais ses antennes sont courtes ainsi que ses pattes.

On ne connaît qu'une espèce de ce genre. Je lui donne en français le nom de spondylide, à cause du genre spondyle parmi les mollusques acéphales.

ESPECE.

1. Spondylide buprestoïde. *Spondylis buprestoides.* Fab.

Oliv. coléop. 4. n.º 71. pl. 1. f. 1.
Attelabus buprestoides. Lin.
Habite en Europe, dans les bois de pins. Elle est toute noire.

———

PARANDRE. (Parandra.)

Antennes filiformes, moniliformes, insérées devant les yeux. Lèvre supérieure très-petite, à peine apparente. Mandibules fortes, avancées, dentées.

Corps parallélipipède, un peu aplati. Corselet carré, mutique. Tarses allongés.

Antennæ filiformes, moniliformes, antè oculos in-sertæ. Labrum minimum, vix conspicuum. Mandi-bulæ validæ, porrectæ, dentatæ.

Corpus elongatum, subdepressum. Thorax quadra-tus, muticus. Tarsi elongati.

OBSERVATIONS.

Les *parandres*, dont on ne connaît encore qu'une es-pèce, ne sont pas sans rapports avec les priones; ils paraissent néanmoins en avoir davantage avec les corti-cicoles.

ESPECE.

1. Parandre lisse. *Parandra lævis.* Latr.

    Attélabe lisse. Degeer, mém. sur les ins. 4. p. 351. pl. 19. f. 14.

    Tenebrio brunneus. Fab. éleut. 1. p. 148.

    Parandra. Lat. gen. crust. et ins. 1. tab. 9. f. 7. et vol. 3. p. 28.

    Habite en Amérique.

Troisième article des tarses entier.

LES CORTICICOLES.

Parmi les coléoptères tétramères dont la tête est sans museau avancé, les *corticicoles* sont les seuls qui aient tous les articles des tarses entiers, et conséquemment dont le troisième article n'est point bilobé ou bifide, pourvu cependant que l'on en sépare les scolites, comme formant une division à part.

Ainsi, sous la dénomination de corticicoles, je réu-nis différens coléoptères tétramères qui ont tous le troi-

sième article des tarses entier, des habitudes assez analogues, et qui ne peuvent faire partie d'aucune des familles bien reconnues parmi les autres tétramères. Ils
constituent un groupe particulier, que l'on ne saurait regarder comme formant une seule famille, qui se compose de races diversifiées, et néanmoins dont ces races
se lient ensemble par le caractère général que je viens
d'assigner.

M. Latreille a partagé nos corticicoles en plusieurs petites familles particulières, savoir :

En cucujipes ;

En xylophages ;

En paussiles ;

Et en bostrichiens.

Mais, de ces derniers, je sépare ses scolites, ses hylésines et ses phloïotribes. Ces familles nous paraissent médiocrement prononcées, et peu essentielles. Dans les
unes, il n'y a que peu de genres, et dans les autres, les
genres n'offrent qu'un petit nombre d'espèces, et quelquefois qu'une seule.

Les larves de la plupart de ces insectes vivent sous
les écorces des arbres ; quelques-unes se trouvent dans les
champignons. Voici le tableau des divisions qui parta-
gent leur groupe.

DIVISION DES CORTICICOLES.

1.ere SECT. *Antennes de onze articles.*

(1) Antennes de grosseur égale : elles sont moniliformes ou
filiformes.

(a) Antennes moniliformes.

Cucuje.

(b) Antennes filiformes, à articles cylindriques.

Uléiote.

(2) Antennes de grosseur inégale : elles grossissent vers leur sommet, ou se terminent en massue.

(a) Mandibules non saillantes.

(+) Corps ovale ou arrondi.

Mycétophage.

Agathidie.

(++) Corps allongé.

☐ Palpes très-courts.

Xylophile.

☐☐ Palpes maxillaires saillans.

Méryx.

(b) Mandibules fortes et saillantes.

Trogossite.

2.ᵉ SECT. *Antennes de dix articles ou d'un nombre moindre.*

(1) Palpes soit filiformes, soit plus gros vers leur extrémité.

(a) Corps ovale ou arrondi.

Cis.

(b) Corps allongé, souvent étroit.

(+) Corps déprimé.

☐ Massue des antennes de trois articles.

Némosome.

☐☐ Massue des antennes de deux articles.

Cérylon.

(++) Corps convexe.

Bostriche.

(2) Palpes coniques ou qui s'amincissent de la base à la pointe.

(a) Antennes de deux articles.

Pausse.

(b) Antennes de dix articles.

Céraptère.

CUCUJE. (Cucujus.)

Antennes filiformes, moniliformes, plus courtes que
le corps. Lèvre supérieure avancée entre les mandibules.

Corps allongé, déprimé. Tarses fort courts.

Antennæ filiformes, moniliformes, corpore breviores. Labrum inter mandibulas productum.

Corpus elongatum, depressum. Tarsi perbreves.

OBSERVATIONS.

Geoffroy donnait le nom de *cucuje* aux insectes que l'on
nomme actuellement *buprestes*; ainsi les cucujes, dont il
est ici question, sont fort différens. Ce sont des coléoptères à corps allongé et aplati, qui vivent sous les écorces
des arbres. Ils ont des antennes de grosseur égale, à onze
articles ; le dernier article des palpes tronqué.

ESPECES.

1. Cucuje déprimé. *Cucujus depressus.*

> *C. glaber, punctatus ; capite, thoracis dorso elytrisque rubris.*
>
> *Cantharis sanguinolenta.* Lin.
>
> *Cucujus depressus.* Fab. élent. 2. p. 93.
>
> Oliv. col. 4. n.º 74. *bis.* pl. 1. f. 2.
>
> Habite en Europe, sous l'écorce morte du bois.

2. Cucuje clavipède. *Cucujus clavipes.*

> *C. ruber ; thorace quadrangulari sulcato femoribus clavatis.*
>
> *Cucujus clavipes.* Oliv. col. 4. n.º 74 *bis.* pl. 1. f. 1.
>
> Habite l'Amérique septentrionale.
>
> Etc.

ULÉIOTE. (Uleiota.)

Antennes filiformes, au moins aussi longues que le corps; à articles allongés, cylindriques. Lèvre supérieure avancée entre les mandibules. Palpes terminés en pointe.

Corps oblong, très-plat. Tarses courts.

Antennæ filiformes, corporis saltèm longitudine; articulis elongatis cylindricis. Labrum inter mandibulas productum. Palporum articulus ultimus apice acutiusculus.

Corpus oblongum, valdè depressum. Tarsi breves.

OBSERVATIONS.

Ce n'est guère que par les antennes et par le dernier article des palpes que les uléiotes sont distinguées des cucujes. Elles vivent aussi sous les écorces des arbres.

ESPECE.

1. Uléiote flavipède. *Uleiota flavipes*. Lat.
    Uleiota. Lat. gen. crust. et ins. 3. p. 26.
    Cerambix planatus. Lin.
    Cucujus flavipes. Oliv. col. n.º 74 *bis*. pl. 1. f. 6.
    Brontes flavipes. Fab. éleut. 2. p. 97.
    Habite en Europe, sous les écorces. Ses antennes sont velues.

MYCÉTOPHAGE. (Mycetophagus.)

Antennes moniliformes, grossissant insensiblement vers le bout ou se terminant en une massue médiocre et perfoliée. Mandibules simples, arquées.

Corps ovale ou ovale-oblong, un peu aplati.

Antennæ moniliformes, sensìm extrorsùm crassiores, aut in clavam mediocrem et perfoliatam terminatæ. Mandibulæ simplices, arcuatæ.

Corpus ovatum vel ovato - oblongum, subdepressum.

OBSERVATIONS.

Les *mycétophages*, dont une espèce fut nommée *tritoma* par Geoffroy, parce qu'il ne lui attribuait que trois articles aux tarses, sont des coléoptères tétramères qui vivent dans les champignons et sous les écorces des arbres. Voici la citation de quelques-unes de leurs espèces.

ESPÈCES.

1. Mycétophage quadrimaculé. *Mycetophagus quadrimaculatus.*

> *M. rufus; thorace elytrisque nigris, his maculis duabus rufis.* F.
> *Chrysomela quadripustulata.* Lin.
> *Tritoma.* Geoff. 1. p. 335. pl. 6. f. 2.
> *Mycetophagus quadrimaculatus.* Lat. Fab. éleut. 2. p. 565.
> Oliv. Encycl. n.º 2. Panz. fasc. 12. t. 9.
> Habite en Europe, dans les bolets.

2. Mycétophage bifascié. *Mycetophagus bifasciatus.*

> *M. niger; elytris fasciis duabus punctoque apicis ferrugineis.*
> *Mycetophagus bifasciatus.* Lat. gen. 3. p. 10.
> Panz. fasc. 2. t. 24.
> *Ips bifasciata.* Fab. éleut. 2. p. 579.
> Habite en France, en Allemagne, sous l'écorce des arbres.

3. Mycétophage atomaire. *Mycetophagus atomarius.*

> *M. niger; elytris, punctis fasciáque posticá fulvis.* F.
> *Dermestes atomarius.* Thunb. ins. suec. 67—78.
> *Mycetophagus atomarius.* Fab. éleut. 2. p. 568.
> Panz. fasc. 12. t. 10. Oliv. Encycl. n.º 15.
> Habite en Allemagne.
> Etc.

AGATHIDIE. (*Agathidium.*)

Antennes courtes, se terminant en une massue triarticulée. Mandibules triangulaires, à sommet pointu.

Corps hémisphérique, presque globuleux, se mettant en boule. Articles des tarses tous entiers.

Antennæ breves, in clavam triarticulatam terminatæ. Mandibulæ triangulares, apice acuto.

Corpus hemisphærico-globosum, in globum contractile. Tarsorum articuli omnes integri.

OBSERVATIONS.

Par leur aspect, les *agathidies* ressemblent presque à de petites coccinelles; mais le nombre des articles de leurs tarses dont le pénultième est entier comme les autres, et les habitudes de ces insectes, les font rapporter à cette division.

ESPECES.

1. Agathidie nigripenne. *Agathidium nigripenne.*
   A. thorace rubro ; elytris abdomineque nigris.
   Agathidium. Illig. Lat. gen. crust. et ins. 3. p. 67.
   Anisostoma nigripennis. Fab. éleut. 1. p. 100.
   Sphæridium. Panz. fasc. 39. t. 3.
   Oliv. col. 2. n.º 15. pl. 2. f. 7.
   Habite en France, sur les troncs cariés des arbres. Elle est très-petite.

2. Agathidie brune. *Agathidium seminulum.*
   A. subglobosum, fuscum ; abdomine pedibusque rufis.
   Anisostoma seminulum. Fab. éleut. 1. p. 100.
   Dermestes seminulum. Lin.
   Agathidium seminulum. Panz. fasc. 37. t. 10.
   Habite en Europe, dans les champignons pourris.

XYLOPHILE. (Xylophila.)

Antennes à peine plus longues que le corselet, terminées en massue de deux ou trois articles. Mandibules
simples, non saillantes. Palpes très-courts.

Corps allongé, déprimé.

*Antennæ vix thorace longiores, clavâ bi seu triar-
ticulatâ terminatæ. Mandibulæ simplices, non porrectæ. Palpi perbreves.*

Corpus elongatum, depressum.

OBSERVATIONS.

Sous le nom de *xylophile*, je réunis les ditomes, lyctes,
colydies, latridies et sylvains de M. Latreille; parce que
leur distinction, comme genres, ne me paraît pas nécessaire. Ces insectes sont fort petits, ne se distinguent
guère des mycétophages que parce qu'ils ont le corps allongé, et la plupart sont des ips d'Olivier.

ESPECES.

1. Xylophile créuelé. *Xylophila crenata.*

   *X. niger; thorace rugoso; elytris striato-crenatis : macu-
   lis duabus rufis.*

   Lyctus crenatus. Fab. élent. 2 p. 561.

   Ips crenata. Oliv. col. 2. n.º 18. pl. 2. f. 9.

   Ditoma crenata. Lat.

   Habite en Europe, sous l'écorce des arbres.

2. Xylophile oblong. *Xylophila oblonga.*

   *X. brunnea, pubescens; thorace canaliculato; elytris stria-
   tis.*

   Ips oblonga. Oliv. col. 2. n.º 18. pl. 1. f. 5.

   Lyctus canaliculatus. Fab. élent. 2. p. 562.

   Lyctus. Latr. gen. 3. p. 16. Panz. fasc. 4. t. 16.

   Habite en Europe, sous l'écorce des arbres.

3. **Xylophile unidenté.** *Xylophila unidentata.*

> *X. oblonga, testacea ; thorace utrinque unidentato.*
> *Ips unidentata.* Oliv. col. 2. n.° 18. pl. 1. f. 4.
> *Sylvanus unidentatus.* Latr.
> *Dermestes unidentatus.* Fab. éleut. 1. p. 317.
> Habite en France, etc., sous l'écorce des arbres.
> Etc.

MÉRYX. (Meryx.)

Antennes filiformes, de la longueur du corselet, ayant les trois derniers articles un peu plus gros. Mandibules bifides au sommet, non saillantes. Palpes en massue ; les maxillaires saillans.

Corps allongé, étroit.

Antennæ filiformes ; thoracis longitudine ; articulis tribus ultimis subcrassioribus. Mandibulæ apice bifidæ, non exsertæ. Palpi clavati : maxillaribus productis.

Corpus elongatum, angustum.

OBSERVATIONS.

Le *méryx* se rapproche, par son port, des xylophiles, et peut-être a-t-il des habitudes analogues aux leurs ; mais il en est distingué surtout par ses mandibules.

ESPECE.

1. Méryx ridé. *Meryx rugosa.*

> *Meryx rugosa.* Latr. gen. crust. et ins. 1. tab. 11. f. 1 , et vol. 3. p. 17.
> Habite aux Indes orientales. Riche.

TROGOSSITE. (Trogossita.)

Antennes courtes, moniliformes, plus épaisses ou en massue vers leur sommet, ayant les trois derniers ar-

aicles plus grands. Mandibules fortes , saillantes , den-
aées.

D Corps allongé , déprimé. Corselet tronqué antérieurement , et ayant un étranglement à sa partie postérieure
qui le sépare des élytres.

*Antennæ breves , moniliformes , versùs apicem
crassiores aut clavatæ , articulis tribus ultimis majoribus. Mandibulæ validæ , exsertæ , dentatæ.*

*Corpus elongatum , depressum. Thorax anticè
truncatus , posticè ab elytris strangulo disjunctus.*

OBSERVATIONS.

Les *trogossites* ont un peu l'aspect des passales à cause de
l'étranglement de la partie postérieure de leur corselet ; mais
ils en sont bien distingués par la forme de leurs antennes et
par le nombre des articles de leurs tarses. Ce sont encore
des corticicoles à onze articles aux antennes, ayant les articles des tarses tous entiers.

ESPECES.

1. Trogossite mauritanique. *Trogossita mauritanica.*

>*T. nigricans , subtùs picea ; elytris striatis.*
>Oliv. col. 2. n.o 19 p. 6. pl. 1. f. 2.
>*Trogossita caraboides.* Fab. éleut. 1. p. 151.
>Panz. fasc. 3. t. 4.
>*Platycerus*, n.o 5. Geoff. 1. p. 64. La chevrette brune.
>Habite en France , etc. , dans les vieux bois.

2. Trogossite bleu. *Trogossita cærulea.*

>*T. cærulea , nitida ; capite lineâ impressâ.*
>*Trogossita cærulea.* Oliv. col. 2. n.o 19. pl. 1. f. 1.
>Fab. éleut. 1. p. 151. Panz. fasc. 43. t 14.
>Habite dans la France méridionale, dans le vieux pin.
>Etc.

CIS. (Cis.)

Antennes plus longues que la tête , à dix articles : les trois derniers formant une massue perfoliée. Lèvre supérieure saillante , transversé. Palpes inégaux , plus gros à leur extrémité : les labiaux très-petits.

Corps ovale , déprimé.

Antennæ capite longiores , decem-articulatæ : articulis tribus ultimis in clavam perfoliatam dispositis. Labrum exsertum , transversum. Palpi inæquales , apice crassiores : labialibus minimis.

Corpus ovatum , depressum.

OBSERVATIONS.

Les *cis* , que Fabricius a confondus avec les vrillettes ; vivent dans les bolets ou les agarics desséchés des arbres , et font partie des corticicoles qui ont moins de onze articles aux antennes.

ESPECES.

1. **Cis du bolet.** *Cis boleti.* Lat.

> *C. brunneo-nigricans , nitidiusculus , subpunctulatus ; elytris rugosulis ; antennis pedibusque rufescentibus.*
> *Cis boleti.* Latr. gen. 3. p. 12.
> *Anobium boleti.* Fab. éleut. 1. p. 323.
> Panz. fasc. 10. f. 7. *Colore castaneo.*
> *Anobium bidentatum.* Oliv. col. n.º 16. pl. 2. f. 5.
> Habite en Europe , dans les bolets.

2. **Cis nain.** *Cis minutus.*

> *C. ater , glaber , punctulatus , immaculatus.*
> *Hylesinus minutus.* Fab. éleut. 2. p. 395.
> *Bostrichus minutus.* Panz. fasc. 15. t. 11.

Habite en France , en Allemagne , dans le bolet versicolor.
Etc. Ajoutez-y l'*anobium reticulatum* , le *micans* et le *nitidum* de Fabricius.

NÉMOSOME. (Nemosoma.)

Antennes guères plus longues que la tête ; à massue
perfoliée, de trois articles. Mandibules fortes , avancées.

Corps linéaire. La tête presque aussi longue que le corselet.

*Antennæ capite non aut vix longiores : clavd per-
foliatd , triarticulatd. Mandibulæ validæ , porrectæ.*

*Corpus lineare : capite longitudine thoracem sub-
æquante.*

OBSERVATIONS.

Le *némosome* , remarquable par sa forme allongée , a été
rangé parmi les ips par Olivier , et parmi les dermestes par
Linné. Il appartient aux corticicoles qui ont dix articles aux
antennes.

ESPECE.

1. Némosome allongé. *Nemosoma elongatum.*

Lat. gen. crust. et ins. 1. tab. 11. f. 4, et vol. 3. p. 13.
Ips allongé. Oliv. col. 2. n.º 18. pl. 2. f. 16.
Dermestes elongatus. Lin.
Colydium fasciatum. Panz. fasc. 31. t. 22.
Habite en France , en Allemagne.

CÉRYLON. (Cerylon.)

Antennes un peu plus longues que la tête ; à massue
presque globuleuse, d'un ou deux articles. Mandibules
non saillantes.

Tome IV.   22

Corps allongé, étroit. Corselet presque carré, beaucoup plus long que la tête.

Antennæ capite paulò longiores : clavâ subglobosâ uni seu biarticulatâ. Mandibulæ non exsertæ.

Corpus elongatum , angustum. Thorax capite multò longior , subquadratus.

OBSERVATIONS.

Les *cérylons* sont allongés , étroits, aplatis , et ressemblent au némosome par leur port ; mais leur tête est bien plus courte , la massue de leurs antennes n'est point triarticulée , et leurs mandibules ne sont point saillantes. Ils vivent de la substance du bois, et se trouvent sous les écorces des arbres, sur les branches mortes.

ESPÈCES.

1. Cérylon escarbot. *Cerylon histeroides.* Lat.
    C. ater , nitidus ; antennis pedibusque piceis.
    Lyctus histeroides. Fab. éleut. 2. p. 561.
    Panz. fasc. 5. t. 16.
    Habite en Europe , sous l'écorce des arbres.

2. Cérylon tarrière. *Cerylon terebrans.* Lat.
    C. fusco-ferrugineus, immaculatus; elytris striato-crenatis.
    Ips terebrans. Oliv. col. 2. n.º 18. pl. 1. f. 7.
    An lyctus terebrans ? Fab. éleut. 2. p. 561.
    Habite aux environs de Paris , sous l'écorce des arbres.
    Etc. On en connaît beaucoup d'autres.

BOSTRICHE. (Bostrichus.)

Antennes plus courtes que le corselet ; à massue, tantôt perfoliée ou en scie , tantôt presque solide. Mandibules courtes, cornées, pointues. Palpes non saillans.

Tête en partie cachée par le corselet. Corps allongé, subcylindrique. Corselet convexe ou semi-globuleux.

Antennæ thorace breviores : clavá modò perfo-liatá aut serratá, modò subsolidá. Mandibulæ bre-ves, corneæ, apice acutæ. Palpi non exserti.

Caput thorace partìm occultatum. Corpus elonga-tum, subcylindricum. Thorax convexus aut semi-globosus.

OBSERVATIONS.

Les *bostriches* tiennent de très-près aux scolitaires par leur forme générale et par leurs habitudes ; ce sont de part et d'autre des rongeurs de bois. Mais les premiers sont des corticicoles, ont tous les articles des tarses entiers ; tandis que les seconds ont le pénultième article des tarses bilobé. Leur corps allongé les distingue des cis ; ils diffèrent du né-mosome par leur tête courte, et des cérylons par la con-vexité de leur corps ou de leur corselet, qui est ordinaire-ment scabre antérieurement.

Les larves des bostriches vivent dans le bois mort, le rongent, le percent et le réduisent en poussière. Quelques-unes vivent sous les écorces, attaquent le bois vivant, et font des dégâts dans les forêts.

ESPÈCES.

[*Massue des antennes perfoliée ou en scie.*]

1. Bostriche muriqué. *Bostrichus muricatus.*

  B. thorace muricato, gibbo ; elytris ante apicem bispi-nosis.

  Dermestes muricatus. Lin.

  Bostrichus muricatus. Lat. Oliv. col. 4. n.o 77. pl. 2. f. 13.

  Sinodendron muricatus. Fab. éleut. 2. p. 377.

  Panz. fasc. 35. f. 17.

  Habite le midi de la France, dans le bois carié.

2. Bostriche capucin. *Bostrichus capucinus.*

> *B. niger ; elytris abdomineque rufis ; thorace retuso emar-*
> *ginato.*
> *Dermestes capucinus.* Linn.
> *Bostrichus.* Geoff. 1. p. 3o2. pl. 5. f. 1.
> *Apate capucina.* Fab. 2. p. 381. Panz. fasc. 43. t. 18.
> *Bostrichus capucinus.* Latr. Oliv. col. pl. 1. f. 1.
> Habite en Europe, sur le tronc des arbres morts.

3. Bostriche de Dufour. *Bostrichus Dufourii.* Lat.

> *B. fuscus ; thorace convexo , scabro, emarginato ; elytris*
> *maculis sericeo-griseis , seriatim dispositis.*
> *Bostrichus Dufourii.* Latr. gen. 3. p. 7.
> *Apate gallica.* Panz. fasc. 101. t. 17.
> Habite aux environs de Fontainebleau , sous l'écorce du hêtre.

[*Massue des antennes solide ou presque solide.*]

4. Bostriche typographe. *Bostrichus typographus.*

> *B. testaceus , pilosus ; elytris striatis , retusis , præmorso-*
> *dentatis.* F.
> *Dermestes typographus.* Linn.
> *Bostrichus typographus.* Fab. éleut. 2. p. 385.
> Panz. fasc. 15. t. 2. *Tomicus.* Latr.
> Scolyte , n.º 7. Oliv. coléopt. 4. n.º 78. pl. 1. f. 7.
> Habite en Europe, sous l'écorce des arbres. Il y creuse une
> multitude de canaux, en forme de labyrinthe , qui sil-
> lonnent la surface du bois et la paroi interne de l'é-
> corce.

5. Bostriche cylindrique. *Bostrichus cylindricus.*

> *B. ater , cylindricus ; elytris striatis , apice villosis , den-*
> *tatis ; pedibus compressis, testaceis.* F.
> *Bostrichus cylindricus.* Fab. éleut. 2. p. 384.
> Panz. fasc. 15. t. 1. *Platypus.* Latr.
> Scolyte , n.º 2. Oliv. col. pl. 1. f. 2.
> Habite en Europe , sous l'écorce des arbres.
> Etc. , etc.

CÉRAPTÈRE. (Cerapterus.)

Antennes de dix articles, dont neuf sont perfoliés et le dixième semi-globuleux. Palpes coniques.

Corps en carré long. Corselet carré.

Antennæ decem-articulatæ; articulis perfoliatis : ultimo semi-globoso. Palpi conici.

Corpus elongato-quadratum. Thorax quadratus.

OBSERVATIONS.

Le *céraptère* est un insecte exotique sur lequel M. Latreille n'a pas encore donné beaucoup de détails, et qui paraît former le type d'un genre. Je doute qu'on puisse l'associer au genre suivant, pour en former une division naturelle.

ESPECE.

1. Céraptère de Maclea. *Cerapterus Macleaii.*

Latr. gen. crust. et ins. 3. p. 4.
Habite la Nouvelle-Hollande. Il est entièrement brun.

PAUSSE. (Paussus.)

Antennes un peu plus longues que le corselet, de deux articles, dont le dernier est fort grand. Mandibules petites, allongées, cornées. Palpes saillans, coniques.

Corps allongé, déprimé. Corselet en carré long. Elytres larges et comme tronquées au bout, un peu plus courtes que l'abdomen.

Antennæ thorace paulò breviores, biarticulatæ :

*articulo ultimo maximo. Mandibulæ parvæ, elonga-
tæ, corneæ. Palpi exserti, conici aut è basi ad apicem attenuati.*

*Corpus elongatum, depressum. Thorax elongato-
quadratus. Elytra lata, extremitate subtruncata, abdomine paulò breviora.*

OBSERVATIONS.

Les *pausses* sont des coléoptères bien singuliers, puisqu'ils n'ont que deux articles aux antennes, ce qui est un
fait très-rare. Ces insectes sont exotiques.

ESPECES.

1. Pausse à petite tête. *Paussus microcephalus.* Lin.
Diss. big. ins. tab. 1. f. 6—10.

> *P. antennis biarticulatis : clavâ irregulari dentatâ maximâ ;
> corpore fusco.* F.
> *Paussus microcephalus.* Thuab. act. suec. 1781. 170. 1.
> Fab. élent. 2. p. 75. Latr. gen. 3. p. 3.
> Habite en Afrique.

2. Pausse trigoni corne. *Paussus trigonicornis.* Latr.

> *P. rubro-ferrugineus ; antennarum articulo secundo com-
> presso, trigono.*
> Latr. gen. crust. et ins. 1. tab. 11. f. 8, et vol. 3. p. 3.
> Habite dans l'Inde.
> Etc. Voyez, pour les autres espèces, *Fabricius*, élent. 2.
> p. 75.

===

LES SCOLITAIRES.

*Tête sans museau avancé. Antennes de huit à dix
articles, terminées en massue.*

*Corps subcylindrique, à dos ou corselet convexe.
Le pénultième article des tarses bilobé.*

Les *scolitaires* tiennent par leurs habitudes aux corticicoles, et principalement aux bostriches ; ce sont aussi des rongeurs de bois. Néanmoins, comme elles ont le pénultième article des tarses bilobé, il convient de les en séparer. Elles constituent une petite famille, qui semble former une transition des corticicoles aux charansonites. Je ne les divise qu'en deux genres, savoir : les scolytes et les phloïotribes.

SCOLYTE. (Scolytus.)

Antennes courtes, de huit à dix articles, terminées en massue solide d'un ou deux articles. Mandibules épaisses, courtes, pointues. Palpes très-petits.

Tête cachée par le corselet. Corps allongé, subcylindrique.

Antennæ breves, octo ad decem articulatæ, clavá solidá uni seu biarticulatá terminatæ. Mandibulæ crassiusculæ, breves, acutæ. Palpi minimi.

Caput thorace suboccultatum. Corpus elongatum, subcylindricum.

OBSERVATIONS.

Quoique les *scolytes* tiennent aux corticicoles et particulièrement aux bostriches par les habitudes, elles semblent annoncer le voisinage des charansonites, ayant comme ces dernières le troisième article des tarses bilobé. Ces insectes ont une forme presque cylindrique, quelquefois un peu rétrécie antérieurement ; la tête subglobuleuse ; les élytres dures ; les pattes comprimées, souvent dentées. Leurs larves vivent sous les écorces et dans le bois même des arbres vivans. Elles font souvent beaucoup de dégâts dans les forêts.

Je ne distingue point des scolytes les hylurges, ni les hylésines de M. *Latreille*, quoiqu'on puisse le faire.

ESPECES.

1. **Scolyte destructeur.** *Scolytus destructor.*
  S. niger, nitidus, punctatus; antennis, elytris, pedibus- que rufo-castaneis; fronte pubescente.
  Scolytus. Geoff. 1. p. 310. tab. 5. f. 5.
  Scolytus destructor. Latr. Oliv. col. 4. n.° 78. pl. 1. f. 4.
  Hylesinus scolytus. Fab. éleut. 2. p. 390.
  Panz. fasc. 15. t. 6.
  Habite en France, en Allemagne, sous l'écorce des arbres.

2. **Scolyte ligniperde.** *Scolytus ligniperda.*
  S. villosus, nigricans; tibiis quatuor posticis serratis.
  Scolytus ligniperda. Oliv. col. 4. n.° 78. pl. 1. f. 9.
  Hylesinus ligniperda. Fab. p. 391.
  Hylurgus ligniperda. Latr. gen. vol. 2. p. 274.
  Habite en France, etc., sous l'écorce des pins.

3. **Scolyte crénelée.** *Scolytus crenatus.*
  S. glaber, ater; elytris crenato-striatis.
  Hylesinus crenatus. Fab. p. 390.
  Latr. gen. vol. 2. p. 279. Panz. fasc. 15. t. 7.
  Scolytus crenatus. Oliv. col. 4. n.° 78. pl. 2. f. 18.
  Habite en France, en Allemagne, en Suède,
  Etc.

———

PHLOIOTRIBE. (Phloiotribus.)

Antennes presque de la longueur du corselet; à mas- sue allongée, composée de trois lames linéaires.

Corps des scolytes, mais plus court.

Antennæ thoracis ferè longitudine; clavâ elongatâ, lamellis tribus linearibus.

Corpus scolytorum, at brevius.

OBSERVATIONS.

La *phloïotribe* ne paraît différer des scolytes que par la singulière massue de ses antennes, ce qui a engagé M. Latreille à l'en séparer.

ESPECE.

1. Phloïotribe de l'olivier. *Phloiotribus oleœ.*

> Latr. hist. nat. des crust. et des ins. vol. 11. p. 221.
> Gen. ejusd. vol. 2. p. 280.
> *Scolytus oleœ.* Oliv. col. 4. n.º 78. pl. 2. f. 21.
> *Hylesinus oleœ.* Fab. éleut. 2. p. 395.
> Habite au midi de la France, dans le bois de l'olivier.

---

§§. *Tête ayant un museau avancé.*

LES CHARANSONITES.

Bouche très-petite, située à l'extrémité d'un museau avancé, plus ou moins long, ressemblant à un bec ou à une trompe, et formé par la partie antérieure de la tête.

Antennes insérées sur le museau dans le plus grand nombre. Abdomen grand ou gros. Le troisième article des tarses bilobé dans la plupart.

Parmi les coléoptères tétramères, les *charansonites* composent une famille très-nombreuse en espèces, et malheureusement trop célèbre par les dégâts que ces insectes causent à l'égard des végétaux, même les plus utiles à l'homme.

Ces insectes se reconnaissent au premier aspect par le museau avancé ou par l'espèce de trompe, quelquefois d'une longueur extraordinaire, que forme la partie antérieure de leur tête.

La bouche de ceux qui ont le museau très-prolongé antérieurement, est extrêmement petite ; mais elle est plus distincte dans ceux qui n'ont qu'un museau médiocre.

Quelques-uns sont constamment aptères et ont des couleurs obscures. D'autres offrent des couleurs variées ; et parmi ceux-ci l'on connaît des espèces exotiques, dont les couleurs très-brillantes sont dues à de petites écailles peu adhérentes, colorées, et qui ont beaucoup d'éclat.

Ces insectes ont peu d'agilité; la plupart fuient ou craignent la lumière et volent rarement. Ce n'est guères que dans leur état de larve qu'ils dévastent les graines et autres parties des végétaux : aussi, comme ces larves sont toujours cachées et marchent très-peu, leurs pattes sont très-courtes, à peine apparentes, quelquefois nulles. Enfin, les insectes parfaits, prenant peu de nourriture, ont leur bouche très-petite, parce que ses parties n'ont pu prendre que peu de développement. La nymphe de ces insectes est dans une espèce de coque.

Je divise les *charansonites* de la manière suivante.

DIVISION DES CHARANSONITES.

---

§. *Lèvre supérieure nulle ou indistincte. Les palpes trèspetits, peu apparens ; le museau allongé.*

* Antennes coudées.

(1) Antennes de onze articles.

(a) Antennes insérées près de l'extrémité de la trompe.

Charanson.

(b) Antennes insérées vers le milieu de la trompe.

Rhynchène.

(2) Antennes n'ayant pas onze articles distincts.

(a) Massue des antennes de trois ou quatre articles. Corps subglobuleux.

Cione.

(b) Massue des antennes d'un ou deux articles. Corps oblong.

Calandre.

Rhine.

** Antennes droites ou presque droites.

(1) Pattes postérieures à cuisses renflées et propres à sauter.

Orchête.

Ramphe.

(2) Point de pattes propres à sauter.

(a) Antennes de neuf articles ; le neuvième formant la massue. Troisième article des tarses entier.

Brachycère.

(b) Antennes de dix ou onze articles. Le troisième article des tarses bifide.

(+) Antennes filiformes ou subfiliformes.

Brente.

(++) Antennes terminées en massue.

☐ Massue des antennes formée par le dernier article.

Cylas.

☐☐ Massue des antennes formée des trois derniers articles.

(✦) Tête dégagée et portée sur un cou.

Apodère.

(✦✦) Tête sessile ou reçue postérieurement dans le corselet.

Attélabe.

§§. *Lèvre supérieure apparente. Palpes très-distincts. Museau court.*

(1) Antennes filiformes. Les yeux échancrés.

Bruche.

(2) Antennes en massue ou plus grosses à leur extrémité. Les yeux entiers.

Anthribe.

CHARANSON. (Curculio.)

Antennes de onze articles, coudées, terminées en massue, et insérées latéralement près de l'extrémité de la trompe : la massue perfoliée ou solide, triarticulée.

Tête prolongée antérieurement en une trompe dure, terminée par la bouche. Corps ovale.

Antennæ undecim - articulatæ, fractæ, clavatæ, ad latera propè extremitatem insertæ : clavá perfoliatá aut solidá, triarticulatá.

Caput anticè rostratum : rostro duro, ore terminato. Corpus ovatum.

OBSERVATIONS.

Sauf les bruches, Linné réunissait toutes les charansonites en un seul genre, sous le nom de *curculio*. Ce genre était facile à reconnaître d'après la simple considération du prolongement antérieur de la tête en forme de trompe. Mais les espèces extrêmement nombreuses étaient très-difficiles à déterminer. On a depuis considéré ce grand genre comme une famille, et on l'a partagé en un grand nombre de genres, dont celui que j'expose ici est du nombre.

Ainsi les *charansons*, dont il s'agit maintenant, sont les charansonites qui ont les antennes insérées latéralement près de l'extrémité de la trompe. Ces antennes sont coudées, terminées par une massue triarticulée, perfoliée ou presque solide. Ce genre comprend les coléoptères les plus riches en couleurs brillantes.

ESPÈCES.

[*Celles qui sont étrangères à l'Europe.*]

1. **Charanson impérial.** *Curculio imperialis.*

> *C. viridi-aureus; elytris striis elevatis, atris, brevibus, punctisque impressis viridi-aureis.* Oliv.
> *Curculio imperialis.* Fab. éleut. 2. p. 508.
> Oliv. coléopt. 5. n.º 83. pl. 1. f. 1. p. 293.
> Habite le Brésil. Très-bel insecte, fort recherché dans les collections.

2. **Charanson royal.** *Curculio regalis.*

> *C. viridi-cœruleus; elytris fasciis repandis aureis.* Oliv.
> *Curculio regalis.* Lin. Fab. éleut. 2. p. 508.
> Oliv. col. 5. n.º 83. p. 297. pl. 1. f. 8.
> Habite Saint-Domingue. Oliv. Insecte orné de couleurs très-brillantes.

3. **Charanson somptueux.** *Curculio sumptuosus.*

> *C. elytris virescentibus : punctis elevatis, atris, basi gibbis.* F.
> *Curculio sumptuosus.* Fab. éleut. 2. p. 508.
> Oliv. col. 5. n.º 83. p. 294. pl. 1. f. 13.
> Habite à Cayenne.

4. **Charanson fastueux.** *Curculio fastuosus.*

> *C. nigro-viridis; elytris punctato-striatis, basi utrinque gibbis, auro maculatis.* Oliv.
> *Curculio fastuosus.* Oliv. col. 5. n.º 83. p. 294. pl. 5. f. 51.
> *Curculio splendidus.* Fab. éleut. 2. p. 507.
> Habite au Brésil.
> Etc.

[Celles qui sont indigènes de l'Europe.]

5. Charanson vert. *Curculio viridis.*

> *C. virescens ; thoracis elytrorumque lateribus flavis.* F.
> *Curculio viridis.* Lin. Fab. éleut. 2. p. 512.
> Oliv. col. 5. n.º 83. p. 337. pl. 2. f. 18.
> *Brachyrinus viridis.* Latr. gen. vol. 2. p. 256.
> Habite en Europe, dans les vergers.

6. Charanson grisâtre. *Curculio incanus.*

> *C. fuscus, pilis cinereis nitidisque adspersus ; antennis præ-*
> *longis, ferrugineis.*
> *Curculio incanus.* Lin. Fab. éleut. 2. p. 518.
> Panz. fasc. 19. t. 8. Geoff. 1. p. 282. n.º 10.
> Oliv. coléopt. 5. n.º 83. pl. 31. f. 471.
> Habite en Europe.
> Etc.

RHYNCHÈNE. (Rhynchænus.)

Antennes de onze articles, coudées, en massue, insérées vers le milieu de la trompe ; à massue de trois ou
quatre articles. Trompe ordinairement arquée, quelquefois fléchie vers la poitrine.

Corps ovale ou oblong.

Antennæ undecim-articulatæ, fractæ, clavatæ,
versùs medium rostri insertæ : clavâ tri seu quadriarti-
culatâ. Rostrum plerùmque arcuatum, interdùm ad
pectus inflexum.

Corpus ovatum aut oblongum.

OBSERVATIONS.

Les *rhynchènes*, dont il s'agit, sont celles de Fabricius
et d'Olivier que M. Latreille divise en lixes, lipares et charansons. Ces charansonites ne diffèrent de nos charansons
que parce que leurs antennes, au lieu d'être attachées près

de l'extrémité de la trompe, sont insérées vers son milieu. Ce genre est très-nombreux en espèces.

ESPÈCES.

Massue en fuseau allongé, de quatre articles.

1. Rhynchène trompe-large. *Rhynchœnus latirostris.*

   R. fuscus, pilis cinereis vestitus; rostro brevi, unicari-nato, bisulcato; antennis brevibus, vix fractis.

   Lixus latirostris. Latr. gen. 2. p. 259.

   An lixus odontalgicus ? Oliv. col. 5. n.º 83. pl. 3o. f. 456.

   Habite aux environs de Paris, sur les fleurs des chardons.

2. Rhynchène sulcirostre. *Rhynchœnus sulcirostris.*

   R. oblongus, cinereus, subnebulosus; rostro trisulcato.

   Curculio sulcirostris. Lin. Fab. éleut. 2. p. 515.

   Lixus sulcirostris. Latr.

   Oliv. col. 5. n.º 83. p. 258. pl. 3. f. 24.

   Habite en Europe, sur les chardons.

   Etc.

Massue formée brusquement, le plus souvent de trois articles.

3. Rhynchène de la prêle. *Rhynchœnus equiseti.*

   R. thorace lœvi; elytris muricatis, nigris : punctis duobus apiceque albis. F.

   Rhynchœnus equiseti. Fab. éleut. 2. p. 443.

   Panz. fasc. 42. t. 4.

   Oliv. col. 5. n.º 83. p. 115. pl. 27. f. 400.

   Habite en Europe, sur la prêle.

4. Rhynchène des pins. *Rhynchœnus pineti.*

   R. niger; elytris striatis, albo-maculatis. F.

   Rhynchœnus pineti. Fab. éleut. 2. p. 440.

   Oliv. col. 5. n.º 83. p. 288. pl. 27. f. 396. *Liparus.*

   Habite en Europe, sur le pin sauvage. Sa larve s'introduit dans la moëlle des branches et fait périr les jeunes arbres.

5. Rhynchène de la vipérine. *Rhynchœnus echii.*

   R. niger; femoribus dentatis; thorace elytrisque albo-li-neatis. F.

Rhynchœnus echii. Fab. éleut. 2. p. 482.
Panz. fasc. 17. t. 12.
Oliv. col. 5. n.º 83. p. 209. pl. 23. f. 317.
Habite en Europe , sur la vipérine.

6. **Rhynchène des noisettes.** *Rhynchœnus nucum.*

R. *femoribus dentatis ; corpore griseo , longitudine ros-
tri.* F.
Curculio nucum. Lin. Panz. fasc. 42. t. 21.
Rhynchœnus nucum. Fab. éleut. 2. p. 486.
Oliv. col. 5. n.º 83. p. 215. pl. 5. f. 47.
Habite en Europe. Sa larve vit dans les noisettes.
Etc. , etc. , etc.

CIONE. (Cionus.)

Antennes de dix articles , légèrement coudées, insérées un peu au-delà du milieu de la trompe ; à massue de
quatre articles.

Corps court, ovale-arrondi, subglóbuleux.

*Antennœ decem-articulatœ , subfractœ , rostri pau-
lò post medium insertœ : clavá quadriarticulatá.*
Corpus breve , ovato-rotundatum , subglobosum.

OBSERVATIONS.

Les *ciones* tiennent d'assez près aux rhynchènes par leur
forme, quoique en général leur corps soit très-court ; mais
leurs antennes, selon M. Latreille, n'ont que dix articles.
Ces insectes n'ont point leurs cuisses postérieures renflées
et ne sont point sauteurs, comme les orchêtes et les
ramphes.

ESPECES.

1. **Cione de la scrophulaire.** *Cionus scrophulariœ.*

C. *femoribus dentatis ; thorace albido ; elytris maculis duabus atris albo connatis.*

Rhynchœnus scrophulariæ. Fab. éleut. 2. p. 478.
Curculio scrophulariæ. Lin. Geoff. 1. p. 296. n.º 44.
Cionus. Oliv. col. 5. n.º 83, p. 106. pl. 23. f. 314.
Habite en Europe, sur la scrophulaire. Selon M. Latreille, le
   C. thapsus et le *C. verbasci* de Fabricius, ne sont que des
   variétés de cette espèce.

2. Cione de la blattaire. *Cionus blattariæ.*

   C. albidus; femoribus dentatis ; elytris nigro variis : ma-
   culá dorsali baseos apicisque nigris.
   Rhynchœnus blattariæ. Fab. éleut. 2. p. 479.
   Habite en France, en Italie.
   Etc.

RHINE. (Rhina.)

Antennes coudées, insérées vers le milieu de la trompe,
de huit articles : le dernier en massue allongée. Trompe
droite, cylindrique, dirigée en avant.

Corps allongé. Pattes antérieures plus longues que les
autres.

Antennæ fractæ, versùs medium rostri insertæ;
articulis octo : ultimo clavam elongatam constituente.
Rostrum rectum, cylindricum, anticè porrectum.
Corpus elongatum. Pedes antici aliis longiores.

OBSERVATIONS.

La *rhine* serait une rhynchène si ses antennes avaient
onze articles et leur massue moins simple. Elle paraît offrir
le type d'un genre particulier.

ESPÈCE.

1. Rhine barbirostre. *Rhina barbirostris.* Lat.
   Rhina. Latr. gen. vol. 2. p. 268.
   Lixus barbirostris. Fab. éleut. 2. p. 501.

Charanson. Oliv. col. 5. n.o 83. pl. 4. f. 37. a. b.
Seba mus. 4. t. 95. f. 5.
Habite en Afrique et dans l'Inde.

CALANDRE. (Calandra.)

Antennes de neuf articles, coudées, insérées, sur les côtés, à la base de la trompe ; à massue solide , biarticulée. Trompe allongée , grêle , penchée.

Corps ovale, un peu en pointe aux deux bouts.

Antennæ novem-articulatæ , fractæ, rostri baseos lateribus insertæ : clavá solidá , biarticulatá. Rostrum elongatum , gracile , nutans.

Corpus ovatum , extremitatibus subacutum.

OBSERVATIONS.

Les *calandres* sont bien distinguées des charansons , des rhynchênes , etc., puisque leurs antennes sont insérées latéralement à la base de la trompe , et qu'elles n'ont que huit ou neuf articles. Les espèces connues de ce genre sont encore peu nombreuses ; mais l'une d'elles n'est que trop connue par les dégâts que sa larve fait dans les greniers , en dévorant le blé.

ESPÈCES.

1. Calandre palmiste. *Calandra palmarum.*
   C. *atra; elytris abbreviatis , striatis.* F.
   Curculio palmarum. Lin.
   Calandra palmarum. Fab. éleut. 2. p. 430.
   Oliv. col. 5. n.º 83. p. 77. pl. 2. f. 16.
   Habite l'Amérique méridionale. Sa larve vit dans les palmiers ; on la mange.

2. Calandre raccourcie. *Calandra abbreviata.*
   C. *atra ; thorace punctato ; elytris substriatis.* F.

Calandra abbreviata. Fab. éleut. 2. p. 436.
Latr. gen. crust. et ins. 2. p. 270.
Oliv. col. 5. n.o 83. pl. 16. f. 195. *a. b.*
Panz. fasc. 42. t. 3.
Habite en France, en Allemagne.

3. Calandre du blé. *Calandra granaria.*

C. *picea ; thorace punctato, longitudine elytrorum.* F.
Curculio granarius. Lin.
Calandra granaria. Fab. éleut. 2. p. 437.
Oliv. col. 5. n.o 83. p. 95. pl. 16. f. 196. *a. b.*
Curculio. Panz. fasc. 17. t. 11. Geoff. 1. p. 285. n.o 18.
Habite en Europe, et dévore le blé des greniers.

4. Calandre du riz. *Calandra oryzæ.*

C. *picea ; thorace punctato, longitudine elytrorum ; elytris*
punctis duobus rufis. F.
Curculio oryzæ. Lin.
Calandra oryzæ. Fab. ibid. p. 438.
Oliv. col. 5. p. 97. pl. 7. f. 81. *a. b.*
Habite le Levant, l'Afrique, et souvent est apportée avec le riz
qui nous vient de ces pays.
Etc.

––––––––

ORCHÈTE. (Orchestes.)

Antennes presque droites, insérées près du milieu de
la trompe, de dix articles : les trois derniers formant la
massue. Trompe courbée en bas.

Corps ovale ; corselet petit ; pattes postérieures à cuisses épaisses et propres à sauter.

Antennæ subrectæ, rostri versus medium insertæ,
decem-articulatæ : articulis tribus ultimis clavam for-
mantibus. Rostrum subtùs inflexum.

Corpus ovatum ; thorax parvus ; pedes postici sal-
tatorii ; femoribus crassis.

OBSERVATIONS.

Les *orchètes* sont des charansonites sauteuses, et qui n'ont que dix articles aux antennes, dont les trois derniers forment une massue ovale. Elles tiennent de très-près aux ramphes par leurs rapports.

ESPECES.

1. Orchète de l'aulne. *Orchestes alni.*

>*O. niger, pubescens ; thorace elytrisque fulvo rubris ; elytris maculis duabus nigris.*
>Curculio alni. Lin. *Curculio.* Geoff. 1. p. 286. n.º 20.
>*Rhynchænus alni.* Fab. Latr. gen. 2. p. 267.
>Oliv. col. 5. n.º 83. pl. 32. f. 482.
>Habite en Europe, sur l'aulne, le bouleau.

2. Orchète de l'osier. *Orchestes viminalis.*

>*O. pubescens, testaceus ; elytris striatis.*
>*Curculio quercûs.* Lin.
>*Rhynchænus viminalis.* Fab. éleut. 2. p. 494.
>*Orchestes viminalis.* Oliv. col. 5. n.º 83. pl. 32. f. 480.
>Habite en Europe, sur le chêne, le saule, etc.
>Etc.

RAMPHE. (Ramphus.)

Antennes droites ou presque droites, insérées à la base latérale de la trompe, entre les yeux, ayant onze articles : les quatre derniers formant une massue ovale. Trompe allongée, fléchie vers la poitrine.

Corps ovale. Les pattes postérieures propres à sauter : leurs cuisses étant renflées.

Antennæ subrectæ, ad basim lateralem rostri, inter oculos insertæ, undecim-articulatæ : articulis qua-

tuor ultimis clavam ovalem formantibus. Rostrum elongatum, ad pectus inflexum.

Corpus ovatum. Pedes postici saltatorii : femoribus incrassatis.

OBSERVATIONS.

Les *ramphes* sont des charansonites sauteuses, comme les orchètes ; mais ils en sont bien distingués par leurs antennes. Par l'insertion des antennes, ces insectes ont une sorte de rapport avec les calandres.

ESPECE.

1. **Ramphe flavicorne.** *Ramphus flavicornis.*

>Latr. hist. nat. des crust. et des ins. vol. 11. p. 94.
>Et gen. vol. 2. p. 250.
>Oliv. col. 5. n.º 81. pl. 3. f. 58. *a. b. c.*
>Habite en France, etc., sur le prunier épineux. Le *R. tomentosus* d'Olivier paraît n'en être qu'une variété.

BRACHYCÈRE. (Brachycerus.)

Antennes courtes, droites, de neuf articles : le dernier formant une massue tronquée. Trompe courte ou médiocre, large, épaisse, penchée.

Corps renflé, raboteux. Elytres connées. Point d'écusson. Tous les articles des tarses entiers.

Antennæ breves, rectæ, novem articulatæ : articulo clavam truncatam formante. Rostrum breviusculum, latum, crassum, nutans.

Corpus ovatum, turgidum, asperum. Scutellum nullum. Tarsorum articuli omnes indivisi.

OBSERVATIONS.

Les *brachycères*, dont le genre fut établi par Olivier, sont, en quelque sorte, aux autres charansonites, ce que les pimélies sont aux ténébrions. Ces insectes ont le corps ovale, renflé ou gibbeux, à élytres connées, aptères, embrassant l'abdomen par les côtés. Ils habitent, en général, les pays chauds, l'Afrique et les pays méridionaux de l'Europe, et se tiennent dans le sable.

ESPÈCES.

1. **Brachycère aptère.** *Brachycerus apterus.*

>   *B. thorace spinoso, cruce impressá; elytris ferrugineo-punctatis.*
>   *Brachycerus apterus.* Oliv. col. 5. n.o 82. pl. 1. f. 3. *a. b.*
>   *Curculio apterus.* Lin.
>   *Brachycerus apterus.* Fab. éleut. 2. p. 412.
>   Habite le Cap de Bonne-Espérance.

2. **Brachycère algérien.** *Brachycerus algirus.*

>   *B. cinereus ; thorace spinoso sulcato; elytris angulo duplice spinosis.* F.
>   *Brachycerus algirus.* Fab. éleut. 2. p. 415.
>   Oliv. col. *ibid.* pl. 2. f. 19. *a. b.*
>   Lat. gen. 2. p. 252.
>   Habite le midi de la France, l'Italie, la côte d'Afrique.

BRENTE. (Brentus.)

Antennes filiformes ou s'épaississant un peu vers leur sommet, droites, à onze articles, et insérées au-delà du milieu de la trompe. Tête prolongée antérieurement en une trompe droite, le plus souvent très-longue, grêle, antennifère, et terminée par la bouche.

Corps allongé, subcylindrique, se rétrécissant antérieurement.

Antennæ filiformes aut sensìm extrorsùm subcrassiores, rectæ, undecim-articulatæ, post medium rostri insertæ. Caput in rostrum sœpiùs longissimum, gra-

cile , rectum , antenniferum , ore terminatum , anticè porrectum.

Corpus elongatum , subcylindricum , anticè angustatum.

OBSERVATIONS.

Les *brentes* , par leur forme extraordinaire , sont , en quelque sorte , des charansonites exagérées. Toutes leurs parties sont allongées, étroites, et donnent à leur corps une forme presque linéaire. La partie antérieure de leur tête s'allonge en une espèce de trompe grêle , cylindrique , droite , toujours dirigée en avant , et quelquefois singulièrement remarquable par son extrême longueur. Outre cette forme extraordinaire , les brentes sont distinguées des charansons et des rhynchènes par leurs antennes non coudées. Ces insectes se trouvent sous les écorces des arbres dans les pays chauds.

ESPÈCES.

1. Brente barbicorne. *Brentus barbicornis.*

> *B. rostro longissimo , subtùs barbato ; elytris apice recurvato-spinosis ; antennis filiformibus. F.*
> *Brentus barbirostris.* Fab. éleut. 2. p. 545.
> Oliv. col. 5. n.º 84. p. 432. pl. 1. f. 5 , et pl. 2. f. 5.
> Habite la Nouvelle-Zélande.

2. Brente anchorago. *Brentus anchorago.*

> *B. femoribus anticis dentatis ; thorace posticè canaliculato; elytris striâ sesquialterâ flavâ. F.*
> *Curculio anchorago.* Lin.
> *Brentus anchorago.* Fab. *ibid.* p. 549.
> Oliv. coléopt. 5. n.º 84. pl. 1. f. 2. a. b.
> Habite l'Amérique méridionale , les Antilles.
> Etc. Voyez , pour les autres espèces , Fabricius et Olivier.

CYLAS. (Cylas.)

Antennes droites, insérées vers le milieu de la trompe,

en massue au sommet , de dix articles : le dixième
formant une massue ovale-oblongue. Trompe droite ,
avancée , cylindrique.

Corps allongé , rétréci antérieurement. Port des
brentes.

*Antennæ rectæ , versùs medium rostri insertæ ,
apice clavatæ , decem-articulatæ : articulo decimo clavam ovato-elongatam constituente. Rostrum rectum ,
cylindricum , porrectum.*

*Corpus elongatum , anticè angustatum. Habitus
brentorum.*

OBSERVATIONS.

Quoique les *cylas* aient beaucoup de rapports avec les
brentes , leurs caractères , et particulièrement ceux de leurs
antennes, me paraissent avoir suffisamment autorisé M. Latreille à en former un genre particulier.

ESPÈCES.

1. Cylas brun. *Cylas brunneus.*

> C. *brunneus , immaculatus ; elytris ovatis lævibus.* Oliv.
> *Cylas brunneus.* Lat. gen. 2. p. 244.
> Oliv. col. 5. n.º 84 *bis.* p. 446. Brente, pl. 1. f. 3. *a. b.*
> *Brentus brunneus.* Fab. éleut. 2. p. 548.
> Habite au Sénégal.

2. Cylas fourmi. *Cylas formicarius.* Oliv.

> C. *piceus , thorace ferrugineo.*
> Oliv. col. *ibid.* p. 446. pl. 2. f. 19.
> *Brentus formicarius.* Fab. éleut. 2. p. 549.
> Habite aux Indes orientales.

APODÈRE. (Apoderus.)

Antennes de onze articles , dont les trois derniers

1 forment la massue. Trompe courte, large, dilatée à son extrémité.

Tête dégagée ; un cou distinct. Abdomen large, obtus à son extrémité.

Antennæ subundecim articulatæ , propè apicem rostri insertæ : articulis tribus ultimis clavam efforman- tibus. Rostrum breviusculum apice dilatatum.

Caput posticè attenuatum , collo distincto elevatum. Abdomen crassum , extremitate obtusum.

OBSERVATIONS.

Les *apodères* ont des rapports avec les attélabes, mais leur tête n'est point enchâssée postérieurement dans le corse- let. Leurs jambes sont terminées par un seul éperon.

ESPÈCES.

1. **Apodère longicolle.** *Apoderus longicollis.*

A. rufus ; collo elongato cylindrico-nigro ; elytris punctis impressis, striatis. Oliv. col. 5. n.º 81. p. 18. Attélabe, pl. 1. f. 25.

Attelabus longicollis. Fab. éleut. 2. p. 417.

Habite aux Indes orientales.

2. **Apodère du noisetier.** *Apoderus coryli.*

A. niger ; elytris rubris punctato-striatis.

Attelabus coryli. Lin. Fab. éleut. 2. p. 416.

Rhinomacer. Geoff. 1. p. 273. n.º 11.

Apoderus coryli. Oliv. col. 5. n.º 81. pl. 1. f. 14.

Habite en Europe , sur le noisetier et sur quelques autres arbres. Sa larve en roule les feuilles en cylindre et s'y enferme pour se métamorphoser.

Etc.

ATTÉLABE. (Attelabus.)

Antennes de onze articles , insérées un peu au-delà du milieu de la trompe : les trois derniers articles formant une massue. Trompe ordinairement courte, large, dilatée au sommet.

Tête sessile ou enchâssée postérieurement dans le corselet. Abdomen épais, obtus à son extrémité. Jambes terminées par deux éperons.

Antennæ undecim-articulatæ, paulò post medium rostri insertæ : articulis tribus ultimis clavam formantibus. Rostrum sæpiùs breve, latum, apice dilatatum.

Caput sessile aut posticè intrà thoracem inclusum. Abdomen crassum, extremitate obtusum. Tibiæ bicalcaratæ.

OBSERVATIONS.

Les *attélabes* semblent se rapprocher un peu des bruches par leurs rapports, et en indiquer le voisinage. Ce sont encore des charansonites, mais à trompe ordinairement courte et un peu dilatée à son extrémité. Ces insectes ont le corps ovale, rétréci en pointe antérieurement. Leurs antennes ne sont point coudées comme celles des charansons et des rhynchènes; elles se terminent en massue perfoliée. Le pénultième article de leurs tarses est bilobé. Les larves des attélabes sont sans pattes, vivent de substance végétale, et attaquent les feuilles, les fleurs, les fruits et les tiges des plantes. Elles font d'autant plus de tort aux végétaux, qu'elles se tiennent cachées, soit dans des feuilles enroulées; soit dans des fruits, soit dans les tiges des plantes. Elles s'enferment dans une coque pour se métamorphoser.

ESPÈCES.

1. Attélabe laque. *Attelabus curculionoides.* Linn.
   A. niger ; thorace elytrisque striato-punctatis, rubris. F.
   Attelabus curculionoides. Fab. éleut. 2. p. 420.

Rhinomacer. Geoff. 1. p. 273. n.º 10.

Attelabus, n.º 2. Latr. gen. 2. p. 247.

Habite en Europe, sur différens arbres. Il a le corselet et les élytres rouges.

2. **Attélabe de la vigne.** *Attelabus bacchus.*

A. cupreo-viridulus, pubescens; antennis rostrique apice nigris.

Curculio bacchus. Lin.

Attelabus bacchus. Fab. éleut. 2. p. 421.

Rhynchites bacchus. Latr. gen. 2. p. 249.

Oliv. col. 5. n.º 81. pl. 2. f. 27.

Habite en Europe, sur la vigne et sur différens arbres. Sa larve vit dans les feuilles enroulées de la vigne, et fait un grand tort à cette plante en la dépouillant quelquefois presque totalement de ses feuilles.

Etc.

---

§§. *Lèvre supérieure apparente ; palpes très-distincts ; museau court.*

BRUCHE. (Bruchus.)

Antennes filiformes, souvent pectinées ou en scie vers leur sommet, insérées dans l'échancrure des yeux. Palpes inégaux. Mandibules simples, pointues. Les yeux échancrés.

Tête penchée, séparée du corselet ; corps obtus postérieurement ; les élytres ordinairement un peu plus courtes que l'abdomen.

Antennæ filiformes, versùs apicem sæpè serratæ aut pectinatæ, in oculorum sinu insertæ. Palpi inæquales. Mandibulæ simplices, acutæ. Oculi emarginati.

Caput nutans , a thorace distinctum ; corpus posticè obtusum ; elytra sæpiùs abdomine paulò breviora.

OBSERVATIONS.

Les *bruches* appartiennent encore aux charansonites par leurs principaux caractères ; mais comme leur museau est un peu court et large , les parties de leur bouche sont plus distinctes que dans la plupart des autres charansonites. Leurs antennes sont filiformes , quoique s'épaississant un peu vers leur sommet , et , en général, elles sont un peu pectinées ou en scie dans leur partie supérieure. Elles sont presque de la longueur de la moitié du corps , et ont onze articles.

La tête des bruches est la partie la plus étroite de leur corps ; elle est inclinée en devant , séparée du corselet, et comme soutenue par un cou qui se courbe en avant. Le troisième article des tarses est bilobé.

Les larves des bruches exercent de grands ravages sur les différentes graines , et particulièrement sur celles des plantes légumineuses , telles que les fèves , les lentilles, les vesces , etc. Elles attaquent aussi les graines du *theobroma* , de plusieurs palmiers , etc. La larve passe l'hiver dans la graine dont elle consomme une partie de la substance intérieure , et ensuite elle s'y métamorphose. On rencontre l'insecte parfait sur différentes fleurs. Les espèces connues de ce genre sont déjà assez nombreuses.

ESPECES.

1. Bruche des noyaux. *Bruchus nucleorum.*

    B. cinereus ; elytris striatis ; femoribus posticis ovatis dentatis. F.

Bruchus nucleorum. Fab. eleut. 2. p. 396.

Oliv. col. 4. n.º 79. pl. 1. f. 1.

Habite l'Amérique méridionale. Oliv.

2. Bruche du pois. *Bruchus pisi.*

>*B. elytris nigris, albo maculatis ; podice albo : punctis*
>   *duobus nigris.* F.
>
>*Bruchus pisi.* Lin. Fab. éleut. 2. p. 396. Latr. gen. 2.
>   p. 240.
>
>Panz. fasc. 66. t. 11. Oliv. *ibid.* pl. 1. f. 6.
>
>*Mylabris.* Geoff. 1. p. 267. n.º 1. pl. 4. f. 9.
>
>Habite en Europe. Sa larve vit dans l'intérieur des pois, des
>   lentilles, etc.

3. Bruche des graines. *Bruchus granarius.*

>*B. elytris nigris : atomis albis ; femoribus posticis uni-*
>   *dentatis.* F.
>
>*Bruchus granarius.* Lin. Fab. éleut. 2. p. 399.
>
>Oliv. *ibid.* pl. 1. f. 10. *a. b.*
>
>Habite en Europe, dans différentes graines.
>
>Etc.

ANTHRIBE.   (Anthribus.)

Antennes de onze articles; les trois derniers formant
une massue. Trompe aplatie, courte. Lèvre supérieure
apparente. Mandibules un peu fortes. Les yeux entiers.

Tête sessile. Corps ovoïde ou ovale-oblong. Le pénultième article des tarses bilobé.

*Antennæ undecim - articulatæ : articulis tribus
ultimis clavam formantibus. Rostrum planulatum,
breve. Labrum conspicuum. Mandibulæ validiusculæ.
Oculi integri.*

*Caput sessile. Corpus obovatum aut ovato-oblon-
gum. Tarsorum articulus penultimus bilobus.*

OBSERVATIONS.

Les *anthribes* avoisinent les bruches par leurs rapports, et en sont néanmoins très-distinctes. Leurs antennes sont en massue, quoique un peu moins dans les mâles que dans les femelles. Ces insectes fréquentent les arbres et les fleurs. On croit que leurs larves vivent sous les écorces. Plusieurs des macrocéphales d'Olivier, appartiennent à ce genre.

ESPECES.

1. Anthribe rhinomacer. *Anthribus rhinomacer*. Latr.
> *A. villoso-piceus ; antennis pedibusque testaceis.*
> *Rhinomacer attelaboïdes.* Fab. éleut. 2. p. 428.
> Oliv. col. 5. n.° 87. pl. 1. f. 2.
> *Anthribus.* Latr. gen. 2. p. 237.
> Habite en Europe, en France, sur les pins.

2. Anthribe latirostre. *Anthribus latirostris.*
> *A. rostro latissimo plano ; elytris apice albis : punctis duo-*
> *bus nigris.* F.
> *Anthribus latirostris.* Latr. Fab. éleut. 2. p. 408.
> Panz. fasc. 15. t. 12.
> Anthribe. Geoff. 1. p. 307. n.° 3. pl. 5. f. 2.
> Habite en Europe, dans les bois.
> Etc. Voyez l'*anthribus scabrosus* et l'*anthribus varius* de
> Fabricius.

QUATRIÈME SECTION.

Cinq articles aux tarses des deux premières paires de pattes, et quatre seulement à ceux de la troisième paire.

LES HÉTÉROMÈRES.

Les insectes de cette section sont évidemment inter-médiaires ou moyens entre les C. tétramères ci-dessus exposés ; et les C. pentamères qui viennent après eux. La transition des tétramères aux hétéromères est , en effet, indiquée par les rhinites qui , quoique insectes hétéromères, offrent encore un museau avancé, comme dans les charansonites. Ces insectes sont très-nombreux et très-diversifiés dans leurs espèces.

Les entomologistes ont beaucoup varié dans la division de cette section , dans l'institution des familles , et surtout dans celle des genres nombreux qu'ils ont formés parmi ces insectes ; ce qui rend cette même section plus difficile encore à étudier que la précédente.

Tendant toujours à simplifier la méthode et à faciliter les distinctions indispensables , j'emploie ici les principales coupes formées en dernier lieu par M. *Latreille* , les disposant entre elles selon mon opinion , et je divise les hétéromères, dont il s'agit , en cinq coupes primaires, de la manière suivante :

DIVISION DES C. HÉTÉROMÈRES.

§. *Un museau avancé , antennifère.*

Les rhinites.

§§. *Point de museau antennifère.*

(1) Tête ovalaire, sans cou, c'est-à-dire , sans rétrécissement brusque par derrière.

(a) Mâchoires sans dent cornée au côté interne.

(+) Antennes de grosseur égale, ou s'amincissant vers leur extrémité.

Les sténélites.

(++) Antennes grossissant insensiblement , ou se terminant en massue, et ordinairement perfoliées.

Les taxicornes.

(b) Mâchoires ayant une dent cornée au côté interne.

Les mélasomes.

(2) Tête triangulaire ou en cœur, séparée du corselet par un rétrécissement brusque en forme de cou.

Les trachélites.

LES RHINITES.

Un museau avancé et antennifère.

Les *rhinites* paraissent de véritables charansonites, la
partie antérieure de leur tête formant un museau plus
ou moins long, avancé et antennifère. Mais comme ces
insectes sont de la section des C. hétéromères, j'ai
dû les séparer des charansonites, qui terminent les C.
tétramères, et les placer en tête des C. hétéromères,
afin de conserver l'ordre des rapports.

Il n'y a que trois genres connus qui puissent être rapportés à la coupe des rhinites et que l'on ne doit pas écarter, savoir : le *rhinosime* qui tient de très-près à la division des bruchelles ; le *rhinomacer* qui semble avoir
des rapports avec les sténélites ; et le *sténostome* qui avoisine les œdémères.

RHINOSIME. (Rhinosimus.)

Antennes de onze articles, grossissant vers le bout,
et presqu'en massue. Museau plat, dilaté, plus ou moins
avancé et antennifère. Mandibules bidentées à leur
pointe.

Corps ovale-oblong. Les yeux entiers, globuleux.

Antennœ undecim-articulatœ, subclavatœ aut extror-

sùm sensìm crassiores. Rostrum planulatum, anticè productum, antenniferum. Mandibulœ apice bidentàtœ aut bifidœ.

Corpus ovato-oblongum. Oculi integri, globosi.

OBSERVATIONS.

Les *rhinosimes*, quoique hétéromères par les articles de leurs tarses, paraissent avoisiner les anthribes et les bruches par leurs rapports. Le pénultième article de leurs tarses est plus court que dans tous les autres hétéromères.

Ils ont les mâchoires bifides comme les rhinomacers, mais leurs mandibules sont fendues et bidentées à leur pointe.

ESPECES.

1. Rhinosime du chêne. *Rhinosimus roboris.*

   R. rostro thorace pedibusque rufis ; elytris nigro-œneis.

   Curculio ruficollis. Lin.

   Anthribus roboris. Fab. éleut. 2. p. 410.

   Rhinosimus roboris. Latr. Oliv. col. 5. n.° 86. pl. 1. f. 1.

   Habite en Europe, en France, sous l'écorce des arbres.

2. Rhinosime planirostre. *Rhinosimus planirostris.*

   R. rostro plano latissimo, œneus, rostro pedibusque testaceis.

   Anthribus planirostris. Fab. éleut. 2. p. 410.

   Panz. fasc. 15. t. 14.

   An rhinosimus œneus ? Oliv. col. 5. n.° 86. pl. 1. f. 3.

   Habite en Europe.

   Etc.

RHINOMACER. (Rhinomacer.)

Antennes filiformes, insérées au-delà des yeux. Museau étroit, antennifère. Mandibules simples. Mâchoires bifides.

Corps ovale, rétréci antérieurement. Elytres dures.

Antennæ filiformes, ante oculos et ab illis distan-
tes rostro insertæ. Rostrum angustum antenniferum.
Mandibulæ simplices. Maxillæ bifidæ.

Corpus ovatum, antice angustatum. Elytra rigida.

OBSERVATIONS.

D'après le caractère du museau antennifère, ce genre
peut rester placé à côté des rhinosimes, avant le sténostome qui fait la transition aux sténélites, celles-ci ayant
les œdémères en tête.

ESPÈCES.

1. **Rhinomacer charansonite.** *Rhinomacer curculio-*
noides.

R. *villoso-griseus, antennis pedibusque nigris.*
Mycterus curculionoides. Oliv. coléopt. 5. n.° 85. pl. 1. f. 1?
Panz fasc. 12. f. 8.
Rhinomacer curculionoides. Fab. élent. 2. p. 428.
Habite l'Europe australe. Se trouve sur la millefeuille.

2. **Rhinomacer des ombelles.** *Rhinomacer umbella-*
tarum.

R. *suprà cinereus, subtùs albidus; antennis tibiisque ru-*
fescentibus. Oliv. ibid.
Mycterus umbellatarum. Oliv. 5. n.° 85. pl. 1. f. 2.
Bruchus umbellatarum. Fab. élent. 2. p. 396.
Habite les îles de l'Archipel, sur les fleurs des ombelli-
fères.

STÉNOSTOME. (Stenostoma.)

Antennes subfiliformes, insérées sur la trompe au-
delà des yeux. Le dernier article des palpes cylindracé.

Corps allongé ; corselet étroit, subcylindrique. Elytres longues, un peu molles, rétrécies vers leur sommet.

Antennæ subfiliformes, ultrà oculos rostro insertæ. Palporum articulus ultimus cylindraceus.

Corpus elongatum ; thorax angustus, subcylindricus. Elytra longa, versùs apicem angustata, moliuscula.

OBSERVATIONS.

Le sténostome ne tient plus aux rhinites que par son museau antennifère ; il avoisine tellement les œdémères par ses rapports que M. Latreille ne l'en avait pas séparé d'abord. *Illiger* le lui a envoyé sous le nom de *rhinomacer nécydaloïde.*

ESPECE.

1. **Sténostome muselière.** *Stenostoma rostrata.*

> *Leptura rostrata.* Fab. éleut. 2.,p. 361.
> *OEdemera rostrata.* Latr. gen. 2. p. 229.
> *Stenostoma.* Latr. Considérations, etc. p. 217.
> Habite la côte de Barbarie, la France australe.

LES STÉNÉLITES.

Antennes de grosseur égale, ou s'amincissant vers leur extrémité.

Les *sténélites* nous paraissent devoir suivre immédiatement la coupe artificielle, mais nécessaire, des rhinites. Quelques-unes, parmi elles, ont encore la partie antérieure de la tête un peu avancée en museau, mais qui n'est plus antennifère. Ces insectes n'ont point de cou,

c'est-à-dire, que leur tête ne forme aucun rétrécissement brusque par derrière. Leurs mâchoires sont dépourvues de dent cornée au côté interne, et leurs antennes n'offrent ni massue, ni grossissement graduel vers
leur extrémité. Ils ont des ailes, et paraissent vivre, en
état de larve, dans le bois ou sous l'écorce des arbres.

M. *Latreille*, qui a établi cette famille et ses caractères, la divise d'après la considération de l'état des articles de leurs tarses. En adoptant cette considération,
nous présentons les deux divisions qui en résultent, de la
manière suivante :

(1) Ceux qui ont le pénultième article de tous leurs tarses bilobé
ou profondément échancré.

> OEdémère.
> Nothus.
> Calope.
> Lagrie.
> Mélandrie.

(2) Ceux qui ont tous les articles des tarses, ou au moins ceux des
postérieurs, entiers.

> Serropalpe.
> Hallomène.
> Pythe.
> Hélops.
> Nilion.
> Cistèle.

OEDÉMÈRE. (OEdemera.)

Antennes filiformes, plus longues que le corselet, insérées devant les yeux : à articles cylindriques. Mandi-

bules bifides au sommet. Bouche avancée en museau court. Les yeux presque entiers.

Corps allongé. Elytres longues, molles, rétrécies vers leur extrémité.

Antennæ filiformes, thorace longiores, antè oculos insertæ : articulis cylindricis. Mandibulæ apice bifidæ. Os in rostrum breve productum. Oculi subintegri.

Corpus elongatum. Elytra longa, mollia, versùs apicem angustata.

OBSERVATIONS.

Sous le rapport de la forme générale du corps et de la mollesse des élytres, les *œdémères* semblent devoir être rapprochées des cantharides ; sous d'autres rapports, néanmoins, l'on doit les en écarter et les rapprocher des calopes, etc., comme le fait M. Latreille. Ces insectes ont la tête sessile, les mandibules bifides au sommet, les palpes maxillaires terminés par un article comprimé ou en hache allongée, et les crochets des tarses simples.

On trouve ces insectes sur les herbes et les fleurs, dans les prés.

ESPECES.

1. OEdémère bleue. *OEdemera cœrulea.*

> *OE. cœrulea ; elytris subulatis ; femoribus posticis clavatis arcuatis.*
>
> *Necydalis cœrulea.* Lin. Fab. éleut. 2. p. 372.
>
> *OEdemera cœrulea.* Oliv. col. 3. n.° 50. pl. 2. f. 16.
>
> Latr. gen. 2. p. 228.
>
> Habite en Europe, sur les plantes. C'est la cantharide ; n.° 3, de Geoffroy.

2. OEdémère bleuâtre. *OEdemera cœrulescens.*

> *OE. thorace teretiusculo, corpore cœruleo subopaco.*

Cantharis cœrulea. Lin.

Necydalis cœrulescens. Fab. éleut. 2. p. 369.

OEdemera cœrulescens. Latr. Oliv. col. 3. n.º 50. pl. 2. f. 14.

Habite en Europe, sur les plantes.

Etc.

NOTHUS. (Nothus.)

Antennes filiformes, simples, plus longues que le corselet, insérées dans une échancrure des yeux. Mandibules bifides au sommet. Palpes maxillaires ayant le dernier article en hache.

Corps allongé, étroit.

Antennœ filiformes, simplices, thorace longiores, in oculorum sinu insertœ. Mandibulœ apice bifido. Palpi maxillares articulo ultimo securiformi.

Corpus elongatum, angustum, subcylindricum.

OBSERVATIONS.

Le genre *nothus*, établi par M. Latreille, dans son ouvrage intitulé : *Considérations*, etc., p. 417, embrasse quelques espèces encore rares et peu connues. Il paraît faire la transition des œdémères aux calopes.

ESPECES.

1. Nothus clavipède. *Nothus clavipes.*

   N. nigricans, griseo-pubescens; femoribus posticis clavatis. Oliv.

   Nothus clavipes. Oliv. Encycl. n.º 1.

   Habite en Hongrie.

2. Nothus brûlé. *Nothus prœustus.*

   N. testaceus; capite, pectore, maculis duabus thoracis apiceque elytrorum nigris. Oliv.

Nothus præustus. Oliv. Encycl. n.º 2.
Habite en Hongrie.
Etc.

———

CALOPE. (Calopus.)

Antennes filiformes, un peu longues, en scie, surtout dans les mâles. Les yeux échancrés. Mandibules bifides à leur pointe.

Corps allongé, étroit. Le pénultième article des tarses bifide.

Antennæ filiformes, thorace multò longiores, serratæ præsertìm in maribus, in oculorum sinu insertæ. Mandibulæ apice bifidæ. Oculi emarginati.

Corpus elongatum, angustum. Tarsorum articulus penultimus bifidus.

OBSERVATIONS.

Le *calope*, ayant les yeux échancrés et les antennes insérées dans l'échancrure des yeux, a été regardé comme un capricorne, par Linné et Degeer ; mais ce coléoptère, par ses tarses, est un hétéromère. Or, ayant les mandibules bifides, il paraît se ranger assez naturellement dans la division des sténélites qui ont le pénultième article de tous les tarses bilobé. Cet insecte a la lèvre inférieure échancrée, et le devant de la tête un peu avancé en museau.

ESPÈCE.

1. Calope serraticorne. *Calopus serraticornis.*
  Cerambix serraticornis. Lin.
  Calopus serraticornis. Fab. éleut 2. p. 312.
  Latr. gen. 2. p. 203.
  Oliv. col. 4. n.º 72. pl. 1. f. 1
  Panz. fasc. 3. t. 15.
  Habite l'Europe boréale, dans les bois.

LAGRIE. (*Lagria.*)

Antennes filiformes, grossissant un peu vers leur sommet, insérées devant les yeux. Mandibules courtes, terminées par deux dents. Palpes maxillaires à dernier article en hache. Les yeux échancrés.

Corps oblong ; la tête et le corselet plus étroits que les élytres.

Antennæ filiformes, extrorsùm sensìm subcrassiores, antè oculos insertæ. Mandibulæ breves ; apice bidentatæ. Palpi maxillares articulo ultimo securiformi. Oculi lunati.

Corpus oblongum ; capite thoraceque elytris angustioribus.

OBSERVATIONS.

Les *lagries*, dont il s'agit ici, n'embrassent pas entièrement toutes les espèces du genre *lagria* de Fabricius, mais seulement celles qui appartiennent aux coléoptères hétéromères. Leurs élytres sont un peu molles et flexibles comme dans les cantharides, mais leur tête n'est point inclinée de même ; leurs mandibules bidentées d'ailleurs les en distinguent, ainsi que les crochets des tarses qui sont simples. Ces insectes vivent sur les plantes, se nourrissant de leurs feuilles.

ESPÈCES.

1. Lagrie tuberculeuse. *Lagria tuberculata.*

 L. ovata, glabra, atra ; elytris tuberculatis. F.
 Lagria tuberculata. Fab. éleut. 2. p. 69.

Oliv. Encycl. n.o 4.

Habite à Cayenne. Collect. du Muséum.

2. Lagrie hérissée. *Lagria hirta.*

L. villosa, nigra ; thorace tereti; elytris flavescenti-tes-
taceis.

Chrysomela hirta. Lin.

Lagria hirta. Fab. éleut. 2. p. 70.

Oliv. col. 3. n.° 49. pl. 1. f. 1. Latr. gen. 2. p. 198.

Cantharide. n.° 6. Geoff. 1. p. 344.

Habite en Europe, dans les bois.

Etc.

MÉLANDRIE. (Melandria.)

Antennes simples, filiformes, un peu plus longues
que le corselet. Mandibules tridentées au sommet. Palpes
maxillaires grands, saillans, terminés par un article en
hache allongée:

Tête penchée. Corps ovale-elliptique, déprimé, plus
étroit en devant.

Antennæ simplices, filiformes, thorace paulò lon-
giores. Mandibulæ apice tridentatœ. Palpi maxilla-
res magni, exserti ; articulo ultimo securem elonga-
tam simulante.

Caput nutans. Corpus ovato-ellipticum, depressum,
anticè angustius.

OBSERVATIONS.

Les *mélandries* paraissent avoir beaucoup de rapports
avec les serropalpes ; mais elles s'en distinguent au moins
en ce que tous leurs tarses ont le pénultième article bilobé.

ESPECES.

1. Mélandrie caraboïde. *Melandria caraboides.*

M. nigra, nitida, punctulata, pubescens ; elytris nigro-
cœruleis.

Chrysomela caraboides. Lin.

Melandria serrata. Fab. éleut. 1. p. 163.

Melandria caraboides. Latr. gen. 2. p. 191.

Serropalpus caraboides. Oliv. col. 3. n.° 57 *bis.* pl. 1. f. 1.

Hélops. Panz. fasc. 9. t. 4.

Habite en Europe, sous l'écorce des arbres.

2. **Mélandrie variée.** *Melandria variegata.* Latr.

M. *fusca ; elytris pallidè testaceis, fusco variis.*

Serropalpus variegatus Bosc. Act. soc. hist. nat. tab. 10. f. 2.

Oliv. col. 3. n.o 57. *bis.* pl. 1. f. 2.

Dircœa variegata. Fab. eleut. 2. p. 90.

Habite aux environs de Paris.

Etc. Voyez le *dircœa discolor* de Fabricius et quelques autres qui suivent.

———

SERROPALPE. (Serropalpus.)

Antennes filiformes, à articles allongés, la plupart cylindriques. Palpes maxillaires très-saillans, plus longs que la tête, en scie, à dernier article en hache allongée.

Corps long, subcylindrique. Elytres presque linéaires. Les quatre tarses antérieurs seuls ayant le pénultième article bilobé

Antennæ filiformes ; articulis elongatis plerisque cylindricis. Palpi maxillares valdè exserti, capite longiores, serrati ; articulo ultimo securem elongatam simulante.

Corpus longum, subcylindricum. Elytra sublinearia. Tarsi quatuor antici articulo penultimo bilobo ; postici articulis omnibus integris.

OBSERVATIONS.

Le *serropalpe* a le corps bien plus allongé que celui des mélandries, et s'en distingue particulièrement par les tarses de ses deux pattes postérieures dont tous les articles sont entiers.

ESPECE.

1. Serropalpe strié. *Serropalpus striatus.*

> Latr. gen. vol. 1. tab. 9. f. 12. et vol. 2. p. 193.
> *Dircœa barbata.* Fab. éleut. 2. p. 88.
> Habite en Allemagne, en France, sur le vieux bois.

HALLOMÈNE. (Hallomenus.)

Antennes filiformes, insérées presque dans l'échancrure des yeux. Mandibules bidentées au sommet. Palpes presque filiformes : les maxillaires plus longs, à dernier article subcylindrique.

Corps ovale-oblong, un peu déprimé. Tous les tarses à articles entiers.

Antennæ filiformes, in oculorum sinu ferè insertæ. Mandibulæ apice bidentato. Palpi subfiliformes : maxillaribus longioribus, articulo ultimo subcylindrico.

Corpus ovato-oblongum, depressiusculum. Tarsi omnes articulis integris.

OBSERVATIONS.

Les *hallomènes*, ainsi que les quatre genres qui suivent, ont tous les articles de leurs tarses entiers, ce qui les distingue des sténélites précédentes. Leurs antennes sont à-peu-près de la longueur du corselet.

ESPECE.

1. Hallomène humérale. *Hallomenus humeralis.*

> Latr. gen. vol. 1. tab. 10. f. 11. et vol. 2. p. 194.
> Panz. fasc. 16. t. 17.
> *Dircœa humeralis.* Fab. élent. 2. p. 91.
> Habite en Allemagne, etc. dans les champignons et sous l'écorce des arbres.

PYTHE. (Pytho.)

Antennes filiformes, de la longueur du corselet, insérées devant les yeux. Mandibules échancrées à leur pointe. Palpes maxillaires terminés par un article plus grand, comprimé, obtrigone.

Corps allongé, très-aplati. Corselet presque orbiculaire, plane.

Antennœ filiformes, thoracis longitudine, antè oculos insertœ. Mandibulæ apice acuto emarginato. Palpi maxillares articulo majori, compresso, obtrigono.

Corpus oblongum, valdè depressum; thorace suborbiculato, plano.

OBSERVATIONS.

Les *pythes* tiennent d'assez près aux hallomènes, mais leurs palpes maxillaires sont terminés différemment. Leur corps est aplati presque comme celui du cossyphe.

ESPECE.

1. Pythe bleu. *Pytho cœruleus.*

> *P. niger; thorace sulcato; elytris striatis cœruleis; abdomine rufo.*

Pytho cœruleus. Latr. gen. 2. p. 196.
Fab. éleut. 2. p. 95. Panz. fasc. 95 t. 2.
Tenebrio depressus. Lin. Oliv. col. 3 n.o 57. pl. 2. f. 19.
Habite en Europe, sous l'écorce des arbres.
Etc. Voyez *pytho festivus* et *pytho castaneus* de Fabricius.

HÉLOPS. (Helops.)

Antennes filiformes, de la longueur du corselet ou un peu plus longues. Mandibules bidentées au sommet. Palpes maxillaires terminés par un article plus grand, en forme de hache.

Corps ovale-oblong, convexe.

Antennæ filiformes, thoracis longitudine vel paulò longiores. Mandibulæ apice bidentatæ. Palpi maxillares articulo majori securiformique terminati.

Corpus ovato-oblongum, convexum.

OBSERVATIONS.

Les *hélops* ont été regardés comme ayant beaucoup de rapports avec les ténébrions, et Linné ne les en distinguait même pas. Diverses considérations néanmoins paraissent exiger qu'on les en écarte assez considérablement. Ces insectes courent assez vite, ont souvent d'assez belles couleurs, volent pour la plupart et tous manquent de dent cornée au côté interne des mâchoires. Ils ne rongent que des substances végétales.

ESPECES.

1. Hélops lanipède. *Helops lanipes.*
   H. œneus; elytris striatis acuminatis.
   Tenebrio lanipes. Lin. Geoff. 1. p. 349. n.o 5.
   Helops lanipes. Fab. 1. p. 157. Panz. fasc. 50. t. 3.

Latr. gen. 2. p. 188. Oliv. col. 3. n.o 58. pl. 1. f. 1.

Habite en Europe, sous l'écorce des arbres.

2. Hélops strié. *Helops striatus.*

H. nigro-œneus, nitidus; elytris striatis obtusis; antennis pedibusque piceis. Oliv.

Helops striatus. Oliv. col. 3. n.o 58. pl. 1. f. 4.

Latr. gen. 2. p. 188. Ténébrion. Geoff. 1. p. 348. n.o 4.

Helops caraboides. Panz. fasc. 24. t. 3.

Habite en Europe, sous l'écorce des arbres.

Etc.

NILION. (Nilio.)

Antennes filiformes, un peu grenues. Palpes inégaux. Mandibules courtes, bidentées au sommet.

Corps hémisphérique; corselet très-court, transversal. Elytres un peu molles.

Antennæ filiformes; articulis rotundato - conicis. Palpi inæquales. Mandibulæ breves, apice bidentatæ.

Corpus hemisphæricum; thorax brevissimus, transversus. Elytra molliuscula.

OBSERVATIONS.

Le *nilion* a le port d'une coccinelle; mais c'est un hétéromère, et ses antennes ne sont point en massue. Il est velu et noirâtre en-dessus.

ESPECE.

1. Nilion velu. *Nilio villosus.*

Latr. vol. 1. tab. 10. f. 2.

Nilio. Lat. gen. 2. p. 199.

OEgithus marginatus. Fab. éleut. 2. p. 10.

Habite la Guyane. De Cayenne. Richard.

CISTÈLE. (Cistela.)

Antennes filiformes, un peu plus longues que le corselet, insérées dans l'échancrure des yeux. Mandibules entières à leur pointe. Palpes subfiliformes, inégaux. Les yeux échancrés.

Corps ovale, un peu convexe. Elytres plus larges que le corselet. Onglets des tarses simples, dentelés.

Antennæ filiformes, thorace paulò longiores, in oculorum sinu insertæ. Mandibulæ apice acuto indiviso. Palpi subfiliformes, inæquales. Oculi lunati.

Corpus ovale vel oblongo-ovatum, convexiusculum. Elytra thorace latiora. Tarsorum ungues simplices denticulati.

OBSERVATIONS.

Les *cistèles*, que Linné confondait avec les chrysomèles, appartiennent aux coléoptères hétéromères. Ce ne sont ni des ténébrionites ni des cantharidies, mais des sténélites distinguées des autres par leurs mandibules entières à leur pointe. Ces insectes sont, en général, assez petits. Leur tête est inclinée en devant; leur corps est rétréci antérieurement, et leurs élytres couvrent l'abdomen dans toute sa longueur. On les trouve sur les fleurs; ils ont des couleurs assez brillantes.

ESPÈCES.

1. Cistèle céramboïde. *Cistela ceramboides.*

C. antennis serratis; corpore infrà nigro; elytris flavo-rufis, striatis.

Chrysomela ceramboides. Lin.

Cistela ceramboides. Fab. éleut. 2. p. 16.
Oliv. col. 3, n.º 54. pl. 1. f. 4. *a. b.*
Latr. gen. 2. p. 226. Mordelle. Géoff. 1. p. 354. n.º 3.
Habite en Europe, dans les bois.

2. Cistèle soufrée. *Cistela sulphurea.*

C. *flava*; *elytris sulphureis.*
Chrysomela sulphurea. Lin.
Cistela sulphurea. Fab. p. 18. Latr. p. 226.
Oliv. col. 3. n.º 54 pl. 1. f. 6.
Tenebrio Geoff. 1. p. 351. n.º 11.
Habite en Europe, sur la millefeuille, les fl. ombellées.

3. Cistèle lepturoïde. *Cistela lepturoides.*

C. *atra*; *thorace quadrato*; *elytris striatis testaceis.*
Cistela lepturoides. Fab. éleut. 2. p. 17.
Oliv. col 3. n.º 54. pl. 1. f. 3. *a.*
Panz. fasc. 5. t. 11.
Habite le midi de l'Europe.
Etc.

LES TAXICORNES.

Les antennes grossissent insensiblement vers leur ex-
trémité ou se terminent en massue, et sont ordinai-
rement perfoliées.

Cette troisième famille de coléoptères hétéromères
nous semble intermédiaire entre les sténélites et les mélasomes. Les insectes qui s'y rapportent ont, comme les
sténélites, une tête ovoïde, sans rétrécissement brusque
par derrière, des mâchoires dépourvues de dent cornée au côté interne ; mais leurs antennes grossissent insensiblement vers leur sommet ou sont terminées en massue. Presque tous sont pourvus d'ailes. Plusieurs parmi
eux vivent dans les champignons, et les autres sous les
écorces des arbres ou à terre. En employant les carac-

tères indiqués par M. Latreille, je les distribue de la manière suivante:

(1) Tête saillante ou découverte, ne s'offrant point dans une échancrure du corselet.

(a) Base ou insertion des antennes découverte, non cachée par le bord latéral ou avancé de la tête.

Orchésie.

Tétratome.

Léiode.

(b) Insertion des antennes cachée sous les bords latéraux de la tête.

Cnodalon.

Épitrage.

Elédone.

Trachyscèle.

Phalérie.

Diapère.

Hypophlée.

(2) Tête cachée sous le corselet, ou reçue dans une échancrure de sa partie antérieure.

Cossyphe.

Hélée.

———————

ORCHÉSIE. (Orchesia.)

Antennes courtes, de onze articles : les trois derniers formant une massue. Palpes maxillaires saillans, à dernier article en hache.

Tête très-inclinée. Corps ovale-oblong.

Antennæ breves, undecim-articulatæ : articulis tribus ultimis clavam formantibus. Palpi maxillares exserti, articulo ultimo securiformi.

Tome IV.   25

Caput valdè nutans. Corpus oblongo-ovatum.

OBSERVATIONS.

L'*orchésie* ressemble beaucoup à l'hallomène par son aspect ; mais, outre que ses antennes sont en massue, les quatre tarses antérieurs ont le pénultième article bilobé, tandis que dans l'hallomène tous les tarses ont leurs articles entiers.

ESPECE.

1. Orchésie luisante. *Orchesia micans.*

  Latr. gen. 2. p. 194.

  Dircæa micans. Fab. éleut. 2. p. 91.

  Hallomenus micans. Panz. fasc. 16. t. 18.

  Habite en Europe, dans les bolets. Les jambes postérieures ont deux épines à leur extrémité.

TÉTRATOME. (Tetratoma.)

Antennes de la longueur du corselet, terminées en une massue perfoliée, de quatre articles. Palpes maxillaires plus longs que les labiaux.

Corps ovale. Tous les tarses à articles entiers.

Antennæ thoracis longitudine : clavá quadriarticulatá perfoliatáque terminatæ; Palpi maxillares labialibus longiores.

Corpus ovatum. Tarsi omnes articulis integris.

OBSERVATIONS.

Les *tétratomes* vivent dans les champignons comme les diapères et s'en distinguent principalement par leurs antennes en massue. Ils n'ont point d'épines à leurs jambes postérieures.

ESPÈCES.

1. **Tétratome des champignons.** *Tetratoma fungorum.*

T. *rufum; capite elytrisque nigris.* F.

Tetratoma fungorum. Fab, eleut. 2. p. 574.

Latr. gen. 2. p. 180. Panz. fasc. 9. t. 10.

Habite en Europe, dans les champignons.

2. **Tétratome de Desmarets.** *Tetratoma Desmaretsii.*

T. *capite, thorace elytrisque cupreo-viridibus nitidis.*

Tetratoma Desmaretsii. Latr. gen. 2. p. 180.

Habite aux environs de Paris, dans le bolet du chêne.

LÉIODE. (Leiodes.)

Antennes courtes, terminées par une massue perfoliée de cinq articles : le second article de la massue fort
petit. Palpes courts.

Corps en ovale raccourci, presque hémisphérique.
Jambes extérieurement épineuses.

*Antennæ breves, clavâ perfoliatâ, quinque-arti-
culatâ terminatæ : clavæ articulo secundo perparvo.
Palpi breves.*

*Corpus ovato-abbreviatum, subhemisphæricum. Pe-
des tibiis extùs spinosis.*

OBSERVATIONS.

Les *léiodes* ayant le corps court, en ovale arrondi, convexe et lisse, sont faciles à reconnaître. On les trouve sur
les plantes et les arbres.

ESPÈCES.

1. **Léiode brune.** *Leiodes picea.* Lat.

L. *picea; antennis pedibusque rufis; elytris punctato-striatis; tibiis posticis arcuatis.* P.

Anisostoma picea. Panz. fasc. 37. f. 8.
Leiodes picea. Latr. gen. 2. p. 181.
Habite en Europe , sur les plantes.

2. **Léiode ferrugineuse.** *Leiodes ferruginea.*

L. ferruginea , elytris striatis ; tibiis posticis rectiusculis.
Anisostoma ferruginea. Fab. éleut. 1. p. 99.
Sphæridium ferrugineum. Oliv. col. 2. n.º 15. pl. 3. f. 14.
Habite en Europe.

3. **Léiode humérale.** *Leiodes humeralis.*

L. atra , nitida ; elytris maculâ baseos rubrâ.
Anisostoma humeralis. Fab. éleut. 1. p. 99.
Panz. fasc. 23. t. 1. *Sphæridium.*
Habite en Europe , sur les arbres.

CNODALON. (Cnodalon.)

Antennes grossissant insensiblement vers leur extrémité , les six derniers articles imitant des dents de scie.
Palpes maxillaires terminés en hache.

Corps ovale , très-bombé ; corselet transversal.

Antennæ sensìm extrorsùm crassiores ; articulis sex
ultimis compressis , latere interno dilatato-serratis.
Palpi maxillares articulo ultimo securiformi.
Corpus ovale , gibbum. Thorax transversus.

OBSERVATIONS.

Le *cnodalon* a un peu le port d'un érotyle. Ses antennes sont de la longueur du corselet , et leur insertion
n'est plus à découvert. Le sternum se termine postérieurement en une pointe reçue dans une fourche située entre
les secondes pattes.

ESPECE.

1. **Cnodalon vert.** *Cnodalon viride.*
Latr. gen. vol. 1. tab. 10. f. 7. et vol. 2. p. 182.

Ejusd. hist. nat., etc. vol. 10. pl. 89. f. 5 et p. 320.
Habite à Saint-Domingue. Il est d'un vert bleuâtre.

EPITRAGE. (*Epitragus.*)

Antennes grossissant insensiblement vers leur extrémité, les quatre derniers articles presque dentiformes. Palpes maxillaires à dernier article plus grand, obtrigone. Menton grand, recouvrant la base des mâchoires.

Corps oblong, à dos convexe. Corselet carré ou en trapèze.

Antennæ sensim extrorsùm crassiores, articulis quatuor ultimis subdentiformibus. Palpi maxillares articulo majori obtrigono. Mentum magnum, maxillarum basim obtegens.

Corpus oblongum, dorsi medio convexo. Thorax quadratus aut trapeziformis.

OBSERVATIONS.

L'*épitrage* est remarquable par ses antennes courtes, son menton, et son corps oblong, un peu en pointe aux extrémités.

ESPÈCE.

1. Epitrage brun. *Epitragus fuscus.* Latr.
　　Latr. gen. vol. 1. tab. 10. f. 1 et vol. 2. p. 183.
　　Habite à Cayenne.

ELÉDONE. (*Eledona.*)

Antennes courtes, arquées; à derniers articles plus grands, formant une massue oblongue et comprimée.

Palpes filiformes : le dernier article des maxillaires sub-cylindrique.

Corps ovale ; corselet transverse.

Antennœ breves, arcuatœ : articulis aliquot ulti-mis majoribus clavam oblongam compressamque for-mantibus. Palpi filiformes : maxillarum articulo ul-timo subcylindrico.

Corpus ovatum ; thorax transversus.

OBSERVATIONS.

L'*élédone* a la tête en partie cachée sous le corselet, le corps légèrement convexe, un peu inégal ou rude en dessus, ce qui l'a fait considérer comme un opatre. Elle paraît se rapprocher davantage des diapères. On en connaît plusieurs espèces.

ESPECE.

1. Elédone agaricicole. *Eledona agaricicola.* Latr.
    E. obscurè nigricans ; thorace rugosulo ; elytris striatis.
    Bolitophagus agaricola. Fab. élent. 1. p. 114.
    Opatrum agaricola. Panz. fasc. 43. t. 9.
    Oliv. col. 3. n.º 56. pl. 1. f. 11. *a. b.*
    Eledona. Latr. gèn. 2. p. 178.
    Habite en Europe, dans les bolets.
    Etc. Voyez les autres espèces dans Fabricius et Latreille.

TRACHYSCÈLE. (Trachyscelis.)

Antennes à peine plus longues que la tête, terminées par une massue ovale, perfoliée, de six articles.

Corps arrondi, bombé. Pattes fortes, fouisseuses ; jambes très-épineuses.

Antennœ capite vix longiores, articulis sex ulti-

mis clavam perfoliatam breviter ovatam efficientibus.

Corpus rotundatum, convexum. Pedes validissimi, fossorii ; tibiis spinosis.

OBSERVATIONS.

Les *trachyscèles* avoisinent les diapères et surtout les phaléries de M. Latreille. Elles s'enterrent dans le sable des bords de la mer. Leurs mandibules sont entières à leur pointe.

ESPECE.

1. Trachyscèle aphodioïde. *Trachyscelis aphodioides.*

Latr. gen. crust. et ins. 4. p. 379.

Habite aux environs de Montpellier, sur les bords de la mer.

PHALÉRIE. (Phaleria.)

Antennes insérées sous un rebord , grossissant insensiblement , et perfoliées seulement près de l'extrémité.

Corps ovale ou en carré long, un peu déprimé. Jambes antérieures élargies , épineuses, comme propres à fouir.

Antennæ infrà clypei marginem insertæ , sensìm extrorsùm crassiores , versùs extremitatem perfoliatæ.

Corpus ovato - oblongum , subdepressum. Pedes antici tibiis dilatatis spinosis subfossoriis.

OBSERVATIONS.

Les *phaléries* avoisinent les diapères par leurs rapports, mais leur corps est plus allongé, moins bombé, et ce n'est que près de leur extrémité que les antennes sont perfoliées. Les mâles ont souvent des tubercules sur la tête. On croit qu'elles vivent dans le bois pourri ou sous l'écorce des arbres.

ESPÈCES.

1. **Phalérie cornue.** *Phaleria cornuta.*

> *Ph. ferruginea; mandibulis porrectis recurvis cornifor-*
> *mibus.*
> *Trogossita cornuta.* Fab. élent. 1. p. 155.
> *Phaleria cornuta.* Latr. gen. 1. t. 10. f. 4. et vol. 2. p. 175.
> Habite l'Afrique boréale, l'Asie australe.

2. **Phalérie des cuisines.** *Phaleria culinaris.*

> *Ph. ferruginea; elytris crenato-striatis; tibiis anticis*
> *dentatis.*
> *Tenebrio culinaris.* Lin. Fab. él. 1. p. 148.
> *Phaleria culinaris.* Latr. gen. 2. p. 175.
> *Tenebrio culinaris.* Oliv. col. 3. n.º 57. pl. 1. f. 13.
> Habite en Europe, sous les écorces, dans les tas de blé.
> Etc.

DIAPÈRE. (Diaperis.)

Antennes perfoliées, grossissant insensiblement vers le bout. Palpes filiformes.

Corps ovoïde, très-convexe. Tête inclinée et un peu enfoncée sous le corselet. Toutes les jambes allongées, également étroites.

Antennæ perfoliatæ, sensìm extrorsùm crassiores. Palpi filiformes.

Corpus obovatum, vel ovato-rotundatum, valdè convexum. Caput thorace partìm occultatum. Tibiæ omnes elongatæ subæquè angustæ.

OBSERVATIONS.

Les *diapères* vivent dans les champignons. Ils ont le corps plus raccourci et plus convexe que celui des phaléries, et leurs antennes, qui grossissent insensiblement vers le bout, sont perfoliées dans presque toute leur longueur.

ESPECES.

1. Diapère du bolet. *Diaperis boleti.*

> D. *nigra ; elytris fasciis tribus flavis repandis.*
> *Diaperis.* Geoff. 1. p. 337. pl. 6. f. 3. *Chrysomela boleti.* Lin.
> *Diaperis boleti.* Fab. éleut. 2 p. 585.
> Oliv. col. 3. n.° 55. pl. 1. f. 1. a. b. c.
> Habite en Europe, dans les bolets des arbres.

2. Diapère tacheté. *Diaperis maculata.*

> D. *atra; elytris rufis : puncto suturâ fasciâque atris.*
> *Diaperis hydni.* Fab. éleut. 2. p. 585.
> *Diaperis maculata.* Oliv. col. 3. n.° 55. pl. 1. f. 2. a. b.
> Habite la Caroline. *Bosc.*
> Etc.

HYPOPHLÉE. (Hypophlæus.)

Antennes à peine de la longueur du corselet, grossissant un peu vers le bout, et à articles perfoliés, le dernier ovale.

Corps allongé, presque linéaire. Corselet en carré long.

Antennæ thoracis vix longitudine, extrorsùm sensim crassiores, articulis perfoliatis : ultimo ovato.

Corpus elongatum, sublineare. Thorax elongatoquadratus.

Les *hypophlées* sont des ips d'Olivier, et ont aussi le corps allongé, presque linéaire. Elles vivent sous les écorces des arbres, et sont agiles.

ESPECES.

1. Hypophlée bicolore. *Hypophlœus bicolor.*
   H. rufus, nitidus; elytris nigris, basi fasciatim rufis.
   Ips bicolor. Oliv. col. 2. n.° 18. pl. 2. f. 14. *a. b.*
   Hypophlœus bicolor. Latr. gen. 2. p. 174. Fab. él. 2. p. 559.
   Panz. fasc. 12. t. 14.
   Habite en Europe, sous l'écorce des arbres.

2. Hypophlée marron. *Hypophlœus castaneus.*
   H. lœvis, nitidus, castaneus; antennis nigris.
   Hypophlœus castaneus. Fab. éleut. 2. p. 558.
   Panz. fasc. 12. t. 13.
   Ips taxicornis. Oliv. col. 2. n.° 18. pl. 1. f. 2. *a. b.*
   Habite en Europe, sous l'écorce des arbres.
   Etc.

COSSYPHE. (Cossyphus.)

Antennes courtes, de onze articles; les cinq derniers formant une massue perfoliée. Palpes maxillaires à dernier article plus large, sécuriforme.

Tête cachée sous le corselet. Corps ovale-oblong, très-plat. Le corselet et les élytres débordant horizontalement de tous côtés.

Antennœ breves, undecim-articulatœ, articulis quinque ultimis clavam perfoliatam formantibus. Palpi maxillares articulo ultimo latiore securiformi.

Caput sub thorace absconditum. Corpus ovato-

*oblongum, valdè depressum ; thoracis elytrorumque
limbus horisontaliter productus undiquè marginans.*

OBSERVATIONS.

Les *cossyphes* ressemblent aux lampyres par leur corselet plat, clypéiforme, débordant et recouvrant la tête ; mais leurs tarses, leurs antennes et leurs palpes les en distinguent considérablement. Selon *Olivier*, les mandibules de ces insectes sont bifides à leur pointe qui est tronquée. On ne connaît de ce genre que deux ou trois espèces, qui sont même médiocrement distinctes.

ESPECES.

1. **Cossyphe déprimé.** *Cossyphus depressus.*

> *C. brunneus ; elytrorum carinâ a basi ad apicem productâ.*
> *Cossyphus depressus.* Fab. éleut. 2. p. 98.
> Oliv. col. 3. n.º 44 *bis.* pl. 1. f. 1. *a. b. c.*
> Latr. gen. 2. p. 184.
> Habite aux Indes orientales.

2. **Cossyphe de Hoffmanseg.** *Cossyphus Hoffmansegii.*

> *C. brunneus ; elytrorum carinâ singulâ utrâque extremitate obliteratâ.*
> *Cossyphus Hoffmansegii.* Latr. gen. 2. p. 185.
> *Ejusd.* Hist. nat., etc., vol. 10. p. 325. pl. 90. f. 2.
> Habite en Portugal et en Barbarie.
> Voyez le *cossyphus planus* de Fabricius.

HÉLÉE. (*Helœa.*)

Antennes presque de la longueur du corselet, grossissant un peu vers leur extrémité, les quatre derniers articles subglobuleux. Le menton à lobe du milieu avancé, cachant la base de la bouche.

Tête reçue dans l'échancrure du corselet. Corps ovale, à dos convexe. Corselet transverse, semi-circulaire, échancré antérieurement. Un limbe produit par le corselet et les élytres entourant tout le corps.

Antennæ thoracis sublongitudine, sensìm extrorsùm crassiores, articulis quatuor ultimis subglobosis. Mentum lobo mediano producto oris basim obtegens.

Caput in incisurâ thoracis insertum. Corpus ovatum, dorso convexo. Thorax transversus, semi-circularis, anticè profundè emarginatus. Limbus thorace elytrisque emissus, corpus totum obvallans.

OBSERVATIONS.

Les *hélées*, dont M. Latreille a déjà fait mention dans son ouvrage intitulé, *Hist. nat. des Crust.*, etc. [vol. 10, p. 326], sont des insectes fort remarquables de la Nouvelle-Hollande, et qui avoisinent de très-près les cossyphes par leurs rapports. Leur corselet et leurs élytres sont partout débordans comme dans les cossyphes ; mais leurs antennes ne sont point en massue, et la partie antérieure de leur corselet offre une échancrure profonde dans laquelle la tête est reçue et se trouve apparente. Cette échancrure ressemble quelquefois à un trou, parce que les deux angles de ses bords sont prolongés en pointe et s'avancent l'un sur l'autre. La partie que couvrent les élytres est convexe et non aplatie. Ces insectes sont noirs ou d'une couleur sombre. Ils indiquent, en quelque sorte, le voisinage des ténébrionites. Parmi les espèces de la collection du Muséum, je citerai seulement les suivantes.

ESPÈCES.

1. **Hélée cornue.** *Helea cornuta.*

   H. nigra ; thorace postice cornuto : thoracis elytrorumque limbo reflexo, ascendente ; dorso lævi.

Helea cornuta. Latr: catal.

Habite l'île des Kanguroos. *Péron* et *Le Sueur.* Espèce grande.

2. Hélée hispide. *Helea hispida.*

> *H. nigra ; thorace submutico ; limbo generali reflexo ; dorso setis nigris hispido.*

Helea fenestrata. Latr. catal.

Habite l'île des Kanguroos. Même taille et même aspect que la précédente.

3. Hélée tricostale. *Helea tricostalis.*

> *H. nigra ; limbo marginali horisontali angusto ; dorso costis tribus granulatis.*

Helea perforata. Latr. catal.

Habite la Nouvelle-Hollande. Elle est beaucoup plus petite que les précédentes.

4. Hélée à six côtes. *Helea sexcostata.*

> *H. nigra ; limbo marginali perangusto ; dorso costis sex simplicibus punctisque impressis.*

Helea costata. Latr. catal.

Habite la Nouvelle-Hollande.

5. Hélée à bordure. *Helea limbata.* Lat. Cat.

> *H. obscurè fulva, suborbicularis ; limbo hyalino.*

Habite l'Asie australe. Elle est plus petite que les autres et a presque l'aspect d'une casside.

Etc.

LES MÉLASOMES,

(ou *Ténébrionites.*)

Mâchoires ayant une dent cornée au côté interne.

Cette quatrième famille de coléoptères hétéromères nous paraît très-naturelle, et devoir suivre immédiatement celle des taxicornes. Elle comprend des insectes d'une couleur noire ou fort obscure, et la plupart dépourvus de la faculté de voler, parce qu'ils ont pris, depuis long-temps , l'habitude de se ténir cachés et de fuir la lumière. Dans le plus grand nombre , effectivement , les élytres sont soudées , ne peuvent plus s'ouvrir , et les ailes qu'elles devraient recouvrir sont avortées.

Ces insectes ont , en général , des mouvemens lents , rongent des substances végétales ou des matières animales , et vivent à terre ou dans le sable. On les a distingués en un assez grand nombre de genres , que l'on peut distribuer et diviser de la manière suivante :

(1) Elytres soudées : point d'ailes en-dessous par avortement.

   (a) Palpes maxillaires filiformes , à dernier article presque cylindrique.

       * Base des mâchoires recouverte par un menton large.

           Erodie.

           Pimélie.

       ** Base des mâchoires découverte et point cachée par le menton.

           Scaure.

           Tagénie.

           Sépidie.

           Moluris.

           Eurichore.

           Akis.

   (b) Palpes maxillaires terminés par un article plus grand , triangulaire ou en forme de hache.

       * Base des mâchoires recouverte par un menton large , et grand.

           Chiroscèle.

           Aside.

       ** Base des mâchoires découverte.

           Blaps.

           Pédine.

(2) Elytres non soudées, recouvrant des ailes:

Opatre.

Cryptique.

Ténébrion.

Sarrotrie.

Toxique.

———————

ERODIE. (*Erodius.*)

Antennes à peine plus longues que le corselet, filiformes, terminées par un bouton formé des deux derniers articles, ou du dernier seulement. Palpes filiformes. Menton grand.

Corps ovale, très-convexe. Corselet transverse, échancré antérieurement. Point d'écusson. Elytres connées.

*Antennæ thorace vix longiores, filiformes, apice
capituliferæ; capitulo ex duobus ultimis articulis, aut
ex ultimo distincto. Palpi filiformes. Mentum magnum.*

*Corpus breviter ovatum, valdè convexum. Thorax
transversus; margine antico emarginato. Scutellum
nullum. Elytra connata.*

OBSERVATIONS.

Les *erodies* sont des coléoptères noirâtres, glabres, dépourvus d'ailes, et voisins des pimélies. Leur corps est
ovale, presque arrondi, convexe ou gibbeux. Leur corselet a antérieurement une large échancrure qui reçoit la
partie postérieure de leur tête. Ceux dont le bouton des
antennes est formé des deux derniers articles, et dont les
jambes de la première paire de pattes sont dentées extérieurement, sont les érodies de M. Latreille. Il distingue,

sous le nom de *zophosis*, ceux dont les jambes antérieures sont non dentées, et dont le bouton des antennes est formé du onzième article.

ESPECES.

1. Erodie bossue. *Erodius gibbus.*

> E. *gibbus, ater; elytris lineis elevatis tribus.*
> *Erodius gibbus.* Fab. él. 1. p. 121. Latr. gen. 2. p. 145.
> Oliv. col. 3. n.o 63. pl. 1. f. 3.
> Habite le Levant, l'Arabie.

2. Erodie testudinaire. *Erodius testudinarius.*

> E. *gibbus, ater; elytris connatis scabris: lateribus pulve-*
> *rulento-albidis.*
> *Erodius testudinarius.* Fab. él. 1. p. 121.
> Oliv. col. 3. n.º 63. pl. 1. f. 1, *a, b.*
> *Zophosis testudinaria.* Lat. gen. 2. p. 146.
> Habite en Arabie.
> Etc.

PIMÉLIE. (Pimelia.)

Antennes filiformes, submoniliformes, le dixième article enveloppant le dernier. Palpes filiformes. Mandibules bifides. Menton grand, transverse:

Corps ovale, convexe. Corselet transverse, plus étroit que l'abdomen. Ecusson souvent nul. Abdomen renflé. Elytres connées, réfléchies en dessous.

Antennæ filiformes, submoniliformes; articulo decimo ultimo involvente. Palpi filiformes. Mandibulæ bifidæ. Mentum magnum, transversum.

Corpus ovatum, convexum. Thorax transversus, abdomine angustior. Scutellum subnullum. Abdomen turgidum. Elytra connata, subtus inflexa.

OBSERVATIONS.

Les *pimélies* ont le corps glabre, ovale, rétréci antérieurement, et l'abdomen gros, très-renflé. En général, ces insectes sont noirs, vivent dans les climats chauds, et se trouvent dans les terrains arides. Une seule espèce se trouve aux environs de Paris.

ESPÈCES.

1. Pimélie muriquée. *Pimelia muricata.*

P. atra; thorace globoso : punctis duobus impressis; elytris rugosis : striis tribus elevatis lævibus. F.

Pimelia bipunctata. Fab. éleut. 1. p. 130. Lat. gen. 2. p. 147.

Pimelia muricata. Oliv. col. 3. n.º 59. pl. 1. f. 1. *a. b.* f. 4.

Pimelia muricata. Lin. et Oliv.

Ténébrion cannelé. Geoff. 1. p. 352.

Habite l'Europe australe, et même près de Paris.

2. Pimélie africaine. *Pimelia grossa.*

P. atra; elytris scabris : lineis elevatis tribus lævibus.

Pimelia grossa. Fab. él. 1. p. 130.

Oliv. col. 3. n.º 59. tab. 1. f. 5.

Habite les sables de Barbarie.

3. Pimélie hispide. *Pimelia hispida.*

P. nigra; corpore muricato hispido.

Pimelia hispida. Fab. el. 1. p. 129.

Oliv. col. 3. n.º 59. pl. 1. f. 10 et 12.

Habite en Orient et en Afrique.

Etc.

SCAURE. (Scaurus.)

Antennes filiformes, presque moniliformes; à dernier article en cône allongé.

Corps ovale-oblong. Corselet orbiculaire, presque

carré. Abdomen ovale. Elytres soudées. Pattes antérieures plus grosses.

*Antennæ filiformes, submoniliformes : articulo ter-
minali elongato-conico.*

*Corpus ovato-elongatum. Thorax orbiculato-qua-
dratus. Abdomen ovatum. Elytra connata. Pedes antici femoribus crassioribus.*

OBSERVATIONS.

Les *scaures* ont les trois ou quatre avant-derniers articles des antennes presque globuleux, et le corselet séparé
de l'abdomen par un étranglement. Ces insectes sont noirs,
aptères, et c'est surtout dans les mâles que les cuisses
des pattes antérieures sont plus grosses, dentées au
sommet.

ESPÈCES.

1. Scaure strié. *Scaurus striatus.*

> *S. ater ; elytris lineis elevatis tribus ; femoribus anticis
> dentibus duobus.*
> *Scaurus striatus.* Fab. él. 1. p. 122. Lat. gen. 2. p. 159.
> Oliv. col. 3. n.o 62. pl. 1. f. 2 , et Pimélie, pl. 2. f. 15.
> Lat. hist. nat., etc. vol. 10. pl. 88. f. 2.
> Habite l'Europe australe, le midi de la France , l'Afrique.

2. Scaure noir. *Scaurus atratus.*

> *S. ater ; elytris striato-punctatis.*
> *Scaurus atratus.* Fab. él. 1. p. 122.
> Oliv. col. 3. n.o 62. pl. 1. f. 3. *b.*
> Habite en Egypte.
> Etc.

TAGÉNIE. (Tagenia.)

Antennes submoniliformes, presque perfoliées. Palpes filiformes à dernier article tronqué.

Corps allongé, étroit, déprimé.

Antennæ submoniliformes : articulis ferè perfolia-tis. Palpi filiformes ; articulo ultimo truncato.

Corpus elongatum, angustum, depressum.

OBSERVATIONS.

La *tagénie*, dans cette famille, est remarquable par la forme allongée et étroite de son corps. Son corselet est en carré-long.

ESPECE.

1. Tagénie filiforme. *Tagenia filiformis.* Latr.

    Tagenia. Lat. gen. vol. 1. pl. 10. f. 9.

    Ejusd. gen. 2. p. 149.

    Akis filiformis. Fab. éleut. 1. p. 137.

    Habite la France australe, la Barbarie.

SÉPIDIE. (Sepidium.)

Antennes filiformes, à troisième article plus long que les autres. Palpes subfiliformes.

Corps ovale-oblong, convexe, inégal. Corselet di-laté sur les côtés, cariné ou très-inégal. Elytres soudées, embrassant l'abdomen.

Antennæ filiformes : articulo tertio aliis longiore. Palpi subfiliformes.

Corpus ovato-oblongum, convexum, inæquale. Thorax valdè inæqualis, sæpè carinatus, lateribus dilatatis. Elytra connata, subtùs inflexa.

OBSERVATIONS.

Les *sépidies* ressemblent un peu aux pimélies par leur port ; mais, outre les angles, les crêtes et les autres aspérités qui rendent leur corps très-inégal, leur menton court les en distingue essentiellement. Ces insectes sont d'une couleur grisâtre ou obscure ; ils vivent dans les pays chauds.

ESPÈCES.

1. Sépidie tricuspidée. *Sepidium tricuspidatum.*

> *S. cinereum ; thoracis dorso carinâ triplici piloso-squa-mosâ.*
>
> *Sepidium tricuspidatum.* Fab. él. 1. p. 126. Lat. gen. 2. p. 158.
>
> Oliv. col. 3. n ͦ 61. pl. 1. f. 1. *b.*
>
> Habite les côtes d'Afrique , le Portugal.

2. Sépidie à crête. *Sepidium cristatum.*

> *S. thorace tricuspidato cristato ; corpore variegato*
>
> *Sepidium cristatum.* Fab. éleut. 1. p. 127.
>
> Oliv. col. 3. n.ͦ 61. pl. 1. f. 3.
>
> Habite l'Arabie , l'Egypte.
>
> Etc.

MOLURIS. (Moluris.)

Antennes filiformes ; à derniers articles globuleux ou turbinés. Palpes filiformes.

Corps allongé , ovale. Corselet orbiculaire , convexe. Abdomen grand , ovale.

Antennæ filiformes ; articulis ultimis globosis aut turbinatis. Palpi filiformes.

Corpus elongato-ovatum. Thorax orbicularis , con-vexus. Abdomen magnum , ovatum.

OBSERVATIONS.

Les *moluris* ont l'aspect des pimélies ; mais leur menton est court, quoique large , et ne recouvre point la base des

mâchoires. Je n'en sépare point les tentyries de M. Latreille.

ESPECES.

1. Moluris striée. *Moluris striata.* Latr.

> *M. atra, glabra ; elytris striis quatuor sanguineis.*
> *Pimelia striata.* Fab. éleut. 1. p. 128.
> Oliv. col. 3. n.o 59. pl. 1. f. 11.
> *Moluris.* Latr. gen. 2. p. 148. et hist. nat., etc. vol. 10. p. 266.
>   pl. 87. f. 4.
> Habite en Afrique.

2. Moluris brune. *Moluris brunnea.*

> *M. rufo-testacea, glabra, punctulata ; thorace antice sub-*
> *truncato.*
> Pimélie brune. Oliv. col. 3. n.o 59 pl. 1. f. 6.
> *Moluris brunnea.* Latr. catal.
> Habite le Cap de Bonne-Espérance.

3. Moluris interrompue. *Moluris interrupta.*

> *M. elongata, atra, nitida ; thorace ab elytrorum basi pos-*
> *tice utrinque remoto.*
> *Pimelia glabra.* Oliv. col. 3. n.o 59. pl. 2. f. 13.
> *Tentyria interrupta.* Lat. gen. 2. p. 155.
> Habite la France australe, etc.

EURICHORE. (Eurichora.)

Antennes filiformes, à troisième article fort long,
les autres courts: Palpes filiformes. Menton court, très-
large.

Corps en ovale court. Corselet grand, transverse,
échancré en devant.

Antennæ filiformes, articulo tertio valdè elonga-
to ; aliis brevibus. Palpi filiformes. Mentum breve, la-
tissimum.

Corpus breviter ovatum. Thorax magnus, transversus ; margine antico emarginato.

OBSERVATIONS.

La forme raccourcie des *eurichores*, et surtout leur corselet large, transverse, et très-échancré en devant pour recevoir la tête, les distinguent des moluris. On n'en connaît que l'espèce suivante.

ESPECE.

1. Eurichore ciliée. *Eurichora ciliata.*
    Thunb. nov. ins. sp. 6. p. 116.
    Fab. éleut. 1. p. 133. Latr. gen. 2. p. 150.
    Pimelia ciliata. Oliv. col. 3. n.º 59. pl. 2. f. 19. *a. b.*
    Habite au Cap de Bonne-Espérance.

AKIS. (Akis.)

Antennes filiformes, de onze articles : le troisième plus long que les autres. Palpes filiformes.

Corps allongé-ovale, un peu aplati. Corselet aussi long que large ou plus long, souvent aplati. Elytres connées.

Antennæ filiformes, undecim - articulatæ ; articulo tertio aliis longiore. Palpi filiformes.

Corpus elongato - ovatum, subdepressum. Thorax longitudine latitudinem adæquans vel superans, sœpè planulatus. Elytra connata.

OBSERVATIONS.

Les insectes que je réunis ici, sous le nom d'*akis*, tiennent de très - près aux précédens par leurs antennes, leurs palpes, etc. ; mais leur forme en général plus allon-

gée, plus déprimée, et leur corselet aussi long que large
ou plus long, m'ont paru permettre cette réunion qui di-
minue avantageusement le nombre des genres. Ainsi, aux
akis de M. Latreille, je réunis ses hégètres, quoique ces
insectes puissent être facilement distingués.

ESPÈCES.

1. **Akis hégètre.** *Akis hegeter.*

> *A. ater, obscurus; thorace quadrato plano; elytris subsul-*
> *catis.*
>
> *Hegeter striatus.* Latr. gen. vol. 1. tab. 9. f. 11.
> Habite l'île de Ténérife.

2. **Akis réfléchi.** *Akis reflexus.*

> *A. ater, nitidus; elytris dorso lævi, ad margines laterales*
> *suprà et infrà longistrorsùm tuberculatis.* Lat.
>
> *Akis reflexa.* Latr. gen. 2. p. 152, et hist. nat., etc. vol. 10,
> pl. 87. f. 6.
> *Akis reflexa.* Fab. él. 1. p. 135.
> Habite la France australe, le Levant.
> Etc.

CHIROSCÈLE. (Chiroscelis.)

Antennes moniliformes, de onze articles; le dernier
plus gros et en bouton. Lèvre supérieure saillante, arrondie, entière. Palpes maxillaires terminés par un article plus grand, sécuriforme. Menton très-grand, cordiforme.

Corps allongé, aplati, bordé. Corselet séparé de
l'abdomen par un étranglement. Jambes antérieures élargies, dentées et presque palmées au sommet.

Antennæ moniliformes, undecim-articulatæ; arti-
culo ultimo majore, capituliformi. Labrum exsertum,
rotundatum, integrum. Palpi maxillares articulo ulti-

mo majore, securiformi. Mentum magnum, cordi-
forme.

Corpus elongatum, parallelipipedum, depressum,
marginatum. Thorax ab abdomine postice intervallo
disjunctus : margine antico truncato. Tibiæ anticæ
apice dilatatæ, digitatæ, subpalmatæ.

OBSERVATIONS.

Le *chiroscèle* forme un genre très-remarquable parmi
les ténébrionites. Le corps de l'insecte a presque l'aspect de
celui d'une passale. Il offre une tête saillante ; un corselet
presque en cœur, bordé ; des élytres aplaties, striées, soudées et un écusson.

ESPECE.

1. Chiroscèle à deux lacunes. *Chiroscelis bifenestra.*
   Annales du Muséum, vol. 3. p. 260. pl. 22. f. 2.
   Latr. gen. 2. p. 144. Ejusd. hist. nat., etc. vol. 10. p. 262.
      pl. 87. f. 1.
   Habite la Nouvelle-Hollande, l'île Maria. *Péron* et *Le*
      Sueur.

ASIDE. (Asida.)

Antennes subfiliformes, plus grosses près du bout :
le dixième article, plus grand et semi-globuleux, recevant le onzième. Labre saillant. Palpes maxillaires à dernier article plus grand, obtrigone. Menton grand.

Corps ovale, un peu aplati. Corselet subtransverse,
un peu échancré antérieurement. Elytres connées, réfléchies en dessous.

Antennæ subfiliformes, propè apicem crassiores :
articulo decimo majore semigloboso undecimum exci-

piente. Labrum exsertum. Palpi maxillares articulo ultimo majore obtrigono. Mentum magnum.

Corpus breviter ovatum, rotundatum, planiusculum. Thorax subtransversus, margine antico paulò emarginatus. Elytra connata, subtùs inflexa.

OBSERVATIONS.

Par leur menton recouvrant la base des mâchoires, les *asides* tiennent aux érodies, aux pimélies, etc.; mais elles s'en distinguent par leurs palpes non filiformes, par leur corps non bombé. Elles semblent se rapprocher davantage des opatres dont elles ont l'aspect; mais elles ne volent point, et leur menton les en distingue.

ESPECES.

1. **Aside grise.** *Asida grisea.*

A. cinerea; thorace plano marginato; elytris striis tribus elevatis, posticè dentatis.

Asida grisea. Latr. gen. 2. p. 154. Ejusd. hist. nat., vol. 10. p. 270. pl. 87. f. 8. Tenebrio, n.o 2. Geoff. 1. p. 347. pl. 6. f. 6.

Opatrum griseum. Fab. él. 1. p. 115. *Pimelia.* Panz. fasc. 74. f. 1.

Oliv. col. 3. n.o 56. pl. 1. f. 1. *a. b. c. d.*

Habite en France, en Allemagne, aux lieux sablonneux.

2. **Aside ridée.** *Asida rugosa.*

A. nigra; thorace marginato; elytro singulo lineâ elevatâ subdentatâque instructo.

Opatrum rugosum. Oliv. col. 3. n.o 56. pl. 1. f. 4.

Asida fusca. Lat. hist. nat., etc. vol. 10. p. 270.

Habite l'Italie, l'Espagne.

Etc.

BLAPS. (Blaps.)

Antennes filiformes, presque moniliformes vers leur

sommet : les derniers articles, étant presque globuleux. Labre saillant, transverse. Palpes maxillaires à dernier article plus large, comprimé. La base des mâchoires découverte.

Corps allongé-ovale, un peu rétréci antérieurement. Corselet presque carré. Elytres connées, infléchies en dessous, terminées souvent par une pointe.

Antennæ filiformes, versùs apicem submoniliformes : articulis ultimis globulosis. Labrum exsertum, transversum. Palpi maxillares articulo ultimo latiori, compresso. Maxillarum basis detecta.

Corpus elongato-ovatum, antice paulò angustius. Thorax subquadratus. Elytra connata, subtùs inflexa, sæpè mucrone apicali terminata.

OBSERVATIONS.

Les *blaps* n'ont plus, comme les insectes des deux genres précédens, les mâchoires recouvertes à leur base par le menton. Ils se rapprochent beaucoup des ténébrions ; mais ils sont aptères et se tiennent dans les lieux obscurs.

ESPECES.

1. Blaps géant. *Blaps gigas.*

> *B. nigra ; thorace rotundato ; elytris mucronatis lævissimis.* F.
> *Tenebrio gigas.* Lin.
> *Blaps gages.* Fab. élent. 1. p. 141.
> Oliv. col. n.º 60. pl. 1. f. 1. Panz. fasc. 96. f. 1.
> Habite le midi de la France, l'Espagne.

2. Blaps porte-malheur. *Blaps mortisaga.*

> *B. atra ; thorace planulato ; elytris mucronatis subpunctatis.*

Tenebrio mortisagus. Lin. Geoff. 1. p. 346. n.o 1.
Blaps mortisaga. Fab. él. 1. p. 141.
Panz. fasc. 3. f. 3.
Oliv. col. 3. n.º 60. pl. 1. f. 2.
Habite en Europe. Très-commun ; il sent mauvais.

3. Blaps semblable. *Blaps similis.* Latr.

B. atra, oblonga; elytris subtilissimè rugosulis, obtusis.
Blaps obtusa. Fab. él. 1. p. 141.
Blaps similis. Lat. gen. 2. p. 162.
Habite en France.
Etc.

———

PÉDINE. (Pedinus.)

Antennes filiformes, insensiblement plus épaisses vers leur sommet, les derniers articles étant turbinés, presque globuleux. Chaperon échancré, recevant un labre très-petit. Le dernier article des palpes maxillaires plus grand, subsécuriforme.

Corps en ovale court, déprimé. Elytres connées. Pattes antérieures à jambes souvent élargies, subtriangulaires.

Antennæ filiformes, versùs extremitatem sensìm crassiores : articulis ultimis turbinato-globosis. Clypeus emarginatus, labrum minimum in sinu excipiens. Palpi maxillares articulo ultimo majore subsecuriformi.

Corpus breviter ovale, depressum. Elytra connata. Pedes antici tibiis sæpè dilatatis, subtriangularibus.

OBSERVATIONS.

Les *pédines* ressemblent beaucoup aux opatres ; mais elles sont aptères, ce qui a engagé M. Latreille à les en distinguer. Il paraît d'ailleurs que les derniers articles de leurs antennes ne sont point comprimés. Ces insectes vivent dans les lieux sablonneux , arides.

ESPÉCE.

1. **Pédine fémorale.** *Pedinus femoralis.*

> *P. ater; femoribus posticis subtùs canaliculatis; ferrugi-*
> *neo-villosis.*
>
> *Blaps femoralis.* Fab. él. 1. p. 143.
>
> Panz. fasc. 39. t. 5.
>
> *Pedinus femoralis.* Lat. gen. 2. p. 165. Ejusd. hist. nat., etc.
> vol. 10. p. 282. pl. 88. f. 4.
>
> Habite en France , en Allemagne , aux lieux arides.
>
> Etc. Voyez les *platynotus reticulatus* , *excavatus* , *crena-*
> *tus* , *dilatatus* , *dentipes* de Fab. ; ses *blaps buprestoides* ,
> *calcarata* , *punctata* , *emarginata* , *tristis* , *tibialis* et *cla-*
> *thrata* , qui , selon M. Latreille , sont des pédines.

OPATRE. (Opatrum.)

Antennes moniliformes, grossissant un peu vers leur sommet. Labre petit, reçu dans une échancrure antérieure du chaperon. Palpes maxillaires en massue.

Corps en carré-ovale, déprimé. Corselet transverse, presque carré , ayant un sinus antérieur pour recevoir la tête.

Antennæ moniliformes , sensìm extrorsùm subcrassiores. Labrum parvum , in sinu antico clypei receptum. Palpi maxillares clavati.

Corpus quadrato-ovale , depressum. Thorax transversus , subquadratus; margine antico concavo , pro capite excipiendo.

OBSERVATIONS.

Les *opatres* ne sont point privés de la faculté de voler , comme les ténébrionites précédens. Ils ont de grands

rapports avec les ténébrions ; mais leur tête est moins pro-
éminente, fort enfoncée dans le sinus antérieur du corselet,
et leurs élytres sont moins luisantes, striées dans la plupart.
Leur corselet est aplati, bordé. Ces insectes sont d'une couleur obscure, grisâtre, brune ou noirâtre. Ils vivent par
terre, dans les lieux sablonneux.

ESPECES.

1. Opatre sabuleux. *Opatrum sabulosum.*

> *O. fuscum ; elytris lineis elevatis tribus dentatis ; thorace*
> *marginato.* F.
>
> *Silpha sabulosa.* Lin. Ténébrion. Geoff. 1. p. 350. n.o 7.
> *Opatrum sabulosum.* Fab. él. 1. p. 116.
> Oliv. col. 3. n.o 56. pl. 1. f. 4. Lat. gen. 2. p. 166.
> Panz. fasc. 3. t. 2.
> Habite l'Europe, aux lieux sablonneux. Très-commun.

2. Opatre bossu. *Opatrum gibbum.*

> *O. nigrum ; elytris lineis elevatis plurimis obsoletis ; tibiis*
> *anticis triangularibus.* F.
>
> *Opatrum gibbum.* Oliv. col. 3. n.o 56. pl. 1. f. 6.
> Fab. éleut. 1. p. 116. Panz. fasc. 39. f. 4.
> Habite en Europe.

3. Opatre arénaire. *Opatrum arenarium.*

> *O. griseum ; elytris striatis.* F.
>
> *Opatrum arenarium.* Fab. él. 1. p. 117.
> Oliv. col. 3. n.o 56. t. 1. f. 7.
> Habite au Cap de Bonne-Espérance.
> Etc.

CRYPTIQUE. (Crypticus.)

Antennes filiformes, à articles la plupart en cône
renversé : le dernier subglobuleux. Chaperon entier.
Labre transverse. Les palpes maxillaires terminés en
hache.

Corps ovale-oblong.

Antennæ filiformes ; articulis plerisque obversè co-
nicis : ultimo subgloboso. Clypeus integer. Labrum
transversum. Palpi maxillares apice securiformi.
Corpus ovato-oblongum.

OBSERVATIONS.

M. Latreille a établi nouvellement ce genre avec la pédine lisse de ses ouvrages. Il en connaît maintenant plusieurs espèces, les unes d'Espagne, les autres du Cap de
Bonne-Espérance.

ESPECE.

1. Cryptique glabre. *Crypticus glaber.*
   Blaps glabra. Fab. élent. 1. p. 143. Panz. fasc. 50. t. 1.
   Helops glaber. Oliv. col. 3. n.º 58. pl. 2. f. 12.
   Pedinus glaber. Latr. gen. 2. p. 164.
   Ténébrion, n.º 8. Geoff. 1. p. 351.
   Var. Panz. fasc. 36. t. 1.
   Habite en France, aux lieux sablonneux.

TÉNÉBRION. (Tenebrio.)

Antennes moniliformes, grossissant insensiblement
vers leur sommet. Labre saillant, transverse, entier.
Palpes maxillaires un peu en massue.

Corps allongé ou ovale-oblong, déprimé. Tête saillante en avant. Corselet bordé. Jambes grêles : les antérieures arquées.

Antennæ moniliformes, extrorsùm sensìm cras-
siores. Labrum exsertum, transversum, integrum.
Palpi maxillares subclavati.

Corpus elongatum seu ovato-oblongum, depressum. Caput anticè prominulum. Thorax marginatus. Tibiæ graciles : anticis subarcuatis.

OBSERVATIONS.

Du nom de ce genre, dont plusieurs espèces fréquentent nos habitations, on a fait celui de toute la famille. Les *ténébrions* sont, en effet, connus depuis long-temps, et l'on sait qu'ils sont, en général, d'une couleur noire ou noirâtre, qu'ils fuient la lumière, et ne volent que le soir. On reconnaît ces insectes à leur forme allongée, leur tête non enfoncée dans le corselet, leurs élytres non soudées. Leurs larves vivent, soit dans la farine, le son, soit dans le bois pourri, soit dans la terre, etc. On en connaît un assez grand nombre d'espèces.

ESPECES.

1. Ténébrion serré. *Tenebrio serratus.*

T. ater, glaber; elytris striatis ; tibiis posticis serratis.
Tenebrio serratus. Fab. éleut. 1. p. 145.
Oliv. col. n.o 57. pl. 1. f. 1.
Habite en Afrique.

2. Ténébrion obscur. *Tenebrio obscurus.*

T. oblongus, niger, obscurus ; thorace quadrato ; elytris substriatis.
Tenebrio obscurus. Fab. él. 1. p. 146.
Panz. fasc. 43. t. 12. Latr. gen. 2. p. 169.
Habite en Europe. Commun près de Paris.

3. Ténébrion de la farine. *Tenebrio molitor.*

T. oblongus, piceus ; elytris striatis.
Tenebrio molitor. Lin. Fab. él. 1. p. 145.
Latr. gen. 2. p. 170. Panz. fasc. 43. t. 13.
Tenebrio, n.o 6. Geoff. 1. p. 349.
Oliv. col. 3. n.o 57. pl. 1. f. 12. a. b. c. d.

Habite en Europe, dans les maisons; dans la farine, le pain, les cuisines.

Etc.

SARROTRIE. (*Sarrotrium.*)

Antennes droites, épaisses, formant une massue fusiforme, perfoliée, velue. Mandibules bidentées au sommet.

Corps allongé, un peu étroit, presque linéaire.

Antennæ rectæ, crassæ, clavam, fusiformem perfoliatam et hirsutam sistentes. Mandibulæ apice bidentatæ.

Corpus elongatum, angustiusculum, sublineare.

OBSERVATIONS.

Le nom d'orthocère que M. Latreille a donné à l'insecte qui constitue ce genre, n'est point convenable, puisque ce nom est déjà employé pour un genre de coquilles multiloculaires; celui de *sarrotrium*, donné par Illiger et Fabricius, doit donc être conservé. Cet insecte, remarquable par ses antennes, est un véritable ténébrionite.

ESPÈCE.

1. Sarrotrie hirticorne. *Sarrotrium hirticorne.*

Orthocerus hirticornis. Lat. gen. 2. p. 172.

Ejusd. hist. nat., etc. vol. 10. p. 299. pl. 89. f. 1.

Sarrotrium muticum. Fab. éleut. 1. p. 327.

Hispa mutica. Panz. fasc. 1. t. 8. Lin. syst.

Habite en Europe, aux lieux sablonneux.

TOXIQUE. (*Toxicum.*)

Antennes courtes, de onze articles : les quatre derniers formant une massue ovale, comprimée.

Corps allongé, presque linéaire, un peu déprimé.

Antennæ breves, undecim-articulatæ; articulis qua-
tuor ultimis clavam ovatam et compressam forman-
tibus.

Corpus elongatum, sublineare, depressiusculum.

OBSERVATIONS.

Le *toxique* est un genre encore peu connu , qui semble
se rapprocher de la sarrotrie par son port , et qui tient
d'assez près aux ténébrions. Son corselet est presque carré;
l'insecte est muni d'ailes.

ESPECE.

1. Toxique de Riche. *Toxicum richesianum.* Latr.

    Latr. gen. 2. p. 167, et vol. 1. t. 9. f. 9.

    Habite les Indes orientales. *Riche.* Couleur noire.

LES TRACHÉLITES.

Tête triangulaire ou en cœur, séparée du corselet par
un rétrécissement brusque, en forme de cou. —
Point de dent cornée au côté interne des mâ-
choires.

C'est ici la cinquième et dernière coupe des coléoptères hétéromères : elle comprend quelques genres qui
semblent avoisiner les mélasomes ou ténébrionites par
leurs rapports , et d'autres qui tiennent davantage aux
cantharidiens. Ceux-ci terminent les trachélites , et forment une transition aux coléoptères pentamères , que
les *téléphoriens* commencent. Nous croyons cette distribution fort-rapprochée de l'ordre naturel.

Tome IV.   27

La plupart de ces insectes ont des élytres minces, molles ou flexibles, et sont presque toujours munis d'ailes. Beaucoup d'entre eux ont la tête fort inclinée, quoique saillante ; leurs antennes en général sont filiformes, rarement épaissies vers le bout, et plus rarement en massue. Dans l'état parfait, ils vivent sur différens végétaux et mangent leurs feuilles ou se nourrissent sur les fleurs. Nous les divisons de la manière suivante :

DIVISION DES TRACHÉLITES.

(1) Crochets des tarses simples, avec ou sans dentelures (*les Polytypiens*).

(a) Tous les tarses à pénultième article bilobé.

(+) Antennes simples.

Notoxe.

Scraptie.

(++) Antennes en scie, ou pectinées, ou branchues.

Pyrochre.

Dendrocère.

(b) Tous les tarses à articles entiers ou au moins ceux des pattes postérieures.

(+) Corps courbé ; abdomen conique.

(*) Aucun tarse à pénultième article bilobé.

Rhipiphore.

Mordelle.

(**) Les quatre tarses antérieurs à pénultième article bilobé.

Anaspe.

(++) Corps droit, non déprimé sur les côtés.

Apale.

Horie.

(2) Crochets des tarses doubles ou profondément divisés et sans dentelures en dessous (*les Cantharidiens*).

(a) Pénultième article des tarses bilobé.

Tétraonyx.

(b) Tous les articles des tarses entiers.

Mylabre.

Cérocome.

OEnas.

Méloë.

Cantharide.

Zonite.

LES POLYTYPIENS.

Crochets des tarses simples , avec ou sans dentelures.

Cette première division des trachélites semble embrasser diverses petites familles , telles que les pyrochroïdes , les mordellones , etc. ; ce que j'ai voulu exprimer en les nommant *polytypiens*. Ces insectes ont le corps allongé, des élytres plus ou moins flexibles , les yeux souvent échancrés , et des couleurs quelquefois sombres , quelquefois éclatantes. Ils avoisinent évidemment les cantharidiens ; mais plusieurs d'entre eux paraissent tenir un peu des mélasomes ou ténébrionites.

NOTOXE. (*Notoxus.*)

Antennes filiformes , submoniliformes , à - peu - près de la longueur du corselet. Mandibules fortes.

Tête séparée du corselet par un cou. Corselet rétréci postérieurement. Corps oblong; abdomen grand.

Antennæ filiformes , submoniliformes , thoracis longitudine aut circiter. Mandibulæ validæ.

Caput a thorace collo disjunctum. Thorax posticè angustior. Corpus oblongum. Abdomen magnum.

OBSERVATIONS.

Les *notoxes* sont de petits coléoptères , dont une espèce singulière , par la corne de son corselet , a été désignée, comme genre , par Geoffroy ,. sous le nom de cuculle (*notoxus*). Ils sont agiles , paraissent tenir un peu aux ténébrionites et aux cantharidiens.

ESPÈCES.

1. Notoxe unicorne. *Notoxus monoceros.*
>*N. ferrugineus* ; *elytris puncto fasciâque nigris* ; *thorace cornu protenso.*
>*Meloe monoceros.* Lin.
>*Notoxus.* Geoff. 1. p. 356. pl. 6. f. 8.
>Oliv. col. 3. n.º 51. pl. 1. f. 2.
>*Anthicus monoceros.* Fab. éleut. 1. p. 288.
>Habite en Europe, sur les plantes, et par terre.

2. Notoxe anthérin. *Notoxus antherinus.*
>*N. niger* ; *elytris fasciis duabus ferrugineis.*
>*Meloe antherinus.* Lin.
>*Anthicus antherinus.* Fab. él. 1. p. 291.
>Panz. fasc. 11. t. 14.
>Habite en Europe.
>Etc. Ajoutez les *anthicus cornutus , a. rhinoceros* de Fabricius.

SCRAPTIE. (Scraptia.)

Antennes filiformes, insérées dans l'échancrure des

yeux. Lèvre supérieure saillante. Palpes à dernier article plus grand.

Tête penchée, séparée du corselet qui est demi-circulaire. Corps ovale-oblong, un peu mou.

Antennæ filiformes, in oculorum sinu insertæ; articulis cylindricis. Labrum exsertum. Palpi articulo ultimo majore.

Caput nutans. Thorax semi-circularis. Corpus ovato-oblongum, molliusculum.

OBSERVATIONS.

La *scraptie* se rapproche des notoxes par ses rapports; elle a aussi le pénultième article des tarses bilobé. C'est un insecte fort petit.

ESPECE.

1. Scraptie brune. *Scraptia fusca.*
   Lat. gen. crust. et ins. 2: p. 199.
   Serropalpus fusculus. Illig. coléopt. Bor. 1. p. 32.
   Habite en France, dans les prés.

PYROCHRE. (Pyrochroa.)

Antennes filiformes, en scie ou pectinées. Lèvre supérieure saillante, entière. Mandibules fortes. Palpes inégaux.

Corps ovale-oblong, déprimé. Corselet suborbiculé.

Antennæ filiformes, serratæ aut pectinatæ. Labrum exsertum, integrum. Mandibulæ validæ. Palpi inæquales, subfiliformes.

Corpus ovato-oblongum, depressum. Thorax suborbiculatus.

OBSERVATIONS.

Les *pyrochres* sont remarquables par leurs antennes pectinées dans les mâles, en scie dans des femelles; et par
leur couleur rouge, ou noire avec des parties rouges.
Geoffroy a, le premier, distingué ce genre, et n'en a
connu qu'une espèce qu'il a nommée la *cardinale*.

ESPÈCES.

1. Pyrochre cardinale. *Pyrochroa rubens.*

> *P. nigra ; capite thorace elytrisque sanguineis , immacu-*
> *latis.*
> *Pyrochroa.* Geoff. 1. p. 338. pl. 6. f. 4.
> *Pyrochroa rubens.* Fab. él. 2. p. 109.
> Oliv. col. 3. n.º 53. pl. 1. f. 2. *a. b.* Lat. gen. 2. p. 205.
> Habite en Europe.

2. Pyrochre écarlate. *Pyrochroa coccinea.*

> *P. nigra ; thorace elytrisque coccineis immaculatis.*
> *Pyrochroa coccinea.* Panz. fasc. 13. t. 11.
> Oliv. col. 3. n.º 53. pl. 1. f. 1. *a. b.*
> *Cantharis coccinea.* Lin.
> Habite en Europe. Celle-ci a la tête noire.
> Etc.

———————

DENDROCÈRE. (Dendrocera.)

Antennes subrameuses : les articles se prolongeant latéralement en de longs filets.

Corps linéaire ; corselet conique ; pattes longues.

Antennæ subramosæ ; articulis in fila longa late-
ralia productis.

Corpus lineare ; thorax conicus ; pedes longi.

OBSERVATIONS.

M. Latreille a indiqué ce genre sous le nom de *dendroïde*, que je crois convenable de changer, et n'a encore donné d'autres détails à son sujet, que ceux que je viens d'exposer. Ce genre paraît très-remarquable.

ESPÈCE.

1. Dendrocère du Canada. *Dendrocera Canadensis.*
  Dendroïde, Lat. Considérations générales, etc. p. 212.
  Habite au Canada. Collect. de M. Bosc.

RHIPIPHORE. (Rhipiphorus.)

Antennes courtes, en éventail ou en peigne dans les mâles, en scie dans les femelles. Mandibules pointues, sans dents au sommet. Palpes filiformes.

Corps oblong, courbé, presque arqué, comprimé sur les côtés. Tête penchée. Abdomen conique, pointu.

Antennæ breves, masculorum flabellatæ aut pectinatæ, feminarum serratæ. Mandibulæ acutæ, edentulæ. Palpi filiformes.

Corpus oblongum, curvum, subarcuatum, ad latera compressum. Caput cernuum. Abdomen conico-acutum.

OBSERVATIONS.

Les *rhipiphores* ont encore certains rapports avec les ténébrionites et n'offrent que des couleurs sombres ou obscures. Leurs tarses sont à articles entiers, et les crochets qui les terminent, quoique simples, sont bifides ou uni-

dentés. Leurs yeux sont entiers. Leur écusson est rarement apparent ; mais l'angle postérieur de leur corselet
en tient lieu ou le cache. Les uns ont des élytres courtes, les
autres les ont assez longues , mais terminées en pointe. Ces
insectes sont agiles et se trouvent sur les fleurs.

ESPECES.

1. Rhipiphore subdiptère. *Rhipiphorus subdipterus.*

> *R. elytris brevissimis, ovalis, fornicatis, pallescentibus.* F.
> *Rhipiphorus subdipterus.* Fab. éleut. 2. p. 118.
> Oliv. col. 3. n.º 65. pl. 1. f. 1. b. c. d. e.
> Habite en Provence ; et aux environs de Montpellier.

2. Rhipiphore flabellé. *Rhipiphorus flabellatus.*

> *R. testaceus ; ore, pectore abdominisque dorso atris.* F.
> *Rhipiphorus flabellatus.* Fab. él. 2. p. 119.
> Oliv. col. 3. n.º 65. pl. 1. f. 2. b. c.
> Habite en Italie.

3. Rhipiphore paradoxe. *Rhipiphorus paradoxus.*

> *R. niger ; thoracis lateribus elytrisque testaceis.*
> *Rhipiphorus paradoxus.* Fab. él. 2. p. 119.
> Oliv. col. 3. n.º 65. pl. 1. f. 7. Lat. gen. 2. p. 207.
> *Mordella paradoxa.* Lin.
> Habite en Europe.
> Etc.

MORDELLE. (Mordella.)

Antennes filiformes , un peu en scie d'un côté dans
les mâles. Quatre palpes inégaux , les maxillaires plus
grands et en massue sécuriforme.

Corps oblong , courbé et comprimé à ses côtés.
Tête très-inclinée sur la poitrine. Abdomen des femelles
terminé en pointe térébriforme.

Antennæ masculorum serratæ, feminarum simpli-
ces, filiformes. Palpi maxillares articulo ultimo ma-
jore securiformi.

Corpus oblongum ; subarcuatum, ad latera com-
pressiusculum. Caput valdè nutans. Feminarum ab-
domen caudâ terebriformi terminatum.

OBSERVATIONS.

Les *mordelles* se rapprochent extrêmement des rhipiphores par leurs rapports, quoiqu'elles en soient très-distinguées par leurs antennes et par leurs palpes.

Ces insectes sont fort petits, ont la tête très-inclinée
vers la poitrine, le corps oblong, arqué, terminé en pointe
dans les femelles. Les uns se trouvent sur les fleurs, les autres dans les bois, sur les arbres. Leur démarche est assez
agile ; ils volent très-bien.

ESPÈCES.

1. Mordelle à pointe. *Mordella aculeata.*

    M. ano aculeato, corpore atro immaculato.
    Mordella aculeata. Lin. Fab. él. 2. p. 121.
    Geoff. 1. p. 353. pl. 6. f. 7.
    Oliv. col. 3. n.º 64. pl. 1. f. 1. Lat. gen. 2. p. 208.
    Habite en Europe.

2. Mordelle fasciée. *Mordella fasciata.*

    M. nigra ; ano aculeato ; elytris fasciis duabus einereis.
    Oliv. col. 3. n.º 64. pl. 1. f. 2. a. b.
    Mordella fasciata. Fab. él. 2. p. 122.
    Habite en Europe.
    Etc.

ANASPE. (Anaspis.)

Antennes filiformes, grossissant un peu vers le bout. Les yeux un peu en croissant. Le dernier article des palpes maxillaires en hache.

Corps ovale-oblong. Écusson peu distinct. Tête penchée.

Antennæ filiformes, extrorsùm subcrassiores. Oculi sublunati. Palpi maxillares articulo ultimo securiformi.

Corpus ovato-oblongum. Scutellum subnullum. Caput nutans.

OBSERVATIONS.

Les *anaspes* seraient des mordelles, si les tarses des quatre pattes antérieures n'avaient le pénultième article bilobé. Ces insectes sont très-petits.

ESPÈCES.

1. Anaspe frontale. *Anaspis frontalis.* Latr.
A. atra, fronte pedibusque flavescentibus.
Mordella frontalis. Fab. él. 2. p. 125. Panz. fasc. 13. t. 13.
Oliv. col. 3. n.º 64. pl. 1. f. 6. *a. b. c.*
Habite en Europe, sur les fleurs.

2. Anaspe humérale. *Anaspis humeralis.* Lat.
A. atra; elytris basi flavescentibus.
Anaspis. Geoff. 1. p. 316. n.º 2.
Mordella humeralis. Fab. él. 2. p. 125.
Oliv. col. 3. n.º 64. pl. 1. f. 7. *a. b.*
Habite en Europe, et se trouve aux environs de Paris. Etc.

APALE. (Apalus.)

Antennes filiformes, simples dans les deux sexes, plus longues que le corselet. Palpes filiformes. Les yeux oblongs.

Corps ovale-oblong ; tête saillante, penchée ; corselet arrondi ; élytres un peu molles. Tous les tarses à articles entiers.

Antennæ filiformes, in utroque sexu simplices, thorace longiores. Palpi filiformes. Oculi oblongi.

Corpus ovato-oblongum; caput exsertum, inflexum. Tarsi omnes articulis integris. Elytra molliuscula.

OBSERVATIONS.

Le genre *apale*, établi par Fabricius, paraît se rapprocher plus que les précédens, des cantharidiens ; mais comme il semble aussi tenir un peu aux pyrochres, on présume que l'insecte a les crochets des tarses simples. Fabricius dit qu'il a les mâchoires cornées, unidentées, et la languette membraneuse, tronquée, entière.

ESPÈCE.

1. Apale bimaculé. *Apalus bimaculatus.*

    A. niger ; elytris testaceis : puncto nigro. F.
    Meloe bimaculatus. Linn.
    Apalus bimaculatus. Fab. él. 2. p. 24.
    Degeer, ins. 5. tab. 1. f. 18.
    Oliv. col. 3. n.º 52. f. 1. *a*; et f. 2, *a. b.*
    Habite le nord de l'Europe.

HORIE. (Horia.)

Antennes filiformes, un peu plus longues que le cor-

selet. Mandibules fortes, avancées, pointues, unidentées. Palpes filiformes, à dernier article ovale.

Corps oblong; corselet presque carré. Elytres grandes,
flexibles; crochets des tarses dentelés en dessous, avec
un appendice sétiforme.

*Antennæ filiformes, thorace sublongiores. Mandi-
bulæ validæ, porrectæ, acutæ, unidentatæ. Palpi
filiformes : articulo ultimo ovato.*

*Corpus oblongum ; thorax subquadratus; elytra
magna, molliuscula. Tarsorum ungues subtùs denticulati, cum appendice setiformi.*

OBSERVATIONS.

Les *hories* ont, en général, le port et l'aspect des mylabres ; mais les crochets qui terminent leurs tarses ne sont
point doubles; ils sont seulement dentelés en dessous,
avec un appendice en forme de soie. Ce sont des insectes
exotiques, qui paraissent vivre dans le bois. Leurs tarses
sont à articles entiers.

ESPECE.

1. Horie tachetée. *Horia maculata.*
    H. flavescens, elytris maculis septem nigris. 1
    Horia maculata. Fab. él. 2. p. 85.
    Oliv. col. 3. n.º 53 *bis.* pl. 1. f. 1. *a. b.*
    Lat. gen. 2. p. 211.
    Habite à Cayenne, Saint-Domingue, etc.
    Etc.

LES CANTHARIDIENS.

*Crochets des tarses doubles ou profondément divisés
et sans dentelures en dessous. Elytres molles.*

Les *cantharidiens* ont, en général, des couleurs vives

et variées, ne fuient point la lumière, et, parmi eux, il s'en trouve peu qui soient aptères. Ces insectes ont des antennes filiformes ou moniliformes, des élytres molles, et les crochets des tarses toujours doubles ou bifides. Ils vivent sur les herbes et sur les arbres, et paraissent avoisiner les téléphoriens par leurs rapports.

TÉTRAONYX. (Tetraonyx.)

Antennes subfiliformes, s'épaississant un peu vers leur sommet ; à articles oblongs, presque coniques.

Corps oblong. Corselet court, en carré transverse. Pénultième article des tarses bilobé.

Antennœ subfiliformes, extrorsùm sensìm subcrassiores ; articulis oblongo-conicis.

Corpus oblongum. Thorax brevis, transverso-quadratus. Tarsorum articulus penultimus bilobus.

OBSERVATIONS.

Les *tétraonyx* ont le port des mylabres, et, comme eux, ils ont des mandibules simples, et les onglets des tarses bifides ; mais le pénultième article de leurs tarses est bilobé, ce qui les en distingue facilement. Ce sont des insectes exotiques.

ESPÈCES.

1. Tétraonyx à huit taches. *Tetraonyx octo-maculatum.*

T. nigrum ; elytro singulo maculis quatuor rubris. Lat. Lat. gen. 4. p. 380.
Ejusd. zoolog. et anat. de M. de Humb. p. 237. pl. 16. f. 7.
Habite la Nouvelle-Espagne.

2. Tétraonyx à quatre taches. *Tetraonyx quadrimaculatum.*

T. rufum; capite elytrorùmque maculis duabus nigris.
Apalus quadrimaculatus. Fab. éleut. 2. p. 25. ex D. Lat.
Habite l'Amérique boréale.

MYLABRE. (Mylabris.)

Antennes filiformes , grossissant insensiblement vers
leur sommet , presque en massue. Mandibules arquées,
pointues au sommet. Palpes filiformes. Mâchoires bifides.

Corps oblong. Tête saillante , très-inclinée. Elytres
grandes, en toît arrondi.

Antennæ filiformes , extrorsùm sensìm crassiores,
subclavatæ. Mandibulæ arcuato-acutæ. Palpi filifor-
mes. Maxillæ bifidæ.

Corpus oblongum. Caput exsertum, valdè nutans.
Elytra magna , rotundato-deflexa.

OBSERVATIONS.

Les *mylabres* ont beaucoup de rapports avec les cantharides ; mais ils en sont principalement distingués par leurs
antennes qui sont presque en massue, et à peine plus longues que le corselet. Elles ont onze articles. Les espèces que
l'on rapporte à ce genre sont nombreuses, et se trouvent,
en général , dans les pays chauds.

ESPÈCES.

1. Mylabre de la chicorée. *Mylabris cichorii.*

M. nigra ; elytris flavis : fasciis tribus nigris. F.
Meloe cichorii. Linn.

Mylabris cichorii. Fab. él. 2. p. 81.

Oliv. col. 3. n.º 47. pl. 1. f. 1 et pl. 2. f. 13.

Habite en Orient. On croit que c'est cette espèce dont les anciens se servaient comme vésicatoire. On s'en sert encore aujourd'hui en Italie et à la Chine.

2. Mylabre trifascié. *Mylabris trifasciata.*

M. atra ; antennis elytrisque flavis ; elytris fasciis duabus apiceque nigris. F.

Mylabris trifasciata. Fab. él. 2. p. 82.

Oliv. col. 3. n.º 47. pl. 1. f. 8. Encycl. n.º 6.

Habite au Sénégal, en Guinée.

3. Mylabre à dix points. *Mylabris decempunctata.*

M. atra ; elytris testaceo-sanguineis : singulo punctis quatuor maculáque ad apicem nigris.

Mylabris decempunctata. Fab. él. 2. p. 84.

Oliv. col. 3. n.º 47. pl. 1. f. 4. et pl. 2. f. 18.

Lat. gen. 2. p. 216.

Habite en Italie.

Etc.

CÉROCOME. (Cerocoma.)

Antennes moniliformes, à peine de la longueur du corselet, souvent irrégulières dans les mâles, de neuf articles, et terminées par un bouton ovoïde. Mandibules simples, pointues. Palpes filiformes. Mâchoires linéaires, entières.

Corps oblong, subcylindrique. Elytres un peu molles, recouvrant tout l'abdomen.

Antennæ moniliformes, thoracis vix longitudine, in maribus sœpè irregulares, novem-articulatæ, capitulo obovato terminatæ. Mandibulæ simplices, acutæ. Palpi filiformes. Maxillæ lineares, indivisæ.

Corpus oblongum, subcylindricum. Elytra molliuscula, abdomen penitùs obtegentia.

OBSERVATIONS.

Les *cérocomes* sont remarquables en ce qu'ils paraissent n'avoir que neuf articles aux antennes, dont le dernier plus grand est en forme de bouton. Il paraît néanmoins que ce bouton est formé du dixième et du onzième article de l'antenne.

On a nommé plus particulièrement *cérocomes* les espèces dont les antennes des mâles sont irrégulières ; et M. Latreille donne le nom d'*hyclées*, à celles dont les antennes sont régulières dans les deux sexes. Les unes et les autres sont terminées par un bouton.

ESPECE.

1. **Cérocome de Schœffer. *Cerocoma Schœfferi.***

   C. viridis ; antennis pedibusque luteis.

   Meloe Schœfferi. Lin.

   Cerocoma Schœfferi. Fab. él. 2. p. 74. Lat. gen. 2. p. 214.

   Cerocoma. Geoff. 1. p. 358. pl. 6. f. 9.

   Oliv. col. 3. n.º 48. pl. 1. f. 1. *a. b. c. d.*

   Habite en Europe, surtout australe.

   Etc. Pour les *hyclées*, voyez le *mylabris impunctata* d'Olivier, Encycl. n.º 48, et *mylabris argentata* de Fab. él. 2. p. 85.

OENAS. (OEnas.)

Antennes filiformes, submoniliformes, coudées, plus courtes que le corselet ; à seconde partie allongée en cylindre obconique de neuf articles. Palpes filiformes à dernier article cylindrique.

Corps allongé, étroit, subcylindrique.

Antennæ filiformes, submoniliformes, fractæ, thorace breviores : parte secundâ in caulem novem-articulatam, cylindraceo-conicam elongatâ. Palpi filiformes : articulo ultimo cylindrico.

Corpus elongatum, angustum, teretiusculum.

OBSERVATIONS.

Il paraît que ce qui distingue principalement les *œnas* des cantharides, c'est que les premiers ont les antennes coudées après le second article. Ce genre, quoique fort peu remarquable, diffère beaucoup, par ses antennes, des mylabres et des cérocomes, et ne saurait être réuni aux cantharides.

ESPÈCES.

1. OEnas Africain. *OEnas afer.*

    OE. *niger, punctatus; thorace rubro.* Lat.
    Meloe afer. Lin.
    Litta afra. Fab. él. 2. p. 80.
    OEnas afer. Lat. gen. 1. tab. 10, f. 10, et vol. 2. p. 219.
    Cantharis afra. Oliv. col. 3. n.º 46. pl. 1. f. 4. *a. b.*
    Habite la Barbarie.

2. OEnas crassicorne. *OEnas crassicornis.*

    OE. *niger; thorace elytrisque testaceis; antennis incrassatis.*
    Litta crassicornis. Fab. él. 2. p. 80.
    Habite en Autriche.
    Etc. Voyez l'*œnas luctuosus.* Lat. gen. 2. p. 220.

MÉLOÉ. (Meloe.)

Antennes moniliformes, droites ou sans coude, de la longueur du corselet, souvent irrégulières dans les mâles. Mandibules cornées. Mâchoires bifides. Palpes filiformes.

Corps oblong, mou. Point d'ailes. Elytres molles, plus courtes que l'abdomen, à bord intérieur arqué, l'un recouvrant l'autre près de sa base. Abdomen souvent très-grand.

Antennæ moniliformes, rectæ aut non fractæ, thoracis longitudine, in masculis sæpè irregulares. Mandibulæ corneæ. Maxillæ bifidæ. Palpi filiformes.

Corpus oblongum, molle. Alæ nullæ. Elytra mollia, abdomine breviora : margine interno arcuato, uno ad basim alterius superposito. Abdomen sæpiùs maximum.

OBSERVATIONS.

Les *méloës* constituent un genre particulier remarquable, qu'il ne faut point altérer en y associant d'autres insectes, quoique de la même famille. Ce sont des insectes sans ailes, à élytres qui ne couvrent point entièrement l'abdomen, et qui, par leur bord interne, ne forment point une suture droite. Ils se traînent à terre ou sur les plantes peu élevées, dont ils mangent les feuilles, et font sortir de leurs articulations une liqueur oléagineuse roussâtre et fétide, dont on fait usage en médecine.

ESPÈCES.

1. Méloë proscarabé. *Meloe proscarabœus.*

　　M. nigro-cœruleus, punctatissimus ; antennis masculorum irregularibus ; elytris rugosulis.
　　Meloe proscarabœus. Lin.
　　Meloe. n.º 1. Geoff. 1. p. 377. pl. 7. f. 4.
　　Meloe proscarabœus. Fab. él. 2. p. 587.
　　Habite en Europe.

2. Méloë mélangé. *Meloe majalis.*

　　M. corpore rubro cupreoque vario, abdominis segmentis dorsalibus cupreis ; antennis in utroque sexu regularibus.
　　Meloe majalis. Lin. Fab. él. 2. p. 588.
　　Oliv. col. 3. n.º 45. pl. 1. f. 4.
　　Panz. fasc. 10. f. 13.

Habite l'Europe tempérée et australe.
Etc.

CANTHARIDE. (Cantharis.)

Antennes filiformes, droites, de la longueur du corselet ou plus longues. Mâchoires bifides. Palpes maxillaires plus gros à leur extrémité.

Corps allongé, subcylindrique. Elytres molles, de la longueur de l'abdomen, à dos convexe, un peu infléchies sur les côtés.

Antennæ filiformes, rectæ aut non fractæ, thoracis longitudine, vel thorace longiores. Maxillæ bifidæ. Palpi maxillares ad apicem crassiores.

Corpus elongatum, subcylindricum. Elytra mollia, abdominis longitudine, dorso convexa, lateribus subinfl

OBSERVATIONS.

Le nom de ce genre, changé par Linné et Fabricius, a dû être rétabli, comme l'ont fait M. Latreille et Olivier. Les cantharides sont distinguées des méloës, par la présence de leurs ailes et par leurs élytres aussi longues que l'abdomen. Elles n'ont point les antennes coudées comme les œnas, et les palpes tout-à-fait filiformes, comme les zonites. Je n'en sépare point les *sitaris* de M. Latreille qui ont les antennes un peu plus longues, et les élytres rétrécies en pointe vers leur extrémité. On sait que la *cantharide vésicatoire* est très-employée en médecine.

ESPECES.

1. Cantharide vésicatoire. *Cantharis vesicatoria.*
   C. aurato-viridis, nitida; antennis nigris.
   Meloe vesicatorius. Lin.

Cantharide, n.o 1. Geoff. 1. p. 341. pl. 6. f. 5.

Cantharide vésicatoire. Oliv. col. 3. n.º 46. pl. 1. f. 1. *a.*
b. c.

Lat. hist. nat. , etc. 10. p. 401. pl. 90. f. 7.

Litta vesicatoria. Fab. él. 2. p. 76.

Panz. fasc. 41. t. 4.

Habite en Europe , sur le frêne , le lilas, etc. dans l'été.

2. Cantharide érythrocéphale. *Cantharis erythroce-*
phala.

C. *atra ; capite testaceo , thorace elytrisque cinereo-*
linealis.

Litta erythrocephala. Fab. él. 2. p. 80.

Cantharis erythrocephala. Oliv. col. 3. n.º 46. pl 2, f. 16.

Habite l'Autriche, le midi de l'Europe.

3. Cantharide humérale. *Cantharis humeralis.*

C. *nigra ; elytris basi flavescentibus , ab humeris atte-*
nuato-subulatis.

Cantharis , n.º 2. Geoff. 1. p. 342.

Cantharis humeralis. Oliv. col. 3. n.º 46. p. 19.

Necydalis humeralis. Fab. él. 2. p. 371.

Sitaris humeralis. Lat. gen. 2. p. 222.

Habite en Europe.

Etc.

ZONITE. (*Zonitis.*)

Antennes sétacées, longues , menues , insérées dans
l'échancrure des yeux. Mandibules pointues. Palpes filiformes. Mâchoires allongées, presque linéaires, souvent saillantes.

Corps oblong. Tête penchée. Elytres molles , de la
longueur de l'abdomen.

Antennæ setaceæ , longæ , exiles , in oculorum sinu
insertæ. Mandibulæ acutæ. Palpi filiformes. Maxil-
læ elongatæ , sublineares , sœpè exsertæ.

Corpus oblongum. Caput inflexum. Elytra molliuscula, abdominis longitudine.

OBSERVATIONS.

Les *zonites* sont à peine distinctes des cantharides ; néanmoins, des deux divisions de leurs mâchoires, l'interne est très-peu saillante, tandis que l'autre se prolonge en une pièce longue, filiforme, qui fait paraître la mâchoire simple. D'ailleurs, leurs palpes sont tout-à-fait filiformes.

ESPECES.

1. Zonite bout brûlé. *Zonitis prœusta.*

Z. testacea ; thorace mutico ; antennis elytrorumque apicibus nigris.

Zonitis prœusta. Fab. él. 2. p. 23.

Lat. gen. 2. p. 223. et hist. nat. vol. 10. p. 406. pl. 90. f. 8.

Panz. fasc. 36. t. 7.

Habite le midi de la France, l'Italie.

2. Zonite à six taches. *Zonitis sex-maculata.*

Z. rufa ; elytris flavescenti-rufis : singulo maculis tribus nigris. Lat.

Apale tacheté. Oliv. col. 3. n.º 52. pl. 1. f. 3.

Zonitis sex-maculata. Lat. gen. 2. p. 224.

Habite en Provence et près de Montpellier.

CINQUIÈME SECTION.

[*Cinq articles à tous les tarses.*]

LES PENTAMÈRES.

Les *coléoptères pentamères* constituent la cinquième et dernière section de l'ordre qui les comprend, et terminent même la classe des insectes. En effet, dans les insectes de cet ordre, la nature étant parvenue à donner cinq articles à tous les tarses de ces animaux, ne dépasse point ce terme, et ne fait plus que diversifier les espèces, dans une étendue vraiment admirable. Aussi les coléoptères pentamères sont-ils bien plus nombreux en espèces que ceux des sections précédentes, et probablement ce sont ceux qui sont les plus avancés en organisation, car ce sont eux qui ont les tégumens les plus solides; et c'est parmi eux que M. *Cuvier* a observé des trachées vésiculeuses, ce qui semble les rapprocher plus que les autres des arachnides trachéales.

Les uns vivent de matières végétales; d'autres ne se nourrissent que de substance animale, au moins dans leur état de larve; enfin, il y en a qui vivent habituellement dans les fumiers, les ordures.

A raison des diverses habitudes que les circonstances ont, depuis long-temps, fait contracter aux différentes races, les unes craignent et fuient la lumière, tandis que les autres s'y exposent sans en paraître incommodées. Aussi en voit-on qui ne volent jamais, et d'autres qui volent très-bien; et il se trouve ici, comme dans presque tous les autres ordres des insectes, des races constamment aptères, quoiqu'ayant des élytres, et d'autres toujours ailées.

Comme on a établi un grand nombre de genres parmi ces coléoptères, il est nécessaire de les partager d'abord en coupes principales, et ces coupes doivent être simples, grandes, peu nombreuses. En conséquence, je conserverai celles dont j'ai déjà fait usage, ainsi que leur disposition entre elles, et je partagerai les coléoptères pentamères en trois grandes sections, de la manière suivante.

1.ere Sect. Pentamères *filicornes*.

> Les antennes sont filiformes ou moniliformes ou sétacées, rarement épaissies vers le bout.

2.e Sect. Pentamères *clavicornes*.

> Les antennes sont terminées en massue le plus souvent perfoliée ou presque solide.

3.e Sect. Pentamères *lamellicornes*.

> Les antennes sont en massue lamellée ou feuilletée.

PREMIÈRE SECTION.

PENTAMÈRES FILICORNES.

Les antennes sont filiformes ou moniliformes ou séta-cées, rarement épaissies vers le bout.

Les coléoptères de cette section sont des pentamères dont les antennes ne forment point à leur extrémité une massue bien distincte. C'est à-peu-près là tout ce qu'ils ont de commun entre eux.

On sait que ces coléoptères offrent cinq ou six familles très-distinctes ; mais l'on n'est point d'accord sur l'ordre de leur distribution. En effet, tant que l'on n'aura point de principes convenus pour la détermination des rapports généraux, l'arbitraire décidera toujours, et chacun aura son ordre particulier pour la disposition de ces familles.

Relativement au mien ; j'ai cru qu'à la suite des *can-tharidiens*, qui terminent les coléoptères hétéromères,

dans ma distribution , je devais commencer les coléoptères pentamères par les *téléphoriens*. Or, en suivant
toujours les caractères indiqués par M. *Latreille*, il en
est résulté la division suivante pour les pentamères filicornes.

DIVISION DES PENTAMÈRES FILICORNES.

---

§. *Quatre palpes seulement : deux maxillaires et deux labiaux.*

(1) Elytres recouvrant en totalité ou en majeure partie l'abdomen.

    (a) Sternum antérieur de forme ordinaire , ne s'avançant point sous la tête.

    (b) Mandibules entières à leur pointe et sans dentelure au-dessous. Le corps mou.

Les téléphoriens.

    (bb) Mandibules fendues à leur pointe ou munies d'une dent au-dessous.

    (+) Le corps mou.

Les mélyrides.

    (++) Le corps dur.

Les ptiniens.

    (aa) Sternum antérieur s'avançant sous la tête, presque sous la bouche, et sa partie postérieure se prolongeant en pointe ou en corne.

Les buprestiens.

(2) Elytres raccourcies, laissant la majeure partie de l'abdomen à découvert.

Les staphyliniens.

§§. *Six palpes : quatre maxillaires et deux labiaux.*

Les carabiens.

LES TÉLÉPHORIENS.

Mandibules entières à leur pointe et sans dentelure au-dessous. Le corps mou.

Sous cette dénomination, je rassemble les cébrions, les lampyres, les téléphores, ainsi que les coléoptères à mandibules simples qui y tiennent par leurs rapports. Ce que ces insectes ont de commun avec les mélyrides qui viennent ensuite, c'est d'avoir des élytres molles, flexibles. Les uns et les autres nous paraissent donc devoir commencer la première section des coléoptères pentamères, afin de suivre immédiatement les *cantharidiens* qui terminent les coléoptères hétéromères et qui ont aussi les élytres molles.

Ces insectes ont, en général, le corps allongé, mou; la tête plus ou moins enfoncée, abaissée, ou cachée sous le corselet; des élytres longues, flexibles, souvent ornées de couleurs assez brillantes. La plupart sont agiles, volent très-bien, et se nourrissent de substance végétale, dans l'état parfait; mais on soupçonne que, dans l'état de larve, plusieurs sont carnassiers. Je les divise de la manière suivante.

DIVISION DES TÉLÉPHORIENS.

(1) Palpes filiformes : ils ne sont pas plus gros à leur extrémité.
(2) Tous les articles des tarses entiers.

Cébrion.

(b) Pénultième article des tarses bilobé.

Dascille.

Elode.

Scirte.

Rhipicère.

(2) Palpes plus gros à leur extrémité, au moins les maxillaires.

  (a) Antennes très-rapprochées à leur base. Les palpes maxillaires beaucoup plus longs que les labiaux.

    (+) Tête en partie ou entièrement cachée sous le corselet.

Lampyre.

Lycus.

    (++) Tête en grande partie saillante hors du corselet.

Omalyse.

  (b) Antennes écartées à leur base. Les palpes maxillaires à peine plus longs que les labiaux.

Téléphore.

Malthine.

CÉBRION. (Cebrio.)

Antennes filiformes, un peu en scie, plus longues que le corselet. Mandibules saillantes, pointues, entières. Palpes filiformes.

Corps oblong, mou. Corselet transversé, plus large postérieurement, avec les angles saillans et pointus. Tous les articles des tarses entiers.

Antennæ filiformes, subserratæ, thorace longiores. Mandibulæ porrectæ, acutæ, integræ. Palpi filiformes.

Corpus oblongum, molle. Thorax transversus, pos-

*ticè latior , angulis prominulis acutis. Tarsi omnes ar-
ticulis integris.*

OBSERVATIONS.

Les *cébrions* , par leurs antennes et leur corselet , semblent avoisiner les taupins ; mais leur corps moins dur , et
leurs mandibules entières , étroites et courbées , les en écar-
tent. Ces insectes n'ont point de pelottes aux tarses ; on
dit qu'ils ne volent que le soir.

ESPECES.

1. **Cébrion géant.** *Cebrio gigas.*

   *C. villosus , fuscus ; elytris abdomine femoribusque tes-
   taceis.* F.

   Cebrio longicornis. Oliv. col. 2. n.º 30 *bis*. pl. 1. f. 1. *a.
   b. c.* et Taupin, pl. 1. f. 1. *a. b. c.*

   Cebrio gigas. Fab. él. 2. p. 14. Panz. fasc. 5. t. 10.

   Latr. gen. 1. p. 251.

   Habite l'Europe australe , le midi de la France.

2. **Cébrion bicolor.** *Cebrio bicolor.*

   C. suprà griseus , subtùs ferrugineus. F.

   Cebrio bicolor. Fab. él. 2. p. 14.

   Habite la Caroline.

   Etc. Voy. *Fabricius.*

DASCILLE. (Dascillus.)

Antennes filiformes , un peu plus longues que le corselet. Mandibules simples. Palpes filiformes.

Corps ovale , un peu convexe. Corselet plus large postérieurement. Le pénultième article des tarses bilobé.

*Antennæ filiformes , thorace paulò longiores. Man-
dibulæ simplices. Palpi filiformes.*

*Corpus ovatum , convexiusculum. Thorax posticè
latior. Tarsorum articulus penultimus bilobus.*

OBSERVATIONS.

Les *dascilles*, que l'on confondait avec les cistèles avant que M. Latreille les ait distingués, ont des rapports avec les cébrions ; mais ils ont le corps un peu court, et n'ont pas les articles des tarses tous entiers. Leurs mandibules ne sont point cachées sous le labre.

ESPECES.

1. Dascille cerf. *Dascillus cervinus.*

   D. niger, cinereo-pubescens ; antennis pedibus elytrisque pallido-testaceis. Lat.

   Chrysomela cervina. Lin.

   Atopa cervina. Fab. él. 2. p. 15.

   Cistela cervina. Oliv. col. 3. n.º 54. pl. 1. f. 2. *a.*

   Dascillus cervinus. Lat. gen. 1. p. 252. pl. 8. f. 1.

   Habite en Europe.

2. Dascille cendré. *Dascillus cinereus.*

   D. lividus ; elytris pedibusque fuscis.

   Atopa cinerea. Fab. él. 2. p. 15.

   Habite l'Allemagne, l'Italie. Collect. du Muséum. Etc.

ELODE. (Elodes.)

Antennes filiformes, un peu plus longues que le corselet. Mandibules en partie cachées sous le labre. Palpes labiaux fourchus.

Corps elliptique, mou. Corselet transverse. Le pénultième article des tarses bilobé.

Antennæ filiformes, thorace paulò longiores. Mandibulæ infrà labrum partim occultatæ. Palpi labiales furcati.

Corpus ovato-ellipticum ; molle. Thorax transversus. Tarsorum articulus penultimus bilobus.

OBSERVATIONS.

Les *élodes* sont de petits coléoptères pentamères que l'on rangeait parmi les cistèles. Ils sont distingués des scirtes, parce qu'ils n'ont point de pattes propres à sauter. Leur tête est en grande partie cachée sous le corselet.

ESPECES.

1. Elode pâle. *Elodes pallida.*

    E. pallida; capite elytrorumque apicibus fuscis.
    Elodes pallida. Lat. gen. 1. p. 253. pl. 7. f. 12.
    Cyphon pallidus. Fab. él. 1. p. 501.
    Habite en France, en Angleterre.

2. Elode brunâtre. *Elodes fucescens.*

    E. nigricans vel castaneo-fusca; antennarum basi pedibus-
       que rufescentibus.
    Elodes fucescens. Lat. gen. 1. p. 253.
    Cyphon griseus? Fab. él. 1. p. 502.
    Habite aux environs de Paris.
    Etc.

SCIRTE. (Scirtes.)

Antennes filiformes, plus longues que le corselet. Palpes labiaux bifides.

Corps ovale-orbiculaire. Pattes postérieures à cuisses très-grosses et propres à sauter.

Antennæ filiformes, thorace longiores. Palpi labia-les apice bifidi.

Corpus ovato-orbiculatum. Elytra molliuscula. Pe-des postici femoribus incrassatis, saltatoriis.

OBSERVATIONS.

Les *scirtes* sont, en quelque sorte, aux élodes ce que les altises sont aux chrysomèles. Au reste, ce sont de très-petits coléoptères pentamères qui ne sont guères différens des élodes que parce qu'ils ont des pattes propres à sauter. Fabricius en compose la deuxième division de ses *cyphons*.

ESPECE.

1. Scirte hémisphérique. *Scirtes hemisphœrica.*

> *Sc. suborbiculata, depressa, nigra.*
> *Cyphon hemisphæricus.* Fab. él. 1. p. 5o2.
> *Chrysomela hemisphærica.* Lin.
> Habite en Europe, sur le noisetier. On le trouve aux environs de Paris.
> Etc.

RHIPICÈRE. (Rhipicera.)

Antennes un peu courtes, en panache. Mandibules simples. Palpes filiformes.

Corps ovale-oblong. Pénultième article des tarses bilobé. Des pelottes membraneuses sous les articles intermédiaires des tarses.

Antennæ breviusculæ, flabellatæ. Mandibulæ simplices. Palpi filiformes.

Corpus ovato-oblongum. Tarsorum articulus penultimus bilobus, eorumdem articulis intermediis subtùs pulvillis membranaceis.

OBSERVATIONS.

Le genre *rhipicère* est encore inédit et n'est qu'indiqué par M. Latreille. Il comprend des insectes exotiques dont on a dans les collections plusieurs espèces, les unes de la Nouvelle-Hollande, et les autres du Brésil. Je ne puis citer que la suivante.

ESPECE.

1. **Rhipicère à moustaches.** *Rhipicera mystacina.*

> *R. testacea albo-punctata.*
> *Ptilinus mystacinus.* Fab. éleut. 1. p. 328.
> Drury, ins. 3. tab. 48. f. 7.
> Habite la Nouvelle-Hollande.

LAMPYRE. (Lampyris.)

Antennes filiformes, quelquefois dentées, subpectinées. Mâchoires bifides. Palpes à dernier article plus gros,
terminé en pointe. Bouche très-petite.

Corps allongé, mou. Corselet aplati, semi-circulaire,
débordant, cachant la tête.

*Antennæ filiformes, interdùm serrulatæ, subpec-
tinatæ. Maxillæ bifidæ. Palpi articulo ultimo crassiore, apice acuto. Os parvum.*

*Corpus oblongum, molle. Thorax semi-circularis,
planus, marginatus, caput obtegens.*

OBSERVATIONS.

Les *lampyres*, qui tiennent de très-près aux lycus par
leurs rapports, n'ont pas, comme ces derniers, la partie
antérieure de la tête avancée en museau, ni le dernier article des palpes tronqué. Les uns et les autres ont le corselet
plat, débordant, recouvrant et cachant la tête. Ils ont
peu d'agilité dans leurs mouvemens ambulatoires.

Ces insectes sont célèbres par la faculté singulière qu'offrent plusieurs de leurs espèces, surtout les individus femelles, de répandre, en certains temps, une lumière phosphorique, qui a beaucoup d'éclat dans l'obscurité. Parmi les

deux espèces qui se trouvent en France, celle dont la femelle n'a point d'ailes est la plus connue et est singulièrement lumineuse. On lui a donné le nom de *ver-luisant*, parce qu'elle ne peut que ramper comme un ver, et que le soir la lumière qu'elle jette lui donne l'apparence d'un charbon ardent. Mais en Italie et dans le midi de la France, ainsi que dans les pays chauds de l'Amérique, plusieurs espèces connues sont lumineuses et ailées dans les deux sexes; et, comme c'est le soir qu'elles volent, elles offrent des espèces d'étincelles qui sillonnent de tous côtés dans les airs avec beaucoup d'éclat, ce qui forme un spectacle singulier et admirable. A l'égard des espèces lumineuses, ce ne sont pas seulement les femelles qui ont cette faculté : les mâles l'ont aussi, mais moins fortement. On a observé que la partie lumineuse de ces insectes est placée au-dessous des deux ou trois derniers anneaux de l'abdomen, qui sont d'une couleur plus pâle que les autres, et qu'elle y forme une tache jaunâtre ou blanchâtre.

ESPECES.

1. **Lampyre ver-luisant.** *Lampyris noctiluca.*
   L. oblonga, fusca ; clypeo cinereo. F.
   Lampyris noctiluca. Lin. Fab. él. 2. p. 99.
   Panz. fasc. 41. t. 7.
   Oliv. col. 2. n.° 28. pl. 1. f. 2.
   Habite le nord de la France et de l'Europe. Femelle aptère

2. **Lampyre splendidule.** *Lampyris splendidula.*
   L. oblonga, fusca ; clypeo apice hyalino. F.
   Lampyris splendidula. Lin. Fab. él. 2. p. 99.
   Panz. fasc. 41. t. 8.
   Oliv. col. 2. n.° 28. pl. 1. f. 1. *a. b. c. d.*
   Habite en Europe. La femelle est encore aptère.

3. **Lampyre d'Italie.** *Lampyris Italica.*
   L. nigra ; thorace transverso pedibusque rufis ; abdomine
   apice albissimo.
   Lampyris Italica. Lin. Fab. él. 2. p. 104.

Oliv. col. 2. n.º 28. pl. 2. f. 12. *a. b. c. d.*

Lat. gen. 1. p. 259.

Habite l'Italie et le midi de la France. Les mâles et les femelles ailés.

4. Lampyre hémiptère. *Lampyris hemiptera.*

L. nigra ; elytris brevissimis. F.

Lampyris hemiptera. Fab. él. 2. p. 106.

Oliv. col. 2. n.º 28. pl. 3. f. 25. *a. b.* Geoff. 1. p. 168. n.º 2.

Habite en France. Rare aux environs de Paris.

Etc. Voyez les espèces exotiques, dans Fabricius et Olivier.

LYCUS. (Lycus.)

Antennes filiformes, comprimées, subdentées, plus longues que le corselet. Mandibules simples. Dernier article des palpes plus gros et tronqué. Bouche avancée en museau.

Tête cachée sous le corselet. Corps allongé. Corselet plat, débordant sur les côtés et antérieurement. Elytres molles, grandes, dilatées postérieurement.

Antennæ filiformes, compressæ, subserratæ, thorace longiores. Mandibulæ simplices. Palporum articulus ultimus crassior, truncatus. Os in rostrum anticè productum.

Caput sub thorace occultatum. Corpus oblongum. Thorax planus, marginatus, caput obtegens. Elytra mollia, magna, posticè latiora.

OBSERVATIONS.

Les *lycus* constituent un beau genre, dont les espèces sont nombreuses, et variées d'assez belles couleurs. Ce sont des insectes très-voisins des lampyres par leurs rapports, ayant de même le corselet plane, débordant au-dessus de la tête ; mais dont la partie antérieure de cette tête se prolonge en un museau rostriforme, qui s'incline en dessous. Ces insectes ont des mouvemens lents ; leur tête est petite ; leurs antennes sont rapprochées à leur base ; le pénultième article des tarses est bilobé ; enfin, dans plusieurs espèces, les élytres sont en partie transparentes, maculées, et dilatées à leur extrémité, surtout dans les mâles.

ESPECES.

1. **Lycus sanguin.** *Lycus sanguineus.*

> *L. niger ; thoracis lateribus elytrisque sanguineis.*
> *Lampyris sanguinea.* Lin.
> *Lampyris.* Geoff. 1. p. 168. n.º 3.
> *Lycus sanguineus.* Fab. él. 2. p. 116.
> Panz. fasc. 41. t. 9.
> Oliv. col. 2. n.º 29. pl. 1. f. 1. *a. b. c.*
> Latr. gen. 1. p. 257.
> Habite en Europe. Commun dans le midi de la France.

2. **Lycus large.** *Lycus latissimus.*

> *L. flavus ; elytris maculâ marginali posticèque nigris : margine laterali maximo dilatato.*
> *Lampyris latissima.* Lin.
> *Lycus latissimus.* Fab. él. 2. p. 110.
> Oliv. col. 2. n.º 29. pl. 1. f. 2.
> Habite l'Afrique equinoxiale.

3. **Lycus fascié.** *Lycus fasciatus.*

> *L. ater ; thoracis margine flavescente ; elytris fasciâ latâ albâ.*
> *Cantharis tropica.* Lin.
> *Lycus fasciatus.* Fab. él. 2. p. 111.
> Oliv. col. 2. n.º 29. pl. 1. f. 8.
> Habite à Cayenne.

OMALYSE. (Omalysus.)

Antennes filiformes, rapprochées à leur base, un peu

plus longues que le corselet. Mandibules simples. Dernier article des palpes maxillaires tronqué.

Corps allongé, déprimé. Tête saillante. Corselet presque carré, à angles postérieurs saillans et pointus.

Antennæ filiformes, basi approximatæ, thorace paulò longiores. Mandibulæ simplices. Palpi maxillares articulo ultimo truncato.

Corpus oblongum, depressum. Caput exsertum. Thorax subquadratus, ad latera submarginatus : angulis posticis productis, acutis.

OBSERVATIONS.

L'*omalyse*, distinguée comme genre par Geoffroy, est voisine des lycus par ses rapports ; mais son corselet ne déborde pas antérieurement. Les élytres de cet insecte recouvrent tout l'abdomen et sont un peu fermes. Le pénultième article des tarses est bilobé.

ESPÈCE.

1. Omalyse suturale. *Omalysus suturalis.*

> Omalyse. Geoff. 1. p. 180. tab. 2. f. 2.
> Oliv. col. 2. n.º 24. pl. 1. f. 1.
> *Omalysus suturalis.* Fab. él. 2. p. 108. Lat. gen. 1. p. 257.
> Panz. fasc. 35. t. 12.
> Habite en Europe, dans les bois.

TÉLÉPHORE. (Telephorus.)

Antennes filiformes, longues, écartées à leur base. Mandibules simples. Palpes en hache à leur extrémité.

Corps allongé, un peu déprimé, mou. Elytres de la longueur de l'abdomen, très-flexibles.

*Antennæ filiformes , longæ , ad basim distantes.
Mandibulæ simplices. Palpi articulo ultimo securiformi.*

*Corpus elongatum , subdepressum , molle. Elytra
abdominis longitudine , mollia.*

OBSERVATIONS.

Le nom de *cantharis* que Linné et Fabricius ont donné
aux insectes dont il est ici question , doit être réservé pour
le genre qui comprend l'insecte connu depuis si long-temps
en médecine , sous le nom de *cantharide*. Ainsi nous sui-
vrons les entomologistes qui ont appelé *téléphores* les insectes dont il s'agit ici.

Les *téléphores* ont la tête saillante, large , courte ; le
corps allongé, ordinairement mou , ainsi que les élytres.
Les palpes maxillaires ne sont pas beaucoup plus longs que
les labiaux. Le pénultième article des tarses est bilobé. Ces
insectes sont carnassiers et vivent de proie. Dans l'état parfait , on les trouve sur les plantes et sur les fleurs , dans les
prairies , vers la fin du printemps. Il paraît que leur larve
vit dans la terre humide.

ESPÈCES.

1. Téléphore ardoisé. *Telephorus fuscus.*

   > *T. thorace marginato rubro : maculâ nigrâ ; elytris
   > fuscis.*
   >
   > *Cantharis fusca.* Lin. Fab. él. 1. p. 294.
   > *Cicindela.* Geoff. 1. p. 170. pl. 2. f. 8.
   > *Telephorus fuscus.* Oliv. col. 2. n.º 26. pl. 1. f. 1. *a. b. c.*
   > Lat. gen. 1. p. 260.
   > Habite en Europe , dans les haies , les jardins , au prin-
   > temps.

2. Téléphore livide. *Telephorus lividus.*

   > *T. thorace marginato , rufo ; elytris testaceis.*

Cantharis livida. Lin. Fab. él. 1. p. 295.

Cicindela. Geoff. 1. p. 171. n.º 2.

Telephorus lividus. Oliv. col. 2. n.º 26. pl. 1. f. 8.

Habite en Europe. Élytres d'un jaune d'ocre.

Etc.

MALTHINE. (Malthinus.)

Antennes filiformes, plus longues que le corselet. Palpes à dernier article ovale, pointu.

Corps allongé. Tête saillante, un peu rétrécie postérieurement. Élytres plus courtes que l'abdomen dans plusieurs.

Antennæ filiformes, thorace longiores. Palpi articulo ultimo ovato, subacuto.

Corpus oblongum. Caput exsertum, posticè subattenuatum. Elytra in pluribus abdomine breviora.

OBSERVATIONS.

Les *malthines* avoisinent de très-près les téléphores, par des rapports nombreux; néanmoins, ayant les palpes presque filiformes, la tête moins large postérieurement, et souvent les élytres plus courtes que l'abdomen, on peut les en distinguer.

ESPÈCE.

1. Malthine à points jaunes. *Malthinus biguttatus.*

    M. thorace marginato, medio atro; elytris abbreviatis, apice flavis.

    Cantharis biguttata. Lin. Fab. él. 1. p. 304.

    Panz. fasc. 11. t. 15.

    Necydalis. Geoff. 1. p. 372. pl. 7. f. 2.

    Malthinus marginatus. Lat. gen. 1. p. 261.

    Habite en Europe.

    Etc.

LES MÉLYRIDES.

Mandibules fendues à leur pointe, ou munies d'une dentelure au-dessous. Le corps mou et les élytres flexibles dans un grand nombre.

Sous le nom de *mélyrides*, je réunis différens coléoptères pentamères qui tiennent un peu aux téléphoriens, parce que, parmi eux, la plupart ont encore des élytres flexibles : ils doivent donc être placés à leur suite. Plusieurs néanmoins ont des élytres assez dures, et semblent annoncer le voisinage des ptines.

Dans les uns, la tête est dégagée et séparée du corselet par un étranglement ou un cou. Leurs mandibules sont courtes et épaisses. Ce sont les lime-bois de M. Latreille.

Dans les autres, la tête est enfoncée postérieurement dans le corselet, et souvent même se rétrécit en devant. Leurs mandibules sont étroites et allongées. Ceux-ci constituent les mélyrides de M. Latreille.

L'association des divers genres qu'embrassent nos mélyrides, n'est pas probablement à l'abri de justes reproches ; mais elle a pour but de simplifier la méthode : ce qui, selon moi, n'est pas sans intérêt. Je divise cette coupe de la manière suivante.

DIVISION DES MÉLYRIDES.

(1) Tête dégagée et séparée du corselet par un étranglement ou un cou.

(a) Elytres n'embrassant point l'abdomen par les côtés.

(+) Elytres très-courtes.

Atractocère.

(++) Elytres couvrant une grande partie de l'abdomen.

Lymexyle.
Cupès.

(b) Elytres embrassant l'abdomen. Palpes maxillaires plus longs que la tête.

Mastige.
Scydmène.

(2) Tête enfoncée postérieurement dans le corselet. Palpes maxillaires avancés au-delà de la bouche.

(a) Dés vésicules rétractiles sur les côtés du corps.

Malachie.

(b) Point de vésicules sur les côtés du corps.
   (+) Antennes, soit simples, soit en scie.

Mélyre.
Clairon.
Tille.

(++) Antennes pectinées.

Drile.

ATRACTOCÈRE. (Atractocerus.)

Antennes simples, subfusiformes, insérées devant les yeux. Palpes maxillaires longs, subpectinés.

Corps allongé, linéaire. Corselet oblong, convexe. Elytres très-courtes.

Antennæ simplices, subfusiformes, antè oculos insertæ. Palpi maxillares longi, ad latera subpectinati.

Corpus elongato-lineare. Thorax oblongus, convexus. Elytra brevissima.

OBSERVATIONS.

L'*atractocère* ne paraît différer des lymexyles que parce qu'il a des élytres très-courtes, comme celles des staphylins. On ne connaît que l'espèce suivante.

ESPECE.

1. **Atractocère nécydaloïde.** *Atractocerus necydaloides.*

> *A. rufescens : thorace lineá longitudinali flavá notato.*
> *Necydalis brevicornis.* Lin.
> *Lymexylon abbreviatum.* Fab. él. 2. p. 87.
> *Atractocerus.* Lat. gen. 1. p. 268.
> Habite en Guinée. Sa larve vit dans le bois.

LYMEXYLE. (Lymexylon.)

Antennes filiformes, écartées à leur base. Mandibules courtes. Palpes maxillaires longs, presque en massue.

Corps allongé, subcylindrique. Les élytres un peu molles, recouvrant presque entièrement l'abdomen.

Antennæ filiformes, basi distantes. Mandibulæ breves. Palpi maxillares longi, subclavati.

Corpus elongatum, subcylindricum. Elytra molliuscula, abdominis dorsum ferè omninò tegentia.

OBSERVATIONS.

Les lymexyles, ou lime-bois, ont la tête grosse, presque de la largeur du corselet dont elle est séparée par un étranglement plus ou moins profond. Leur corps est allongé presque comme celui des taupins ; mais il en est distingué par la forme du corselet et par des élytres plus molles. Les larves de ces insectes vivent dans le bois, le rongent, le percent et causent de grands dommages, surtout aux chênes.

ESPECES.

1. **Lymexyle dermestoïde.** *Lymexylon dermestoides.*

 L. testaceum ; oculis, alis pectoreque nigris. F.
 Cantharis dermestoides. Linn.
 Lymexylon dermiestoides. Fab. él. 2. p. 87.
 Oliv. col. 2. n.º 25. pl. 1. f. 1. *a. b. c. d. femina*, et f. 2. *mas.*
 Hylecœtus. Latr. gen. 1. p. 266.
 Habite le nord de l'Europe, dans le bois. Ses antennes sont un peu en scie.

2. **Lymexyle naval.** *Lymexylon navale.*

 L. luteum ; capite, item elytrorum margine apiceque nigris. F.
 Cantharis navalis. Lin.
 Lymexylon navale. Fab. él. 2. p. 88. Lat. gen. 1. p. 267.
 Oliv. col. 2. n.º 25. pl. 1. f. 4. *a. b.*
 Habite en Europe, dans le bois de chêne qu'il détruit.
 Etc.

CUPÈS. (Cupes.)

Antennes cylindriques, un peu plus longues que le corselet: Palpes égaux : à dernier article tronqué.

Corps allongé, sublinéaire. Tête saillante. Elytres fermes, couvrant tout l'abdomen. Pattes courtes.

Antennæ cylindricæ, thorace paulo longiores. Palpi æquales, articulo ultimo truncato.

Corpus elongatum, sublineare. Caput exsertum. Elytra rigida, abdomen totum tegentia. Pedes breves.

OBSERVATIONS.

Ce genre, encore peu connu, ne peut être placé près des lymexylés que provisoirement. L'insecte qui en est le type a des élytres d'une consistance assez solide; les antennes dirigées en avant et des pattes courtes. Ses habitudes ne sont pas connues.

ESPECE.

1. **Cupès à tête jaune.** *Cupes capitata.*
    Cupes capitata. F. él. 2. p. 66.
    Latr. gen. 1. p. 255. pl. 8. f. 2.
    Coqueb. Ill. ic. dec. 3. t. 30. f. 1.
    Habite la Caroline. *Bosc.*

MASTIGE. (Mastigus.)

Antennes subfiliformes, brisées : les deux premiers articles fort longs. Palpes maxillaires saillans, presque aussi longs que la tête ; le dernier article en massue.

Corps allongé. Tête et corselet plus étroits que l'abdomen. Abdomen ovale, convexe. Elytres connées, embrassant l'abdomen.

Antennæ subfiliformes, fractæ : articulis duobus primis prœlongis. Palpi maxillares exserti, capitis ferè longitudine : articulo ultimo clavato.

Corpus elongatum. Caput thoraxque abdomine angustiora. Abdomen ovatum, convexum. Elytra connata, abdomen obvolventia.

OBSERVATIONS.

Les *mastiges* sont la plupart exotiques, et semblent avoisiner les ptines. Ils ont néanmoins un aspect différent, et sont remarquables par leurs palpes maxillaires. On les trouve à terre, soit sous les pierres, soit parmi des débris.

ESPÈCES.

1. Mastige palpeur. *Mastigus palpalis.*

> *M. niger ; antennis infernè glabris.*
> *Mastigus palpalis.* Latr. gen. 1. p. 281. tab. 8. f. 5.
> Et hist. nat. vol. 9. p. 186.
> Habite en Portugal.

2. Mastige spinicorne. *Mastigus spinicornis.*

> *M. fusco-castaneus ; antennis infernè spinuloso-hirtis.*
> *Plinus spinicornis.* Fab. él. 1. p. 327.
> Oliv. col. 2. n.° 17. pl. 1. f. 5. *a, b.*
> Habite les îles de Sandwich.

SCYDMÈNE. (Scydmænus.)

Antennes submoniliformes, droites, de la longueur du corselet. Palpes maxillaires saillans, presque aussi longs que la tête.

Corps oblong; corselet subovale, plus long que large. Abdomen ovale, embrassé par les élytres.

Antennæ submoniliformes, rectæ, thoracis longitudine. Palpi maxillares exserti, capitis ferè longitudine.

Corpus oblongum. Thorax longitudinalis, subovalis. Abdomen ovale, elytris obvolutum.

OBSERVATIONS.

Les *scydmènes* n'ont pas les antennes coudées comme celles des mastiges ; ces antennes sont un peu grenues et souvent grossissent vers leur sommet. Les palpes maxillaires ont leur dernier article très-petit, terminé en pointe. On trouve ces insectes sur la terre.

ESPECES.

1. Scydmène d'Helwig. *Scydmœnus Helwigii.*

> *S. fusco-castaneus, pubescens; thorace subgloboso; elytris connatis.*
>
> *Pselaphus Helwigii.* Herbst. col. 4. 111. 3. tab. 39. f. 12. *a.*
> *Antherinus Helwigii.* Fab. él. 1. p. 292.
> *Scydmœnus Helwigii.* Lat. gen. 1. p. 282.
> Habite en Europe, au pied des arbres.

2. Scydmène de Godart. *Scydmœnus Godarti.*

> *S. castaneus, pubescens; thorace subelongato-quadrato.*
> *Scydmœnus Godarti.* Latr. gen. 1. p. 282. tab. 8. f. 6.
> Habite la France.
>
> Ajoutez, comme troisième espèce, l'*antherinus minutus* de Fabricius.

————

MALACHIE. (Malachius.)

Antennes filiformes, un peu en scie, aussi longues que le corselet ou plus longues. Palpes filiformes.

Corps ovale, un peu mou. Corselet large, déprimé. Elytres flexibles. Quatre papilles vésiculeuses lobées et rétractiles aux côtés de la poitrine et de l'abdomen.

Antennœ filiformes, subserratœ, thoracis longitudine aut thorace longiores. Palpi filiformes.

Corpus ovale, molliusculum. Thorax latus, rotundatus, depressus. Elytra flexilia. Papillœ quatuor vesiculares lobatœ, retractiles; pectoris abdominisque lateribus erumpentes.

OBSERVATIONS.

Les *malachies* ont des couleurs assez brillantes, et paraissent tenir aux téléphores par leurs rapports, quoiqu'elles aient des mandibules moins simples. Elles sont, en général, plus petites, et ont le corps moins allongé. Néanmoins leurs palpes ne sont point en hache, et le pénultième article de leurs tarses n'est point bilobé.

Ces insectes présentent une singularité remarquable; celle d'avoir sur les côtés, des vésicules rouges, charnues, irrégulières, subtrilobées, qu'ils font sortir et rentrer à leur gré, et qu'ils enflent lorsqu'on les touche. On ignore l'usage de ces parties.

Les malachies se trouvent sur les fleurs, et la plupart sont indigènes de l'Europe.

ESPÈCES.

1. **Malachie bronzée.** *Malachius æneus.*

> *M. corpore viridi-æneo, elytris extrorsùm sanguineis.*
> Cantharis ænea. Lin. Cicindela. Geoff. 1. p. 174. n.º 7.
> *Malachius æneus.* Fab. él. 1. p. 306. Latr. gen. 1. p. 265.
> Oliv. col. 2. n.º 27. pl. 2. f. 6.
> Panz. fasc. 10. t. 2.
> Habite en Europe, sur les fleurs.

2. **Malachie bipustulée.** *Malachius bipustulatus.*

> *M. æneo-viridis; elytris apice rubris.*
> Cantharis bipustulata. Lin. Cicindela. n.º 8. Geoff.
> *Malachius bipustulatus.* Fab. él. 1. p. 306.
> Oliv. col. 2. n.º 27. pl. 1. f. 1.
> Panz. fasc. 10. t. 3.
> Habite en Europe.
> Etc.

MÉLYRE. (Melyris.)

Antennes filiformes, un peu en scie, à peine de la longueur du corselet. Palpes filiformes.

Corps ovale, ou ovale-oblong. Corselet rétréci antérieurement. Tête inclinée, en partie cachée sous le corselet. Elytres grandes, recouvrant tout l'abdomen.

*Antennæ filiformes, subserratæ, thoracis vix lon-
gitudine. Palpi filiformes.*

*Corpus ovatum, vel ovato-elongatum. Thorax an-
ticè angustior. Caput inflexum, sub thorace partìm
absconditum. Elytra magna, abdomen penitùs obtegentia.*

O B S E R V A T I O N S.

Les *mélyres*, auxquels nous croyons pouvoir réunir les
zygies et même les dasytes, se rapprochent des malachies
par leurs rapports ; mais ils n'ont point de vésicules rétractiles. Ces insectes ont, les uns, d'assez belles couleurs, les
autres, des couleurs sombres. Leurs mouvemens sont lents,
mais ils volent avec facilité. On les trouve sur les plantes
et sur les fleurs.

E S P E C E S.

1. Mélyre vert. *Melyris viridis.*
>   *M. viridis ; elytris lineis elevatis tribus.* F.
>   *Melyris viridis.* Fab. él. 1. p. 311.
>   Oliv. col. 2. n.º 21. pl. 1. f. 1. et pl. 2. f. 1.
>   Latr. gen. 1. p. 263.
>   Habite au Cap de Bonne-Espérance.

2. Mélyre du Levant. *Melyris oblongus.*
>   *M. rufus ; capite elytrisque cyaneo-viridibus.*
>   *Zygia oblonga.* Fab. él. 2. p. 22.
>   Lat. gen. 1. p. 264. pl. 8. f. 3.
>   Habite dans le Levant.

3. Mélyre noir. *Melyris ater.*
>   *M. oblongus, niger, hirtus, vagè punctatus.*
>   *Dermestes hirtus.* Lin.
>   *Dasytes ater.* Fab. él. 2. p. 72. Latr. gen. 1. p. 26.

Mélyre atre. Oliv. col. 2, n.° 21. pl. 2. f. 8.

An lagria atra? Panz. fasc. 8. t. 9.

Habite l'Europe australe, sur les graminées. Etc.

CLAIRON. (Clerus.)

Antennes de la longueur du corselet, grossissant insensiblement, formant presque une massue à leur extrémité. Palpes inégaux : les maxillaires subfiliformes ; les labiaux terminés en hache.

Corps oblong, non bordé, velu : corselet oblong, rétréci postérieurement. Tête inclinée, en partie enfoncée dans le corselet. Tarses à quatre articles apparens.

Antennæ thoracis longitudine, sensìm extrorsùm crassiores, versùs extremitatem subclavatæ. Palpi inæquales : maxillaribus subfiliformibus ; labialibus apice securiformi.

Corpus oblongum, immarginatum, subhirtum. Thorax oblongus, posticè angustior. Caput inflexum, clypeo partìm insertum. Tarsi articulis quatuor conspicuis, eorum articulo primo abscondito.

OBSERVATIONS.

Les *clairons* tiennent encore aux coléoptères à élytres flexibles, et néanmoins, sous d'autres rapports, ils semblent se rapprocher des nécrophages. Leurs antennes grossissent insensiblement ; et quoique leurs trois derniers articles soient les plus gros, ils vont eux-mêmes en grossissant, et ne forment point une massue séparée. On ne connaissait que quatre articles aux tarses de ces insectes; mais M. Latreille a observé que leur premier article était caché par le second, et qu'ils en ont réellement cinq.

Ces insectes sont allongés, ont des couleurs variées assez brillantes, et souvent des bandes colorées transverses. Leurs yeux sont un peu en croissant. On les trouve sur les fleurs; mais leurs larves sont carnassières, dévorent d'autres insectes vivans, ou rongent des matières animales. Selon ma méthode de simplification, j'y réunis les nécrobies.

ESPECES.

1. Clairon alvéolaire. *Clerus alvearius.*

> *C. violaceo-cœruleus, hirtus; elytris rubris : maculâ communi fasciisque tribus cœruleo-nigris.*
> *Trichodes alvearius.* Fab. él. 1. p. 284.
> *Clerus.* Geoff. 1. p. 304. pl. 5. f. 4.
> Oliv. col. 4. n.º 76. pl. 1. f. 5. *a. b.*
> Latr. gen. 1. p. 273. Panz. fasc. 31. t. 14.
> Habite en Europe.

2. Clairon apivore. *Clerus apiarius.*

> *C. cyaneus; elytris rubris : fasciis tribus cœrulescentibus; tertiâ terminali.* F.
> *Trichodes apiarius.* Fab. él. 1. p. 284.
> *Clerus apiarius.* Oliv. *ibid.* pl. 1. f. 4.
> Latr. gen. 1. p. 273. Panz. fasc. 31. t. 13.
> *Attelabus apiarius.* Lin.
> Habite en Europe, dans les ruches des abeilles.

3. Clairon violet. *Clerus violaceus.*

> *C. violaceo-cœruleus, subhirtus; antennis nigris.*
> *Dermestes violaceus.* Lin.
> *Corynetes violaceus.* Fab. él. 1. p. 285.
> *Necrobia violacea,* Latr. gen. 1. p. 274.
> Oliv. col. 4. n.º 76 *bis.* pl. 1. f. 1. *a. b. c.*
> Panz. fasc. 5. t. 7.
> Habite en Europe, dans les cadavres des animaux.
> Etc.

TILLE. (Tillus.)

Antennes filiformes, de la longueur du corselet, plus ou moins en scie d'un côté. Mandibules subbidentées. Palpes filiformes : les labiaux quelquefois en hache.

Corps allongé, subcylindrique. Corselet plus étroit que les élytres.

Antennæ filiformes, thoracis longitudine, hinc plus minùsve serratæ. Mandibulæ subbidentatæ. Palpi filiformes : labialibus interdùm securiformibus.

Corpus elongatum, subcylindricum. Thorax elytris angustior.

OBSERVATIONS.

Les *tilles* ne sont pas des insectes carnassiers, et néanmoins semblent se rapprocher un peu des clairons. Ces insectes ont peu d'agilité, fréquentent les fleurs, et sont peu nombreux en espèces. Ceux parmi eux dont les quatre palpes sont filiformes, sont des énoplies pour M. Latreille; ils n'ont, comme les clairons, que quatre articles apparens aux tarses.

ESPECES.

1. Tille allongée. *Tillus elongatus.*

> *T. ater; thorace villoso rufo.*
> *Chrysomela elongata.* Lin.
> *Tillus elongatus.* Oliv. col. 2. n.o 22. pl. 1. f. 1. a. b.
>   c. d. e.
> *Tillus elongatus.* Fab. él. 1. p. 281. Panz. fasc. 43. t. 16.
> Latr. gen. 1. p. 269.
> Habite en Europe.

2. Tille serraticorne. *Tillus serraticornis.*

> *T. ater; elytris testaceis.*

Tillus serraticornis. Oliv. col. 2. n.₀ 22. pl. 1. f. 2. *a. b. c. d.*
Fab. él. 1. p. 282. Panz. fasc. 26. t. 13.
Enoplium serraticorne. Latr. gen. 1 p. 271.
Habite en Italie.

DRILE. (Drilus.)

Antennes filiformes, pectinées d'un côté, surtout dans les mâles, un peu plus longues que le corselet. Palpes maxillaires longs, avancés.

Corps oblong, un peu déprimé, mou. Corselet transverse. Elytres grandes, flexibles.

Antennæ filiformes, hinc pectinatæ, præsertìm in masculis, thorace paulò longiores. Palpi maxillares longi, porrecti.

Corpus oblongum, subdepressum, molle. Thorax transversus. Elytra magna, molliuscula.

OBSERVATIONS.

Les *driles* tiennent encore aux insectes précédens par leurs rapports ; mais ils semblent offrir une transition des insectes *malacoptères*, ou à élytres molles, à ceux qui ont les élytres dures. Les driles ressemblent en effet au ptilin par leurs antennes, et néanmoins ils appartiennent encore aux mélyrides.

ESPÈCE.

1. **Drile jaunâtre.** *Drilus flavescens.*
    Drilus flavescens. Oliv. col. 2. n.º 23. pl. 1. f. 1.
    Ptilinus. Geoff. 1. pl. 1. f. 2. Le panache jaune.
    Ptilinus flavescens. Fab. el. 1. p. 329.
    Panz. fasc. 3. t. 8.
    Drilus flavescens. Latr. gen. 1. p. 255.
    Habite en France, sur les plantes. Son corps est un peu velu.

LES PTINIENS.

Antennes filiformes, quelquefois en scie ou pectinées. Mandibules courtes, fortes, échancrées à leur extrémité ou offrant une dentelure au-dessous. Tête en grande partie enfoncée dans le corselet. Elytres dures, recouvrant entièrement l'abdomen.

Les *ptiniens* sont de petits coléoptères pentamères à corps dur, destructeurs des bois et des collections d'histoire naturelle. Ils ont le corps ovale, subcylindrique, et, en général, le corselet renflé. Leurs palpes sont courts, avec le dernier article plus gros. Ces insectes habitent, la plupart, l'intérieur des maisons, contrefont le mort lorsqu'on les touche, et ont des couleurs sombres. Voici leurs divisions.

(1) Antennes beaucoup plus courtes que le corps.

    (a) Antennes pectinées dans les mâles, en scie dans les femelles.

Ptilin.

    (b) Antennes simples, non pectinées, ni en scie.

Vrillette.

(2) Antennes presque aussi longues que le corps, très-peu en scie. Le corselet plus étroit que l'abdomen.

Ptine.

Gibbie.

PTILIN. (*Ptilinus.*)

Antennes pectinées dans les mâles, en scie dans les

femelles, un peu plus longues que le corselet. Mandibules bidentées au sommet.

Corps oblong, subcylindrique. Corselet large, subglobuleux. Tête saillante, inclinée.

Antennæ in maribus pectinatæ, in feminis serratæ, thorace paulò longiores. Mandibulæ apice bidentatæ.

Corpus oblongum, subcylindricum. Thorax latus, convexus, subglobosus. Caput prominulum, inflexum.

OBSERVATIONS.

Le *ptilin* est un petit coléoptère très-rapproché des vrillettes par ses habitudes, et qui ne ressemble au drile que par ses antennes. La larve de cet insecte vit dans les bois morts, y forme de petits trous ronds et profonds, et n'en sort que dans l'état parfait.

ESPÈCES.

1. Ptilin pectinicorne. *Ptilinus pectinicornis.*

> *Pt. corpore nigricante; elytris fuscis, subcastaneis; antennis pedibusque rufescentibus.*
>
> *Ptinus pectinicornis.* Lin. *Ejusd. dermestes pectinicornis.*
> Le panache brun. Geoff. 1. p. 65. n.º 1.
> *Ptilinus pectinicornis.* Fab. él. 1. p. 329.
> Oliv. col. 2. n.º 17 *bis.* pl. 1. f. 1.
> Latr. gen. 1. p. 277.
> Panz. fasc. 3. t. 7.
> Habite en Europe, sur le bois mort.

2. Ptilin pectiné. *Ptilinus pectinatus.*

> *Pt. niger; antennis pedibusque flavis.* F.
> *Ptilinus pectinatus.* Fab. él. 1. p. 329.
> Panz. fasc. 6. t. 9.
> Habite en Allemagne. Il a les élytres striées,
> Etc.

Observ. Ici doit être placé le genre *dorcatoma* de Fabricius (él. 1. p. 330), dont les antennes très-courtes n'ont, selon M. Latreille, que neuf articles. Voyez le *dermestes murinus.* Panz. fasc. 26. t. 10.

VRILLETTE. (Anobium.)

Antennes filiformes, simples, de la longueur du corselet, les trois derniers articles plus longs. Mandibules courtes, dentées au sommet.

Corps oblong, convexe, subcylindrique. Corselet large, transverse, un peu en capuchon. Tête inclinée sous le corselet.

Antennæ filiformes, simplices, thoracis longitudine : articulis tribus ultimis longioribus. Mandibulæ breves, apice dentatæ.

Corpus oblongum, convexum, subcylindricum. Thorax latus, transversus, subcucullatus. Caput infrà thoracem inflexum.

OBSERVATIONS.

Les *vrillettes* tiennent aux ptilins par leurs habitudes et par plusieurs caractères; mais leurs antennes ne sont ni pectinées, ni en scie. Elles ont le corselet élevé, plus ou moins en capuchon, recevant et cachant en partie la tête. Leurs élytres sont dures, couvrant entièrement l'abdomen. Ces petits coléoptères sont très-nuisibles. Plusieurs espèces vivent dans l'intérieur des maisons. Leurs larves vivent dans les boiseries, les meubles en bois, les poutres, les solives, etc. Elles percent le bois, s'en nourrissent, et y font une infinité de petits trous ronds comme ferait une vrille, qui le rendent vermoulu. C'est à une espèce de ce genre qu'on attribue ce petit bruit singulier qu'on entend souvent, le soir, dans un appartement, et qui ressemble au bruit d'une montre qui serait de temps en temps interrompu.

ESPÈCES.

1. **Vrillette marquetée.** *Anobium tessellatum.*

> *A. fuscum ; thorace æquali ; elytris subtessellatis.* **F.**
> *Anobium tessellatum.* Fab. éleut. 1. p. 321.
> Oliv. col. 2. n.o.16. pl. 1. f. 1. Latr. gen. 1. p. 275.
> Panz. fasc. 65. t. 3. *Byrrhus.* Geoff. 1. p. 112. n.o 4.
> Habite en France, en Allemagne, dans les maisons.

2. **Vrillette striée.** *Anobium striatum.*

> *A. fuscum, immaculatum ; thorace compresso ; elytris striatis.*
> *Anobium striatum.* Oliv. col. 2. n.o 16. pl. 2. f. 7.
> Latr. gen. 1. p. 276.
> La vrillette des tables. Geoff. 1. p. 111. n.o 1. pl. 1. f. 6.
> *Anobium pertinax.* Fab. él. 1. p. 322.
> Habite en Europe. Commune dans les maisons: C'est elle, probablement, qui fait ce bruit singulier qu'on entend le soir dans les appartemens.
> Etc.

PTINE. (Ptinus.)

Antennes filiformes, longues, simples, insérées entre les yeux. Palpes subfiliformes.

Corps ovale-oblong ; corselet plus étroit que les élytres, renflé, en capuchon, souvent muni d'un étranglement. Un écusson. Abdomen presque ovale.

Antennæ filiformes, longæ, simplices, intrà oculos insertæ. Palpi subfiliformes.

Corpus ovato-oblongum. Thorax elytris angustior, turgidulus, cucullatus, sæpè coarctatus. Scutellum. Abdomen subovale.

OBSERVATIONS.

Les *ptines* ont les antennes beaucoup plus longues que celles des vrillettes ; le corselet plus étroit que les élytres et en capuchon. Ils ont la tête petite, le dos convexe, les élytres dures, aussi longues que l'abdomen. Ces insectes sont petits, ont la démarche lente, et vivent particulièrement dans les herbiers, les collections d'insectes, les feuilles sèches, la farine, etc. Ils sont une peste dans les cabinets d'histoire naturelle ; ils n'épargnent même pas les papiers, les livres.

ESPECES.

1. Ptine impérial. *Ptinus imperialis.*

> *Pt. fuscus ; thorace subcarinato ; elytris maculâ lobatâ albâ.*
>
> *Ptinus imperialis.* Fab. él. 1. p. 326. Panz. fasc. 5. t. 7.
> Oliv. col. 2. n.° 17. pl. 1. f. 4.
> Habite en Europe, sur le bois mort.

2. Ptine voleur. *Ptinus fur.*

> *Pt. testaceus ; thorace quadridentato; elytris fasciis duabus albis.*
> *Ptinus fur.* Lin. Fab. él. 1. p. 325.
> Oliv. col. 2. n.° 17. pl. 1. f. 1. a b. c.
> Latr. gen. 1. p. 279. *Bruchus.* Geoff. 1. p. 164. 1. pl. 2. f. 6.
> Habite en Europe. Il dévaste les herbiers, les collections d'insectes, etc.

GIBBIE. (Gibbium.)

Antennes subsétacées, insérées devant les yeux ; à articles cylindriques. Les yeux très-petits, presque aplatis.

Corselet court ; abdomen grand, renflé, presque globuleux. Elytres soudées. Point d'écusson distinct.

Antennæ subsetaceæ, antè oculos insertæ, articulis cylindricis. Oculi parvi, subdepressi.

Thorax brevis; abdomen magnum, turgidum, subglobosum. Elytra connata. Scutellum nullum distinctum.

OBSERVATIONS.

La *gibbie* est très-voisine des ptines par ses rapports et ses habitudes; mais elle a une forme particulière, n'a point d'ailes, et offre plusieurs caractères qui semblent autoriser sa distinction. Elle attaque aussi les collections d'histoire naturelle.

ESPÈCES.

1. Gibbie marron. *Gibbium scotias.*

> G. *castaneum, nitidum, læve; antennis pedibusque pubescentibus.*
>
> *Gibbium.* Scop. Latr. gen. 1. p. 278. t. 8. f. 4.
>
> Bruche sans ailes. Geoff. 1. p. 164. n.º 2.
>
> *Ptinus scotias.* Oliv. col. 2. n.º 17. pl. 1. f. 2. *a. b.*
>
> *Ptinus scotias.* Fab. el. 1. p. 327. Panz. fasc. 5. t. 8.
>
> Habité l'Europe australe, dans les cabinets d'histoire naturelle.

2. Gibbie sillonnée. *Gibbium sulcatum.*

> G. *thorace quadrisulcato. villoso; albidum; elytris fusco-testaceis, nitidis.*
>
> *Ptinus sulcatus.* Fab. él. 1. p. 327.
>
> Habite aux Canaries. Trouvée dans l'envoi de plantes sèches.

LES BUPRESTIENS.

Sternum antérieur s'avançant sous la tête, presque sous la bouche, et sa partie postérieure se prolongeant en une pointe, soit aiguë, soit émoussée.

Les *buprestiens* peuvent être aussi nommés *sternoxiens,* parce qu'ils sont distingués des autres pentamères filicornes par leur *sternum antérieur*, c'est-à-dire, par cette partie de la poitrine qui est située entre la première paire de pattes; cette partie, ici très-remarquable, s'avançant jusque sous la bouche, et son extrémité opposée se prolongeant en arrière en une pointe bien découverte.

Ces insectes ont des antennes filiformes, le plus souvent en scie ou pectinées, jamais longues, dépassant à peine le corselet par leur longueur. Leur corps est ferme, allongé ou en ellipse oblongue, et leur tête est enfoncée jusqu'aux yeux dans le corselet. Ils ne vivent que de matières végétales, et offrent souvent des couleurs assez brillantes. On ne les divise qu'en très-peu de genres, mais deux de ces genres embrassent chacun un grand nombre d'espèces : voici leurs divisions.

(1) Mandibules entières à leur pointe, sans échancrure ni dent particulière.

(a) Palpes filiformes. Le pénultième article des tarses bilobé.

Bupreste.

Cérophyte.

(b) Palpes à dernier article plus gros. Tous les articles des tarses entiers.

Mélasis.

(2) Mandibules échancrées ou bifides à leur extrémité. Tous les articles des tarses entiers.

Taupin.

BUPRESTE. (Buprestis.)

Antennes filiformes, le plus souvent en scie, à peine de la longueur du corselet. Mandibules simples; mâchoires à deux lobes. Palpes courts, filiformes ou à peine plus gros au bout.

Corps elliptique-oblong. Corselet large, à angles postérieurs non prolongés.

Antennæ filiformes, sæpiùs serratæ, thorace breviores, aut thoracis vix longitudine. Mandibulæ simplices; maxillæ lobis duobus; palpi breves, filiformes, aut vix apice crassiores.

Corpus elliptico-oblongum. Thorax subtransversus, angulis posticis non extrorsùm prominulis.

OBSERVATIONS.

Les *buprestes* constituent un très-beau genre, nombreux en espèces, parmi lesquelles il s'en trouve qui sont ornées de couleurs si riches, si brillantes, qu'elles font partie des plus beaux coléoptères connus. Aussi Geoffroy les a-t-il nommées *richards* en français. C'est surtout parmi les buprestes exotiques, que l'on voit les plus grandes et les plus belles espèces.

Ces insectes ont beaucoup de rapports, par leur forme générale, avec les taupins ; mais ils n'ont point la faculté de sauter, et ils ont le pénultième article des tarses bilobé. Ils marchent assez lentement ; mais leur vol est facile, surtout lorsqu'il fait beau et que le temps est chaud. Leurs élytres sont fermes, et souvent dentées à leur extrémité postérieure. La larve des buprestes n'est point connue, mais on présume qu'elle vit dans le bois. L'insecte parfait se rencontre sur les fleurs, sur les feuilles, dans les chantiers, etc.

ESPÈCES.

1. Bupreste géant. *Buprestis gigas.*

    B. viridi-œneá, nitida ; thorace lævi; elytris rugosis, bidentatis.

Buprestis gigas. Lin. *Buprestis gigantea.* Fab. él. 2. p. 187.
Oliv. col. 2. n.º 32. pl. 1. f. 1. *a. b.*
Habite à Cayenne.

2. **Bupreste bande-dorée.** *Buprestis vittata.*

B. *viridi-cœrulea* ; *elytris bidentatis punctatis : lineis qua-*
tuor elevatis viridi-œneis ; *vittâ latâ aureâ.*
Buprestis vittata. Fab. él. 2. p. 187.
Oliv. col. 2. n.º 32. pl. 3. f. 17. *a.*
Habite aux Indes orientales.

3. **Bupreste à faisceaux.** *Buprestis fascicularis.*

B. *viridi-aurea, interdùm obscura , scabra ; elytris inte-*
gris : punctis fasciculato-pilosis.
Buprestis fascicularis. Lin. Fab. él. 2. p. 201.
Oliv. col. 2. n.º 32. pl. 4. f. 38.
Habite le Cap de Bonne-Espérance.

4. **Bupreste ocellé.** *Buprestis ocellata.*

B. *viridi-nitens* ; *elytris tridentatis : maculis duabus aureis*
ocellarique flavâ.
Buprestis ocellata. Fab. él. 2. p. 193.
Oliv. col. 2. n.º 32. pl. 1. f. 3.
Habite les Indes orientales.
Etc.

CÉROPHYTE. (Cerophytum.)

Antennes très-pectinées ou branchues d'un côté dans
les mâles, en scie dans les femelles. Mâchoires à deux
lobes. Palpes en massue.

Corps ovale, déprimé. Pénultième article des tarses
bifide.

Antennæ valdè pectinatæ, vel hinc ramosæ in ma-
ribus , in feminis serratæ. Maxillæ lobis duobus.
Palpi clavati.

Corpus ovale, depressum. Tarsi articulo penultimo
bifido.

Le type de ce genre est encore peu connu. C'est un insecte qui, quoique voisin du mélasis, en paraît très-distingué.

ESPÈCE.

1. Cérophyte élatéroïde. *Cerophytum elateroides.*
Melasis elateroides. Latr. hist. nat., etc. vol. 9. p. 76.
Cérophyte. Latr. Considérations gén., etc., p. 169.
Habite aux environs de Paris. Il est noir, strié.

MÉLASIS. (Melasis.)

Antennes pectinées dans les mâles, en scie dans les femelles, de la longueur du corselet. Mandibules entières. Mâchoires simples. Palpes en massue.

Corps cylindrique ; corselet un peu écarté de l'abdomén postérieurement : à angles postérieurs prolongés de chaque côté en une dent pointue. Tous les articles des tarses entiers.

Antennæ in maribus pectinatæ, in feminis serratæ, thoracis longitudine. Mandibulæ maxillœque integerrimæ. Palpi clavati.

Corpus cylindricum. Thorax posticè ab abdomine remotiusculus : angulis posticis utroque latere in dentem acutam productis. Tarsorum articuli omnes integri.

Les *mélasis* tiennent aux taupins par les angles postérieurs de leur corselet et par leurs tarses à articles entiers ;

mais ils ne sautent point. On n'en connaît qu'une espèce. Elle vit dans le bois mort.

ESPECE.

1. **Mélasis flabellicorne.** *Melasis flabellicornis.*

 Elater buprestoides. Linn.
 Melasis flabellicornis. Fab. él. 1. p. 331. Latr. gen. 1. p.
  247.
 Oliv. col. 2. n.º 30. pl. 1. f. 1.
 Panz. fasc. 3. t. 9.
  Habite en Europe.

TAUPIN. (Elater.)

Antennes filiformes, en scie, à peine de la longueur du corselet. Mandibules bifides ou bidentées au sommet. Palpes maxillaires subsécuriformes.

Corps allongé, un peu déprimé. Angles postérieurs du corselet pointus, saillans. Pointe postérieure de l'avant-sternum s'enfonçant dans une cavité de la poitrine et servant de ressort pour faire sauter le corps.

Antennæ filiformes, serratæ, thoracis vix longitudine. Mandibulæ apice bifidæ aut bidentatæ. Palpi maxillares subsecuriformes.

Corpus elongatum, depressiusculum. Thoracis anguli posteriores acuti, prominuli. Sterni antici acumen posticale in cavitatem pectoris deprimens corporis saltum edit.

OBSERVATIONS.

Les *taupins* ont beaucoup de rapports avec les buprestes, et leur ressemblent par leur forme générale; mais ils s'en dis-

tinguent par leurs mandibules , par les angles postérieurs
de leur corselet , par leur faculté de sauter lorsqu'on les
met sur le dos , et parce que leurs tarses sont à articles entiers. On voit au-dessous de leur tête et sur la partie inférieure de leur corselet, deux rainures, une de chaque côté,
dans lesquelles se logent les antennes lorsqu'elles sont
abaissées.

Ces insectes constituent un genre fort nombreux en espèces, parmi lesquelles on en connaît qui sont phosphori-
ques et lumineuses dans l'obscurité. Leurs larves vivent
dans les troncs d'arbres pourris, dans les racines des plantes
et dans les vieilles souches. D'après celle d'une espèce
observée par Degeer, elles sont peut-être pourvues de petites
antennes.

ESPECES.

[*Quelques-unes des exotiques.*]

1. Taupin flabellicorne. *Elater flabellicornis.*
   E. fuscus ; antennarum fasciculo flabelliformi. F.
   Elater flabelliformis. Lin. Fab. él. 2. p. 224.
   Oliv. col. 2. n.º 31. pl. 3. f. 28.
   Habite aux Indes orientales.

2. Taupin tacheté. *Elater speciosus.*
   E. albidus , nigro-maculatus.
   Elater speciosus. Fab. él. 2. p. 222.
   Oliv. col. 2. n.o 31. pl. 7. f. 70.
   Habite aux Indes orientales.

3. Taupin lumineux. *Elater noctilucus.*
   E. thoracis lateribus maculâ flavâ glabrâ. F.
   Elater noctilucus. Lin. Fab. él. 2. p. 223.
   Oliv. col. 2. n.º 31. pl. 2. f. 14.
   Habite l'Amérique méridionale , les Antilles.

4. Taupin phosphorique. *Elater phosphoreus.*
   E. thorace posticè maculis duabus glabris flavis. F.
   Elater phosphoreus. Lin. Fab. él. 2. p. 223.

Oliv. col. 2. n.º 31. pl. 2. f. 20. et f. 14. *b.*

Habite à Cayenne, Surinam.

Etc. Parmi les espèces indigènes de l'Europe, voyez dans Fabricius les *E. ferrugineus, ruficollis, castaneus, aterrimus, murinus, tessellatus, marginatus,* etc.

LES STAPHYLINIENS.

Antennes filiformes ou moniliformes, souvent subperfoliées, grossissant quelquefois vers le bout. Mandibules fortes, arquées, aiguës. Corps allongé, étroit. Élytres très-courtes, laissant, en général, une grande partie du dos de l'abdomen à nu.

Les *staphyliniens* sont assurément très-reconnaissables par les caractères que je viens de citer et surtout par leur corps allongé et leurs élytres courtes, qui laissent à nu une grande partie du dos de l'abdomen. Les hanches des deux pattes antérieures de ces insectes sont grandes; et deux vésicules coniques pointues, que l'animal fait sortir et rentrer à son gré, sont situées près de l'anus à l'extrémité de l'abdomen qui se termine en pointe.

Ces insectes courent avec agilité et volent facilement. Lorsqu'on les touche, ils relèvent leur queue ou la partie postérieure de leur abdomen, comme s'ils voulaient piquer ou se défendre. Ils fréquentent les lieux où se trouvent des matières en putréfaction, soit végétales ou animales. On les rencontre souvent par terre, dans les fumiers, autour des excrémens, sous les pierres. On les trouve aussi dans les lieux humides, les plaies des arbres, et sous leurs écorces.

Linné en avait formé un seul genre sous le nom de *staphylinus;* on le partagea ensuite en trois genres particuliers, et dès lors ces insectes furent considérés comme formant une famille.

Les entomologistes, reconnaissant, avec raison, que les staphyliniens constituaient une famille naturelle, qu'il fallait partager en plusieurs genres, portèrent peut-être trop loin leur art des distinctions ; car ils formèrent, aux dépens du genre *staphylinus* de Linné, un grand nombre de genres particuliers auxquels il serait difficile de trouver l'importance qui convient à des distinctions génériques. C'est-là, toujours, que se trouve le danger de l'abus.

Quant au nombre des genres, m'efforçant de les réduire à celui qui me paraît indispensable, et employant toujours les observations intéressantes qu'on doit à M. Latreille, je divise les staphyliniens de la manière suivante.

Ceux qui voudront faire une étude particulière de cette famille, pourront recourir à la monographie des *microptères* qu'a publiée M. *Gravenohorst*, en 2 vol. in-8.º

DIVISION DES STAPHYLINIENS.

(1) Tête découverte, entièrement séparée du corselet par un cou ou par un étranglement.

(a) Labre divisé profondément en deux lobes,

(+) Tous les palpes filiformes.

Staphylin.

(+ +) Les quatre palpes terminés par un article plus grand, ou seulement les labiaux,

Oxypore.

(b) Labre entier.

(+) Palpes maxillaires presque aussi longs que la tête.

Pédère.

(++) Palpes maxillaires beaucoup plus courts que la tête.

(*) Antennes insérées devant les yeux sous un rebord.

Oxytèle.

(**) Antennes insérées à nu entre les yeux ou près de leur bord interne.

Aléochare.

(2) Tête enfoncée postérieurement dans le corselet jusques auprès des yeux.

Loméchuse.
Tachine.

STAPHYLIN. (Staphylinus.)

Antennes filiformes, de la lougneur du corselet, insérées entre les yeux ou devant les yeux. Labre bilobé. Palpes filiformes.

Tête entièrement saillante. Corps allongé, étroit. Elytres très-courtes.

Antennœ filiformes, submoniliformes, thoracis longitudine, intrà oculos, vel antè oculos insertœ. Labrum bilobum. Palpi filiformes.

Caput penitùs exsertum. Corpus elongatum, angustum. Elytra abbreviata.

OBSERVATIONS.

Les *staphylins* sont faciles à reconnaître, ayant la tête tout-à-fait dégagée du corselet, le labre bilobé, et les quatre palpes filiformes. C'est par le caractère de leurs palpes qu'on les distingue de nos oxypores. Ces insectes sont carnassiers, se nourrissent des autres insectes qu'ils peuvent attraper, ou vivent autour des cadavres et des fumiers. Ils ne piquent point, mais ils mordent ou pincent avec leurs mandibules. Je réunis à ce genre les pinophiles et les lathrobies, quoique ceux-ci aient les antennes insérées devant les yeux.

ESPÈCES.

1. Staphylin bourdon. *Staphylinus hirtus.*

> *St. hirsutus, niger; thorace abdomineque postice flavis.*
> *Staphylinus hirtus.* Lin. Fab. él. 2. p. 589.
> Oliv. col. 3. n.º 42. pl. 1. f. 6.
> Latr. gen. 1. p. 286. Panz. fasc. 4. t. 19.
> Habite en Europe, autour des cadavres.

2. Staphylin odorant. *Staphylinus olens.*

> *St. niger, opacus; immaculatus, capite thorace latiore.*
> *Staphylinus olens.* Fab. él. 2. p. 591.
> Oliv. col. 3. n.º 42. pl. 1. f. 1. Panz. fasc. 27. t. 1.
> Habite en Europe, autour des cadavres. Commun près de Paris.

3. Staphylin érythroptère. *Staphylinus erythropterus.*

> *St. ater; elytris antennarum basi pedibusque rubris.*
> *Staphylinus erythropterus.* Lin. Fab. él. 2. p. 593.
> Oliv col. 3. n.º 42. pl. 2. f. 14. Panz. fasc. 27. t. 4.
> Habite en Enrope, dans les fumiers.
> Etc. Ajoutez-y les *St. murinus, aureus, œneus, hœmorrhoidalis, oculatus, erythrocephalus, similis, cyaneus, pubescens, cupreus, stercorarius, brunnipes, fulgidus, elegans, pilosus, politus, amœnus,* d'Olivier; et pour la lathrobie, voyez *St. elongatus* de Fabricius (*pœderus,* Panz. fasc. 9. t. 12.)

OXYPORE.   (Oxyporus.)

Antennes courtes, épaisses, moniliformes, perfoliées. Labre bilobé. Palpes labiaux terminés par un article plus grand, sécuriforme.

Tête saillante. Corps allongé. Elytres très-courtes.

Antennœ breves, crassiusculœ, moniliformes, perfoliatœ. Labrum bilobum. Palpi labiales articulo ultimo majore, securiformi.

Caput exsertum. Corpus elongatum. Elytra abbreviata.

OBSERVATIONS.

Les *oxypores*, dont il s'agit ici, sont ceux de M. Latreille, auxquels je réunis son astrapée, quoiqu'elle ait les quatre palpes terminés par un article plus grand, et les antennes plus grêles. Ainsi les staphylins ont les quatre palpes filiformes ; et mes oxypores ont au moins deux palpes terminés par un article plus grand, ce qui peut suffire pour les séparer. En général, leurs mandibules sont grandes, avancées.

ESPECES.

[Celles qui ont les palpes maxillaires filiformes.]

1. Oxypore roux. *Oxyporus rufus.*

   O. rufus, capite elytrorum abdominisque postico nigris.
   Staphylinus rufus. Lin. *Oxyporus rufus.* Fab. él. 2. p. 604.
   Oliv. col. 3. n.º 43. pl. 1. f. 1. Panz. fasc. 16. t. 19.
   Latr. gen. 1. p. 284.
   Habite en Europe, dans les bolets, les agarics.

2. Oxypore grandes-dents. *Oxyporus maxillosus.*

   O. ater ; elytris pallidis : angulo postico nigro ; abdomine rufo : ano fusco.
   Oxyporus maxillosus. Fab. él. 2. p. 605.
   Panz. fasc. 16. t. 20.
   Habite en Allemagne.

[Les quatre palpes à dernier article plus grand.]

3. Oxypore de l'orme. *Oxiporus ulmi.*

   O. ater, nitidus ; antennarum articulo primo, elytris abdominisque segmento penultimo rufis.

Staphylinus ulmi. Ross. f. etr. 1. t. **5. f. 6.**
Oliv. col. 3. n.º 42. pl. 4. f. 37.
Staphylinus ulmineus. Fab. él. 2. p. 595.
Panz. fasc. 88. t. 4.
Astrapœus ulmi. Latr. gen. 1. p. 284.
Habite l'Italie, la France australe, sous l'écorce de l'orme.

PÉDÈRE. (Pæderus.)

Antennes moniliformes, grossissant insensiblement, ou se terminant en une massue de deux ou trois articles. Labre entier. Palpes maxillaires presque aussi longs que la tête.

Tête saillante. Corps allongé, étroit. Elytres très-courtes.

Antennœ moniliformes, extrorsùm sensìm crassiores, vel in clavam bi seu triarticulatam terminatœ. Labrum integrum. Palpi maxillares longi, capitis ferè longitudine.

Caput exsertum. Corpus elongatum, angustum. Elytra abbreviata.

OBSERVATIONS.

Les *pédères* sont bien distingués des staphylins et des oxypores par leur labre entier. Dans les pédères de Fabricius de M. Latreille, les antennes sont insérées devant les yeux et vont seulement en grossissant; dans les stènes, les antennes s'insèrent près du bord interne des yeux et sont terminées en massue. L'insertion des antennes n'est point en accord avec la forme en massue de ces parties, puisque dans l'évœsthète de Gravenhorst, les antennes en massue, sont insérées devant les yeux.

Nos *pédères*, distingués par la tête saillante entièrement, le labre entier, et les palpes maxillaires presque aussi longs que la tête, sont des insectes qui aiment les lieux humides, et qui vivent effectivement sur le bord des eaux.

ESPECES.

[Celles dont les antennes sont insérées devant les yeux.]

1. Pédère des rivages. *Pœderus riparius.*

> P. rufus; elytris cæruleis; capite abdominisque apice nigris.
> *Staphylinus riparius.* Lin. Geoff. 1. p. 369. n.º 21.
> *Pœderus riparius.* Fab. el. 2. p. 608.
> Oliv. col. 3. n.º 44. pl. 1. f. 2. Panz. fasc. 9. t. 11.
> Habite en Europe, près des eaux.

2. Pédère ruficolle. *Pœderus ruficollis.*

> P. niger; thorace rufo, elytris cyaneis.
> *Pœderus ruficollis.* Fab. él. 2. p. 608. Panz. fasc. 27. t. 22.
> Oliv. col. 3. n.º 44. pl. 1. f. 1. a. b. c.
> *Staphylinus.* Geoff. 1. p. 370. n.º 23.
> Habite en Europe, près des eaux.

[Celles dont les antennes s'insèrent près du bord interne des yeux.]

3. Pédère à deux points. *Pœderus biguttatus.*

> P. niger; elytris puncto albido; oculis prominulis.
> *Staphylinus biguttatus.* Lin. Geoff. 1. p. 371. n. 24. Panz. fasc. 11. t. 17.
> *Stenus biguttatus.* Fab. él. 2. p. 602. Latr. gen. 1. p. 294.
> *Pœderus biguttatus.* Oliv. 3. n.º 44. pl. 1. f. 3. a. b.
> Habite en Europe, sur le bord des eaux.
> Etc. Voyez *stenus juno* de Fabricius.

OXYTÈLE. (Oxytelus.)

Antennes filiformes, insérées devant les yeux sous un rebord, grossissant quelquefois vers leur extrémité. Labre entier. Palpes subulés ou filiformes ; les maxillaires beaucoup plus courts que la tête.

Tête saillante. Corps allongé , déprimé. Elytres raccourcies. Pattes antérieures à jambes souvent épineuses.

Antennæ filiformes , antè oculos sub margine prominulo insertæ , versùs extremitatem interdùm crassescentes. Labrum integrum. Palpi subulati aut filiformes : maxillaribus capite multò brevioribus.

Caput penitùs detectum. Corpus oblongum aut elongatum , depressum. Elytra abbreviata. Pedes antici sœpè spinosi.

OBSERVATIONS.

Sous le nom d'*oxytèle*, je réunis les oxytèles , les omalies, les protéines et les lestèves de M. Latreille; ces insectes ayant tous , selon ce savant, les antennes insérées sous un rebord devant les yeux. Leur tête est découverte, et leur labre est comme dans les pédères ; mais leurs palpes maxillaires , beaucoup plus courts que la tête , les en distinguent.

ESPÈCES.

1. **Oxytèle jayet.** *Oxytelus piceus.*

> *O. niger ; thorace trisulcato ; pedibus pallidè testaceis.* Oliv.
>
> *Staphylinus piceus.* Lin. Fab. él. 2. p. 601. Panz. fasc. 27. t. 12.
>
> *Oxytelus piceus.* Oliv. Encycl. n.o 1.
>
> Habite en Europe , dans les fientes des animaux.

2. **Oxytèle tricorne.** *Oxytelus tricornis.*

> *O. niger ; capite bicorni ; thoracis cornu porrecto acuto ; elytris rufis.* Oliv.
>
> *Oxytelus tricornis.* Oliv. Encycl. n.o 13.
>
> *Staphylinus tricornis ejusd.* col. 3. n.° 42. pl. 6. f. 56.
>
> *Staphylinus armatus.* Panz. fasc. 66. t. 17.
>
> Habite en Europe , sous les pierres.

3. Oxytèle rivulaire. *Oxytelus rivularis.*

> *O. niger, nitidus ; elytris fuscis ; thorace sulcato.*
>
> *Omalium rivulare.* Grav. Lat. gen. 1. p. 298. Oliv. Encycl.
>
> *Staphylinus rivularis.* Oliv. col. 3. n.º 42. pl. 3. f. 27.
>
> Panz. fasc. 27. t. 13.
>
> Habite en Europe.
>
> Etc. Voyez *proteinus*, Lat. gen. 1. p. 298, et *lesteva*, gen. 1. p. 297.

ALÉOCHARE. (Aleochara.)

Antennes moniliformes, subperfoliées, insérées entre les yeux, à insertion découverte. Labre entier. Palpes terminés en alène : les maxillaires plus courts que la tête.

Tête saillante. Corps allongé. Elytres très-courtes. Point de jambes épineuses.

Antennæ moniliformes, subperfoliatæ, intrà oculos insertæ : insertione detectá. Labrum integrum. Palpi apice subulati : maxillaribus capite brevioribus.

Caput exsertum, Corpus elongatum. Elytra perbrevia. Pedes tibiis spinosis nullis.

OBSERVATIONS.

Les *aléochares* tiennent de très-près à notre genre oxytèle ; mais leurs antennes ne s'insèrent point sous un rebord ; leur insertion se fait à nu, entre les yeux. Leur corselet est en carré arrondi aux angles. Ces insectes sont fort agiles ; leurs espèces connues sont assez nombreuses.

ESPÈCES.

1. Aléochare cannelé. *Aleochara canaliculata.*

> *A. flava ; capite abdominisque cingulo atris ; thorace canaliculato.*

Staphylinus canaliculatus. Fab. él. 2. p. 599.
Panz. fasc. 27. t. 10. Oliv. col. 3. n.º 42. t. 3. f. 31.
Aleochara canaliculata. Grav. Lat. gen. 1. p. 301.
Habite en Europe, sous les pierres.

2. Aléochare du bolet. *Aleochara boleti.*

A. fusco-nigra ; elytris pedibusque pallidioribus.
Staphylinus boleti. Lin. f. suec. Gmel. 3. p. 2031.
An staphylinus socialis? Oliv. col. 3. n.º 42. pl. 3. f. 25.
a b.

Habite en Europe, dans les bolets, les agarics.
Etc.

LOMÉCHUSE. (Lomechusa.)

Antennes à peine de la longueur du corselet, se terminant en massue perfoliée, oblongue ou en fuseau. Mandibules simples, pointues, arquées à leur pointe. Palpes terminés en alène.

Tête étroite, enfoncée postérieurement dans le corselet. Corps oblong, subelliptique. Point de jambes épineuses.

Antennæ vix thoracis longitudine, in clavam perfoliatam oblongam subfusiformem terminatæ. Mandibulæ simplices, acutæ : acumine arcuato. Palpi apice subulati.

Caput angustum, in thoracem posticè intrusum. Corpus oblongum, subellipticum. Pedes tibiis non spinosis.

OBSERVATIONS.

Les *loméchuses* seraient des aléochares si leur tête était entièrement découverte ; mais elle est enfoncée jusque près des yeux dans le corselet. Ce corselet va ordinairement en se rétrécissant d'arrière en avant. Les élytres sont raccourcies.

ESPECES.

1. **Loméchuse biponctuée.** *Lomechusa bipunctata.*

> *L. nigra ; elytris maculâ posticâ rufo-sanguineâ ; thoraçe convexo.*
> *Aleochara bipunctata.* Latr. gen. 1. p. 301.
> *Staphylinus bipunctatus ?* Oliv. col. 3. n.º 42. pl. 5. f. 44. *a, b.*
> Habite aux environs de Paris, dans les fientes des animaux.

2. **Loméchuse paradoxale.** *Lomechusa paradoxa.*

> *L. depressa, brunnea ; elytris pallidioribus ; thoracis margine reflexo.*
> *Staphylinus emarginatus.* Fab. él 2. p. 600.
> Oliv. col. 3. n.º 42. pl. 2. f. 12. *a. b. c. d.*
> Habite aux environs de Paris, sous les pierres.

TACHINE. (Tachinus.)

Antennes submoniliformes, grossissant vers leur sommet, insérées devant les yeux. Mandibules simples. Palpes, soit filiformes, soit terminés en alène.

Tête enfoncée postérieurement dans le corselet. Corps oblong. Elytres raccourcies, mais un peu grandes. Jambes épineuses.

Antennæ submoniliformes, versùs apicem crassiores, antè oculos insertæ. Mandibulæ simplices. Palpi vel filiformes, vel apice subulati.

Caput in thoracem posticè intrusum. Corpus oblongum. Elytra abbreviata, majuscula. Pedes tibüs spinosis.

OBSERVATIONS.

Les *tachines*, auxquelles nous réunissons les tachypores, ont les antennes plus écartées à leur insertion que les lo-

méchuses, et moins en massue. Elles s'en distinguent
d'ailleurs par leurs jambes épineuses, et par leurs élytres
qui, quoique raccourciés, recouvrent souvent la moitié de
l'abdomen, quelquefois un peu plus. Dans les tachines de
Gravenhorst, les palpes sont filiformes ; ils sont terminés
en alène dans ses tachypores.

ESPECES.

1. **Tachine rufipède.** *Tachinus rufipes.*
> *T. ater, nitidus ; pedibus rufis.*
> *Oxyporus rufipes.* Fab. él. 2. p. 607.
> *Staphylinus rufipes.* Oliv. col. 3. n.º 42. pl. 4. f. 35. a.
> b. c. d.
> *Staphylinus.* Geoff. 1. p. 367. n.º 15.
> *Tachinus rufipes.* Grav. Latr. gen. 1. p. 299. (*Nunc oxy-*
> *porus.*)
> Habite en Europe, dans les excrémens des bœufs.

2. **Tachine bipustulée.** *Tachinus bipustulatus.*
> *T. ater, nitidus ; elytris maculâ baseos anoque rufis.*
> *Oxyporus bipustulatus.* Fab. él. 2. p. 606.
> Panz. fasc. 16. t. 21.
> Habite en France, en Allemagne, etc.

3. **Tachine marginée.** *Tachinus marginatus.*
> *T. ater, nitidus ; thoracis margine pedibus elytrisque ru-*
> *fis : his suturâ maculâque marginali nigris.*
> *Oxyporus marginatus.* Fab. él. 2. p. 605.
> Panz. fasc. 27. t. 17.
> Habite en Allemagne.
> Etc.

LES CARABIENS.

Six palpes articulés : quatre maxillaires et deux la-
biaux.

Aucune famille, dans les coléoptères, n'est plus éminemment caractérisée que celle des *carabiens*, puisque

ces insectes ont tous six palpes, et qu'ils sont les seuls coléoptères qui soient dans ce cas.

Ils ont, en effet, deux palpes sur la lèvre inférieure, et quatre palpes maxillaires, c'est-à-dire, deux sur chaque mâchoire : l'un externe, plus grand, quadriarticulé ; et l'autre interne, plus petit, n'ayant que deux articles. Tous les autres coléoptères n'ont à la bouche que quatre palpes. Tous les *carabiens* sont carnassiers, soit dans l'état de larve, soit dans celui d'insecte parfait. Ils courent, en général, avec beaucoup de célérité ; parmi eux, les uns sont ailés et volent facilement, tandis que les autres sont aptères.

Les antennes de ces insectes sont filiformes et presque toujours simples. Leur lèvre inférieure est reçue dans une échancrure du menton. Les deux pattes antérieures sont rapprochées à leur origine, insérées sur les côtés d'un sternum comprimé, et portées sur une grande rotule. Les deux postérieures ont un grand trochanter à leur naissance.

Comme cette famille est très-diversifiée, très-nombreuse en espèces, on a dû la diviser en plusieurs genres pour en faciliter l'étude ; et, probablement, vingt-huit à trente genres pourront amplement suffire pour la faire connaître, lorsque l'on aura des moyens convenables de les établir. Mais les entomologistes, croyant devoir employer à des coupes génériques, toutes les distinctions qu'ils ont pu saisir, en ont déjà présenté un nombre si considérable, que l'étude des carabiens n'est maintenant praticable qu'à très-peu de personnes.

Tel est, comme je l'ai dit en parlant des staphyliniens, le danger de l'abus, même des meilleures choses. Et ici l'abus naît de ce qu'on oublie de considérer que, dans toute famille quelconque, la nature exécute toujours une diversité croissante parmi les races, qui n'a guère de terme qu'à l'espèce même. Jusqu'à elle, des distinctions peuvent donc être possibles, si l'on descend jusqu'aux plus petites particularités de détail qu'on peut apercevoir.

C'est une erreur de croire que toutes les espèces d'un genre doivent se ressembler dans toutes les particularités dont je viens de parler. Je réponds, d'après mon expérience dans l'étude des productions de la nature, que cela est impossible ; et que toutes les fois que deux insectes ne seront pas deux individus de la même espèce, on trouvera presque toujours en eux des différences dans les objets de détail en question.

Obligé de suivre, à l'égard des carabiens, comme à celui des autres familles d'insectes, les principaux caractères indiqués par les entomologistes et surtout ceux de M. *Latreille*, je crois avoir donné une extension suffisante au nombre des genres à admettre, en divisant cette grande famille de la manière suivante.

DIVISION DES CARABIENS.

§. *Point de pattes en nageoires : toutes sont propres à la course.* [Carabiens coureurs.]

(1) Mâchoires ayant à leur sommet un onglet qui s'articule avec elles.

(a) Corselet presque aussi large que long. Tous les articles des tarses entiers.

Manticore.

Cicindèle.

(b) Corselet étroit , allongé. Le pénultième article des tarses bilobé.

Colliure.

(2) Mâchoires terminées en pointe ou en crochet , sans articulation à leur sommet.

(a) Palpes extérieurs (les maxillaires externes et les labiaux) non subulés ni aciculés à leur extrémité , mais terminés par un article de la grosseur du précédent ou plus gros , plus dilaté.

(o) Une forte échancrure au côté intérieur des deux premières jambes.

* Les élytres tronquées ou très-obtuses au bout.
(+) Languette de la lèvre inférieure entière.

Anthie.

Graphiptère.

Brachine.

Lébie.

(++) Languette de la lèvre subtrilobée, ayant , de chaque côté , une division en forme d'oreillette.

☐ Corselet en forme de cœur. Un cou.

Zuphie.

☐☐ Corselet subcylindrique. Point de cou.

Drypte.

** Elytres non tronquées à leur extrémité. Point de suture à la base de la lèvre inférieure.

Siagone.

(+) Lèvre inférieure articulée à sa base, et sa languette presque toujours trilobée.

☐ Jambes antérieures dentées au côté externe ou terminées par deux longues épines.

Scarite.

Clivine.

☐☐ Jambes antérieures non dentées au côté externe mais terminées par deux épines courtes ou moyennes.

(y) Point de cou.

(z) Mandibules se terminant en pointe.

Morion.

Harpale.

(zz) Mandibules tronquées ou très-obtuses

Licine.

(yy) Un cou distinct.

Panagée.

Loricère.

(oo) Point d'échancrure notable au côté interne des deux jambes antérieures.

* Labre divisé en deux ou trois lobes.

Cychre.

Carabe.

** Labre entier ou faiblement sinué.

(+) Antennes filiformes, à articles cylindriques longs et grêles. Les mâchoires ciliées ou barbues au côté extérieur.

Nébrie.

Pogonophore.

Omophron.

(++) Antennes grossissant un peu vers le bout, à articles courts, obconiques. Les mâchoires non ciliées au côté extérieur.

Elaphre.

(aa) Palpes extérieurs dont deux au moins sont terminés en alène, ou aciculés à leur extrémité.

Bembidion.

§§. *Pattes postérieures en nageoires : elles sont comprimées et ciliées.* [Carabiens nageurs.]

Dytique.

Notère.

Haliple.

MANTICORE. (Manticora.)

Antennes filiformes, à articles subcylindriques. Mandibules grandes, saillantes, dentées inférieurement au côté interne

Tête grande ; corps oblong ; corselet divisé en deux segmens inégaux. Abdomen presque en cœur. Elytres aptères, carénées sur les côtés, embrassant l'abdomen.

Antennæ filiformes ; articulis subcylindricis. Mandibulæ magnæ, exsertæ, infernè latere interno dentatæ.

Caput magnum ; corpus oblongum, depressum ; thorax segmentis duobus inæqualibus. Elytra aptera, lateribus carinata, abdomenque obvolventia. Abdomen subcordatum.

OBSERVATIONS.

La *manticore* tient aux cicindèles par l'onglet qui s'articule à l'extrémité de ses mâchoires. Sa bouche est armée de deux grandes mandibules très-saillantes, arquées et aiguës. Ses mâchoires sont ciliées au côté interne. Tous les articles de ses tarses sont entiers.

ESPÈCES.

1. Manticore maxillaire. *Manticora maxillosa.*

    M. atra ; elytris connatis scabris. F.

    Manticora maxillosa. Fab. él. 1. p. 167.

    Oliv. col. 3. n.º 37. pl. 1. f. 1. Latr. gen. 1. p. 173.

    Habite au Cap de Bonne-Espérance. Grande, noire. Pattes très-longues.

2. Manticore pâle. *Manticora pallida.*

　　M. lævis, pallida; mandibulis basi bidentatis. F.
　　Manticora pallida. Fab. él. 1. p. 167.
　　Habite au Cap de Bonne-Espérance. Il est moins grand que ce-
lui qui précède.

CICINDÈLE. (Cicindela.)

Antennes filiformes , plus longues que le corselet.
Mandibules saillantes , dentées. Palpes filiformes , velus.

Tête large ; les yeux globuleux , saillans sur les côtés. Corselet court , subcylindrique, non bordé. Elytres
recouvrant des ailes.

*Antennæ filiformes, thorace longiores. Mandibulæ
exsertæ , dentatæ. Palpi filiformes , pilosi.*

*Caput thorax latiùs ; oculis globosis , ad latera pro-
minulis. Thorax brevis , subcylindricus , non marginatus. Elytra alas obtegentia.*

OBSERVATIONS.

Les *cicindèles* , par l'onglet qui s'articule à l'extrémité
de leurs mâchoires, sont très-distinguées des élaphres et des
autres carabiens , sauf les manticores et les colliures qui
s'en rapprochent par le même caractère. Ce sont des coléoptères carnassiers, voraces , très-agiles. Ils sont pourvus
d'ailes , et presque tous sont ornés de couleurs assez belles,
variées selon les espèces. Les tarses sont à articles entiers.

Les larves des cicindèles vivent dans la terre ou dans le
sable, se tenant dans des trous qu'elles se sont pratiqués. En
embuscade , à l'embouchure de ces trous , elles saisissent
les autres insectes qui passent auprès , les entraînent et les

précipitent dans leur retraite, et les y dévorent. C'est dans les lieux secs, arides et sablonneux, principalement dans les temps chauds, que l'on trouve ces insectes.

ESPECES.

1. **Cicindèle champêtre.** *Cicindela campestris.*

> C. *viridis ; elytris punctis quinque albis.*
> *Cicindela campestris.* Linn. Fab. él. 1. p. 233. Panz. fasc. 85. t. 3.
> Oliv. col. 2. n.º 33. pl. 1. f. *a. b. c.* Latr. gen. 1. p. 176.
> *Buprestis.* Geoff. 1. p. 153. n.º 27.
> Habite en Europe. Commune aux environs de Paris.

2. **Cicindèle hybride.** *Cicindela hybrida.*

> C. *subpurpurascens ; elytris fasciá lunulisque duabus albis ; corpore aureo nitido.*
> *Cicindela hybrida.* Lin. Fab. él. 1. p. 234.
> Oliv. col. 2. n.º 33. pl. 1. f. 7. Panz. fasc. 85. t. 4.
> *Buprestis.* Geoff. 1. p. 155. n.º 28.
> Habite en Europe. Commune près Paris.
> Etc. *Obs.* Dans le *cicindela megalocephala*, les palpes labiaux sont plus longs que les maxillaires extérieurs.

COLLIURE. (Colliuris.)

Antennes filiformes, de la longueur du corselet. Chaperon avancé, voûté, arrondi au sommet.

Corps allongé, étroit. Corselet long, plus étroit que les élytres, colliforme, atténué en devant. Pénultième article des tarses bilobé.

Antennæ filiformes, thoracis longitudine. Clypeus porrectus, fornicatus, apice rotundatus.

Corpus elongatum, angustum. Thorax longus, elytris angustior, colliformis, cylindricus, anticè attenuatus. Tarsi articulo penultimo bilobo.

Tome *IV.* 32

OBSERVATIONS.

Les *colliures* se distinguent aisément des cicindèles par leur corselet allongé en forme de cou et par leurs tarses. Ce sont des insectes exotiques, dont on ne connaît point les habitudes.

ESPÈCES.

1. Colliure longicolle. *Colliuris longicollis.*

> C. *cyanea; femoribus ferrugineis; elytris punctatis, apice emarginatis.*
> *Colliuris longicollis.* Latr. gen. 1. p. 174.
> *Cicindela longicollis.* Oliv. col. 2. n.º 33. pl. 2. f. 17.
> *Collyris longicollis.* Fab. él. 1. p. 226.
> Habite aux Indes orientales.

2. Colliure aptère. *Colliuris aptera.*

> C. *atra; femoribus ferrugineis, connatis, in medio rugosis.*
> *Collyris aptera.* Fab. él. 1. p. 226.
> Habite dans l'Inde.

3. Colliure connée. *Colliuris connata.*

> C. *aptera, atra, immaculata.*
> *Cicindela aptera.* Oliv. col. 2. n.º 33. pl. 1. f. 1.
> Habite aux Indes orientales.

———

ANTHIE. (Anthia.)

Antennes filiformes, plus courtes que le corps. Mandibules non dentées. Lèvre inférieure tout-à-fait cornée, entière, saillante en languette ovale.

Corps allongé; corselet presque en cœur, rétréci postérieurement. Abdomen ovale, convexe. Elytres aptères dans presque tous.

Antennæ filiformes, corpore breviores. Mandibulæ

*simplices. Labium penitùs corneum , integrum , in
ligulam ovalem productum.*

*Corpus oblongum ; thorax obcordatus , posticè at-
tenuatus. Abdomen ovale , convexum. Elytra sæpiùs
aptera.*

OBSERVATIONS.

Les *anthies* sont des carabiens exotiques , tous ou presque tous aptères , la plupart noirâtres et souvent parsemés
de quelques taches blanchâtres, pubescentes. Elles tiennent
de très-près aux graphiptères , dont elles diffèrent principalement parce que la languette de leur lèvre inférieure est
tout-à-fait cornée. Par cette languette, qui est entière et très-
avancée entre les palpes , elles diffèrent de la plupart des
autres carabiens. Leurs jambes antérieures sont échancrées
au côté interne.

ESPECES.

1. Anthie à six taches. *Anthia sexguttata.*

> *A. nigra ; thorace bimaculato ; elytris lœvibus : maculis
> duabus villoso-albidis.*
>
> *Carabus sexguttatus.* Oliv. col. 3. n.o 35. pl. i. f. 6.
> *Anthia sexguttata* Fab. él. 1. p. 221.
> Latr. gen. 1. p. 185.
> Habite aux Indes orientales. Grand et bel insecte.

2. Anthie à dix taches. *Anthia decemguttata.*

> *A. atra ; elytris novem-sulcatis punctisque decem albis.*
> *Carabus decemguttatus.* Lin.
> Oliv. col. 3. n.o 35. pl. 2. f. 15. *a* , et pl. 9. f. 15. *c.*
> *Anthia decemguttata.* Fab. él. 1. p. 221.
> Habite au Cap de Bonne-Espérance.

3. Anthie maxillaire. *Anthia maxillosa.*

> *A. atra ; mandibulis exsertis , longitudine capitis ; thorace
> posticè producto bilobo.*
> *Anthia maxillosa.* Fab. él. 1. p. 220.
> *Carabus maxillosus.* Oliv. col. 3. n.o 35. pl. i. f. 10. et pl. 8.
> f. 90.

Habite au Cap de Bonne-Espérance. Grand insecte tout noir.
Etc. Ajoutez *a. thoracica, a. venator, a. sulcata, a. nimrod,*
a. 4-guttata, a. tabida de Fabricius et d'Oliv.

GRAPHIPTÈRE. (Graphipterus.)

Antennes filiformes , plus longues que le corselet.
Mandibules simples. Lèvre inférieure entière , à languette saillante , presque carrée , membraneuse sur les
côtés.

Corps oblong ; corselet presque en cœur. Abdomen
presque orbiculaire , aplati.

Antennæ filiformes , thorace longiores. Mandibulæ
simplices. Labium integrum , subquadratum , produc-
tum , medio coriaceum : lateribus membranaceis.

Corpus oblongum. Thorax obcordatus. Abdomen
suborbiculare , depressum.

OBSERVATIONS.

Les *graphiptères* sont très-voisins des anthies par leurs
rapports , et tous, ou presque tous , sont pareillement aptères. Mais, outre que ces insectes sont plus petits, plus
aplatis et moins allongés que les anthies , la languette de
leur lèvre inférieure n'est cornée ou coriace que dans sa partie moyenne.

ESPECES.

1. Graphiptère moucheté. *Graphipterus multiguttatus.*
    G. ater, apterus ; elytris planis : margine sinuato punctis-
      que disci albis.
    Graphipterus multiguttatus. Latr. gen. 1. p. 186.
    Carabus multiguttatus. Oliv. col. 3. n.º 35. pl. 6. f. 66.
    Anthia variegata. Fab. él. 1. p. 223. Var ?
    Habite en Egypte.

2. Graphiptère triliné. *Graphipterus trilineatus.*

G. *ater , apterus ; thoracis marginibus albis ; elytris albidis : suturá lineáque nigris.*

Carabus trilineatus. Oliv. col. 3. n.º 35. pl. 9. f. 101.

Graphipterus trilineatus. Latr. gen. 1. p. 187.

Anthia trilineata. Fab. él. 1. p 223.

Habite au Cap de Bonne-Espérance.

Etc. Ajoutez *a. exclamationis* de Fab., et *a. obsoleta* du même.
(*carabus obsoletus.* Oliv. pl. 5. f. 60).

BRACHINE. (Brachinus.)

Antennes filiformes , plus longues que le corselet.
Lèvre inférieure entière , avancée, presque carrée : les
deux angles de son sommet un peu en pointe.

Corps oblong ; corselet presque en cœur. Abdomen
épais, ovoïde ou en carré long. Des glandes à l'anus,
lançant une vapeur détonnante et caustique lorsqu'on
touche l'animal.

*Antennæ filiformes , thorace longiores. Labium
integrum, productum , subquadratum : angulis apicis
subacutis.*

*Corpus oblongum ; thorax subcordatus. Abdomen
crassum , obovatum aut elongato quadratum. Glan-
dulæ ad anum , tactu crepitantes , vaporem urentem
emittentes.*

OBSERVATIONS.

Les *brachines* , ainsi que les lébies , ont la languette de
la lèvre inférieure entière et avancée entre les palpes labiaux, comme dans les graphiptères. Cette languette est un
peu anguleuse au sommet dans les brachines , et elle est à
sommet plus arrondi dans les lébies. Au reste , les brachines sont très-singulières par la faculté qu'elles ont de lan-

cer une vapeur détonnante lorsqu'on les touche ou qu'elles se trouvent dans quelque danger ; faculté que les lébies ne possèdent point.

ESPECES.

1. Brachine pétard. *Brachinus crepitans.*

 B. capite, thorace pedibusque ferrugineis ; elytris nigris.

 Carabus crepitans. Lin. Bupreste. Geoff. 1. p. 151. n.° 19.

 Brachinus crepitans. Fab. él. 1. p. 221.

 Panz. fasc. 30. t. 5.

 Habite en Europe ; se trouve aux environs de Paris.

2. Brachine pistolet. *Brachinus scolpeta.*

 B. ferrugineus ; elytris cyaneis : suturâ baseos ferrugineâ.

 Brachinus scolpeta. Fab. él. 1. p. 220.

 Latr. hist. nat., etc. 8. p. 244. pl. 72. f. 4. et gen. 1. p. 188.

 Habite aux environs de Paris, sous les pierres.

3. Brachine bimaculée. *Brachinus bimaculatus.*

 B. niger ; capite elytrorumque puncto baseos, fasciâque mediâ ferrugineis.

 Brachinus bimaculatus. Fab. él. 1. p. 217.

 Carabus bimaculatus. Lin.

 Oliv. col. 3. n.° 35. pl. 2. f. 16. *a. b. c.*

 Habite aux Indes orientales.

 Etc.

LÉBIE. (Lebia.)

Antennes filiformes , plus longues que le corselet. Palpes filiformes , ayant souvent le dernier article plus grand. Languette sans angles au bout.

Corps ovale-oblong , très-aplati. Corselet un peu en cœur. Pénultième article des tarses bifide dans la plupart.

Antennæ filiformes , thorace longiores. Palpi fili-

formes : articulo ultimo sæpiùs crassiore. Ligula labii margine supero integro, recto aut rotundato.

Corpus ovato-oblongum, valdè depressum. Thorax subcordatus. Tarsorum articulus penultimus bifidus in plurimis.

OBSERVATIONS.

Les *lébies* sont des carabiens de petite taille, qui ont, comme ceux des trois genres précédens, la lèvre inférieure entière, et une forme approchant de celle des brachines. Mais on les en distingue facilement, parce que leur corps est très-aplati, et qu'il ne fait point d'explosion vaporeuse. On les trouve sous les pierres, et sur les arbres, sous les écorces ou dans leurs fissures.

ESPECES.

1. Lébie tête bleue. *Lebia cyanocephala.*

> *L. alata ; thorace pedibusque ferrugineis ; capite elytrisque cyaneis.*
> *Carabus cyanocephalus.* Lin. Fab. él. 1. p. 200.
> Oliv. col. 3. n.º 35. pl. 3. f. 24. Panz. fasc. 75. t. 5.
> *Lebia cyano-cephala.* Latr. hist. nat., etc., 8. p. 247. pl. 72. f. 5.
> *Buprestis.* Geoff. 1. p. 149. n.º 16.
> Habite en Europe, sous l'écorce des arbres.

2. Lébie petite-croix. *Lebia crux-minor.*

> *L. alata ; thorace orbiculato rufo ; elytris truncatis rufis : cruce nigrâ.*
> *Carabus crux-minor.* Lin. Fab. él. 1. p. 202.
> Oliv. col. 3. n.º 35. pl. 4. f. 41. Panz. fasc. 16. t. 2.
> *Lebia crux-minor.* Lat. gén. 1. p. 192.
> *Buprestis.* Geoff. 1. p. 150. n.º 18.
> Habite en Europe. Commune près Paris.
> Etc.

ZUPHIE. (*Zuphium.*)

Antennes filiformes, à articles un peu longs. Palpes terminés par un article plus grand. Lèvre inférieure sub-trilobée.

Corps oblong. Tête rétrécie postérieurement en forme de cou. Corselet presque en cœur.

Antennæ filiformes ; articulis longiusculis. Palpi articulo majore terminati. Labium subtrilobum : marginis superi lateribus auriculatis.

Corpus oblongum. Caput in collum posticè angustatum. Thorax subcordatus.

OBSERVATIONS.

Les *zuphies*, auxquelles je réunis les galérites de M. Latreille, ont une espèce de cou, et sont distinguées des genres précédens parce que leur lèvre inférieure n'est plus simple et entière. Dans les zuphies de M. Latreille, tous les articles des tarses sont entiers ; mais le pénultième article est bilobé dans ses galérites.

ESPECES.

1. Zuphie odorante. *Zuphium olens.*

> *Z. alatum ; thorace rufo ; elytris fuscis : maculis tribus rufis.*
> *Carabus olens.* Ross. fn. etr. tab. 5. f. 2.
> *Galerita olens.* Fab. él. 1. p. 215.
> Oliv. col. 3. n.o 35. pl. 11. f. 126. *Carabus.*
> *Zuphium olens.* Latr. gen. 1. p. 198.
> Habite l'Italie, le midi de la France.

2. Zuphie fasciolée. *Zuphium fasciolatum.* Latr.

> *Z. nigrum ; elytrorum vittá abbreviatá, abdomine pedibusque ferrugineis.*
> *Carabus fasciolatus.* Ross. fn. etr. 1. t. 2. f. 8.

Oliv. col. 3. n.º 35. pl. 13. f. 155. a. b.
Galérita fasciolata. Fab. él. 1. p. 216.
Habite en Italie, et au midi de la France.

3. Zuphie américaine. *Zuphium americanum.*

Z. nigrum; thorace ferrugineo; elytris cyaneis.
Galerita americana. Fab. él. 1. p. 214.
Latr. gen. 1. p. 197.
Carabus. Oliv. col. 3. n.º 35. pl. 6. f. 72.
Habite l'Amérique septentrionale.

DRYPTE. (Drypta.)

Antennes filiformes. Palpes, soit filiformes, soit terminés par un article plus grand. Languette de la lèvre biauriculée au bout.

Corps allongé. Corselet subcylindrique, allongé en forme de cou. Abdomen large, en carré long, tronqué au bout.

Antennæ filiformes. Palpi vel filiformes, vel articulo majore terminati. Labii ligula apice biauriculata.

Corpus oblongum. Thorax subcylindricus, angustus, in collum elongatus. Abdomen latiusculum, elongato-quadratum, apice subtruncatum.

OBSERVATIONS.

Sous cette coupe, je réunis des carabiens remarquables par leur corselet allongé, subcylindrique, colliforme, et qui ont la languette biauriculée à son sommet. On les a distingués en plusieurs petits genres, savoir : les *dryptes* de M. Latreille, qui ont les mandibules avancées, très-étroites, la languette linéaire, et les palpes terminés par un

article plus grand ; les *odacanthes* et les *agres* de Fabricius , qui ont les palpes filiformes , la tête rétrécie postérieurement, etc. Qu'on les réunisse ou qu'on les divise ,
ces carabiens doivent toujours s'avoisiner.

ESPECES.

r. Drypte échancrée. *Drypta emarginata.*

    *D. cærulea; ore antennis pedibusque rufis; elytris apice
    emarginatis.*

    Drypta emarginata. Latr. gen. 1. p. 197. tab. 7. f. 3.

    Fab. él. 1. p. 23o.

    Cicindela. Oliv. col. 2. n.º 33. pl. 3. f. 38. *a. b.*

    Habite en France, en Italie.

2. Drypte mélanure. *Drypta melanura.*

    D. thorace cyaneo; elytris testaceis, apice nigris.

    Odacantha melanura. Fab. él. 1 p. 228.

    Latr. hist. nat., etc., 8. p. 255. pl. 72. f. 6. et gen. 1.
      p. 194.

    Attelabus melanurus. Lin.

    Carabus angustatus. Oliv. col. 3. n.º 35. pl. 1. f. 7. *a. b.*

    Habite en Europe.

3. Drypte cayennoise. *Drypta cayennensis.*

    D. ænea, rugosa, alata ; thorace lineari punctato.

    Carabus cayennensis. Oliv. col. 3. n.º 35. pl. 12. f. 133.

    Agra ænea. Fab. él. 1. p. 224.

    Agra cayennensis. Latr. gen. 1. p. 195.

    Habite l'Amérique méridionale.

    Etc.

SIAGONE. (Siagona.)

Antennes presque sétacées , de la longueur du corselet. Mandibules pointues , dentées. Palpes extérieurs terminés par un article plus grand : sécuriformé dans les
labiaux. Lèvre inférieure entière, continue avec le menton , sans articulation distincte.

Corps oblong, aplati. Corselet séparé de l'abdomen par un étranglement. Abdomen ovale.

Antennæ subsetaceæ, thoracis longitudine. Mandibulæ acutæ, dentatæ. Palpi exteriores articulo majore terminati ; in labialibus securiformi. Labium integrum, cum mento continuum, absque articulatione distinctá.

Corpus oblongum, depressum. Thorax ab abdomine strangulatione remotus. Abdomen ovale.

OBSERVATIONS.

Ce qui distingue particulièrement les *siagones*, c'est que, dans ces carabiens, la lèvre inférieure n'a point d'articulation à sa base, et semble n'être qu'une continuité du menton. Ici l'abdomen n'est plus tronqué à son extrémité, comme dans les six genres précédens. Les siagones sont des carabiens exotiques, propres aux pays chauds.

ESPÈCES.

1. Siagone rufipède. *Siagona rufipes.*

> *S. brunneo-nigra, punctata; thorace subsulcato; antennis pedibusque rufis.* Lat.
> *Siagona rufipes.* Latr. gen. 1. p. 209. tab. 7. f. 9.
> *Cucujus rufipes.* Fab. él. 2. p. 93.
> Habite la côte de la Barbarie.

2. Siagone aplatie. *Siagona depressa.*

> *S. alata, punctata, nigra; thorace sulcato.*
> *Galerita depressa.* Fab. él. 1. p. 215.
> Habite dans l'Inde.
> Etc. Ajoutez *Galerita plana*, *Flesus*, et *Bufo* de Fabricius. Lat.

SCARITE. (Scarites.)

Antennes submoniliformes, à peine de la longueur du corselet. Labre corné, denté. Mandibules très-grandes, avancées ; le plus souvent dentées au côté interne. Lèvre inférieure courte, large, évasée au bord supérieur ; à oreillettes nulles.

Corps allongé, un peu aplati. Corselet séparé de l'abdomen par un étranglement. Jambes antérieures dentées, subdigitées ou palmées.

Antennæ submoniliformes, thoracis vix longitudine. Labrum corneum, dentatum. Mandibulæ maximæ, porrectæ, latere interno sœpiùs dentatæ. Labium breve, latum ; margine supero dilatato obsoletè emarginato : auriculis nullis.

Corpus elongatum, depressiusculum. Thorax ab abdomine postice intervallo disjunctus. Pedes antici tibüs extùs dentatis, subdigitatis aut palmatis.

OBSERVATIONS.

Les *scarites*, que Linné a confondues avec les ténébrions, sont des carabiens singuliers par leurs grandes mandibules, leur corselet large, en croissant, séparé des élytres par un écartement remarquable. Ces insectes ont des couleurs sombres, noirâtres, sont carnassiers, courent avec célérité, vivent dans les terrains sablonneux, s'y creusent des retraites, et la plupart ont les élytres connées, et sont aptères.

ESPECES.

1. Scarite géante. *Scarites gigas.*

S. ater ; pedibus anticis palmato digitalis ; mandibulis sulcatis ; thorace postice dentato. F.

Scarites gigas. Fab. él. 1. p. 123.

Oliv. col. 3. n.º 36. pl. 1. f. 1. *a. b. c.*

Habite en Afrique, et au midi de la France.

2. Scarite des sables. *Scarites sabulosus.*

S. niger, nitidus; thorace lunato, posticè utrinque subuni-dentato; elytris obsoletè striatis.

Scarites sabulosus, Oliv. col. 3. n.º 36. pl. 1. f. 8.

Latr. gen. 1. p. 210.

Scarites lœvigatus. Fab. él. 1. p. 124.

Panz. fasc. 66. t. 1.

Habite le midi de la France, l'Italie, l'Espagne.

3. Scarite indienne. *Scarites indus.*

S. ater; thorace cordato canaliculato; elytris striatis.
Oliv.

Scarites indus. Oliv col 3. n.º 36. pl. 1. f. 2.

Habite au Bengale. *Massé.*

Etc.

CLIVINE. (Clivina.)

Antennes submoniliformes, à peine de la longueur du corselet. Labre sans dents. Mandibules simples, plus courtes que la tête. Lèvre inférieure saillante, ayant deux oreillettes à son sommet.

Corps oblong; corselet orbiculaire ou carré, séparé des élytres par un espace. Jambes antérieures, soit dentées, soit terminées par deux longues épines.

Antennœ submoniliformes, thoracis vix longitu-dine. Labrum indivisum. Mandibulœ capite breviores; dentibus internis nullis conspicuis. Labium exsertum, marginis superi utróque latere auriculato.

Corpus oblongum; thorax orbicularis aut subqua-dratus, ab elytris intervallo remotus. Pedes antici tibiis vel extùs dentatis, vel spinis longis duabus ter-minatis.

OBSERVATIONS.

Les *clivines* ressemblent aux scarites par leur aspect ou leur forme extérieure ; mais elles en diffèrent par les caractères des parties de leur bouche. Ces insectes se plaisent plus dans les lieux humides que dans ceux qui sont secs et arides.

ESPECES.

1. Clivine arénaire. *Clivina arenaria.*

> *C. nigricans vel brunnea ; thorace subquadrato ; frontis medio impresso ; elytrorum striis punctatis.* Latr.
> *Tenebrio fossor.* Lin.
> *Scarites arenarius.* Fab. él. 1. p. 125.
> Oliv. col. 3. n.º 36. pl. 1. f. 6. *a. b.*
> *Clivina arenaria.* Latr. gen. 1. p. 211.
> Habite en Europe, dans les lieux sablonneux et humides.

2. Clivine thoracique. *Clivina thoracica.*

> *C. nigro-œnea ; thorace subgloboso ; elytris punctato-striatis.*
> *Scarites thoracicus.* Ross. Fab. él. 1. p. 125.
> Oliv. col. 3. n.º 36. pl. 2. f. 14.
> Panz. fasc. 83. t. 2.
> Habite en Europe, aux lieux humides et sablonneux.
> Etc.

MORION. (Morio.)

Antennes moniliformes, un peu plus longues que le corselet. Mandibules pointues. Palpes filiformes, à dernier article obtus ou tronqué. Languette de la lèvre en carré long, biauriculée au sommet.

Corps allongé. Corselet carré ou presque en cœur.

Antennæ moniliformes, thorace paulò longiores. Mandibulæ acutæ. Palpi filiformes ; articulo ultimo

truncato. Labii ligula elongato-quadrata , apice biau-
riculata.

Corpus elongatum. Thorax quadratus vel obcor-
datus.

OBSERVATIONS.

Les *morions* sont des carabiens exotiques qui ont des rapports avec les scarites et les clivines, par leurs antennes
grenues, et qui, par ce caractère des antennes, se distinguent des harpales. Dans le morion de M. Latreille, les antennes sont grenues et de même grosseur partout ; dans
l'ozène d'Olivier, les antennes, pareillement grenues, ont
le dernier article plus gros.

ESPECES.

1. **Morion monilicorne.** *Morio monilicornis.*

> *M. planus , aterrimus , nitidus ; thorace utrinque ad angu-*
> *los posticos impresso ; elytris striatis.*
> *Harpalus monilicornis.* Lat. gen. 1. p. 206.
> Habite l'île de Porto-Rico. *Maugé.*

2. **Morion dentipède.** *Morio dentipes.*

> *M. niger , nitidus ; elytris striatis ; tibiis anticis denticulo*
> *instructis.*
> *Ozæna dentipes.* Oliv. Encycl. *
> Habite à Cayenne.

———

HARPALE. (Harpalus.)

Antennes filiformes , un peu plus longues que le corselet ; à articles subcylindriques. Mandibules pointues ,
sans dent notable au côté interne. Languette de la lèvre
en carré long , biauriculée au sommet.

Corps allongé ; corselet arrondi ou presque en cœur.
Jambes antérieures non dentées au côté externe.

Antennæ filiformes , thorace paulò longiores ; articulis subcylindricis. Mandibulæ acutæ , interno latere dente notabili nullo. Labii ligula elongato-quadrata, apice biauriculata.

Corpus elongatum ; thorax suborbiculatus , obcordatus aut subquadratus. Tibiæ anticæ extùs non dentatæ.

OBSERVATIONS.

Le genre *harpale* est très-nombreux en espèces, et embrasse quantité de carabiens que l'on distingue des carabes en ce qu'ils ont les jambes antérieures échancrées au côté interne. Leur tête n'a point de cou distinct; leurs palpes sont filiformes, sans être subulées au bout. Leurs élytres ne sont point tronquées à leur extrémité. Ces insectes ont, en général, des couleurs sombres , brunes ou noirâtres ; plusieurs néanmoins sont bronzées ou cuivreuses. Je n'en distingue point les aristes , les féronies et bien d'autres genres que l'on a établis avec ces insectes.

ESPECES.

1. Harpale leucophthalme. *Harpalus leucophthalmus.*

 H. alatus, depressus, ater; elytris substriatis.
 Carabus leucophthalmus. Lin.
 Harpalus leucophthalmus. Lat. gen. 1. p. 201.
 Carabus planus. Fab. él. 1. p. 179. Panz. fasc. 11. t. 4.
 Carabus spinifer. Oliv. col. 3. n.º 35. pl. 5. f. 58 , et pl. 12.
  f. 58. *b.*
 Habite en France , en Allemagne , sous les pierres.

2. Harpale ruficorne. *Harpalus ruficornis.*

 H. ater, alatus; elytris sulcatis subtomentosis; antennis
  pedibusque rufis.
 Carabus ruficornis. Fab. él. 1. p. 180. Panz. fasc. 30. t. 2.
  Oliv. col. 3. n.º 35. pl. 8. f. 9.

Harpalus ruficornis. Lat. gen. 1. p. 203.
Habite en Europe. Commun près de Paris.
Etc.

LICINE. (Licinus.)

Antennes filiformes, à articles cylindriques. Labre très-court. Mandibules tronquées ou très-obtuses. Palpes à dernier article, soit plus gros, soit en forme de hache.

Corps oblong, aplati. Corselet large, arrondi ou presque carré.

Antennæ filiformes ; articulis cylindricis. Labrum brevissimum. Mandibulæ apice truncatæ vel retusæ. Palporum articulus ultimus major, vel securiformis.

Corpus oblongum, depressum. Thorax latiusculus, rotundatus aut subquadratus.

OBSERVATIONS.

Les *licines*, dont je ne sépare point les badistes, se distinguent facilement par leurs mandibules très-obtuses et comme tronquées à leur sommet. Ce sont des insectes aplatis, noirâtres, ayant les jambes antérieures échancrées comme dans les précédens. La languette de leur lèvre inférieure est biauriculée à son sommet.

ESPÈCES.

1. Licine échancrée. *Licinus emarginatus.*

   L. ater, apterus ; thorace orbiculato ; elytris lœvibus.
   Carabus cassidius. Fab. él. 1. p. 190.
   Carabus emarginatus. Oliv. col. 3. n.º 35. pl. 13. f. 150.
   Carabus depressus. Panz. fasc. 31. t. 8.
   Licinus emarginatus. Lat. gen. 1. p. 199.
   Habite en Allemagne, et se trouve plus rarement près de Paris.

2. Licine silphoïde. *Licinus silphoides.* Latr.

> *L. ater, depressus, apterus ; thorace orbiculato ; elytris*
> *striatis punctisque impressis majoribus.*
> *Carabus silphoides.* Fab. él. 1. p. 190.
> Panz. fasc. 92. t. 2.
> Habite l'Italie, le midi de la France.

3. Licine bipustulée. *Licinus bipustulatus.*

> *L. alatus, niger ; thorace elytrisque rufis ; elytrorum ma-*
> *culâ posticâ, lunatâ, nigrâ.*
> *Carabus bipustulatus.* Fab. él 1. p. 203.
> Oliv. col. 3. n.º 35. pl. 8. f. 96. *a. b.* Panz. fasc. 16. t. 3.
> Habite en Europe. (Badiste, Latr.)

PANAGÉE. (Panagæus.)

Antennes filiformes, plus courtes que le corps. Mandibules petites, simples. Palpes extérieurs terminés par un article presque sécuriforme. Languette de la lèvre inférieure très-courte.

Corps ovale-oblong ; tête petite, portée sur un cou distinct. Corselet orbiculaire. Abdomen grand.

Antennæ filiformes, corpore breviores. Mandibulæ parvæ, simplices. Palpi exteriores articulo subsecuriformi terminati. Labii ligula brevissima.

Corpus ovato - oblongum ; caput parvum, collo distincto elevatum. Thorax orbicularis. Abdomen magnum.

OBSERVATIONS.

Les *panagées*, comme les loricères qui viennent ensuite, ayant un cou distinct, et les jambes antérieures échancrées, ont autorisé à les séparer des carabes. *Olivier* dit que ces insectes se tiennent dans les lieux humides [Encyclopédie]. Sous ce rapport, ils se rapprocheraient encore des loricères et des élaphres.

ESPECES.

1. **Panagée grande-croix.** *Panagœus crux major.*

> *P. niger ; elytris striatis, punctatis ; maculis quatuor ru-*
> *fis ; thorace orbiculato scabro.*
>
> *Carabus crux major.* Lin. Fab. él. 1. p. 202.
>
> Panz. fasc. 16. t. 1. Oliv. col. 3. n.º 35. pl. 8. f. 95. *a. b.*
>
> *Panagœus crux major.* Lat. gen. 1. p. 220. Oliv. Encycl.
> n.º 5.
>
> Habite en Europe.

2. **Panagée recourbée.** *Panagœus reflexus.*

> *P. ater ; elytris sulcatis : maculis duabus flavis ; thoracis*
> *margine reflexo.*
>
> *Carabus reflexus.* Fab. ent. *Cychrus reflexus* ejusd. él. 1.
> p. 166.
>
> Oliv. col. 3. n.º 35. pl. 7. f. 77.
>
> Habite dans l'Inde, à la côte de Coromandel.
>
> Etc.

LORICÈRE. (Loricera.)

Antennes filiformes, à peine de la longueur du corselet, hispides ; à articles inégaux. Mandibules courtes.

Corps oblong. Tête portée par un cou distinct. Corselet suborbiculé. Jambes antérieures fortement échancrées au côté interne.

Antennœ filiformes, thoracis vix longitudine,
hispidœ ; articulis inœqualibus. Mandibulœ breves.

Corpus oblongum. Caput collo distincto elevatum.
Thorax suborbiculatus. Tibiœ anticœ ad latus inter-
num valdè emarginatœ.

OBSERVATIONS.

Là *loricère* est un carabien remarquable par ses antennes, par l'espèce de cou en forme de nœud qui soutient sa

tête, et par la forte échancrure de ses jambes antérieures.
Elle se plaît au bord des eaux.

ESPECE.

1. Loricère bronzée. *Loricera œnea.*

    Carabus pilicornis. Fab. él. 1. p. 193. Panz. fasc. 11. t. 10.
    Oliv. col. 3. n.º 35. pl. 11. f. 119.
    Bupreste. Geoff. 1. p. 147. n.º 10.
    Loricera œnea. Lat. gen. 1. p. 224. tab. 7. f. 5.
    Habite en France, en Allemagne, sur les bords des mares.

CYCHRE. (Cychrus.)

Antennes filiformes, à peine plus longues que le corselet. Labre profondément échancré. Mandibules étroites, fort longues, bidentées sous leur sommet. Dernier article des palpes extérieurs dilaté en forme de cuiller. Lèvre inférieure courte.

Tête plus étroite que le corselet. Abdomen ovale. Elytres connées, embrassant l'abdomen sur les côtés.

Antennœ filiformes, thorace vix longiores. Labrum profundè emarginatum. Mandibulœ angustœ, prœlongœ, sub-apice bidentatœ. Palporum exteriorum articulo ultimo dilatato cochleariformi. Labium breve.

Caput thorace angustius. Abdomen ovale. Elytra connata, lateribus abdomen involventia.

OBSERVATIONS.

Les *cychres* tiennent de très-près aux carabes; mais ils s'en distinguent par leurs mandibules qui sont étroites, fort longues et bidentées sous leur extrémité ; par le dernier article de leurs palpes en cuilleron ; et par leur tête étroite.

ESPECES.

1. **Cychre muselier.** *Cychrus rostratus.*

> *C. niger; elytris argutè punctato-rugosis.* Lat.
> *Tenebrio rostratus.* Lin., *Cychrus rostratus.* Fab. él. 1.
> p. 165.
> *Cychrus rostratus.* Latr. gen. 1. p. 212. Panz. fasc. 74. t. 6.
> *Carabus rostratus.* Oliv. 3. n.º 35. pl. 4. f. 37.
> Habite en Europe, dans les bois, sous les pierres.

2. **Cychre rétréci.** *Cychrus attenuatus.*

> *C. niger; elytris subcupreis : punctis elevatis triplici se-*
> *rie; capite angustissimo.* P.
> *Cychrus attenuatus.* Fab. él. 1. p. 166. Panz. fasc. 2. t. 3.
> *Carabus proboscideus.* Oliv. 3. n.º 35. pl. 11. f. 128.
> Habite en France, en Allemagne.
> Etc. Ajoutez *C. elevatus*, *C. unicolor* de Fabricius.

CARABE. (Carabus.)

Antennes filiformes, un peu plus longues que le corselet. Mandibules grandes, fortes, entières dans leur
moitié supérieure. Mâchoires arquées, soit insensiblement, soit brusquement. Lèvre inférieure courte.

Corps allongé-ovale. Tête un peu large. Corselet suborbiculaire ou presque carré. Abdomen grand, ovale.

Antennæ filiformes, thorace sæpiùs paulò longio-
res. Mandibulæ magnæ, validæ, parte dimidiâ su-
periore non dentatæ. Maxillæ sensìm aut abruptè ar-
cuatæ. Labium breve.

Corpus elongato - ovatum. Caput latiusculum. Tho-
rax suborbiculatus aut subquadratus. Abdomen ma-
gnum, ovale.

OBSERVATIONS.

Les *carabes*, auxquels je réunis les calosomes, sont faciles à distinguer de tous les carabiens précédens, 1.º parce qu'ils n'ont point d'échancrure au côté interne des deux jambes antérieures; 2.º parce que leur labre ou lèvre supérieure a deux ou trois lobes, ce qui les distingue des genres suivans; 3.º parce que leurs mandibules ne sont point bidentées sous leur extrémité, comme dans les cychres. Leurs palpes extérieurs ont le dernier article, soit à peine plus large que le précédent, soit un peu plus large et presqu'en hache. Leur lèvre inférieure est petite, munie de deux petites dents aux angles latéraux de son extrémité.

Ces insectes sont agiles, carnassiers, et ordinairement ornés de couleurs métalliques, brillantes. Lorsqu'on les prend, ils répandent par la bouche et par l'anus, une liqueur caustique, d'une odeur fétide. Ceux qu'on a nommés *calosomes*, grimpent sur les arbres pour y chercher des chenilles et d'autres insectes qui deviennent leur proie; les autres restent par terre. Ces derniers n'ont point d'ailes.

ESPECES.

[*Mâchoires brusquement courbées.* Calosomes.]

1. Carabe sycophante. *Carabus sycophanta.*
   C *alatus, violaceus, nitens; elytris striatis aureis.*
   Carabus sycophanta. Lin. Bupreste. n.º 5. Geoff. 1. p. 144.
   Oliv. col. 3. n.º 35. pl. 3. f. 31. Panz. fasc. 81. t. 7.
   Calosoma sycophanta. Fab. él. 1. p. 212.
   Latr. gen. 1. p. 213. et hist. nat. 8. p. 301. pl. 73. f. 8.
   Habite en Europe, dans les bois.

2. Carabe inquisiteur. *Carabus inquisitor.*
   C. *alatus; elytris viridi-æneis : punctis triplici ordine.*
   Carabus inquisitor. Lin. Bupreste. n.º 6. Geoff. 1. p. 145.

Oliv. col. 3. n.º 35. pl. 1. f. 3. Panz. fasc. 81. t. 8.

Calosoma inquisitor. Fab. *ibid.* Latr. gen. 1. p. 214.

Habite en Europe.

3. Carabe soyeux. *Carabus sericeus.*

C. alatus , ater ; thorace puncto baseos utrinque impresso ; elytris substriatis punctisque æneis triplici serie.

Calosoma sericeum. Fab. Lat. gen. 1. p. 214.

Carabus indagator. Oliv. col. 3. n.º 35. pl. 8. f. 88.

Habite en Europe, dans les bois.

Etc.

[*Mâchoires insensiblement arquées.* Carabes. Lat.]

4. Carabe chagriné. *Carabus coriaceus.*

C. apterus , ater, opacus ; elytris connatis : punctis eleva-tis concatenatis.

Carabus coriaceus. Lin. Fab. él. 1. p. 168.

Oliv. col. 3. n.º 35. pl. 1. f. 1. Panz. fasc. 81. f. 1.

Lat. gen. 1. p. 215. Bupreste. n.º 1. Geoff. p. 141.

Habite en Europe, sous les pierres.

5. Carabe doré. *Carabus auratus.*

C. apterus ; elytris auratis sulcatis ; antennis pedibusque rufis.

C. auratus. Lin. Fab. él. 1. p. 175. Panz. fasc. 81. t. 4.

Oliv. col. 3. n.º 35. pl. 5. f. 51 , et pl. 11. f. 51.

Bupreste. n.º 2. Geoff. 1. p. 142. pl. 2. f. 5.

Habite en Europe. Très-commun dans les jardins.

6. Carabe violet. *Carabus violaceus.*

C. apterus , niger ; thoracis elytrorumque marginibus vio-laceis ; elytris lævibus. F.

Carabus violaceus. Fab. él. 1. p. 170. Latr. gen. 1. p. 216.

Oliv. col. 3. n.º 35. pl. 4. f. 39. Panz. fasc. 4. t. 4.

Habite en Europe.

Etc.

——————

NÉBRIE. (Nebria.)

Antennes filiformes , à peine plus longues que le

corselet. Labre presque entier. Mâchoires barbues à leur base externe. Lèvre presque carrée, courte.

Corps allongé, aplati. Corselet en cœur, tronqué postérieurement.

Antennæ filiformes, thorace vix longiores, articulis cylindricis. Labrum subintegrum. Maxillæ ad basim externam barbatæ. Labium subquadratum, breve.

Corpus oblongum, depressum. Thorax brevis, cordatus, posticè truncatus.

OBSERVATIONS.

Sous le nom de *nébrie*, M. Latreille réunit des carabiens qui appartiennent à la division de ceux dont les jambes antérieures n'ont point de profonde échancrure à leur bord interne. Ils diffèrent des carabes et des calosomes en ce que leur labre n'est pas profondément échancré ou lobé, et en ce que leurs mâchoires sont barbues ou ciliées à leur base externe. Ce genre est médiocrement remarquable.

ESPECES.

1. Nébrie arénaire. *Nebria arenaria.*

> *N. pallido-flavescens; elytris dilutioribus, striatis : fasciis duabus maculosis, transversis, nigris.* Lat.
> *Carabus complanatus.* Lin. *Carabus arenarius.* Fab. él. 1. p. 179.
> Oliv. col. 3. n.º 35. pl. 5. f. 54. *a. b. c.*
> *Nebria arenaria.* Lat. hist. nat., etc., 8. p. 275. pl. 73. f. 3.
> Habite les lieux maritimes et sablonneux de la France, l'Angleterre, etc.

2. Nébrie brévicolle. *Nebria brevicollis.*

> *N. nigra, nitida; antennis palpis tibiis tarsisque brunneis.* Lat.

Carabus brevicollis. Fab. él. 1. p. 191.

Panz. fasc. 11. t. 8. et *carabus-depressus* ejusd. fasc. 31. t. 8.

Nebria brevicollis. Latr. gen. 1. p. 222.

Habite en Europe, sous les pierres et sous l'écorce des arbres. Etc.

POGONOPHORE. (Pogonophorus.)

Antennes filiformes, un peu plus longues que le corselet. Labre presque entier. Mandibules très-dilatées à leur base. Palpes maxillaires plus longs que la tête. Mâchoires barbues, pectinées, subépineuses. Languette de la lèvre allongée, triépineuse à son sommet.

Corps oblong, déprimé.

Antennæ filiformes, thorace paulò longiores. Labrum subintegrum. Mandibulæ basi valdè dilatatæ. Palpi maxillares capite longiores. Maxillæ barbatæ, pectinato-spinulosæ. Labii ligula elongata; apice trispinoso.

Corpus oblongum, depressum.

OBSERVATIONS.

Les *pogonophores* ne diffèrent presque point des nébries par leur port; mais comme la languette de leur lèvre inférieure est étroite, allongée, et triépineuse à son sommet, que d'ailleurs ils ont les mâchoires comme pectinées et épineuses à leur côté extérieur, on peut les distinguer.

ESPÈCES.

1. **Pogonophore bleu.** *Pogonophorus cœruleus.*

P. suprà cyaneus; antennis, ore, tibiis tarsisque rufo-brunneis. Lat.

Carabus spinilabris. Fab. él. 1. p. 181.

Oliv. col 3. n.º 35. pl. 3. f. 22. *a. b. c.*

Panz. fasc. 3o. t. 6. *ejusd. manticora*, fasc. 89. t. 2.

Pogonophorus cœruleus. Latr. gen. 1. p. 223. t. 7. f. 4.

Habite en Europe, sous l'écorce des arbres.

2. **Pogonophore roussâtre.** *Pogonophorus rufescens.* Latr.

P. rufescens ; vertice anoque nigris. Lat.

Carabus rufescens. Fab. él. 1. p. 205.

Oliv. col. 3. n.º 35. pl. 12. f. 146.

(B) var. *Carabus spinilabris.* Fab. él. 1. p. 204.

Panz. fasc. 39. t. 11.

Habite en France, en Allemagne.

OMOPHRON. (Omophron.)

Antennes filiformes, un peu plus longues que le corselet. Labre presque entier, transverse un peu cilié. Mandibules simples. Palpes labiaux rapprochés à leur base. Lèvre inférieure courte.

Corps elliptique ou en ovale court, un peu convexe. Corselet court, transverse. Tête postérieurement enfoncée dans le corselet.

Antennæ filiformes, thorace paulò longiores. Labrum subintegrum, transversum, subciliatum. Mandibulæ simplices. Palpi labiales, ad basim approximati. Labium breve.

Corpus ellipticum seu abbreviato-ovatum, convexiusculum. Thorax brevis, transversus. Caput posticè thorace intrusum.

OBSERVATIONS.

Les *omophrons*, que M. Latreille range avec les carabiens barbus, près de ses pogonophores et de ses nébries, en sont distingués par leur port ou leur forme externe. Ils sont moins aplatis, et ont leur corps en ovale court, presque hémisphérique. Ces insectes se plaisent dans le voisinage des eaux, sous les pierres ou dans le sable.

ESPÈCE.

1. Omophron bordé. *Omophron limbatum.*

> *O. suprà ferrugineum; thorace maculâ, elytris fasciis undatis viridi-æneis.*
>
> *Scolytus limbatus.* Fab. él. 1. p. 247. Panz. fasc. 2. t. 9.
> *Carabus limbatus.* Oliv. col. 3. n.º 35. pl. 4. f. 43. *a. b.*
> *Omophron limbatum.* Lat. gen. 1. p. 225. tab. 7. f. 7.
> Habite en Europe, près des eaux.
> Etc. Voyez Olivier, Encycl. pour trois autres espèces.

ÉLAPHRE. (Elaphrus.)

Antennes filiformes, de la longueur du corselet : à articles courts, en cône renversé. Labre arrondi en avant. Mandibules simples, arquées. Palpes filiformes, à dernier article cylindrique. Lèvre inférieure acuminée au milieu avec une oreillette de chaque côté.

Corps oblong. Tête et corselet plus étroits que les élytres. Les yeux globuleux, saillans sur les côtés.

Antennæ filiformes, thoracis longitudine : articulis brevibus, inverso-conicis. Labrum anticè rotundatum seu semi-circulare. Mandibulæ simplices, arcuatæ. Palpi filiformes : articulo ultimo cylindrico. Labium medio acuminatum; lateribus rotundatis, auriculatis.

Corpus oblongum. Caput thoraxque elytris angustiores. Oculi globosi, ad latera prominuli.

OBSERVATIONS.

Les *élaphres* ressemblent aux cicindèles par leur forme extérieure ; mais ils en sont très-distingués par les caractères des parties de leur bouche, et parce qu'ils ne se tiennent que dans les lieux humides, le voisinage des eaux. En effet, leurs mandibules très-simples et leurs mâchoires n'ayant point d'onglet qui s'articule à leur sommet, ne permettent point de les confondre avec les cicindèles. Ces insectes ont ordinairement une couleur bronzée, métallique, et sont très-agiles.

ESPECES.

1. **Elaphre des rivages.** *Elaphrus riparius.*

> *E. viridi-æneus ; elytris punctis latis excavatis.*
> *Cicindela riparia.* Lin.
> *Elaphrus riparius.* Fab. él. 1. p. 245.
> Oliv. col. 2. n.º 34. pl. 1. f. 4. *a. b.*
> Latr. gen. 1. p. 181. Panz. fasc. 20. t. 1.
> Habite en Europe, près des mares, des étangs.

2. **Elaphre uligineux.** *Elaphrus uliginosus.*

> *E. viridi-æneus ; elytris striatis : punctis impressis cœ-*
> *ruleis.*
> *Elaphrus uliginosus.* Fal. él. 1. p. 245.
> Oliv. col. 2. n.º 34. pl. 1 f. 1. *a. b. c. d. e.*
> *Elaphrus uliginosus.* Lat. gen. 1. p. 182.
> Habite en Europe, aux lieux humides.
> Etc. Ajoutez *elaphrus aquaticus*, et *elaph. semi-punctatus* de Fabricius ; *carabus multipunctatus* et *car. borealis* du même (él. 1. p. 182.) Lat.

BEMBIDION. (Bembidion.)

Antennes filiformes, de la longueur du corselet ; à

articles cylindriques. Mandibules simples. Palpes extérieurs terminés par un article subulé, pointu.

Corps oblong; tête grosse; corselet presque en cœur tronqué. Jambes antérieures échancrées au côté interne.

Antennæ filiformes, thoracis longitudine; articulis cylindricis. Mandibulæ simplices. Palpi exteriores articulo acuto vel subulato terminati.

Corpus oblongum, capite magno. Thorax obcordato-truncatus. Pedes antici tibiis latere interno emarginatis.

OBSERVATIONS.

Les *bembidions* ont le port et la manière de vivre, ou les habitudes des élaphres; mais leurs palpes extérieurs, soit labiaux, soit maxillaires, ont le dernier article pointu ou subulé. Cet article est plus court et moins renflé que le pénultième. Les jambes antérieures de ces insectes sont plus notablement échancrées au côté interne que dans les élaphres.

ESPÈCES.

1. Bembidion flavipède. *Bembidion flavipes.*

> *B. obscurè æneum; elytris subnebulosis; pedibus luteis.*
>
> Cicindela *flavipes.* Lin. *Elaphrus flavipes.* Fab. él. 1. p. 246. Panz. fasc. 20. t. 2. Oliv. col. 2. n.o 34. pl. 1. f. 2. *a. b.*
> *Bembidion flavipes.* Lat. gen. 1. p. 183.
> Habite en Europe, sur les rivages sablonneux.

2. Bembidion littoral. *Bembidion littorale.* Latr.

> *B. æneo-nigrum; elytris punctato-striatis : maculis duabus ferrugineis; pedibus rufis.*
>
> Cicindela *rupestris.* Lin. *Elaphrus rupestris.* Fab. él. 1. p. 246.

Carabe littoral. Oliv. col, 3. n.o 35. pl. 9. f. 103. et pl. 14.
f. 103.

Habite en France, en Allemagne, près des eaux.

Etc. Voyez, pour d'autres espèces, l'hist. nat., etc., de M. Latreille, vol. 8. p. 222.

CARABIENS NAGEURS.

*Les quatre pattes postérieures comprimées, ciliées et
propres à nager.*

Cette division des carabiens est fort petite compa-
rativement à la précédente, et n'embrasse que les races
qui vivent dans le sein des eaux, soit dans l'état de
larve, soit dans celui d'insecte parfait. Leur corps est
toujours ovale-elliptique, leur corselet plus large que
long, et leurs yeux sont peu saillans. Ils ont les pattes
postérieures aplaties en forme de lames. Comme les autres, ces carabiens sont carnassiers et très-voraces. On
les a presque tous réunis dans le genre *dytiscus*; mais,
depuis, les entomologistes en ont distingué plusieurs
comme genres particuliers. Je me bornerai à la citation
des trois genres suivans.

(a) Antennes de onze articles distincts. Le dernier article des palpes
non terminé en pointe.

(+) Dernier article des palpes labiaux obtus et sans échancrure
à son extrémité.

Dytique.

(++) Dernier article des palpes labiaux échancré et comme
fourchu à son extrémité.

Notère.

(b) Antennes de dix articles distincts. Le dernier article des palpes
terminé en pointe.

Haliple.

DYTIQUE. (Dytiscus.)

Antennes filiformes - sétacées, de la longueur du corselet. Mandibules un peu courtes, arquées, voûtées, échancrés et bidentées à leur sommet. Palpes extérieurs filiformes ; à dernier article cylindracé.

Corps elliptique, plus ou moins déprimé. Corselet transverse. Elytres dures, couvrant tout l'abdomen. Pattes postérieures natatoires, à tarse comprimé, cilié.

Antennæ filiformi-setaceæ, thoracis longitudine. Mandibulæ breviusculæ, arcuatæ, infrà apicem latere interno subexcavatæ, apice emarginatæ bidentatæ. Palpi exteriores filiformes, articulo ultimo cylindraceo.

Corpus ellipticum, plùs minùsve depressum. Thorax transversus. Elytra rigida, abdomen totum obtegentia. Pedes postici natatorii; tarso compresso, ciliato.

OBSERVATIONS.

Les *dytiques* constituent un genre très-naturel, fort nombreux en espèces, et qu'on aurait tort de mutiler ou démembrer, pour former, à ses dépens, de petites coupes, dites génériques, peu tranchées, difficilement reconnaissables. Ces insectes ressemblent tout-à-fait, par la forme de leur corps, c'est-à-dire, par celle de leurs élytres, de leur corselet et de leur tête, aux hydrophiles ; mais, quoiqu'ils y tiennent par plusieurs rapports, ils ne sont pas de la même famille. Ce sont, en effet, de véritables carabiens, ayant six palpes distincts et des antennes filiformes. Conjointement avec le notère et l'haliple, ces insectes terminent la famille des carabiens, et forment une transition aux *gyrins*, aux *hydrophiles* et autres coléoptères pentamères carnassiers, qui ont des antennes en massue, et qui n'ont que quatre palpes.

Le corps des dytiques présente une ellipse, soit raccourcie, soit oblongue, déprimée ou légèrement convexe, tant en dessus qu'en dessous, quelquefois assez fortement bombée sur le dos. Leur tête est un peu enfoncée dans le corselet. Leurs pattes postérieures, surtout les deux dernières, sont plus longues, et ont le tarse élargi, aplati, cilié, à articles peu distincts. Souvent, dans ces insectes, les élytres sont lisses dans les mâles et striées ou sillonnées dans les femelles.

Les *dytiques* vivent dans les eaux douces des rivières, des lacs, des étangs et des marais ; ils restent presque continuellement dans l'eau, venant de temps en temps respirer l'air à sa surface. Ils ont néanmoins la faculté d'aller sur la terre, et de voler. Ces insectes sont carnassiers, très-voraces, et dévorent tous ceux qu'ils peuvent attraper.

Les larves des dytiques ont le corps allongé, composé de onze ou douze anneaux, et sont munies de six pattes. Les derniers anneaux ont des rangées de poils sur les côtés, et l'abdomen se termine par deux panaches ou franges de poils qui imitent des branchies et qui ne sont que des trachées saillantes et capilliformes.

Ces particularités qui distinguent les dytiques du notère, sont-elles communes à plusieurs races? on ne le sait pas encore ; et, dans le cas où elles ne le seraient pas, le genre établi par M. Clairville ne ferait que séparer une espèce de son genre naturel.

ESPECES.

1. Dytique large. *Dytiscus latissimus.*

D. niger; elytrorum marginibus dilatatis : lineâ flavâ. Dytiscus latissimus. Lin. Fab. él. 1. p. 257.

Oliv. col. 2. n.º 40. pl. 2. f. 8. *a. b.*

Lat. gen. 1. p. 229. Panz. fasc. 14. t. 1. *mas.* et t. 2. *femina.*

Habite le nord de l'Europe, dans les eaux douces.

2. Dytique marginal. *Dytiscus marginalis.*

D. niger; thoracis marginibus omnibus elytrorumque exteriori flavis.

Dytiscus marginalis (mas) Lin. et *D. semistriatus* (femina) *ejusdem.*

Dytiscus marginalis. Fab. él. 1. p. 258. Latr. gen. 1. p. 230.

Panz. fasc. 14. t. 3. *mas,* et t. 4. *femina.*

Oliv. col. 2. n.º 40. pl. 1. f. 1. *a. b. c. d.* et f. 6. *a.*

Dytiscus. Geof. 1. p. 186. n.º 2. et p. 187. n.º 3. pl. 3. f. 2.

Habite en Europe, dans les eaux. Il est commun.

3. Dytique costal. *Dytiscus costalis.*

D. niger; capitis fasciá, thoracis margine, elytrorumque striá costali posticè hamato-ferrugineis.

Dytiscus-costalis. Oliv. col. 2. n.o 40. pl. 1. f. 7.

Dytiscus costalis. Fab. él. 1. p. 259.

Habite à Cayenne, à Surinam.

4. Dytique pointillé. *Dytiscus punctulatus.*

D. niger; clypeo thoracis elytrorumque margine albis; elytris striis tribus punctatis.

Dytiscus punctulatus. Fab. él. 1. p. 259. *Dytiscus* n.º 1. Geoff.

Oliv. col. 2. n.º 40. pl. 1. f. 6. *b.* et f. 1. *e.*

Habite en Europe.

5. Dytique de Rœsel. *Dytiscus Rœselii.*

D. virescens; clypeo thoracis elytrorumque margine exteriori flavis; elytris obsoletè striatis.

Dytiscus Roeselii. Fab. él. 1. p. 259.

Roes. ins. 2. aquat. 1. tab. 2. f. 1—5.

Habite en Allemagne et aux environs de Paris.

Etc.

NOTÈRE. (Noterus.)

Antennes un peu courtes, fusiformes-subulées, plus épaisses vers leur partie moyenne. Palpes labiaux à dernier article échancré et comme fourchu.

Port des dytiques. Corps elliptique , convexe. Point d'écusson.

Antennæ breviusculæ , fusiformi-subulatæ , versùs medium crassiores. Palpi labiales articulo ultimo emarginato subfurcato.

Habitus dytiscorum. Corpus ellipticum , convexum. Scutellum nullum.

OBSERVATIONS.

La phrase qui termine les observations sur les dytiques , laquelle concernait le genre *notère*, doit être ici rapportée par le lecteur , n'ayant été imprimée où elle se trouve que par erreur.

ESPÈCE.

1. Notère crassicorne. *Noterus crassicornis.*

Noterus. Latr. Considérations gén. , etc. p. 168.
Dytiscus crassicornis. Fab. él. 1. p. 273. Latr. gen. 1. p. 232.
Oliv. col. 3. n.º 40. pl. 4. f. 34. *a. b.*
Habite en France, en Allemagne, dans les eaux.

HALIPLE. (Haliplus.)

Antennes filiformes , de la longueur du corselet , à dix articles. Palpes extérieurs à dernier article subulé ou pointu.

Port des dytiques. Corps elliptique. Point d'écusson. Cuisses postérieures recouvertes par une lame pectorale, clypéacée.

Antennæ filiformes , thoracis longitudine , decem-articulatæ. Palpi exteriores articulo subulato vel acuto terminati.

Habitus dytiscorum. Corpus ellipticum. Scutellum nullum. Femora postica lamind pectorali clypeaced tecta.

OBSERVATIONS.

Les *haliples* ressemblent encore tout-à-fait aux dytiques par leur port et par leurs habitudes ; néanmoins les caractères particuliers qui les en distinguent , sont communs à plusieurs races et semblent autoriser leur distinction. Le dernier article des palpes, dans les dytiques, ne se termine pas en pointe ; il est au moins obtus.

ESPECES.

1. Haliple oblique. *Haliplus obliquus.*

> H. *ferrugineus ; elytris maculis quinque obliquis fuscis.*
> *Dytiscus obliquus.* Fab. él. 1. p. 270. Panz. fasc. 86. t. 6,
> *Haliplus obliquus.* Latr. gen. 1. p. 234.
> Habite en France, en Allemagne, dans les étangs.

2. Haliple enfoncé. *Haliplus impressus.*

> H. *ovalis , flavescens ; elytris cinereis : punctis impressis striatis.*
> *Haliplus impressus.* Latr. gen. 1. p. 234. tab. 6. f. 6 et 7.
> *Dytiscus impressus.* Fab. él. 1. p. 271.
> Oliv. col. 3. n.º 40. pl. 4. f. 40. a. b.
> *Dytiscus.* Geoff. 1. p. 191. n.º 12.
> Habite en France, en Allemagne , dans les eaux.
> Ajoutez le *dytiscus fulvus* de Fab.

DEUXIEME SECTION.

PENTAMÈRES CLAVICORNES.

Leurs antennes sont en massue, soit perfoliée, soit presque solide.

Les insectes de cette section viennent naturellement après les pentamères filicornes. Ils s'y lient aux carabiens aquatiques, par les hydrophiliens qui sont aussi des insectes carnassiers, comme les dytiques, et qui offrent une transition aux dermestes, en un mot, aux nécrophages.

Les *pentamères clavicornes* ont effectivement les antennes en massue bien prononcée ; et cette massue qui les termine est régulière, c'est-à-dire, ne se compose point de lames beaucoup plus allongées d'un côté que de l'autre, comme dans les pentamères lamellicornes. Ici, la massue est formée d'articles, en général, courts et plus ou moins serrés : en sorte qu'elle est, soit perfoliée, soit brusque, dense et presque solide. Ces insectes n'ont tous que quatre palpes articulés ; deux maxillaires, et deux labiaux.

DIVISION DES PENTAM. CLAVICORNES.

(1) Antennes s'insérant dans une cavité ou sous un avancement des bords de la tête. Elles ont rarement plus de neuf articles.

(2) Insectes aquatiques, vivant dans l'eau ou près de l'eau. Corps elliptique ou oblong.

Les hydrophiliens.

(b) Insectes non aquatiques. Corps hémisphérique.
Les sphéridies.

(2) Base des antennes entièrement ou presque entièrement à découvert.

(a) Sternum antérieur s'avançant en mentonnière vers la bouche.
Les byrrhiens.

(b) Point de sternum antérieur avancé en mentonnière vers la bouche.
Les nécrophages.

LES HYDROPHILIENS.

Insectes aquatiques, vivant, soit dans l'eau, soit dans le voisinage des eaux, ayant des antennes courtes, en massue, et qui n'ont pas plus de neuf articles distincts.

Les *hydrophiliens* sont sans doute très-distincts des carabiens, puisque leur bouche n'offre point six palpes articulés, mais quatre seulement. Néanmoins, de quelque manière qu'on veuille les considérer, il nous paraît inconvenable de les en éloigner considérablement. Ce sont, comme les carabiens, des insectes carnassiers, zoophages, dévorant des insectes vivans, ou au moins se nourrissant de matières animales. Comme les carabiens aquatiques [les dytiques, etc.], ils vivent dans les eaux douces, ou dans le voisinage de ces eaux, et leur ressemblent beaucoup par leur forme générale. Mais n'étant point de la même famille, ils doivent en différer par des caractères particuliers, ce qui a effectivement lieu. Ces insectes forment donc une transition des coléoptères pentamères filicornes, aux pentamères clavicornes.

Les uns sont nageurs et ont les pattes postérieures

natatoires ; les autres , quoique vivant dans l'eau ou près de l'eau , n'ont que des pattes ambulatoires. Dans le plus grand nombre , le premier article des tarses est beaucoup plus court que le second. Si les antennes des hydrophiliens paraissent n'avoir pas plus de neuf articles distincts , c'est que les articles qui forment la massue , étant très-serrés , surtout les derniers , cessent d'être distincts. Je rapporte à cette famille les cinq genres suivans.

DIVISION DES HYDROPHILIENS.

(1) Mandibules bidentées à leur sommet.

 (a) Antennes simples , terminées en massue.

Hydrophile.
Sperché.

 (b) Antennes ayant un des articles inférieurs très-dilaté, se prolongeant latéralement.

Gyrin.
Dryops.

(2) Mandibules entières à leur sommet.
Elophore.

HYDROPHILE. (Hydrophilus.)

Antennes courtes , insérées devant les yeux sous les bords latéraux du chaperon, se terminant en massue perfoliée. Mandibules bidentées au sommet. Palpes filiformes : les maxillaires aussi longs ou plus longs que les antennes.

Corps elliptique. Corselet subtransverse, un peu plus large postérieurement. Jambes terminées par deux éperons. Pattes postérieures natatoires.

Antennæ breves, antè oculos sub clypei lateribus insertæ, clavá perfoliatá terminatæ. Mandibulæ apice bidentatæ. Palpi filiformes : maxillaribus antennarum longitudine vel antennis longioribus.

Corpus ellipticum. Thorax subtransversus, posticè paulò latior. Tibiæ ad apicem bicalcaratæ. Pedes postici natatorii.

OBSERVATIONS.

Les *hydrophiles* ont l'aspect et les habitudes des dytiques, et ont été d'abord confondus dans le même genre. Néanmoins, leurs antennes à peine plus longues que la tête et terminées en massue, les font facilement reconnaître. D'ailleurs, leurs palpes maxillaires aussi longs et quelquefois plus longs que les antennes, les rendent remarquables. Ces insectes ont le corps elliptique et convexe ; le sternum postérieur en épine ; des pattes comprimées, natatoires et dont les tarses semblent n'avoir que quatre articles, quoiqu'ils en aient réellement cinq. Enfin, ils n'offrent que des couleurs sombres. Leurs larves sont allongées - coniques, vermiformes, munies de six pattes, à tête grosse, à bouche armée de deux fortes mandibules. Elles sont carnassières, très-voraces, et respirent par l'extrémité postérieure de leur corps.

Si les hydrophiles tiennent encore un peu des carabiens aquatiques par leur forme générale et leurs habitudes, on sent que leurs rapports les rapprochent davantage des insectes zoophages et des nécrophages qui viennent après eux.

ESPECES.

1. Hydrophile brun. *Hydrophilus piceus.*

H. niger; sterno canaliculato, posticè spinoso; elytris substriatis.

Dytiscus piceus. Lin. Le gr. hydrophile. Geoff. 1. p. 182. pl. 3. f. 1.

Hydrophilus piceus. Fab. él. 1. p. 249.

Oliv. col. 3. n.º 39. pl. 1. f. 2, *a. b. c. d.*

Latr. gen. 2. p. 65.

Habite en Europe, dans les eaux douces.

2. Hydrophile luride. *Hydrophilus luridus.*

　　H. fusco griseoque flavescens , nigro maculatus; elytris striis punctato-crenatis.

Dytiscus luridus. Lin. *Hydroph. luridus.* Fab. él. 1. p. 253.

Oliv. col. 3. n.º 39. pl. 1. f. 3. *a. b. c. f.*

Panz. fasc. 7. t. 3. Latr. gen. 2. p. 66.

Habite en Europe, dans les eaux douces.

Etc.

SPERCHÉ. (Spercheus.)

Antennes courtes, de six articles, insérées sous les bords latéraux du chaperon; les cinq derniers articles formant une massue. Mandibules bidentées au sommet.

Corps ovale, subhémisphérique, très-convexe. Corselet échancré antérieurement.

Antennæ breves , sex articulatæ, sub clypei lateribus anticis insertæ : articulis quinque ultimis clavam formantibus. Mandibulæ apice bidentato.

Corpus ovale, subhemisphæricum, valdè convexum. Thorax anticè emarginatus.

OBSERVATIONS.

Le *sperché* tient de très-près aux hydrophiles; mais cet insecte aquatique est moins nageur , ses pattes postérieures paraissent moins propres à la natation , et les cinq articles de ses tarses sont plus distincts. Il est remarquable par ses antennes à six articles , dont le premier est allongé , et les autres forment la massue.

ESPECE.

1. **Sperché échancré.** *Spercheus emarginatus.*

    Spercheus emarginatus. Fab. él. 1, p. 248.
    Lat. gen. 2. p. 63 , et vol. 1. tab. 9. f. 4.
    Hydrophilus. Illig. col. Bor. 1. p. 242.
    Panz. fasc. 91, t. 4.
    Habite en Allemagne , dans les eaux.

GYRIN. (Gyrinus.)

Antennes plus courtes que la tête , et étant insérées chacune dans une fossette latérale ; ayant à leur base un appendice saillant latéralement ; à articles serrés , constituant une massue fusiforme. Quatre palpes articulés. Deux yeux apparens tant en dessus qu'en dessous.

Corps ovale. Tête en partie enfoncée dans le corselet. Pattes postérieures natatoires ; les deux antérieures plus longues.

Antennæ capite breviores , in foveâ laterali insertæ , appendice basilari hinc prominulo instructæ : articulis densè congestis clavam fusiformem formantibus. Palpi articulati quatuor. Oculi duo , supernè infernèque conspicui.

Corpus ovatum. Caput thorace partim insertum. Pedes postici natatorii : antici duo aliis longiores.

OBSERVATIONS.

Les *gyrins* n'ont réellement que quatre palpes articulés et tiennent de très-près aux hydrophiles. Ils leur ressemblent par leur forme générale , et parce qu'ils ont aussi des antennes en massue ; mais leurs palpes antérieurs sont plus courts. Leurs yeux étant apparens, tant en dessus qu'en dessous, paraissent au nombre de quatre. L'appendice latéral de la base de leurs antennes , paraît être une expansion de l'un des deux articles inférieurs , et leur donne un rapport avec le dryops.

Ces insectes ont le corps elliptique , légèrement déprimé , à bords tranchans. Ils sont remarquables en ce que leurs pattes antérieures sont plus longues que les autres. Ils le sont aussi par leur manière de nager, car ils font dans l'eau ou à sa surface, des tours et des détours, la plupart circulaires, avec une rapidité surprenante. Leurs larves ressemblent , en quelque sorte, à de petites scolopendres : elles n'ont néanmoins que six pattes attachées aux trois premiers anneaux du corps.

ESPECES.

1. Gyrin nageur. *Gyrinus natator.*

> *G. cærulescenti-nitidus ; elytris punctato- striatis ; pedibus ferrugineis.*
>
> *Gyrinus natator.* Lin. Fab. él. 1. p. 274.
> **O**liv. col. 3. n.º 41. pl. 1. f. 1.
> Le tourniquet. Geoff. 1. p. 194. pl. 3. f. 3.
> *Gyrinus natator.* Latr. gen. 2. p. 60. Panz. fasc. 3. t. 5.
> Habite en Europe , dans les eaux stagnantes.

2. Gyrin strié. *Gyrinus striatus.*

> *G. viridis , nitens ; thoracis elytrorumque margine pallido ; elytris striatis.*
>
> *Gyrinus striatus.* Fab. él. 1. p. 275.
> Oliv. col. 3. n.º 41. pl. 1. f. 2. *a. b.*
> Habite la côte de Barbarie , l'Espagne, dans les eaux douces.
> Etc.

DRYOPS. (Dryops.)

Antennes très-courtes , insérées dans une cavité sous les yeux , ayant le premier ou le second article de la base prolongé d'un côté en une palette auriforme : les autres articles serrés , formant une massue oblongue , subfusiforme. Mandibules non saillantes , bidentées au sommet. Quatre palpes courts.

Corps ovale, convexe. Tête enfoncée dans le corselet. Pattes ambulatoires.

Antennæ brevissimæ, infrà oculos in fossulâ insertæ; articulo baseos primo vel secundo in spatulam auriformem latere producto : articulis aliis congestis, clavam subfusiformem componentibus. Mandibulæ non exsertæ, apice bidentâtæ. Palpi quatuor breves.

Corpus ovatum, convexo-cylindraceum. Caput partìm thoraci intrusum. Pedes ambulatorii.

OBSERVATIONS.

Le *dryops* est un petit coléoptère vivant dans l'eau ou parmi les plantes aquatiques , et que l'on soupçonne se nourrir des petits insectes aquatiques qu'il peut attraper. Ses antennes lui donnent des rapports avec les gyrins; et, par la forme de son corps , il semble en avoir avec les dermestes.

ESPÈCE.

1. Dryops auriculé. *Dryops auriculatus.*

Dryops auriculé. Oliv. col. 3. n.o 41 *bis.* pl. 1. f. 1.
Dermeste à oreilles. Geoff. 1. p. 103. n.o 11.
Dryops auriculatus. Latr. gen. 2. p. 55.

Parnus prolifericornis. Fab. él. 1. p. 332.
Panz. fasc. 13. t. 1.
Habite en Europe, sur les plantes aquatiques.

ELOPHORE. (Elophorus.)

Antennes très-courtes, terminées en massue solide, ovoïde, ou allongée. Mandibules simples à leur extrémité. Mâchoires bifides. Le dernier article des palpes, soit plus gros et ovale, soit cylindrique-subulé.

Corps ovale-oblong, aplati en dessous. Corselet subtransverse ou carré. Pattes ambulatoires.

Antennæ brevissimæ ; clavâ solidâ terminatæ : clavâ obovatâ, vel elongatâ. Mandibulæ apice simplices. Maxillæ bifidæ. Palporum articulus ultimus vel crassior, subovalis, vel cylindrico-subulatus.

Corpus ovato-elongatum, subtùs depressum. Thorax subtransversus aut quadratus. Pedes ambulatorii.

OBSERVATIONS.

Les *élophores* sont de petits coléoptères que l'on rencontre dans l'eau, et plus souvent sur les plantes aquatiques; qui marchent plus qu'ils ne nagent, qui semblent avoir quelques rapports avec les hydrophiles, et néanmoins qui en ont aussi avec les nécrophages. Ceux qui ont le dernier article des palpes plus gros et ovale, sont les élophores de M. Latreille; et ceux dont le dernier article des palpes est cylindrique-subulé, constituent ses *hydrœnes.* Ces derniers ont la massue des antennes plus allongée.

ESPÈCES.

1. Elophore aquatique. *Elophorus aquaticus.*

E. fuscus ; thorace rugoso elytrisque fusco-œneis.
Silpha aquatica. Lin. Dermestes. Geoff. 1. p. 105. n.o 15.
Elophorus aquaticus. Fab. él. 1. p. 277. Panz. fasc. 26. t. 6.
Oliv. col. 3. n.o 38. pl. 1. f. 1.
Elophorus aquaticus. Latr. gen. 2. p. 68. Ejusd. hist. nat., etc.
10. p. 74. pl. 81. f. 9.
Habite en Europe, dans les eaux stagnantes.

2. Elophore allongé. *Elophorus elongatus.*

E. thorace punctato æneo ; elytris porcatis fuscis.
Elophorus elongatus. Fab. él. 1. p. 277.
Oliv. col. 3. n.o 38. pl. 1. f. 4. Latr. gen. 2. p. 69.
Panz. fasc. 26. t. 7.
Habite en France, en Allemagne, dans les eaux stagnantes.

3. Elophore des rivages. *Elophorus riparius.*

E. nigro-œneus, capite thoraceque impresso-punctatus ;
thorace subsemi-orbiculato.
Hydræna riparia. Illig. col. Bor. 1. p. 279.
Lat. gen. 2. p. 70.
Habite en Europe, dans les eaux douces.

SPHÉRIDIE. (Sphæridium.)

Antennes plus courtes que le corselet, de neuf articles : les trois derniers formant une massue perfoliée. Mandibules courtes, simples, pointues. Mâchoires à deux lobes. Palpes filiformes.

Corps hémisphérique, aplati en dessous. Corselet transverse, postérieurement de la largeur des élytres. Jambes épineuses.

Antennæ thorace breviores, novem-articulatæ : articulis tribus ultimis clavam perfoliatam formanti-

bus. Mandibulæ breviusculæ , simplices , acutæ. Maxillæ bilobæ. Palpi filiformes.

Corpus hemisphæricum , subtùs planum. Thorax transversus , posticè elytrorum latitudine. Tibiæ spinosæ.

OBSERVATIONS.

Le genre des sphéridies est , quant à présent, le seul de sa famille. Il comprend de petits coléoptères terrestres , à corps hémisphérique , glabre et à tête petite, inclinée , en partie enfoncée dans le corselet. Les cinq articles de leurs tarses sont distincts , et le premier est aussi long au moins que le second. Les palpes maxillaires sont fort allongés , et leur second article est très-renflé. On trouve ces insectes dans les bouses et les fientes des animaux.

ESPECE.

1. Sphéridie à quatre taches. *Sphæridium scarabæoides.*
> *S. ovatum, atrum ; elytris maculis duabus ferrugineis.*
> Sphæridium scarabæoides. Fab. él. 1. p. 92. Latr. gen. 2. p. 71.
> *Dermestes scarabæoides.* Lin. Geoff. 1. p. 106. n.° 17.
> *Sph. scarabæoides.* Oliv. col. 2. n.° 15. pl. 1. f. 1.
> Panz. fasc. 6. t. 2.
> Habite en Europe. M. Latreille en cite plusieurs variétés.
> Etc.

LES BYRRHIENS.

Sternum antérieur s'avançant en mentonnière vers la bouche.

Dans les byrrhiens, le sternum antérieur s'avance toujours d'une manière remarquable , quoique plus ou moins considérablement, selon les races, et semble former une mentonnière sous la bouche ou près de la bouche.

Outre ce caractère, reconnu par M. Latreille, les pattes et souvent les antennes en offrent un autre qui est fort remarquable. Lorsqu'on touche ou que l'on saisit l'animal, il fait le mort, et replie ses pattes et ses antennes de manière que ces parties, en quelque sorte, disparaissent. Les pattes se replient et les jambes, souvent même les tarses, s'appliquent dans des rainures qui les cachent en partie. Il y en a dont les antennes se logent alors dans des rainures pectorales, et d'autres qui logent ces antennes dans des cavités aux angles antérieurs du corselet.

Le corps des byrrhiens est ovoïde, convexe, à abdomen bien recouvert par les élytres. Le corselet est transversal.

DIVISION DES BYRRHIENS.

(1) Antennes coudées : mandibules saillantes, aussi longues ou presque aussi longues que la tête.

Escarbot.

(2) Antennes non coudées : mandibules peu ou point saillantes.

(a) Antennes en massue allongée, perfoliée.

Byrrhe.

(b) Antennes en massue courte, brusque.

(+) Menton très-grand, en forme de bouclier.

Nosodendre.

(++) Menton non en forme de bouclier.

* Massue des antennes dentée.

Throsque.

** Massue des antennes non dentée.

Anthrène.

Mégatome.

ESCARBOT. (Hister.)

Antennes plus courtes que le corselet, coudées, terminées en massue solide. Mandibules cornées, avancées. Mâchoires presque membraneuses.

Corps ovale-arrondi, un peu convexe. Corselet large, échancré antérieurement. Tête petite, reçue dans l'échancrure du corselet. Pattes à jambes élargies, comprimées, dentées. Anus à découvert dans la plupart.

Antennæ thorace breviores, fractæ, clavá solidá terminatæ. Mandibulæ corneæ, porrectæ. Maxillæ submembranaceæ.

Corpus ovato-rotundatum, convexiusculum. Thorax latus, anticè emarginatus. Caput parvum, thorace partìm reconditum. Pedes tibiis dilatato-compressis, dentatis. Elytra sæpiùs abdomine breviora.

OBSERVATIONS.

Les *escarbots* sont de petits coléoptères à corps dur, ovale, arrondi, médiocrement convexe; remarquables par leur tête petite, en partie cachée sous le corselet, et par leurs élytres qui laissent souvent l'anus à découvert. Leurs antennes sont coudées, leur premier article étant fort long; et les trois derniers, qui sont très-serrés, forment la massue, en bouton presque solide. On trouve ces insectes dans les fumiers, les fientes, les charognes, sous les écorces, etc. Ils contractent leurs pattes et feignent d'être morts lorsqu'on les prend.

ESPECES.

1. Escarbot unicolor. *Hister unicolor.*

   H. niger, nitens; elytris substriatis; tibiis anticis multidentatis. Oliv.

Hister unicolor. Lin. Latr. gen. 2. p. 47.

Escarbot noir (*attelabus*). Geoff. 1. p. 94. p. 1. f. 4.

Hister unicolor. Fab. él. 1. p. 84. Panz. fasc. 4. t. 2.

Oliv. col. 1. n.º 8. pl. 1. f. 1.

Habite en Europe.

2. **Escarbot quadrimaculé.** *Hister quadrimaculatus.*

   H. niger; elytris substriatis, maculis duabus rubris; in unam
     interdùm connatis.

Hister quadrimaculatus. Lin. Fab. él. 1. p. 88.

Oliv. col. 1. n.₀ 8. pl. 3. f. 18. *a. b.*

2. *Hister reniformis.* Oliv. pl. 1. f. 5. *a. b. c.*

3. *Hister bipustulatus.* Oliv. pl. 3. f. 19. *a. b.*

An hister sinuatus ? Fab. él. 1. p. 87.

Habite en France, surtout dans les provinces méridionales, etc.
Etc.

B Y R R H E.   (Byrrhus.)

Antennes plus courtes que le corselet ; à massue oblongue, perfoliée. Mandibules courtes. Palpes inégaux, un peu en massue.

Corps ovale, convexe, presque gibbeux. Tête petite, très-inclinée. Pattes contractiles.

Antennæ thorace paulò breviores ; clavâ oblongâ perfoliatâ. Mandibulæ breves. Palpi inæquales, subclavati.

Corpus ovatum, convexum, subgibbum. Caput parvum, valdè deflexum. Pedes contractiles.

OBSERVATIONS.

Les *byrrhes* sont de petits coléoptères noirâtres qui ont beaucoup de rapports avec les anthrènes, les throsques, etc. Leurs antennes ne sont point coudées comme celles des escarbots ; leurs palpes maxillaires ne sont point terminés en hache comme ceux des throsques ; enfin, leurs pattes sont

Tome IV.   35

très-contractiles , comme dans les anthrènes. On trouve les byrrhes à terre , sur le bord des chemins et souvent dans les bois.

ESPÈCES.

1. **Byrrhe pilule.** *Byrrhus pilula.*

> *B. subtùs niger , suprà fuliginosus ; vittis dorsalibus atris, interruptis.*
> *Byrrhus pilula.* Lin. Fab. él. 1. p. 103.
> Oliv. col. 2. n.º 13. pl. 1. f. 1. *a. b.*
> Latr. gen. 2. p. 41 et hist. nat. 9. p. 205. pl. 78. f. 1.
> Panz. fasc. 4. t. 3.
> Habite en Europe , dans les champs.

2. **Byrrhe fascié.** *Byrrhus fasciatus.*

> *B. nigricans ; elytris fasciâ undatâ mediâ rufâ.* **F.**
> Cistèle à bande. Geoff. 1. p. 116. n.º 2.
> *Byrrhus fasciatus.* Fab. él. 1. p. 103.
> Oliv. col. 2. n.º 13. pl. 1. f. 2.
> Habite en Europe.
> Etc.

NOSODENDRE. (Nosodendron.)

Antennes un peu plus courtes que le corselet ; à massue subovale, comprimée , triarticulée. Mâchoires bifides. Palpes courts , filiformes. Menton très-grand , arrondi , clypéacé.

Corps elliptique, subhémisphérique , convexe. Corselet transverse. Pattes courtes.

Antennæ thorace paulò breviores ; clavâ subovatâ, compressâ, triarticulatâ. Maxillæ bifidæ. Palpi breves , filiformes. Mentum maximum , rotundatum, clypeaceum.

Corpus ellipticum , subhemisphæricum , convexum. Thorax transversus. Pedes breves.

OBSERVATIONS.

Les *nosodendres* sont voisins des byrrhes et leur ressemblent par la forme du corps. Ils en sont néanmoins bien distingués par la massue brusque et triarticulée de leurs antennes, et surtout par leur menton clypéacé qui cache une partie de la lèvre inférieure. Leur sternum antérieur, quoique avancé et dilaté, ne s'appuie point contre la bouche.

ESPECE.

1. Nosodendre fasciculé. *Nosodendron fasciculare.*
    N. nigrum ; elytris fasciculis seriatis fusco-ferrugineis.
    Sphæridium fasciculare. Fab. él. 1. p. 94.
    Panz. fasc. 24. t. 2.
    Byrrhus fascicularis. Oliv. col. 2. n.₀ 13. tab. 2. f. 7. a .b.
    Nosodendron fasciculare. Latr. gen. 2. p. 44. Oliv. Encycl.
    Habite près de Paris, dans les ulcères des ormes, que ses larves
      produisent.
    Voyez les *N. hirtum* et *striatum* d'Olivier dans l'Encyclopédie.

THROSQUE. (Throscus.)

Antennes de la longueur du corselet, de onze articles : les trois derniers formant une massue dentée. Mandibules à sommet pointu, crochu, entier. Palpes maxillaires à dernier article en hache.

Corps ovale-oblong ou elliptique, déprimé ; corselet postérieurement de la largeur des élytres, à angles postérieurs pointus. Pattes contractiles.

Antennæ thoracis longitudine, undecim - articulatæ : articulis tribus ultimis clavam serratam formantibus. Mandibulæ apice acuto, integro, uncinato. Palpi maxillares, articulo ultimo securiformi.

Corpus ovato - oblongum , aut ellipticum , depres-
sum. Thorax posticè elytrorum latitudine : angulis
posticis acutis. Pedes contractiles.

OBSERVATIONS.

Le *throsque* a été rapporté, tantôt au genre des taupins,
tantôt à celui des dermestes. Il paraît, d'après les observations de M. Latreille, qu'il doit constituer un genre particulier qu'il faut rapprocher des byrrhes et des anthrénes.

ESPECE.

1. Throsque dermestoïde. *Throscus dermestoides.*
    Elater dermestoides. Lin. *Elater.* Geoff. 1. p. 137. n.º 16.
    Elater clavicornis. Oliv. col. 2. n.º 31. pl. 8. f. 85. *a. b.*
    Dermestes adstrictor. Fab. él. 1. p. 316.
    Throscus dermestoides. Lat. gen. 2. p. 37. et vol. 1. t. 8. f. 1.
    Habite en Europe.

ANTHRÈNE.   (Anthrenus.)

Antennes un peu plus courtes que le corselet, terminées en massue solide. Mandibules courtes. Palpes filiformes.

Corps ovale, arrondi, écailleux. Corselet plus étroit
antérieurement. Tête petite, inclinée, cachée sous le
corselet. Pattes et antennes contractiles. Les jambes repliées sur les cuisses dans la contraction.

Antennæ thorace paulò breviores : clavá solidá.
Mandibulæ breves. Palpi filiformes.

Corpus ovatum, rotundatum, squamulosum. Thorax
anticè angustior. Caput parvum, thoraci intrusum,
deflexum. Pedes antennæque contractiles. In con-
tractione, tibiæ ad femora replicatæ.

OBSERVATIONS.

Les *anthrènes* sont de petits coléoptères, la plupart ornés de couleurs variées et agréables, qu'ils doivent à de petites écailles colorées et pulvériformes, qui couvrent leur corps et qui se détachent facilement. Leur corps est un peu convexe en dessous. Au moindre danger, ces insectes replient leurs antennes et leurs pattes, et les logent dans des cavités ou des rainures propres à les recevoir : leurs jambes se replient sur le côté postérieur des cuisses.

Ces insectes se trouvent, en général, sur les fleurs ; mais leurs larves vivent sur les cadavres desséchés, les pelleteries, et dans les cabinets d'histoire naturelle, où elles font de grands dégâts. Ces larves sont petites et ont des rapports avec celles des dermestes, étant chargées de poils sur les côtés et au derrière, presque de la même manière.

ESPECES.

1. **Anthrène de la scrophulaire.** *Anthrenus scrophulariœ.*

   A. niger ; elytris albo-maculatis : suturâ sanguineâ.
   Byrrhus scrophulariœ. Lin.
   Anthrenus scrophulariœ. Fab. él. 1. p. 107.
   Oliv. col. 2. n.º 14. pl. 1. f. 5. *a. b.*
   Latr. gen. 2. p. 38. et hist. nat. vol. 9. p. 219. pl. 79. f. 1.
   Panz. fasc. 3. t. 11.
   Habite en Europe.

2. **Anthrène fasciée.** *Anthrenus verbasci.*

   A. niger ; elytris fasciis tribus undatis, albis.
   Byrrhus verbasci. Lin.
   Anthrenus verbasci. Fab. Latr. gen. 2. p. 39.
   Oliv. col. 2. n.º 14. pl. 1. f. 2. *a. b. c. d.*
   Geoff. 1. p. 115. n.º 2. L'Amourette.
   Habite en Europe. Sa larve est destructrice des collections d'insectes, etc.

L'anthrenus musœorum de Linnæus n'est peut-être qu'une variété plus petite encore que celle qui vient d'être citée.

MÉGATOME.   (Megatoma.)

Antennes un peu plus courtes que le corselet ; à massue brusque , perfoliée, triarticulée. Mandibules courtes. Palpes inégaux : le dernier article un peu plus épais. Le sternum antérieur avancé , dilaté à l'extrémité, et contigu à la bouche.

Corps ovale ou ovale-oblong. Corselet subtransverse , un peu convexe. Elytres dures. Pattes courtes.

Antennæ thorace paulò breviores ; clavâ abruptâ, perfoliatâ , triarticulatâ. Mandibulœ breves. Palpi inœquales : articulo ultimo paulò crassiore. Sternum anticum productum , apice dilatatum , ori contiguum.

Corpus ovale vel ovato-oblongum. Thorax subtransversus , convexiusculus. Elytra rigida. Pedes breves.

OBSERVATIONS.

Les *mégatomes* ne diffèrent des dermestes que parce que leur sternum antérieur s'avance jusqu'à la bouche et lui sert d'appui , ce qui leur donne un rapport avec les byrrhiens. Ces insectes vivent sur les arbres.

ESPÈCES.

1. Mégatome ondé. *Megatoma undatum.*

 M. nigrum ; thoracis lateribus elytrorumque fasciis duabus undulatis , villoso-albis.

 Megatoma undulata. Herbst. col. 4. t. 39. f. 4. a, b. *mas.*

 Ejusd. dermestes undulatus. Ibid. t. 40 f. 9. g. *femina.*

Dermestes undatus. Lin. Fab. él. 1. p. 313. Panz. fasc. 75. t. 13.
Oliv. col. 2. n.o 9. pl. 1. f. 2 *a. b.*

Megatoma undatum. Lat. gen. 2. p. 34.

Habite en Europe, sur les arbres, et particulièrement sur l'orme.

2. **Mégatome serricorne.** *Megatoma serra.*

M. *piceo-nigrum; antennis pedibusque dilutè brunneo-fla-vescentibus.* Lat.

Attagenus serra. Lat. gen. 1. tab. 8. f. 10.

Megatoma serra. ejusd. gen. 2. p. 35.

Dermestes serra. Fab. él. 1. p. 319.

Habite aux environs de Paris, sur l'orme.

Etc.

LES NÉCROPHAGES.

Point de sternum antérieur avancé en mentonnière vers la bouche. Pattes imparfaitement contrac-tiles.

Les *nécrophages* tiennent de très-près aux byrrhiens; mais leur sternum antérieur ne s'avance point vers la bouche pour lui servir d'appui, et les pattes, toujours saillantes, ne se contractent point, ou, dans leur con-traction imparfaite, ne s'appliquent point entièrement dans des rainures de manière à disparaître.

Ces insectes n'attaquent point les animaux vivans, mais ils mangent les morts ou les parties qui en proviennent. Quelques-uns parmi eux mangent des matières en putré-faction, soit animales, soit végétales. La massue de leurs antennes est plus souvent allongée que courte et brus-que. Je divise cette famille de la manière suivante :

DIVISION DES NÉCROPHAGES.

(1) Mandibules courtes, épaisses, sans courbure à leur extrémité.
Dermeste.

(2) Mandibules allongées, comprimées, et arquées à leur extrémité.

   (a) Extrémité des mandibules échancrée, bifide ou munie d'une dent.

     (+) Massue des antennes brusque, courte, ovale ou orbiculaire.

Nitidule.

Dacné.

     (++) Massue des antennes allongée.

       * Palpes, soit filiformes, soit plus gros au bout, mais point terminés en pointe.

Ips.

Scaphidie.

       ** Palpes se terminant en alène.

Cholève.

   (b) Extrémité des mandibules entière.

Bouclier.
Nécrophore.

DERMESTE. (Dermestes.)

Antennes plus courtes que le corselet ; à massue ovale, perfoliée, de trois articles. Mandibules courtes, épaisses, presque droites, dentelées sous leur extrémité. Palpes courts, filiformes.

Tête petite, inclinée. Corps épais, ovale-oblong, convexe. Corselet subtransverse, plus large postérieurement.

Antennæ thorace breviores : clavâ ovatâ, perfoliatâ, triarticulatâ. Mandibulæ breves, crassæ, sub-

rectæ , infrà apicem denticulatæ. Palpi breves , fili-formes.

Caput parvum , sub thorace inflexum. Corpus ova-to-oblongum , crassum , convexum. Thorax subtrans-versus , posticè latior.

OBSERVATIONS.

Les *dermestes* , en général, se nourrissent, dans l'état de larve, de substances animales ; et plusieurs de leurs espèces sont connues, depuis long-tems , par les dégâts que leurs larves causent dans nos habitations , en rongeant les pelleteries , les animaux préparés que l'on conserve dans les cabinets d'histoire naturelle ; en un mot, tous les objets qui proviennent des animaux , et que nous employons à quelqu'usage. Ces insectes ont des rapports avec les anthrènes , avec les nitidules , etc. Leurs larves sont garnies de longs poils. Dans nos habitations , ces larves, celles des anthrènes , et celles des teignes , nous causent les plus grands dommages.

ESPECES.

1. **Dermeste du lard.** *Dermestes lardarius.*

> *D. niger ; elytris anticè cinereis , nigro-punctatis.*
> *Dermestes lardarius.* Lin. Fab. él. 1. p. 312.
> Oliv. col. 2. n.º 9. pl. 1. f. 1. *a. b.* Geoff. 1. p. 101. n. 5.
> Latr. gen. 2. p. 31.
> Habite en Europe, dans les maisons.

2. **Dermeste des pelleteries.** *Dermestes pellio.*

> *Derm. niger ; elytris punctis duobus albis.*
> *Dermestes pellio.* Lin. Fab. él. 1. p. 313.
> Oliv. col. 2. n.º 9. pl. 2. f. 11. Geoff. 1. p. 105. n.º 4.
> Latr. gen. 2. p. 32.
> Habite en Europe. Attaque les pelleteries , les Musées.

3. Dermeste souris. *Dermestes murinus.*

> *D. oblongus, tomentosus, nigro alboque nebulosus; abdomine niveo.*
>
> *Dermestes murinus.* Lin. Fab. él. 1. p. 314.
>
> Oliv. col. 2. n.º 9. pl. 1. f. 3. Panz. fasc. 40. t. 10.
>
> Habite en Europe, à la campagne, dans les cadavres.
>
> Etc.

NITIDULE. (Nitidula.)

Antennes plus courtes que le corselet, terminées en massue brusque, ovale ou oblongue, comprimée, presque solide. Mandibules un peu saillantes, échancrées ou à deux dents. Palpes presque filiformes, un peu plus gros au bout.

Corps elliptique ou ovale-oblong, un peu déprimé. Corselet bordé, aussi large que les élytres postérieurement.

Antennæ thorace breviores, clavâ abruptâ, ovatâ vel rotundatâ, compressâ, subsolidâ terminatæ. Mandibulæ partìm exsertæ, apice emarginatæ aut bidentatæ. Palpi subfiliformes; extremitate paulò crassiores.

Corpus ellipticum, vel ovato-oblongum, subdepressum. Thorax marginatus posticè elytrorum latitudine.

OBSERVATIONS.

Les *nitidules* ne tiennent aux dermestes que par la massue brusque et raccourcie de leurs antennes. Elles se rapprochent davantage des boucliers et genres avoisinans, par leurs mandibules allongées, et parce que la plupart rongent des substances animales desséchées ou l'écorce pourrie des vieux arbres.

Les unes ont les trois premiers articles des tarses courts, larges ou dilatés, et garnis de brosses en dessous : ce sont les nitidules, les bytures et les cerques de M. Latreille.

Les autres ont les quatre premiers articles des tarses presque cylindriques et peu différens des autres articles : elles constituent ses genres thymale, colobique et micropèple.

Dans les insectes de ces coupes diverses, le corselet est plus ou moins bordé, et souvent ses bords latéraux sont minces et tranchans. La tête est petite, en partie cachée dans l'échancrure antérieure du corselet. Ces insectes sont la plupart fort petits.

ESPÈCES.

[*Les trois premiers articles des tarses courts et dilatés.*]

1. Nitidule obscure. *Nitidula obscura.*

> *N. ovata, nigra, obscura.; pedibus piceis.* F.
> *Nitidula obscura.* Fab. él. 1. p. 348.
> Oliv. col. 2. n.º 12. pl. 1. f. 3. *a. b.*
> *Dermestes.* Geoff. 1. p. 108. n.º 21.
> Habite en Europe, dans les cadavres.

2. Nitidule bipustulée. *Nitidula bipustulata.*

> *N. ovata, nigra; elytris puncto rubro.* F.
> *Silpha bipustulata.* Lin.
> *Nitidula bipustulata.* Fab. él. 1. p; 347. Latr. gen. 2. p. 11.
> Oliv. col. 2. n.o 12. pl. 1. f. 2. *a. b.*
> *Dermestes.* Geoff. 1. p. 100. n.o 3.
> Habite en Europe, dans les cadavres.

3. Nitidule tomenteuse. *Nitidula tomentosa.*

> *N. ovato-oblonga, nigra, tomento rufo-flavescente vel olivaceo-murino tecta; antennis pedibusque flavo-rufis.*
> *Byturus tomentosus.* Lat. gen. 2. p. 18.

Dermestes tomentosus. Fab. él. 1. p. 3,6 et *D. fumatus* ejusd.

Oliv. col. 2. n.º 9. suppl. tab. 3. f. 17. *a. b. c. d.*

Dermestes. Geoff. 1. p. 102. n.º 8. Panz. fasc. 97. t. 4.

Habite en Europe.

4. Nitidule puce. *Nitidula pulicaria.*

N. oblonga, nigra; elytris abbreviatis; abdomine acuto.

Dermestes pulicarius. Lin,

Sphæridium pulicarium. Fab. él. 1. p. 98.

Nitidula pulicaria. Oliv. col. 2. n.º 12. pl. 3. f. 27. *a. b.*

Cercus pulicarius. Latr. gen. 2. p. 15.

Habite en Europe, sur les fleurs.

[*Les quatre premiers articles des tarses subcylin-driques.*]

5. Nitidule colobique. *Nitidula colobicus.*

N. elongato-ovalis, obscurè nigricans, supernè hirta; elytris punctato-striatis.

Colobicus marginatus. Latr. gen. 2. p. 10, et vol. 1. t. 16. f. 1.

Nitidula hirta. Ross. fn. etr. 1. p. 59. t. 3. f. 9.

Habite le midi de la France, sous l'écorce des arbres.

6. Nitidule ferrugineuse. *Nitidula ferruginea.*

N. ferruginea; elytris lineis elevatis senis nigricantibus.

Silpha ferruginea. Lin. *Peltis ferruginea.* Fab. él. 1. p. 344.

Silpha ferruginea. Oliv. col. 2. n.º 11. pl. 2. f. 13. *a. b.*

Thymalus ferrugineus. Latr. gen. 2. p. 9.

Peltis. Panz. fasc. 75. t. 17.

Habite en Europe, sous l'écorce des arbres.

Etc.

DACNÉ. (Dacne.)

Antennes plus courtes que le corselet; à massue brusque, grande, subovale, perfoliée, comprimée. Mandibules à sommet bifide. Le dernier article des palpes plus épais.

Corps oblong, épais, convexe. Corselet presque carré. Tarses courts.

*Antennæ thorace breviores; clavá magná, abruptá,
subovatá perfoliatá, compressá. Mandibulæ apice
bifido. Palporum articulus ultimus crassior.*

*Corpus oblongum, crassum, convexum. Thorax
subquadratus. Tarsi breves.*

OBSERVATIONS.

Les *dacnès* tiennent aux nitidules par la massue de leurs
antennes, et aux ips par leur corps allongé, leurs habitudes, la célérité de leurs mouvemens. Leur corps est plus
convexe et à bords latéraux plus inclinés que celui des nitidules.

ESPÈCES.

1. Dacné huméral. *Dacne humeralis.*

> *D. nigra; capite thorace élytrorum puncto baseos pedibus-
> que rufis.*
>
> *Dacne humeralis.* Latr. hist. nat., etc., 10. p. 13. pl.
> 81. f. 1.
>
> Ejusd. gen. 2. p. 20. *Dermestes.* Panz. fasc. 4. t. 9.
>
> *Engis humeralis.* Fab. él. 2. p. 583.
>
> Habite en Europe, sous l'écorce des arbres.

2. Dacné à bandes. *Dacne fasciata.*

> *D. atra; elytris fasciis duabus rufis: anteriore nigro-ma-
> culatá.*
>
> *Dacne fasciata.* Latr. *Engis fasciata.* Fab. él. 2. p. 582.
>
> Habite l'Amérique septentrionale.

3. Dacné cou-rouge. *Dacne sanguinicollis.*

> *D. atra; antennis thorace elytri singuli maculis duabus
> pedibusque rubro-sanguineis.*
>
> *Dacne sanguinicollis.* Lat.
>
> *Engis sanguinicollis.* Fab. él. 2. p. 584.
>
> Panz. fasc. 6. t. 6. *Dermestes.*
>
> Habite en France, en Allemagne.
>
> Etc. Ajoutez l'*engis rufifrons* de Fabricius.

IPS. (Ips.)

Antennes de la longueur du corselet ou environ ; à massue oblongue, étroite, de trois articles séparés. Mandibules bifides au sommet.

Corps oblong, convexe. Tous les articles des tarses allongés, grêles.

Antennæ circiter thoracis longitudine : clavá oblongá, angustá ; articulis tribus valdè distinctis. Mandibulæ apice bifidæ.

Corpus oblongum, convexum. Tarsorum articuli omnes elongati, graciles.

OBSERVATIONS.

Sous le nom d'*ips*, ou avait réuni différens coléoptères très-petits, à corps allongé et étroit ; mais il ne s'agit ici que de ceux qui appartiennent à la division des pentamères. Ils tiennent aux nitidules par leurs rapports, et s'en distinguent par la massue de leurs antennes.

ESPÈCE.

1. Ips cellerier. *Ips cellaris.*

    I. testaceo-ferruginea, punctata ; thorace crenulato.

    Ips cellaris. Oliv. col. 2. n.º 18 pl. 1. f. 3. *a. b.*

    Latr. gen. 2. p. 21.

    Dermestes cellaris. Fab. él .1. p. 319.

    Dermestes. Panz. fasc. 39. t. 14.

    Habite en Europe. Ses élytres sont un peu pubescentes.

    Etc. Le *dermestes fimetarius* de Fabr. est de ce genre.

SCAPHIDIE. (Scaphidium.)

Antennes presque de la longueur du corselet ; à massue allongée, formée de cinq articles séparés, subglobuleux ou hémisphériques. Mandibules bifides au sommet. Palpes filiformes.

Corps ovale, épais, en pointe aux deux bouts. Elytres subtronquées au bout. Pattes grêles.

Antennæ thoracis sublongitudine ; clavá elongatá, quinque articulatá : articulis globulosis aut hemisphæricis, distinctis. Mandibulæ apice bifidæ. Palpi filiformes.

Corpus ovale, crassum, utráque extremitate acutum. Elytra apice truncata. Pedes graciles.

OBSERVATIONS.

Les *scaphidies* avoisinent les cholèves par leurs rapports ; mais leurs palpes, quoique filiformes, ne se terminent point en alène. Ces insectes vivent dans les champignons, les feuilles mortes, le bois pourri. Leur corps est un peu convexe ; leurs élytres, tronquées au bout, laissent la pointe de l'abdomen à découvert.

ESPECE.

1. Scaphidie quadrimaculée. *Scaphidium quadrimaculatum.*

> S. *nigrum, punctulatum ; elytro singulo maculis duabus rubris.*
>
> *Scaphidium quadrimaculatum.* Oliv. col. 2. n.o 20. pl. 1. f. 1.
> Latr. hist. nat., etc., 9. p. 247. pl. 78. f. 5. et gen. 2. p. 23.
> *Scaphidium 4.maculatum.* Fab. él. 2. p. 575.
> Panz. fasc. 12. t. 11.
> Habite en Europe, sur les champignons, les vieux troncs d'arbres.

2. Scaphidie immaculée. *Scaphidium immaculatume.*

> S. *atrum, nitidum ; elytris immaculatis, punctato - striatis.* F.

Scaphidium immaculatum. Oliv. col. 2. n.o 20. pl. 1. f. 3. *a. b.*
Fab. él. 2. p. 576 Latr. gen. 2. p. 24.

Habite en France, parmi les feuilles pourries et sur les champignons.

3. Scaphidie agaricine. *Scaphidium agaricinum.*

S. atrum, nitidum; antennis pedibusque rufis.
Silpha agaricina. Lin.
Scaphid. agaricinum. Oliv. col. 2. n.o 20. pl. 1. f. 4. *a. b.*
Fab. él. 2. p. 576. Latr. gen. 2. p. 24.
Panz. fasc. 12. t. 16.
Habite en Europe, sur le *boletus versicolor.*
Etc.

CHOLÈVE. (Choleva.)

Antennes de la longueur du corselet, quelquefois un peu plus longues, grossissant insensiblement vers le bout : les cinq derniers articles formant une masse allongée, perfoliée. Mandibules échancrées au bout. Le dernier article des palpes brusquement aigu, subulé.

Corps ovale, convexe, arqué en dessus : à tête penchée. Corselet transverse, plus large postérieurement.

Antennæ thoracis longitudine, interdùm thorace paulò longiores, sensìm versus apicem crassiores : articulis quinque ultimis clavam elongatam perfoliatamque formantibus. Mandibulæ apice emarginatæ. Palporum articulo ultimo abruptè acuto, subulato.

Corpus ovale, convexum, supernè arcuatum : Capite cernuo. Thorax transversus, posticè latior.

OBSERVATIONS.

Parmi les nécrophages, les *cholèves* sont à-peu-près les seuls qui aient les palpes terminés en alène ou en pointe aciculée, ce qui les distingue éminemment. Leurs antennes les rapprochent des boucliers ; mais leurs mandibules ne sont point entières à leur extrémité. Ils ont des élytres aussi longues que l'abdomen et qui ne sont point tronquées au bout comme celles des scaphidies. Ces insectes sont agiles et se trouvent par terre, sous les pierres ou parmi les ordures.

ESPECES.

1. **Cholève triste.** *Choleva tristis.*

> *Ch. nigra ; antennis pedibusque concoloribus.*
> *Choleva morio.* Latr. hist. nat. , etc. , 9. p. 251.
> *Choleva tristis.* Lat. gén. 2. p. 28.
> *Helops tristis.* Panz. fasc. 8. t. 1. *Catops morio?* Fab. él. 2.
> p. 564.
> *Dermestes.* Degeer. ins. 4. p. 216. pl. 8. f. 15. *a. b.*
> Habite en Europe.

2. **Cholève soyeux.** *Choleva sericea.*

> *Ch. nigricans, holosericea ; antennis elytris pedibusque*
> *obscurè fuscis.*
> *Helops sericeus.* Panz. fasc. 73. t. 10.
> *Choleva sericea.* Latr. hist. nat. , etc. , 9. p. 251.
> *Choleva villosa ejusd.* gén. 2. p. 29.
> Habite aux environs de Paris.
> Etc. Voyez une monographie de ce genre, dans le volume des
> Actes de la société Linnéenne.

BOUCLIER. (Silpha.)

Antennes de la longueur du corselet ou environ, à massue oblongue, grossissant insensiblement, formée de cinq ou six articles. Mandibules à pointe simple et arquée. Palpes filiformes.

Corps ovale ou ovale-oblong, déprimé. Corselet

aplati, clypéiforme, suborbiculaire. Elytres bordées.

*Antennæ thoracis circiter longitudine ; clavâ oblon-
gâ , sensìm crassiore, articulis quinque vel sex for-
matâ. Mandibulæ acumine simplici arcuatoque terminatœ. Palpi filiformes.*

*Corpus ovatum vel ovato - oblongum , depressum.
Thorax planulatus , clypeiformis , suborbicularis.
Elytra marginata.*

OBSERVATIONS.

Quelques auteurs crurent trouver des rapports entre les
boucliers et les cassides, et de là, pouvoir les réunir dans le
même genre. On sait maintenant que les boucliers appartiennent à une division fort différente de celle qui comprend les cassides, et par suite à une autre famille.

Ces insectes ont la tête petite , étroite postérieurement ,
inclinée , prominente ; la massue des antennes allongée ,
perfoliée ; les bords latéraux du corselet un peu débordés ;
les élytres larges , débordant pareillement sur les côtés. Ils
vivent dans les charognes, les fumiers , et ne se nourrissent
que de matières animales.

ESPECES.

1. Bouclier à quatre points. *Silpha quadripunctata.*

> *S. nigra ; elytris pallidis : puncto baseos medioque nigris;
> thorace emarginato.*
> *Silpha quadripunctata.* Lin. Fab. él. 1. p. 341.
> Oliv. col. 2. n.º 11. pl. 1. f. 7. *a b.*
> *Peltis.* Geoff. 1. p. 122. n.º 7. pl. 2. f. 1.
> Panz. fasc. 40. t. 18.
> Habite en Europe, sur les chênes , y dévorant les che-
> nilles.

2. Bouclier lisse. *Silpha lœvigata.*

> *S. atra ; elytris lœvibus, subpunctatis.*

Silpha lœvigata. Oliv. col. 2. n.º 11. pl. 1. f. 1. b.
Fab. él. 1. p. 340. *Peltis.* Geoff. 1. p. 122. n.º 8.
Habite en France, en Allemagne.

3. Bouclier obscur. *Silpha obscura.*

*S. nigra; elytris punctatis : lineis elevatis tribus; thorace
antice truncato.*

Silpha obscura. Lin. Fab. él. 1. p. 340.
Oliv. col. 2. n.º 11. pl. 2. f. 18. Latr. gen. 2. p. 7.
Peltis. n.º 1. Var. B. Geoff. 1. p. 118.
Habite en France, dans les cadavres.
Etc.

NÉCROPHORE. (Necrophorus.)

Antennes plus courtes que le corselet : à massue brusque, courte, subglobuleuse, perfoliée, quadriarticulée.
Mandibules à pointe simple et arquée.

Corps oblong. Tête inclinée. Corselet subdéprimé,
débordant, souvent inégal. Élytres tronquées au bout, à
bords latéraux abaissés.

*Antennæ thorace breviores : clavâ abruptâ, brevi,
subglobosâ, perfoliatâ, quadriarticulatâ. Mandibulæ
apice acuto simplici arcuato.*

*Corpus oblongum. Caput nutans. Thorax subde-
pressus, marginatus, sæpè inœqualis. Elytra apice
truncata, marginibus lateralibus inflexis.*

OBSERVATIONS.

Les *nécrophores*, très-voisins des boucliers par leurs
rapports et par leurs habitudes, les surpassent par la
taille; mais, outre qu'ils ont le corps plus allongé, et que
leurs élytres ne sont point bordées, ils en sont très-
distingués par les caractères de leurs antennes. Leurs tarses
antérieurs sont larges et très-garnis de houppes.

Ces insectes sont agiles, ont une odeur désagréable, et recherchent les corps morts des animaux pour en faire leur curée. On les a nommés *enterreurs*, *porte-morts*, parce qu'ils ont l'instinct d'enfouir les cadavres de petits quadrupèdes, tels que ceux des taupes et des souris dont ils se repaissent ensuite à loisir. C'est aussi dans ces cadavres qu'ils déposent leurs œufs, et que leurs larves doivent vivre.

ESPECES.

1. Nécrophore fossoyeur. *Necrophorus vespillo.*

> *N. ater; elytris fasciâ duplici ferrugineâ; antennarum clavâ rubrâ.*
> *Silpha vespillo.* Lin. *Necrophorus vespillo.* Fab. él. 1. p. 335.
> *Necrophorus vespillo.* Oliv. col. 2. n.o 10. pl. 1. f. 1.
> Latr. gen. 1. p. 4. Panz. fasc. 2. t. 21.
> *Dermestes.* Geoff. 1. p. 98. n.o 1. pl. 1. f. 5.
> Habite en Europe, dans les cadavres des taupes, etc.

2. Nécrophore germanique. *Necrophorus germanicus.*

> *N. ater; fronte margineque elytrorum ferrugineis.*
> *Silpha germanica.* Lin. *Necroph. germanicus.* Fab. él, 1. p. 333.
> *Necrophorus germanicus.* Oliv. 2. n.o 10. pl. 1. f. 2.
> Panz. fasc. 41. t. 1. *Dermestes.* Geoff. 1. p. 99. n.o 2.
> Habite en Europe, dans les cadavres.
> Etc.

TROISIÈME DIVISION.

PENTAMÈRES LAMELLICORNES.

Leurs antennes sont terminées par une massue lamellée ou feuilletée.

Cette division de la cinquième section des coléoptères, les termine tous, ainsi que la classe des insectes. Elle est très-distincte par le caractère des antennes de ceux qui en font partie ; et effectivement la massue de ces antennes est formée de lames ou de feuillets allongés, soit disposés en éventail ou comme les feuillets d'un livre , s'ouvrant et se fermant de même, soit rangés d'un côté sur un axe, comme les dents d'un peigne.

Les insectes qui appartiennent à cette division, ne sont plus des coléoptères de très-petite taille , comme la plupart des pentamères clavicornes. Ils sont au moins d'une taille moyenne , et beaucoup parmi eux nous offrent les plus grands et les plus singuliers des coléoptères, par les particularités de forme de leurs parties. Tous ont les tégumens durs , les articles de leurs tarses toujours entiers , et les trachées de l'insecte parfait vésiculaires. Leurs larves ont toujours six pattes , et vivent long-temps, souvent plusieurs années, avant de se changer en nymphes.

Les *pentamères lamellicornes* sont fort nombreux , véritablement voisins les uns des autres par leurs rapports : en sorte qu'ils semblent ne constituer réellement qu'une seule et grande famille. On les a partagés néanmoins en deux coupes particulières, savoir : en *scarabéides*, et en *lucanides*.

Pour faciliter l'étude de leurs rapports et la connaissance de leurs habitudes diverses, je les ai distribués et divisés de la manière suivante.

DIVISION DES PENT. LAMELLICORNES.

§. *Massue des antennes feuilletée, plicatile. Ses feuillets, rapprochés à leur insertion , s'ouvrent et se ferment comme ceux d'un livre.*

[Les scarabéides.]

[*Ceux dont les larves et les insectes parfaits vivent dans les mêmes lieux.*]

* Partie terminale des mâchoires membraneuse, élargie, transversale. (Scarabéides coprophages.)

(1) Pattes intermédiaires plus écartées que les autres à leur insertion.

(a) Antennes de neuf articles.

Bousier.

Onite.

(b) Antennes de huit articles.

Sisyphe.

(2) Pattes intermédiaires non plus écartées que les autres à leur insertion.

Aphodie.

** Mâchoires longitudinales : leur sommet n'est point élargi transversalement.

(1) Antennes de onze articles. (Scarabéides géotrupiens.)

Léthrus.

Géotrupe.

(2) Antennes ayant moins de onze articles.

(a) Labre découvert, saillant, et la lèvre inférieure cachée par le menton.

Trox.

[*Ceux dont les insectes parfaits vivent ailleurs que leurs larves.*]

(b) Labre couvert, et les mandibules entièrement ou en partie membraneuses.

(+) Lèvre inférieure cachée par le menton. Mandibules membraneuses.

Goliath.

Cétoine.

Trichie.

(++) Lèvre inférieure saillante, bilobée.

Anisonyx.

(c) Labre découvert, saillant, et la lèvre inférieure saillante, bilobée.

Glaphyre.

(d) Labre couvert, apparent ou non apparent, et les mandibules tout-à-fait cornées.

(+) Labre couvert, mais apparent.

Hanneton.

Rutèle.

Héxodon.

(+++) Labre non apparent et comme nul.

Scarabé.

§§. *Massue des antennes pectinée. Ses feuillets, un peu écartés à leur insertion, sont comme des dents de peigne, perpendiculaires à l'axe.*

[Les lucanides.]

(1) Antennes non coudées.

Passale.

(2) Antennes coudées.

(a) Corps convexe.

Sinodendre.

Lamprime.

OEsale.

(b) Corps déprimé.

Lucane.

LES SCARABÉIDES.

Massue des antennes feuilletée, plicatile.

Ce n'est point par un ensemble de caractères que les *scarabéides* diffèrent des lucanides, mais seulement par une particularité de la massue de leurs antennes. Ainsi l'on peut regarder les pentamères lamellicornês comme constituant une grande famille véritablement naturelle. Néanmoins, dans cette grande famille, on en distingue quelques autres, d'un ordre secondaire, qui sont assez distinctes, ce qui montre que, dans ces insectes, les rapports ont été partout bien saisis.

En effet, en commençant les scarabéides par ceux dont les insectes parfaits vivent à-peu-près dans les mêmes lieux que leurs larves, on rencontre d'abord les *coprophages* que M. Latreille a fait connaître et si bien caractérisés. L'on trouve ensuite ses *géotrupiens*, desquels nous rapprochons les *trox*, comme il l'a fait lui-même, leurs habitudes étant assez analogues à celles des précédens.

Viennent, après eux, les scarabéides dont les insectes parfaits vivent, en général, ailleurs que leurs larves. Or, les premiers de ceux-ci nous offrent, dans les goliaths, cétoines, trichies et anisonyx, des *anthophages*, les insectes parfaits de ces scarabéides se trouvant ordinairement sur les fleurs ; on rencontre, après ces premiers, des scarabéides vraiment *phyllophages*, tels que les glaphyres, hannetons, rutèles et hexodons, les insectes parfaits de ces genres se trouvant sur les feuilles des plantes et surtout des arbres, dont souvent ils les dépouillent en les dévorant rapidement. Enfin, les scarabéides se terminent par le beau genre des scarabés qui, fort nombreux en espèces diverses, ressemble lui-même à une petite famille, et paraît conduire aux *lucanides* par l'analogie des habitudes, les larves des uns et des autres vivant dans les troncs d'arbres ; et se nourrissant de leur substance ligneuse plus ou moins décomposée ; aussi en trouve-t-on dans le tan.

BOUSIER. (Copris.)

Antennes très-courtes, de neuf articles; à massue trilamellée. Labre caché par le chaperon. Mandibules membraneuses. Palpes labiaux velus. Chaperon en demi-cercle.

Corps en ovale court, convexe, très-obtus postérieurement. Corselet grand, large. Ecusson nul ou à peine distinct. Pattes intermédiaires plus écartées entre elles à leur insertion que les autres.

Antennæ brevissimæ, novem articulatæ; clavâ trilamellatâ. Labrum clypeo occultatum. Mandibulæ membranaceæ. Palpi labiales valdè hirsuti. Clypeus semi-circularis.

Corpus ovato-abbreviatum, convexum, posticè obtusissimum. Thorax magnus, latus. Scutellum nullum aut vix distinctum. Pedes intermedii insertione magis inter se distantes quàm alii.

OBSERVATIONS.

Les *bousiers* constituent un genre nombreux en espèces, et très-remarquable par la forme particulière de ces insectes. Ils ont le corps court, très-obtus au bout; le corselet grand, large, convexe ou gibbeux; l'abdomen large, court, presque carré; les jambes antérieures dentées en dehors; les pattes postérieures fort longues, à insertion écartée de celle des autres, et rapprochée de l'anus. L'écusson manque ou paraît à peine. La massue de ces insectes est ovale.

C'est dans les bouses de vaches et dans les fientes des animaux que l'on trouve ces insectes; et c'est dans ces

fientes qu'ils déposent leurs œufs et que leurs larves se nourrissent.

Ceux qui forment avec ces fientes, ou même avec des
excrémens humains, des boules en forme de pillules, en les
roulant avec leurs pattes postérieures, et y déposant leurs
œufs, ont été distingués sous le nom d'*ateuchus*. Leurs
pattes postérieures sont longues et peu dilatées à leur extrémité.

On a conservé le nom de *copris* à ceux dont les pattes
antérieures sont un peu longues, et les postérieures un
peu dilatées à leur extrémité; ils ne forment point de
boules. Néanmoins, on en a séparé, sous le nom d'*ontho-
phages*, ceux qui ont le dernier article des palpes labiaux
presque nul ou peu distinct.

Les bousiers sont très-nombreux et constituent un genre
si naturel qu'il est difficile de le diviser nettement.

E S P E C E S.

Bousiers rouleurs, à jambes postérieures plus longues.

1. Bousier sacré. *Copris sacer.*

> *C. clypeo sexdentato; thorace inermi crenulato; tibiis pos-
> ticis ciliatis; elytris lœvibus,*
> *Scarabœus sacer.* Lin. *Ateuchus sacer.* Fab. él. 1. p. 54.
> *Ateuchus sacer.* Lat. gen. 2. p. 77.
> *Scarabœus sacer.* Oliv. col. 1. n.º 3. pl. 8. f. 59. *a. b.*
> Habite l'Europe australe, l'Afrique.

2. Bousier flagellé. *Copris flagellatus.*

> *C. niger; clypeo emarginato; thorace elytrisque scabris.*
> Scarabé flagellé. Oliv. col. 1. n.º 3. pl. 7. f. 51.
> *Ateuchus flagellatus.* Fab. él. 1. p. 59. Latr. gen. 2. p. 78.
> Habite l'Afrique, l'Europe australe. On en fait un *gymno-
> pleurus,* parce qu'il a un sinus à la base externe de ses
> élytres.

3. Bousier rouleur. *Copris volvens.*

> *C. niger, opacus, lævis; clypeo emarginato; thorace pos-*
> *ticè rotundato; elytris integris.*
>
> *Ateuchus volvens* Fab. él. 1. p. 60. Latr. gen. 2. p. 78.
>
> *Scarabæus volvens.* Oliv. col. 1. n.º 3. pl. 10. f. 89.
>
> Habite l'Amérique septentrionale.

Bousiers non rouleurs, à jambes antérieures un peu
longues.

4. Bousier lunaire. *Copris lunaris.*

> *C. thorace tricorni : medio obtuso bifido; capitis cornu erec-*
> *to; clypeo emarginato.*
>
> *Scarabæus lunaris.* Lin. Oliv. col. 1. n.º 3. pl. 5. f. 36. *a. b.*
>
> *Copris lunaris.* Fab. él. 1. p. 36. Latr. gen. 2. p. 75.
>
> Bousier capucin. Geoff. 1. p 88. n.º 1.
>
> Habite en Europe, dans les fientes.

5. Bousier taureau. *Copris taurus.*

> *C. thorace mutico; occipite cornubus duobus reclinatis ar-*
> *cuatis.*
>
> *Scarabæus taurus.* Lin.
>
> Oliv. col. 1. n.º 3. pl. 8. f. 63. *a. b.* Geoff. 1. p. 92. n.º 10.
>
> *Copris taurus.* Fab. él. 1. p. 45. Panz. fasc. 12. t. 3.
>
> Habite en Europe. *Onthophagus.* Lat.
>
> Etc.

ONITE. (Onitis.)

Antennes très-courtes, de neuf articles; à massue
ovale, subtuniquée. Labre caché sous le chaperon. Mandibules petites, membraneuses.

Corps ovale-oblong; corselet grand, convexe. Insertion des pattes comme dans les bousiers. Jambes antérieures longues, étroites, et sans tarses dans les mâles.

Antennæ brevissimæ, novem - articulatæ; clavâ
ovatâ, subtunicatâ. Labrum clypeo occultatum. Man-
dibulæ parvæ, membranaceæ.

Corpus ovato-oblongum ; thorax magnus , convexus.
Pedum insertio ut in copribus. Tibiæ anticæ longæ,
angustæ ; tarsis nullis in maribus.

OBSERVATIONS.

Les *onites* sont médiocrement distingués des bousiers , et
même leur ressemblent entièrement par les habitudes. Cependant ils offrent un caractère assez singulier , celui d'a-
voir les deux pattes antérieures à jambes longues , grêles et
sans tarses , au moins dans les mâles. Ces insectes ont la
plupart un écusson très-petit.

ESPECES.

1. Onite inuus. *Onitis inuus.*

> *O. nigro-æneus ; capite quadrituberculato.*
> *Scarabæus inuus.* Oliv. col. 1. n.º 3. p. 138. pl. 14. f. 135.
> *Onitis inuus.* Fab. él. 1. p. 26.
> Habite en Afrique et au Bengale.

2. Onite aygule. *Onitis aygulus.*

> *O scutellatus ; capite tuberculato ; elytris testaceis.*
> *Scarabæus aygulus.* Oliv. col. 1. n.º 3. p. 137. pl. 13.
> f. 120 , et pl. 4. f. 28. a b.
> *Onitis aygulus.* Fab. él. 1. p. 27.
> Habite en Afrique et dans l'Inde.

3. Onite mœris. *Onitis mœris.*

> *O. ater , scutellatus ; capitis cornu brevissimo ; elytris sub-*
> *costatis.*
> *Scarabæus mœris.* Oliv. col. 1. n.º 3. p. 136. pl. 21. f. 193.
> *Onitis clinius.* Fab. él. 1. p. 27.
> Habite l'Europe australe.
> Etc.

SISYPHE. (Sisyphe.)

Antennes très courtes , de huit articles. Bouche des
bousiers.

Corps court, épais. Corselet grand, convexe. Pattes postérieures beaucoup plus longues que les autres.

Antennæ brevissimæ, octo-articulatæ. Os coprorum.

Corpus breve, crassum. Thorax magnus, convexus. Pedes postici aliis multò longiores.

OBSERVATIONS.

Les *sisyphes* ont été distingués des bousiers à cause du nombre moindre des articles de leurs antennes, et de la longueur considérable de leurs pattes postérieures; cette longueur surpassant celle du corps.

ESPECES.

1. Sisyphe de Schœffer. *Sisyphe Schœfferi.*
> S. *clypeo emarginato, thorace rotundato; elytris triangulis; femoribus posticis elongatis dentatis.*
> *Scarabœus Schœfferi.* Lin. *Copris.* Geoff. 1. p. 92. n.o 9.
> Oliv. col. 1. n.o 3. pl. 5. f. 41. *Ateuchus Schœfferi.* Fab. p. 59.
> *Sisyphe Schœfferi.* Latr. gén. 2. p. 80.
> Habite l'Europe australe.

2. Sisyphe d'Helwig. *Sisyphe Helwigii.*
> S. *gibbosum, lœve, atrum; clypeo emarginato; pedibus elongatis.*
> *Ateuchus Helwigii.* Fab. él. 1. p. 60.
> Habite au Bengale.

APHODIE. (Aphodius.)

Antennes courtes, de neuf articles; à massue trilamellée, arrondie. Labre caché sous un chaperon demi-circulaire. Mandibules membraneuses.

Corps ovale, convexe. Corselet subtransverse. Un écusson. Toutes les pattes séparées à leur insertion par des intervalles égaux.

Antennæ breves, novem-articulatæ ; clavâ trilamellatâ, rotundatâ. Labrum clypeo semi-circulari occultatum. Mandibulæ membranaceæ.

Corpus ovatum, convexum. Thorax subtransversus. Scutellum. Pedes omnes insertioni intervallis æqualibus inter se distantes.

OBSERVATIONS.

Les *aphodies* sont de vrais coprophages, vivent, en effet, comme les bousiers, dans les fientes, les excrémens, et, comme eux aussi, ont la partie terminale des mâchoires membraneuse, élargie, transversale. Ces insectes en sont néanmoins bien distingués, 1.º par leurs palpes labiaux peu velus, composés d'articles presque semblables ; 2.º par leurs pattes toutes séparées à leur insertion par des intervalles égaux ; 3.º et parce qu'ils ont un écusson bien distinct.

ESPECES.

1. Aphodie fimétaire. *Aphodius fimetarius.*
  A. ater ; capite tuberculato ; elytris rufis.
  Scarabæus fimetarius. Lin. Geoff. 1. p. 81. n.º 18.
  Oliv. col. 1. n.º 3. p 78. pl. 18. f. 167.
  Aphodius fimetarius. Fab. él. 1. p. 72. Lat. gen. 2. p. 90.
  Panz. fasc. 31. t. 2.
  B var. *Aphodius fœtens.* Fab. *ibid.* p. 69.
  Habite en Europe, dans les fientes.

2. Aphodie fossoyeur. *Aphodius fossor.*
  A. thorace retuso ; capite tuberculis tribus : medio subcornuto.
  Scarabæus fossor. Lin. Geoff. 1. p. 82. n.º 20.

Oliv. col. 1. n.º 3. p. 75. pl. 20. f. 184.

Aphodius fossor. Fab. él. 1. p. 67.

Habite en Europe, dans les bouses.

3. Aphodie terrestre. *Aphodius terrestris.*

A. capite tuberculis tribus æqualibus ; elytris punctato-striatis, obscurioribus.

Scarabæus terrestris. Oliv. col. 1. n.º 3. pl. 24. f. 209. *a. b.*

Aphodius terrestris. Fab. él. 1. p. 71.

Habite en Europe, dans les bouses. Plus petit que le précédent.

Etc.

———

LÉTHRUS. (Lethrus.)

Antennes de onze articles, le neuvième enveloppant les deux derniers, et formant avec eux une massue tuniquée, tronquée obliquement. Labre échancré. Mandibules cornées, fortes, saillantes, comme cornues, et dentelées au côté interne. Mâchoires à pièce terminale étroite, pectinée par des spinules.

Corps ovale. Corselet large. Elytres connées.

Antennæ undecim-articulatæ ; articulo nono duobusque sequentibus clavam tunicatam obliquè truncatam efficientibus. Labrum emarginatum. Mandibulæ corneæ, validæ, exsertæ, subcornutæ, intùs denticulatæ. Maxillæ processu terminali angusto, hinc spinulis pectinato.

Corpus ovatum. Thorax latissimus. Elytra connata.

OBSERVATIONS.

Le *léthrus* semble presque se rapprocher des lucanes par le caractère de ses mandibules arquées et très - prominentes; mais la forme de ses antennes à onze articles et dont la massue est tuniquée, et son labre, l'en distinguent fortement. La lèvre inférieure, cachée par le menton, n'est point bifide comme dans les géotrupes.

La tête du léthrus est grosse, munie d'antennes qui paraissent composées seulement de neuf articles. Le corselet est fort large, convexe, gibbeux. L'écusson est fort petit, presque nul. L'abdomen est tout-à-fait recouvert par les élytres. On ne connaît de ce genre que l'espèce suivante.

ESPÈCE.

1. Léthrus céphalote. *Lethrus cephalotes.* Fab. él. 1. p. 1.

> Oliv. coléopt. 1 n.º 2. pl. 1. f. 1. Panz. fasc. 28. t. 1.
> Lat. gén. crust. et ins. 2. p. 95.
> Habite dans l'Autriche, la Hongrie, les déserts de la Tartarie. Il est noir et aptère. Le *léthrus æneus* de Fabricius est une lamprime.

GÉOTRUPE. (Geotrupes.)

Antennes courtes, de onze articles; à massue ovale, trilamellée. Labre avancé. Mandibules cornées, arquées au sommet. Lèvre inférieure à deux divisions allongées.

Corps ovale, très-obtus au bout. Corselet large, un peu plus court que l'abdomen. Un écusson.

Antennæ breves, undecim-articulatæ : clavá ovatá, trilamellatá. Labrum porrectum. Mandibulæ corneæ, ad apicem arcuatæ. Labium laciniis duabus elongatis ultrà mentum exsertis.

Corpus ovale, posticè valdè obtusum. Thorax latus, abdomine paulò brevior. Scutellum.

OBSERVATIONS.

Les *géotrupes* reconnus et déterminés par M. Latreille, avaient été confondus parmi les scarabés ; mais leur lèvre supérieure et leurs mandibules, avancées au-delà du chaperon, les en distinguent éminemment. Ces parties avancées de leur bouche ne permettent pas qu'on les confonde avec les bousiers, dont ils se rapprochent d'ailleurs par leur forme générale. Néanmoins, leur corselet est un peu plus court que l'abdomen.

Ces insectes vivent dans les fientes des animaux, et creusent la terre au-dessous pour y déposer leurs œufs.

ESPECES.

1. Géotrupe disparate. *Geotrupes dispar.*

> **G.** *thoracis cornu subulato protenso, capitis subulato sub-recurvo ; scutello cordato.*
> *Scarabæus dispar.* Fab. él. 1. p. 22.
> Oliv. col. 1. n.º 3. pl. 3. f. 20. *a. b. c.*
> Habite la Russie méridionale, l'Espagne.

2. Géotrupe stercoraire. *Geotrupes stercorarius.*

> **G.** *muticus, ater; clypeo rhombeo: vertice prominulo ; elytris sulcatis.*
> *Scarabæus stercorarius.* Lin. Fab. él. 1. p. 24.
> Oliv. col. 1. n.₀ 3. pl. 5. f. 39. *a. b. c. d.*
> *Geotrupes stercorarius.* Lat. gén. 2. p. 92.
> Panz. fasc. 49. t. 1.
> Habite en Europe. Très-commun.

3. Géotrupe printanier. *Geotrupes vernalis.*

> **G.** *muticus; elytris glabris lævissimis ; clypeo rhombeo*
> *Scarabæus vernalis.* Lin. Fab. él. 1. p. 25.
> *Scarabæus.* Geoff. 1. p. 77. n.º 10. Le petit pillulaire.
> Oliv. col. 1. n.º 3. pl. 4. f. 23.
> *Geotrupes vernalis.* Latr. gén. 2. p. 94.
> Habite en Europe.

Tome IV. 37

4. Géotrupe phalangiste. *Geotrupes typhœus.*

> *G. thorace tricorni : intermedio minori, lateralibus por-*
> *rectis magnitudine capitis mutici.*
> *Scarabœus typhœus.* Lin. Fab. él. 1. p. 23.
> *Scarabœus.* Geoff. 1. p. 72. n.º 4. pl. 1. f. 3.
> Oliv. col. 1. n.º 3. pl. 7. f. 52.
> *Geotrupes typhœus.* Lat.
> Habite en Europe, dans les lieux sablonneux.
> Etc.

TROX. (Trox.)

Antennes courtes, de dix articles, dont le premier est grand et très-velu, se terminant en massue lamellée. Labre court, mais saillant. Mandibules cornées, simples. Mâchoires bifides, à lobe externe pointu.

Tête retirée sous le corselet. Chaperon très-court. Corselet débordant sur les côtés. Elytres convexes, recouvrant tout-à-fait l'abdomen.

Antennæ breves, decem-articulatæ, clavâ lamellatâ terminatæ; articulo primo magno valdè piloso. Labrum breve at prominulum. Mandibulæ corneæ, simplices. Maxillæ bifidæ, lobo exteriori acuto.

Caput in thorace penitùs ferè intrusum. Clypeus brevissimus. Thorax lateribus productis depressis. Elytra convexa, postice involuto-inflexa, abdomen omninò tegentia.

OBSERVATIONS.

Les *trox*, que l'on confondait avec les scarabés, en furent séparés par Fabricius. Ils en diffèrent par leur lèvre supérieure bien apparente; par le premier article de leurs antennes qui est gros et velu; enfin par leurs mâchoires comme bifides, ayant un lobe externe, pointu et en forme de corne. Ces insectes se rapprochent des boucliers par leur manière de vivre. Leur tête est, en grande partie, enfoncée dans le corselet qui la cache. Ce corselet est large, mince, débordant et cilié sur les côtés. Les élytres sont grandes et chagrinées ou raboteuses.

On rencontre les trox par terre, dans les champs, les lieux un peu secs et sablonneux. On les voit sur les substances animales desséchées, occupés à en ronger les parties tendineuses.

ESPECES.

1. **Trox sabuleux.** *Trox sabulosus.* Fab.

> *T. niger; capite thoraceque rugosis, elytris tuberculis rotundatis.*
> Oliv. coléopt. 1. n.º 4. p. 8. pl. 1. f. 1.
> *Scarabæus sabulosus.* Lin.
> Panz. fasc. 7. f. 1.
> Habite en Europe, aux lieux sablonneux.

2. **Trox hispide.** *Trox hispidus.* Fab.

> *T. niger; thorace rugoso, ciliato; elytris subpunctatis lineisque quatuor elevatis hispidis.* Oliv. *ibid.* p. 9. pl. 2. f. 9.
> *Trox hispidus.* Latr. gen. crust. et ins. 2. p. 99.
> Habite en France, etc., aux lieux sablonneux.

3. **Trox perlé.** *Trox gemmatus.*

> *T. cinereus; thorace scabro, elytris striato-punctatis tuberculisque nitidis.* Oliv. *ibid.* p. 7. pl. 1. f. 3.
> Mus. n.º
> Habite au Sénégal.
> *Nota.* L'*ægialia* de M. Latreille me paraît pouvoir être réuni aux trox, quoique ses antennes n'ayent que neuf articles.

GOLIATH. (Goliathus.)

Antennes courtes; à massue ovale, trilamellée. Labre caché. Mandibules cornées. Menton large, transverse.

Tête droite, à chaperon très-avancé, fourchu ou bi-fide. Corselet grand, arrondi, subtrigone. Élytres élargies vers leur base, un peu sinuées sur les côtés.

Antennæ breves ; clavâ ovatâ, trilamellatâ. Labrum occultatum. Mandibulæ corneæ. Mentum latum, transversum.

Caput rectum ; clypeo valdè porrecto, furcato aut bifido. Thorax magnus, rotundatus, subtrigonus. Elytra versùs basim latiora, lateribus subsinuata.

OBSERVATIONS.

Les *goliaths* avaient été confondus avec les cétoines, et ont en effet beaucoup de rapports avec ces insectes. Néanmoins on les en distingue facilement au premier aspect, par leur chaperon très-avancé et fourchu ou partagé en deux lobes qui divergent souvent comme des cornes. La base des élytres est dilatée en dehors d'une manière remarquable. Elle offre souvent une pièce écailleuse voisine des angles postérieurs du corselet. La plupart des espèces sont d'une assez grande taille.

ESPECES.

1. Goliath géant. *Goliathus giganteus.*
    G. *niger; thorace albo lineato.*
    Scarabæus goliathus. Lin.
    Cetonia goliathus. Oliv. col. 1. pl. 5. f. 33. et pl. 9. f. 33. c.
    Cetonia goliathus. Fab. él. 2. p. 135.
    Habite en Afrique.

2. Goliath cacique. *Goliathus cacicus.*
    G. *thorace flavescente, nigro-lineato ; elytris albis, nigro-marginatis.*
    Cetonia cacicus. Oliv. col. 1. n.º 6. pl. 4. f. 22.
    Cetonia cacicus. Fab. él. 2. p. 135.
    Habite l'Amérique méridionale.

3. Goliath polyphême. *Goliathus polyphemus.*

G. viridis ; thorace albo-lineato ; elytris luteo-maculatis.

Cetonia polyphemus. Oliv. col. 1. n.º 6. pl. 7. f. 61.

Fab. él. 2. p. 136.

Habite en Afrique.

Etc. Ajoutez les *cetonia micans ,* **c.** *ynca* de Fabricius , et le *cetonia bifida* d'Olivier , n.º 43.

CÉTOINE. (Cetonia.)

Antennes courtes , terminées en massue trilamellée. Labre caché. Mandibules petites , membraneuses, au moins à leur côté interne. Mâchoires membraneuses et velues à leur sommet. Palpes labiaux sur les côtés de la lèvre.

Tête inclinée , étroite ; chaperon court , entier ou échancré ; corselet trigone, tronqué et plus large postérieurement. Une pièce triangulaire à la base externe des élytres.

Antennæ breves , clavâ trilamellatâ terminatæ. Labrum absconditum. Mandibulæ perparvæ , latere interno saltem membranaceæ. Maxillæ apice membranaceæ , villosæ. Palpi labiales ad latera labii.

Caput nutans , subangustum. Clypeus brevis , integer aut emarginatus. Frustum triangulare ad basim externam elytrorum.

OBSERVATIONS.

Les *cétoines* avaient été confondues avec les scarabés par Linné et presque tous les entomologistes ; mais elles en ont été séparées par Fabricius , et, depuis, ce genre est généralement adopté. Degeer avait déjà distingué ces insectes , et en avait formé une division sous le nom de *scarabés des fleurs.*

Les cétoines, en effet, fréquentent les fleurs, s'y reposent, et paraissent se nourrir de quelques parties de leur substance, soit de leur nectar, soit de la poussière de leurs étamines.

Le corps des cétoines est ordinairement plus large et plus aplati que celui des hannetons et des scarabés. La tête est penchée, assez étroite ; le chaperon est médiocrement avancé, et échancré dans la plupart des espèces. Les élytres, dans le repos, présentent une forme carrée, et sont ordinairement un peu plus courtes que l'abdomen. Une pièce trigone et surnuméraire se trouve de chaque côté enchâssée entre les élytres et le corselet.

On trouve les cétoines sur les fleurs composées, sur celles des ombelles, sur les buissons fleuris, les saules, etc. Ces insectes ne sont point malfaisans, et ne causent aucun dommage. Leurs larves vivent dans la terre grasse et humide. On en connaît beaucoup d'espèces.

ESPECES.

1. Cétoine dorée. *Cetonia aurata.*
> *C. viridi-œnea ; elytris albo-maculatis.*
> *Cetonia aurata.* Fab. Oliv. col. 1. n.o 6. p. 12. pl. 1. f. 1.
> L'éméraudine. Geoff. 1. p. 73. n.o 5.
> Panz. fasc. 41. f. 15.
> Habite en Europe, sur les fleurs. Commune.

2. Cétoine verte. *Cetonia viridis.*
> *C. viridis opaca subtùs nitidior ; elytris albo - maculatis.*
> Fab.
> Panz. fasc. 41. f. 18.
> Lat. gén. crust. et ins. 2. p. 129.
> Habite en Hongrie.

3. Cétoine fastueuse. *Cetonia fastuosa.* Fab.
> *C. viridi-œnea, nitidissima, immaculata.*
> Panz. fasc. 41. f. 16.
> Latr. hist. nat. des crust. et des ins. 10. p. 222.
> Habite l'Allemagne, le midi de la France.

4. **Cétoine marbrée.** *Cetonia marmorata.* **Fab.**

    C. ænea; thorace elytrisque atomis albis sparsis.

    Panz. fasc. 41. f. 17.

    Habite en France, en Allemagne.

5. **Cétoine morio.** *Cetonia morio.*

    C. nigra obscura; corpore subtùs nitidiore. **Fab.**

    Oliv. coléopt. 1. n.° 6. p. 27. pl. 2. f. 3.

    Habite les provinces méridionales de la France.

6. **Cétoine stictique.** *Cetonia stictica.* **Fab.**

    C. nigra albo-maculata; abdomine subtùs punctis quatuor
      albis.

    Oliv. coléopt. 1. n.o 6. p. 53. pl. 7. f. 57.

    Le drap mortuaire. Geoff. 1. p. 79. n.° 14.

    Panz. fasc. 1. f. 4.

    Habite en Europe, sur les chardons.

    Etc.

TRICHIE. (Trichius.)

Antennes courtes, en massue trilamellée. Labre caché sous le chaperon. Mandibules submembraneuses. Mâchoires allongées, membraneuses et frangées au bout.

Corps ovale, déprimé. Elytres simples à leur base.

Antennæ breves, clavá trilamellatá terminatæ. Labrum sub clypeo absconditum. Mandibulæ submembranaceæ. Maxillæ elongatæ, ad apicem membranaceæ pilis fimbriatæ.

Corpus ovale, depressum. Elytra basi simplicia.

OBSERVATIONS.

Les *trichies* ressemblent aux cétoines à beaucoup d'égards, et je n'en avais d'abord formé qu'une section du même genre. Néanmoins leurs élytres n'offrant point à leur

base latérale, cette pièce subtriangulaire que l'on trouve
dans les cétoines, et leur corselet étant, en général, moins
large postérieurement que celui des cétoines, je suivrai les
entomologistes qui les en séparent. On les trouve aussi la
plupart sur les fleurs.

ESPECES.

1. Trichie ermite. *Trichius eremita.*

> *T. æneo-ater; thorace inæquali; scutello sulco longitu-
> dinali.*
> *Trichius eremita.* Fab. él. 2. p. 130. Latr. gén. 2. p. 125.
> Cétoine ermite. Oliv. col. 1. n.º 6. pl. 3. f. 17.
> Panz. fasc. 41. t. 12.
> Habite en Europe, sur les troncs pourris des arbres.

2. Trichie noble. *Trichius nobilis.*

> *T. aurato-viridis, nitens; abdomine posticè albo-punctato;
> elytris rugosis.*
> *Scarabæus nobilis.* Lin. Geoff. 1. p. 73. n.º 6.
> *Trichius nobilis.* Fab. él. 2. p. 130. Latr. gén. 2. p. 124.
> Panz. fasc. 41. t. 13.
> Cétoine noble. Oliv. col. 1. n.º 6. pl. 3. f. 10. *a. b. c.*
> Habite en Europe, sur les fleurs.

3. Trichie fasciée. *Trichius fasciatus.*

> *T. niger, tomentoso-flavus; elytris fasciis tribus, abbre-
> viatis, nigris.*
> *Scarabæus fasciatus.* Lin. Geoff. 1. p. 80. n.º 16.
> *Trichius fasciatus.* Fab. él. 2. p. 131. Lat. gén. 2. p. 124.
> Cétoine fasciée. Oliv. col. 1. n.º 6. pl. 9. f. 84.
> Habite en Europe, sur les fleurs.
> Etc.

ANISONYX. (Anisonyx.)

Antennes très-courtes, à massue ovale, lamellée. Labre non saillant. Mandibules non dentées, en partie membraneuses. Palpes filiformes. Chaperon étroit, avancé.

Corps ovale; corselet presque carré, plus étroit que l'abdomen.

Antennæ brevissimæ : clavâ ovatâ, lamellatâ. Labrum non exsertum. Mandibulæ simplices, partìm membranaceæ. Palpi filiformes. Clypeus porrectus, anticè angustior.

Corpus ovatum; thorax subquadratus, abdomine angustior.

OBSERVATIONS.

Les *anisonyx* avoisinent les hannetons, et n'en ont été distingués que par M. Latreille. Ils en diffèrent cependant par leurs mandibules très-minces et en partie membraneuses; par leurs palpes grêles, longs, à dernier article cylindrique; enfin, parce que la languette de leur lèvre inférieure s'avance au-delà du menton, et est divisée en deux lobes.

ESPECES.

1. **Anisonyx chevelu.** *Anisonyx crinitum.*

A. *hirtum, suprà viride, subtùs nigrum.*
Scarabæus longipes. Lin. *Melolontha crinita.* Fab. él. 2.
   p. 184.
Oliv. col. 1. n.° 5. p. 57. pl. 2. f. 16.
Anisonyx crinitum. Latr. gen. 2. p. 120.
Habite au Cap de Bonne-Espérance.

2. **Anisonyx ours.** *Anisonyx ursus.*

A. *hirsutissimum, atrum ; pedibus quatuor anticis testaceis.*
Melolontha ursus. Fab. él. 2. p. 184.
Oliv. col. 1. n.° 5. p. 58. pl. 8. f. 88.
Anisonyx. Latr.
Habite au Cap de Bonne-Espérance.
Etc.

GLAPHYRE. (Glaphyrus.)

Antennes courtes, à massue ovale ou subglobuleuse. Labre saillant. Mandibules cornées. Mâchoires membraneuses au sommet. Lèvre inférieure bilobée, s'avançant au-delà du menton.

Corps ovale-oblong. Elytres s'ouvrant ou s'écartant postérieurement dans plusieurs.

Antennæ breves , clavâ ovatâ aut subglobosâ. Labrum exsertum. Mandibulæ corneæ. Maxillæ ad apicem membranaceæ. Labium extrà mentum prominulum , bilobum.

Corpus ovato-oblongum. Elytra extremitate posticâ in pluribus dehiscentia.

OBSERVATIONS.

Les *glaphyres*, auxquels je réunis les amphicomes de M. Latreille , avaient été confondus parmi les hannetons. Mais les insectes parfaits de ce genre, vivent plus sur les fleurs que sur les feuilles des arbres, et n'ont pas leurs mâchoires entièrement cornées. Ils offrent une transition des *anthophages* aux *phyllophages*. Ces insectes sont d'ailleurs remarquables par leur labre saillant , ainsi que par la languette de leur lèvre inférieure qui s'avance en deux lobes au-delà du menton. Dans les glaphyres de M. Latreille , les mandibules sont dentées ; elles ne le sont pas dans ses amphicomes. Les uns et les autres ont dix articles aux antennes.

ESPECES.

1. Glaphyre maure. *Glaphyrus maurus.*
   G. *glabra , viridi-ænea ; abdomine rufo , cinereo-villoso.*

Scarabœus maurus. Lin.

    Oliv. col. 1. n.o 5. pl. 8. f. 90. *a. b.*

    Melolontha cardui. Fab. él. 2. p. 172.

    Glaphyrus maurus. Latr. gen. 2. p. 117.

    Habite en Barbarie , sur le chardon pycnocéphale.

2. Glaphyre de la serratule. *Glaphyrus serratulœ.*

    G. *sericeo - viridis, subtùs luteo-tomentosus ; femoribus*
        posticis incrassatis.

    Glaphyrus serratulœ. Latr. gén. 1. tab. 9. f. 6 , et vol. 2.
        p. 118.

    An melolontha serratulœ? Fab. él. 2. p. 173.

    Habite en Barbarie.

3. Glaphyre putois. *Glaphyrus melis.*

    Gl. *fulvus, hirtus ; elytris abbreviatis atris ; abdomine*
        ferrugineo.

    Amphicoma melis. Latr. gén. 2. p. 118.

    Melolontha melis. Fab. él. 2. p. 185.

    Habite en Barbarie.

    Etc. Les *melolontha abdominalis, m. bombylius , m. hirta*
    de Fabricius sont de ce genre.

HANNETON. (Melolontha.)

Antennes de neuf ou dix articles, à massue oblongue,
plicatile, de trois à sept articles. Mandibules courtes,
intérieures, recouvertes par les mâchoires, cornées. Mâchoires cornées , dentées au sommet.

Corps ovale - oblong , le plus souvent un peu convexe. Elytres de la longueur de l'abdomen , quelquefois un peu plus courtes.

Antennœ novem aut decem-articulatœ ; clavâ oblon-
gâ , plicatili : lamellis tribus ad septem. Mandibulœ
corneœ, breves , inclusœ , maxillis obtectœ. Maxillœ
corneœ , apice dentatœ.

Corpus ovato-oblongum , sœpiùs convexiusculum.

Elytra abdominis longitudine, interdùm abdomine paulò breviora.

OBSERVATIONS.

Le genre des *hannetons* est fort nombreux en espèces, et avait été confondu d'abord avec celui des scarabés par Linnæus ; mais Fabricius l'en a distingué. Dans les espèces de ce genre, le labre, quoique ne dépassant point le chaperon, est apparent, et il ne l'est pas dans les scarabés. Ici, les antennes varient beaucoup selon le sexe. Leur massue, dans les mâles, a souvent plus de lames que dans les femelles.

Je n'en distingue point les hoplies, quoiqu'elles aient le corps plus aplati et écailleux ; mais on en pourra séparer les *anoplogonathes* de M. *Leach*, dont l'extrémité des mâchoires n'offre pas de dents.

Les hannetons sont fort nuisibles dans l'état de larves et dans l'état parfait, et font beaucoup de tort aux végétaux, surtout aux arbres. Dans leur premier état, ils vivent au moins deux années, et rongent les racines des plantes ; ils dévorent les feuilles des arbres dans leur dernier état, et les en dépouillent en peu de temps.

Ces insectes ont la démarche lente, le corps mutique, c'est-à-dire, sans cornes ni pointes sur leur corselet ou leur chaperon ; mais souvent leur corps est velu ou pubescent.

ESPECES.

1. Hanneton commun. *Melolontha vulgaris.*

M. testacea ; thorace villoso ; incisuris abdominis albis.
Scarabæus melolontha. Lin. Geoff. 1. p. 70. n.º 3.
Melolontha vulgaris. Fab. él. 2. p. 161. Latr. gen. 2. p. 107.
Oliv. col. 1. n°. 5. pl. 1. f. 1. *a. b. c. d.*
Habite en Europe, sur les arbres, au mois de mai.

2. Hanneton cotonneux. *Melolontha villosa.*

> *M. testacea; clypeo marginato reflexo ; corpore subtùs lanato ; scutello albo.*
>
> *Melolontha villosa.* Fab. Latr. gén. 2. p. 108.
>
> Oliv. col. 1. n.º 5. pl. 1. f. 4. *a. b. c.*
>
> Panz. fasc. 31. t. 19.
>
> Habite l'Europe australe ; la France.

3. Hanneton solsticial. *Melolontha solstitialis.*

> *M. testacea; thorace villoso ; elytris luteo-pallidis : lineis tribùs pallidioribus.*
>
> *Scarabœus solstitialis.* Lin. *Melolontha solstitialis.* Fab. él. 2. p. 164.
>
> Latr. gén. 2. p. 109. Oliv. col. 1. n.º 5. pl. 2. f. 8 et 11.
>
> *Scarabœus.* Geoff. 1. p. 74. n.º 7.
>
> Habite en Europe, au mois d'août.

4. Hanneton horticole. *Melolontha horticola.*

> *M. nigro-œnea; capite thoraceque viridi-cœruleis ; elytris testaceis immaculatis.* Oliv.
>
> *Scarabœus horticola.* Lin. Geoff. 1. p. 75. n.º 8.
>
> *Melolontha horticola.* Fab. él. 2. p. 175.
>
> Oliv. col. 1. n.º 5. pl. 2. f. 17. Panz. fasc. 47. t. 15.
>
> Habite en Europe.

5. Hanneton foulon. *Melolontha fullo.*

> *M. testacea, albo-maculata ; scutello maculá duplici ; antennis heptaphyllis.*
>
> *Scarabœus fullo.* Lin. Geoff. 1. p. 69. n.º 1.
>
> *Melolontha fullo.* Fab. él. 2. p. 160.
>
> Oliv. col. 1. n.º 5. pl. 3. f. 28.
>
> Habite l'Europe australe ; la France. Grande espèce ; remarquable par ses antennes.
>
> Etc.

RUTÈLE. (Rutela.)

Antennes un peu plus courtes que le corselet, à massue oblongue, trilamellée. Mandibules cornées, comprimées ; à côté extérieur dentelé, ayant trois dents sous leur sommet interne. Mâchoires cornées , dentées, arquées à leur sommet.

Corps ovale , légèrement convexe. Elytres à bord externe non dilaté ni canaliculé. Pattes fortes.

Antennæ thorace paulò breviores ; clavá oblongá trilamellatá. Mandibulæ corneæ , compressæ, latere externo subbidentato ; apice interno dentibus tribus. Maxillæ corneæ , dentatæ, apice arcuatæ.

Corpus ovatum , plano-subconvexum. Elytra margine externo nec dilatato nec canaliculato. Pedes robusti.

OBSERVATIONS.

Cette coupe générique de M. Latreille me paraît peu tranchée , et comprend des insectes à peine distincts des hannetons. Néanmoins M. Latreille les regarde comme intermédiaires entre les hannetons et les hexodons. Ces insectes sont exotiques.

ESPECES.

1. Rutèle convexe. *Rutela convexa.*

> *R. viridis, glabra* ; *clypeo rotundato* ; *scutello magno triangulo.*
> *Cetonia convexa.* Oliv. col. 1. n.º 6. p. 72. pl. 6. f. 48.
> Habite à Saint-Domingue , et dans l'Amérique septentrionale.

2. Rutèle éméraudine. *Rutela smaragdula.*

> *R. ferrugineo - flavescens* ; *elytris virescentibus* ; *sterno cornuto.*
> *Cetonia smaragdula.* Fab. él. 2. p. 143.
> Oliv. col. 1. n.º 6. p. 73. pl. 10. f. 90.
> Habite l'Amérique méridionale.
> Etc. Ajoutez le *melolontha punctata* de Fabricius , ses *cetonia chrysis, c. splendida, c. gloriosa, c. lineola,* etc.

HEXODON. (Hexodon.)

Antennes de dix articles , terminées par une massue ovale, petite, lamellée. Mandibules cornées, avancées, tridentées et arquées au sommet. Mâchoires cornées, à six dents.

Corps elliptique , suborbiculaire ; corselet large, échancré antérieurement. Elytres à bord extérieur dilaté, canaliculé. Pattes grêles.

Antennæ decem-articulatæ , clavá ovatá , parvá, lamellatá. Mandibulæ corneæ , porrectæ; apice arcuato tridentato. Maxillæ corneæ sexdentatæ.

Corpus ellipticum , suborbiculatum. Thorax transversus , anticè emarginatus. Elytra margine externo dilatato, canaliculato. Pedes graciles.

OBSERVATIONS.

Les *hexodons* sont des insectes exotiques et fort rares, qui semblent rapprochés des hannetons par leurs rapports. Mais ils s'en éloignent par la forme de leur corps , par leurs mandibules avancées et tridentées au sommet, et par leurs mâchoires à six dents. Leur corselet est échancré antérieurement pour recevoir la tête, qui est petite, et y est comme encadrée.

Ces insectes se trouvent dans l'Ile de Madagascar, sur les arbres et les arbrisseaux, dont ils mangent les feuilles.

ESPÈCES.

1. Hexodon réticulé. *Hexodon reticulatum.*

H. atrum ; elytris reticulatis griseis.

Oliv. col. 1. n.º 7. pl. 1. f. 1. *a. b. c. d. e.*

Habite l'ile de Madagascar.

2. Hexodon unicolor. *Hexodon unicolor.*

  H. atrum; elytris immaculatis.
  Oliv. col. 1. n.o 7. pl. 1. f. 2.
  Habite à Madagascar. Il semble n'être qu'une variété du précé-
dent.

SCARABÉ. (Scarabæus.)

Antennes courtes, de dix articles, à massue lamellée, plicatile, presque en forme de tête. Chaperon
avancé; labre caché et comme nul. Mandibules cornées, souvent dentées au sommet. Mâchoires cornées,
droites, velues, dentées ou lobées. Les palpes labiaux
insérés au sommet de la lèvre.

Corps ovale, le plus souvent convexe. Un écusson;
couleurs sombres.

Antennæ breves, decem-articulatæ; clavá lamellá-
tá, plicatili, subcapitatá. Clypeus productus : labro
inconspicuo, subnullo. Mandibulæ corneæ, sæpè ad
ápicem dentatæ. Maxillæ corneæ, rectiusculæ, pi-
losæ, dentatæ vel lobatæ. Palpi labiales apice vel
ad latera apicis labii inserti.

Corpus ovale, sæpiùs convexum. Scutellum ; colo-
res obscuri.

OBSERVATIONS.

La plupart des anciens naturalistes ont désigné presque
tous les coléoptères sous le nom de *scarabés.* Les modernes
ont conservé ce nom, mais ne l'ont plus assigné qu'à une
partie des coléoptères dont ils ont formé un seul genre. Depuis *Linnæus*, ce genre a subi d'assez nombreux démem-
bremens et fut diversement institué.

Les *scarabés* ont la massue des antennes presque en forme

de tête : elle est formée de trois lames que l'insecte peut ouvrir ou resserrer à-peu-près comme les feuillets d'un livre ou les plis d'un éventail. Leur corps est ovale, souvent gibbeux, presque toujours glabre en dessus ; mais dans beaucoup d'espèces, surtout dans les mâles, le chaperon et même le corselet sont tuberculeux ou cornus, d'une manière fort remarquable. L'écusson est court ; les élytres sont dures, de la longueur de l'abdomen ; et les jambes antérieures sont dentées. Beaucoup de scarabés ayant le corselet ou le chaperon cornu, paraissent n'être pas sans rapports avec les coprophages ; néanmoins ces scarabés s'en éloignent sous d'autres rapports, et nous les croyons ici convenablement placés.

C'est dans le genre des scarabés qu'on voit, en général, les plus gros coléoptères, et surtout les plus singuliers relativement aux particularités, souvent très-curieuses, de leur forme.

On rencontre ces insectes courant sur la terre, ou volant lourdement, surtout le soir, d'un endroit à d'autre. On les trouve ordinairement dans les lieux gras et humides, dans les couches des jardins, dans les champs, près des racines des vieux arbres, dans les terreaux humides et les fumiers.

Le nombre des espèces connues étant considérable, je crois qu'il convient de les diviser de la manière suivante:

    1.° *Scarabés* cornus ou épineux, soit sur le chaperon, soit sur le corselet, au moins dans un sexe ;

    2.° *Scarabés* dont le chaperon et le corselet sont mutiques dans les deux sexes.

ESPECES.

[*Scarabés cornus.*]

1. Scarabé hercule. *Scarabœus hercules.*

    S. thoracis cornu incurvo, maximo, sublùs barbato, utrinque unidentato, capitis recurvato dentato.

Scarabœus hercules. Lin.

Oliv. col. 1. n.º 3. p. 6. pl. 1. f. 1. *a. b. mas.*, et pl. 23. f. 1. *femina*.

Geotrupes hercules. Fab. él. 1. p. 2.

Habite l'Amérique méridionale, les Antilles. Espèce très-grande et fort singulière.

2. Scarabé alcide. *Scarabœus alcides*.

    S. thoracis cornu incurvo, subtùs barbato, unidentato; capitis recurvato, mutico.

    Scarabœus alcides. Oliv. col. 1. n.º 3. pl. 1. f. 2.

    Geotrupes alcides. Fab. él. 1. p. 3.

    Habite.... aux Indes orientales. Fab. Il est moins grand que l'hercule. Le scarabé persée d'Olivier semble intermédiaire entre l'hercule et l'alcide.

3. Scarabé actéon. *Scarabœus actœon*.

    S. glaber; thorace bicorni, capitis cornu unidentato, bifido; elytris lævibus.

    Scarabœus actœon. Lin. Oliv. col. 1. n.º 3. pl. 5. f. 33, et pl. 6. f. 49.

    Geotrupes actœon. Fab. él. 1. p. 8.

    Habite l'Amérique méridionale. Espèce très-grosse et grande.

4. Scarabé éléphant. *Scarabœus elephas*.

    S. villosus; thorace gibbo bicorni, capitis cornu unidentato apiceque bifido.

    Scarabœus elephas. Oliv. col. 1. n.º 3. pl. 15. f. 138. *a. b.*

    Geotrupes elephas. Fab. él. 1. p. 8.

    Habite la Guinée.

5. Scarabé chorinée. *Scarabœus chorinœus*.

    S. thoracis cornu incurvo crassissimo apice bifido, capitis longiore bifido.

    Scarabœus chorinœus. Oliv. col. 1. n.º 3. pl. 2. f. 7. *a. b.*

    Geotrupes chorinœus. Fab. él. 1. p. 5.

    Habite l'Amérique méridionale.

6. Scarabé porte-clef. *Scarabœus claviger*.

    S. rufus; thoracis cornu apice trilobò incurvo, capitis subulato recurvo.

    Scarabœus claviger. Oliv. col. 1. n.º 3. pl. 5. f. 40. *a. b.*

Geotrupes claviger. Fab. él. 1. p. 6.
Habite à Cayenne, Oliv.; dans les Indes, Fab.
Etc.

[*Scarabés mutiques.*]

7. Scarabé longimane. *Scarabœus longimanus.*

S. *muticus; pedibus anticis arcuatis longissimis.*
Scarabœus longimanus. Lin. Fab. él. 1. p. 24.
Oliv. col. 1. n.º 3. p. 48. pl. 4. f. 27 et pl. 27. f. 27. *b.*
Habite les Indes orientales. Très-singulier par ses pattes anté-
rieures.

8. Scarabé pointillé. *Scarabœus punctatus.*

S. *thorace inermi punctato, capitis clypeo integro : dentibus*
duobus elevatis obtusis.
Scarabœus punctatus. Fab. él. 1. p. 18. Latr. gen. 2. p. 104.
Oliv. col. 1. n.º 3. pl. 8. f. 70.
Habite l'Europe australe.

9. Scarabé couronné. *Scarabœus coronatus.*

S. *thorace inermi, capitis clypeo posticè emarginato.*
Scarabœus coronatus. Oliv. col. 1. n.º 3. pl. 12. f. 110.
Geotrupes coronatus. Fab. él. 1. p. 17.
Habite l'île de Java.
Etc.

LES LUCANIDES.

Massue des antennes pectinée.

Les *lucanides* peuvent être encore regardés comme
de véritables scarabéides, mais distingués des autres
par la massue de leurs antennes. Ce sont effectivement
des lamellicornes, et ils tiennent aux scarabéides par
tous les rapports généraux. Ici, néanmoins, la massue des
antennes est pectinée, c'est-à-dire, que ses feuillets, un

peu écartés à leur insertion, semblent presque disposés comme les dents d'un peigne.

Ceux dont on connaît les habitudes, étant dans l'état
de larve, vivent dans les troncs d'arbres, et, comme
les scarabés, se nourrissent de leur tan. On les rencontre
ordinairement dans les bois, et c'est toujours vers le soir
qu'on les voit voler.

Plusieurs de ces insectes sont singulièrement remarquables par la saillie et l'énorme grandeur de leurs mandibules, surtout de celles des mâles.

Les antennes des lucanides n'ont que dix articles, dont
les trois à cinq derniers forment la massue. Elles ne sont
jamais plus longues que le corselet.

Ce sont ces insectes qui, dans notre méthode, terminent l'ordre nombreux des *coléoptères*, et par suite
la classe même des insectes. Ils n'offrent point de transition aux animaux des classes suivantes. On y rapporte
les genres passale, sinodendre, œsale, lamprime et
lucane.

PASSALE. (Passalus.)

Antennes courtes, arquées; à massue trilamellée, pectinée. Labre saillant. Mandibules fortes, cornées, dentées. Mâchoires écailleuses, dentées.

Corps oblong, parallélipipède, déprimé. Corselet
presque carré, séparé des élytres par un étranglement.

*Antennæ breves, arcuatæ; clavá trilamellatá,
pectinatá. Labrum exsertum. Mandibulæ validæ, corneæ, dentatæ. Maxillæ coriaceæ, dentibus aut processibus corneis.*

Corpus oblongum, parallelipipedum, depressum. Thorax subquadratus, ab abdomine intervallo posticè disjunctus.

OBSERVATIONS.

Les *passales*, d'abord confondus parmi les lucanes, constituent un genre bien distingué par ses caractères et facile à reconnaître au premier aspect. Ils ont les antennes velues, simplement arquées, mais, point coudées. Leur labre est saillant et très-distinct. Leur corps parallélipipède et déprimé, offre une interruption remarquable entre le corselet et les élytres ; leur écusson, très-petit et presque nul, se trouve enchâssé sur le pédicule qui réunit l'abdomen au corselet ; enfin leurs élytres couvrent tout l'abdomen et embrassent ses côtés. Ces insectes sont exotiques.

ESPÈCES.

1. **Passale interrompu.** *Passalus interruptus.*

> *P. ater ; vertice tuberculis tribus elevatis : intermedio majori compresso.*
> *Passalus interruptus.* Fab. él. 2. p. 255.
> Latr. gén. 2. p. 137. et hist. nat., etc., 10. p. 254.
> *Lucanus interruptus.* Lin.
> Oliv. col. 1. n.º 1. pl. 3. f. 5. *d.*
> Habite les Antilles.

2. **Passale cornu.** *Passalus cornutus.*

> *P. ater ; verticis cornu elevato incurvo ; elytrorum striis omnibus lævibus. F.*
> *Passalus cornutus.* Fab. él. 2. p. 256.
> Habite la Caroline.

3. **Passale échancré.** *Passalus emarginatus.*

> *P. capite inæquali ; mandibulis emarginatis ; thorace lævissimo.*
> *Passalus emarginatus.* Fab. él. 2. p. 255.
> Habite aux Indes orientales.
> Etc.

SINODENDRE. (Sinodendron.)

Antennes très-courtes, de dix articles, dont le premier est fort allongé., les trois derniers formant une massue subpectinée. Labre caché par le chaperon. Mandibules non saillantes dans les deux sexes.

Corps ovale, convexe.

Antennæ brevissimæ , decem-articulatæ , articulo primo valdè elongato , tribus ultimis clavam dentato-pectinatam formantibus. Labrum clypeo occultatum. Mandibulæ in utroque sexu non exsertæ.

Corpus ovatum, convexum.

OBSERVATIONS.

La massue des antennes étant comprimée , dentée en scie d'un côté , et par-là pectinée , a fait reporter le *si-nodendre* parmi les lucanides , ce que les habitudes de l'insecte ne contrarient point. Effectivement, dans l'état de larve , il vit dans le tronc des arbres , et dans l'état parfait , il paraît se nourrir de la liqueur qui s'écoule des plaies de ces arbres.

ESPECE.

1. Sinodendre cylindrique. *Sinodendron cylindricum.*

    S. atrum; *thorace anticè truncato quinque dentato* ; *capitis cornu erecto.*

    Sinodendron cylindricum. Fab. él. 2. p. 376.

    Latr. gén. 2. p. 101. et hist. nat. , etc. 10. p. 156. pl. 83. f. 4.

    Scarabœus cylindricus. Lin.

    Oliv. col. 1. n.º 3. pl. 9. f. 80. *a. b. c.*

    Panz. fasc. 1. t. 1. *mas.* et fasc. 2. t. 9. *femina.*

    Habite en Europe, sur les troncs des arbres.

OESALE. (OEsalus.)

Antennes coudées, courtes ; à massue petite, pectinée. Labre apparent. Mandibules arquées , pointues.
Lèvre inférieure petite , entière. Mâchoires cachées.

Corps un peu court , très-convexe. Corselet non bordé, concave antérieurement, recevant la tête.

*Antennæ fractæ , breves ; clavâ parvâ, pectinatâ.
Labrum conspicuum. Mandibulæ arcuatæ , acutæ.
Labium parvum, integrum. Maxillæ obtectæ.*

*Corpus breviusculum , valdè convexum. Thorax
immarginatus ; margine antico concavo caput exci-
piente.*

OBSERVATIONS.

L'*œsale* avoisine plus le sinodendre, par ses rapports, que
les lucanes ; il est néanmoins distinct du sinodendre , ayant
le labre apparent et extérieur ; les mandibules avancées ,
quoique petites ; les mâchoires cachées derrière le menton.
Là tête de cet insecte est profondément enfoncée dans
l'échancrure du bord antérieur du corselet.

ESPECE.

1. OEsale scarabéoïde. *OEsalus scarabœoides.*

    OEsalus scarabœoides. Fab. él. 2. p. 254. Latr. gèn. 2.
    p. 133.

    Panz. fasc. 40. t. 15. *mas.* et 16. *femina.*

    Habite en Allemagne. Il est brun, très-pointillé, et a des lignes
    écailleuses sur les élytres.

LAMPRIME. (Lamprima.)

Antennes coudées , à massue de trois lames. Labre

non apparent. Mandibules un peu grandes, dentées, saillantes et avancées, surtout dans les mâles. Lèvre inférieure à deux lobes velus.

Corps ovale-oblong, convexe, brillant. Sternum avancé en pointe comme une corne.

Antennæ fractæ ; clavâ trilamellatâ. Labrum occultatum. Mandibulæ majusculæ, dentatæ, exsertæ, porrectæ, præsertìm in masculis. Labium labis duobus villosis.

Corpus ovato-oblongum, convexum, nitidum. Sternum in cornu productum.

OBSERVATIONS.

Les *lamprimes* tiennent de très-près aux lucanes, et ont néanmoins un aspect différent. Leurs mandibules, quoique saillantes et avancées, ne sont pas aussi grandes, offrent quelques tubercules dentiformes, et sont souvent barbues au côté interne. Leur corselet, convexe, est ordinairement pointillé. Enfin, leurs couleurs sont métalliques et brillantes. Ces insectes sont exotiques et vivent dans les régions australes. Ils ont un écusson. Leurs jambes antérieures sont dentées en dehors.

ESPECES.

1. **Lamprime bronzée. *Lamprima œnea.***

   L. aureo-viridis ; clypeo aurato ; elytris lineolis minimis impressis rugulosis ; mandibulis barbatis.

   Lethrus œneus. Fab. éleut. 1 p. 2.

   Lamprima œnea. Lat. gén. 2, p. 132.

   Habite l'île de Norfolk, dans la mer Pacifique, et la Nouvelle-Hollande.

2. **Lamprime dorée. *Lamprima aurea.***

   L. aureo-viridis ; clypeo rubicundo ; elytris lævibus ; tibiis anticis laminâ triangulari apice instructis.

Lamprima aurea. Latr. mus.

Habite la Nouvelle-Hollande. *Péron* et *Le Sueur*. Ainsi que dans la précédente, les mandibules sont barbues au côté interne.

3. **Lamprime verte.** *Lamprima viridis.*

L. *viridissima, vix aurata; clypeo squarroso aureo-rubente; thorace punctatissimo ; mandibulis basi interná sublanatis.*

Cabinet de M. Dufresne.

Habite la Nouvelle-Hollande.

4. **Lamprime cuivreuse.** *Lamprima cuprea.*

L. *cupreo-fusca; thorace elytrisque punctulatis ; mandibulis breviusculis latere interno nudis.*

Lamprima cuprea. Latr. mus.

Habite la Nouvelle-Hollande. *Péron* et *Le Sueur*. Elle est d'un rouge cuivreux très-brun.

LUCANE. (Lucanus.)

Antennes coudées, de dix articles : le premier très-long ; à massue pectinée de trois ou quatre lames. Labre non apparent. Mandibules avancées, cornées, arquées, dentées, souvent extrêmement grandes dans les mâles, et corniformes. Lèvre inférieure à deux lobes saillans, allongés, velus.

Corps parallélipipède, déprimé. Tête et corselet aplatis, subtransverses.

Antennæ fractæ, decem-articulatæ : articulo primo longissimo; clavá pectinatá, tri seu quadrilamellatá. Labrum inconspicuum. Mandibulæ porrectæ, corneæ, arcuatæ, dentatæ, in masculis sæpè maximæ, corniformes. Labium lobis duobus exsertis elongatis, villosis.

Corpus parallelipipedum, depressum. Caput thoraxque planulata, subtransversa.

OBSERVATIONS.

Les *lucanes* sont, en quelque sorte, des coléoptères extraordinaires, à cause de l'énorme grandeur des mandibules de certains mâles. Comme ces mandibules ressemblent à des bois de cerf, on a donné à ces insectes le nom de *cerfs-volans*. Les femelles de ces espèces, ayant des mandibules beaucoup plus courtes, ont été appelées *biches*.

Les mâchoires des lucanes se terminent en pinceaux, ainsi que les lobes de leur lèvre inférieure, et il paraît que ces parties leur donnent la faculté de s'emparer de la liqueur mielleuse ou mucilagineuse qui découle des crevasses du tronc des arbres.

C'est effectivement dans les bois qu'on rencontre, le plus ordinairement, les lucanes, soit accrochés aux arbres, soit volant le soir après le coucher du soleil. Leurs larves vivent dans l'intérieur des arbres, et y subsistent plusieurs années.

Ceux qui ont les yeux coupés par les bords latéraux de la tête, sont les *lucanes* de M. Latreille; il nomme *platycères* ceux qui ont les yeux entiers, c'est-à-dire, non divisés par les bords de la tête.

ESPECES.

[Les yeux divisés par les bords de la tête.]

1. Lucane cerf-volant. *Lucanus cervus.*

> *L. mandibulis exsertis, unidentatis, apice bifurcatis.*
> Lucanus cervus. Lin. Fab. él. 2. p. 248. Latr. gén. 2. p. 135.
> *Platycerus.* Geoff. 1. p. 61. n.º 1. pl. 1. f. 1.
> Lucanus cervus. Oliv. col. 1. n.º 1. pl. 1. f. 1. *a. b. c. d.*
> Habite en Europe.

2. Lucane élan. *Lucanus alces.*

> *L. mandibulis exsertis, apice quadridentatis.*
> Lucanus alces. Fab. él. 2. p. 248.

Oliv. col. 1. n.₀ 1. pl. 2. f. 3. *a. b.*
Habite aux Indes orientales.

3. Lucane chevreuil. *Lucanus capreolus.*

L. mandibulis exsertis : dentibus mediis difformibus; apice bifurcatis.

Lucanus capreolus. Lin. Fab. él. 2. p. 249.

Lucanus capra. Oliv. col. 1. n.º 1. pl. 2. f. 1. g., et pl. 1. f. 1. *e.*

Habite en France, en Allemagne.

4. Lucane serricorne. *Lucanus serricornis.*

L. lævis, fusco-niger ; thorace abdominis longitudine ; mandibulis gracilibus : parte superiore rectá, interno latere serratá.

Lucanus serricornis. Lat. mus. Cuv. Règ. anim. 4. pl. 13. f. 3.

Habite l'île de Madagascar.

[Les yeux non divisés par les bords de la tête.]

5. Lucane ténébrioïde. *Lucanus tenebrioides.*

L. ater ; mandibulis lunatis unidentatis; thorace marginato ; elytris substriatis. F.

Lucanus tenebrioides. Fab. él. 2. p. 252.

Panz. fasc. 62. f. 1. *mas.* 2. *femina.*

Platycerus tenebrioides. Latr. gén. 2. p. 133.

Habite l'Allemagne, l'Europe boréale.

6. Lucane caraboïde. *Lucanus caraboides.*

L. cærulescens : mandibulis lunatis; thorace marginato. Fab.

Lucanus caraboides. Fab. él. 2. p. 253.

Oliv. col. 1. n.₀ 1. pl. 2. f. 2. *c. d.*

Platycerus. Geoff. 1. p. 63. n.º 4. Latr. gén. 2. p. 134.

Panz. fasc. 58. t. 13.

Habite en Europe.

Etc. Ajoutez le *luca nus rufipes* de Fab.

FIN DU QUATRIÈME VOLUME.

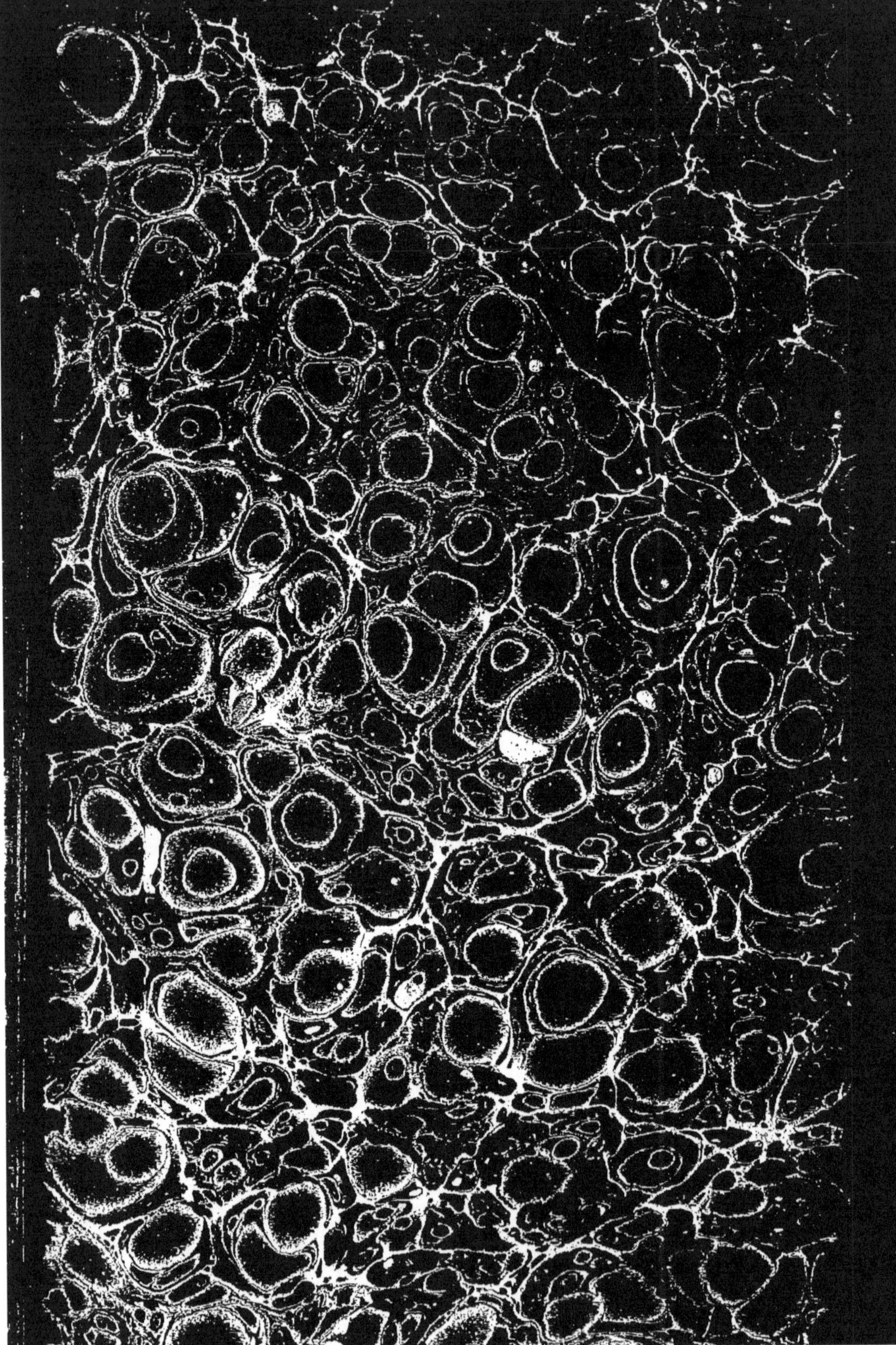

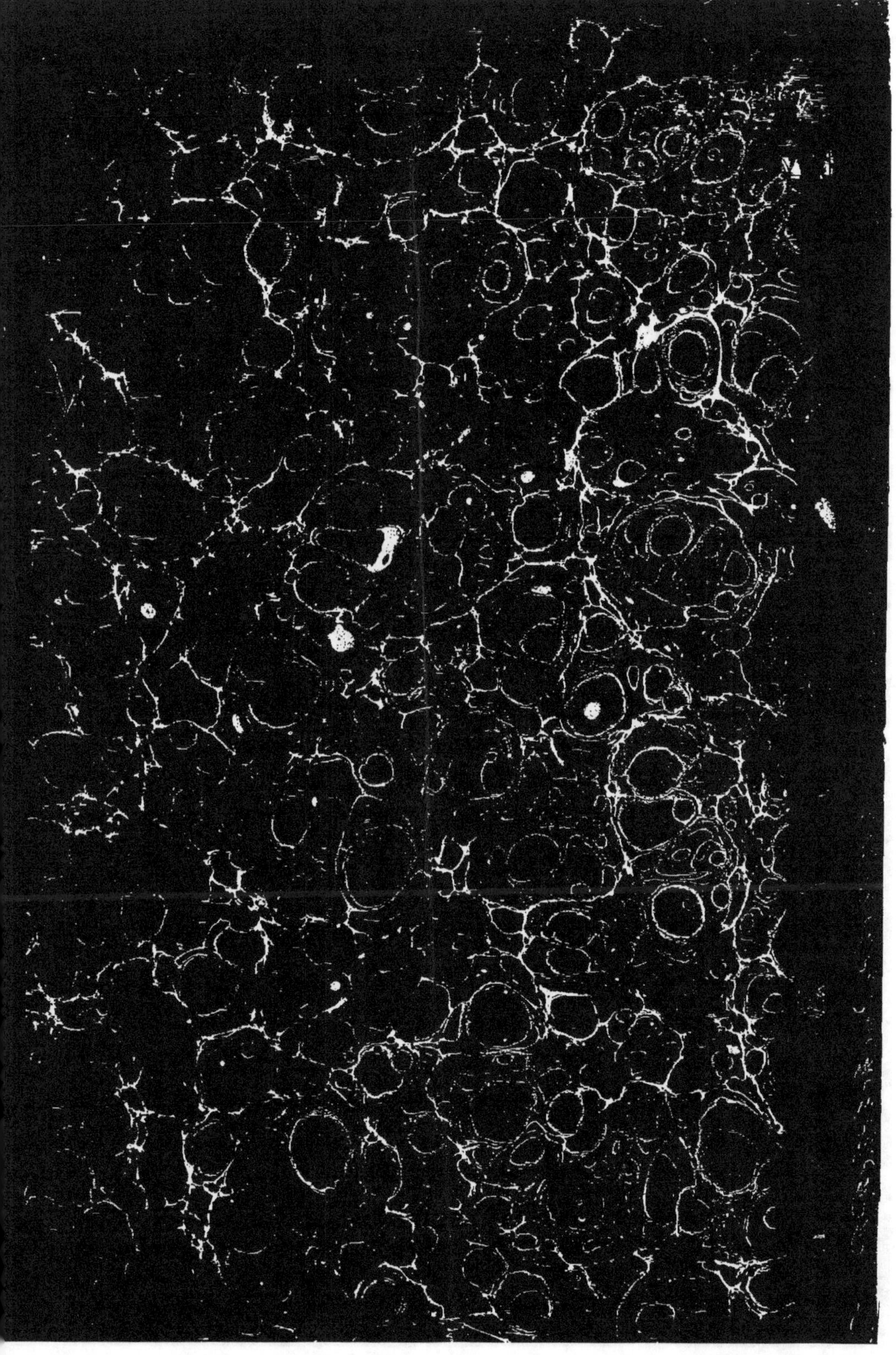